U0906802

"十二五"国家重点出版物出版规划项目

空/间/科/学/发/展/与/展/望/丛/书

丛书主编 胡文瑞

从太空看宇宙

空间天文学

CONG TAIKONG KAN YUZHOU

KONGJIAN TIANWENXUE

吴鑫基 温学诗◎著

陕西新华出版传媒集团

陕西人民教育出版社

·西 安·

图书在版编目（CIP）数据

从太空看宇宙：空间天文学 / 吴鑫基，温学诗著.
--西安：陕西人民教育出版社，2015.12
ISBN 978-7-5450-3738-8

Ⅰ.①从… Ⅱ.①吴… ②温… Ⅲ.①空间天文学-普及读物 Ⅳ.①P17-49

中国版本图书馆CIP数据核字（2015）第127043号

从太空看宇宙

空间天文学

吴鑫基　温学诗　著

出版发行	陕西新华出版传媒集团 陕西人民教育出版社
地　　址	西安市丈八五路 58 号
邮　　编	710077
责任编辑	董方红　张姣姣　支金菊
责任校对	丁欲晓　张　星　史丽军
装帧设计	沈　斌　陈晓静
经　　销	各地新华书店
印　　刷	中煤地西安地图制印有限公司
开　　本	787 mm×1092 mm　1/16
印　　张	28.5
字　　数	570 千字
版　　次	2016 年 5 月第 1 版
印　　次	2016 年 5 月第 1 次印刷
书　　号	ISBN 978-7-5450-3738-8
定　　价	65.00 元

序

Preface

人类文明的发展速度极大地取决于科学和技术的创新水平。1957年10月4日，苏联成功地发射了世界上第一颗人造地球卫星，这意味着人类进入了太空时代。1961年4月12日，苏联航天员加加林乘东方1号飞船第一次遨游近地太空并安全返回地面，标志着人类进入了载人航天时代。1969年阿姆斯特朗、柯林斯和奥尔德林三名美国航天员乘坐阿波罗11号飞船成功登上月球并安全返回地球，开启了人类探索地球以外天体的篇章。20世纪70年代以来，人类的空间探索活动高潮迭起，每个高潮都成为大国综合实力的表征和突显大国空间竞争优势的丰碑。时至今日，人们已研发了6 000多颗卫星和其他航天器，其中包括各种类型的空间科学卫星。俄、美、中等国分别研发了多种常规的飞船，美国研制了航天飞机，它们不仅是常规的天地往返运输器，而且为进一步深空探测奠定了技术基础。苏联建造和运营了舱段式的礼炮号空间站系列及和平号空间站，美、俄、日、加等国和欧洲空间局合作建成的有足球场大小的桁架式大型国际空间站将运营到2024年，以后，中国自主发展的空间站将独遨太空。空间站是太空中长时间有人操作的微重力研究实验室，可以进行地面上难以开展的微重力实验。目前，各国准备于21世纪30年代实现载人探索火星，在此期间还会进行一些载人登月活动。人类的空间探索以先进的空间技术为基础，以发展空间科学和空间应用为目的。近60年的飞速发展，人类的空间活动极大地促进了地球文明，也开拓了太空文明。

在已经发射的6 000多颗科学卫星和载人或无人的空间科学飞行器中，主要涉及空间天文、空间物理、空间地球科学、空间生命科学和微重力科学的研究。卫星工程不仅是高技术的综合系统工程，而且耗资巨大。根据卫星质量的大小，人们常将质量在1吨以下、1~3吨和3吨以上的卫星分别称为小型卫星、中型卫星和大型卫星，科学卫星大多是中、小型卫星。21世纪以来，一些大型科学卫星平台陆续升空和筹建，诸如正接近尾声的哈勃空间望远镜和正在筹建的詹姆斯·韦伯空间望远镜等。而载人登月计划、空间站计划和载人登火星计划都需耗资百亿至千亿美元。各国政府斥巨资发展空间科学取得了丰厚的回报，极大地拓展了我们对宇宙的认识，极大地丰富了自然科学的内涵，同时也极大地促进了空间应用和空间技术的发展。作为一个发展中国家，中国的空间活动理应以空间应用为主。中国政府责成中国科学院负责我国的空间科学活动，“十二五”期间组织实施了空间X射线调制望远镜卫星、量子通信卫星、暗物质探测卫星和返回式微重力科学实验卫星计划，这些科学卫星将在不远的将来择时发射。中国科学院也正在计划和安排中国空间站上的空间科学试验以及无人的月球和火星的科学探测计划。随着我国经济实力的提高，中国科学家正在对空间科学的发展做出越来越重大的贡献。

每当我们在地面仰望星空，看着满天繁星闪烁，总会思索浩瀚宇宙的来龙去脉，惊叹宇宙构造之神奇。中国古代对天象的长期观测，记录了诸如太阳黑子分布、超新星爆发等许多天文现象，为天文学做出了难以磨灭的贡献。1609年，伽利略研制出首台地面光学望远镜，光学望远镜极大地扩展了人们的视野，可以在可见光波段更清楚地观察到更遥远的天体。受制于地球大气层对许多波段的吸收，在地面上，人们只能观测到从太空辐射来的射电、可见光和几个波长上的红外光，其他位于可见光和射电波段之间和比可见光更短波段的大量太空辐射都不能在地面上被观测到。在地球大气层外可以获得宇宙全波段的辐射信息，太空中的卫星观测开创了空间天文学的新时代，它包括亚毫米波天文学、紫外天文学、红外天文学、X射线天文学、伽马射线天文学等新的领域。如果能成功地探测到引力波，将意味着开辟崭新的引力波天文学。在太空进行可见光观测可以避免地球大气层中气体抖动的影响，获得比地面更清晰的图像；空间的全波段天文观测揭示了宇宙天体在各个波段表现出的复杂天象。它为天文学谱写了崭新的篇章，也提出了许多有待进一步探索的科学前沿问题。

空间物理学极大地受益于太空中的卫星测量结果，使人们对太阳、行星以及行星际空间的认识发生了质的飞跃。在卫星上天的初始时期，苏联、美国的科学家都发现在近地空间中、低纬度外太空中测量的电子浓度极高，突破了仪表的限度值。美国科学家范艾伦将此解释为存在地球辐射带，并被称为范艾伦辐射带。苏联的卫星先于美国发现了同样的现象，但未能很好地解释。众多的卫星测量数据揭示了太阳和太阳系的结构和变化。观测发现，太阳大气层从光球层向外至色球层和日冕的大气温度急剧升高，太阳的大尺度磁场在日面按经度方向形成四瓣形极性交叉区域并延伸成扇形结构，太阳耀斑的能源来自于太阳外层大气中磁场的磁能释放，太阳大气的等离子体加速成向外流动的太阳风与太阳磁场一起延伸到行星际空间，并最后在日球层的边界与恒星际空间相连接，太阳风和行星际磁场绕过行星时形成行星的磁层并控制着行星的环境。空间物理卫星不仅要探测日球层中各个特定区域的特征和变化，而且特别强调研究相同时间内太阳系不同区域之间活动和变化的相互关联，这就需要一组卫星进行相关的联合测量。所以，国际同行不断地在组织一些国际的空间物理联合观测计划。尽管空间物理的内容非常丰富，它又和太阳物理的研究密切相关，但空间物理的两个重点内容十分明确。一个是日地关系，即研究太阳的能量、动量和质量如何通过行星际空间、地球磁层、电离层、大气层向地球表面传输和对地球环境产生影响。另一个是行星科学，即研究行星及其卫星、行星环境的特征和变化，其中还特别关注行星上的生命现象，诸如探测火星生命现象和探索土卫二上可能的生命等。

人们一直非常注意发展观测地球过程的卫星系列，诸如气象卫星、陆地资源卫星、海洋卫星系列等，以了解和研究具体的地球天气、地球资源和海洋变化过程。20世纪80年代以来，许多空间地球科学家提倡和推动全球变化的研究，它是不专注于地球局部区域或单一过程的研究，而是把地球看作一个行星整体，研究地球陆地圈、岩石圈、水圈、冰雪圈、大气圈和生物圈等特定圈层之间的相互关联，研究地球作为一个行星的整体行为。这类研究领域就叫作空间地球科学，它主要利用卫星遥感技术进行观测，研究不同时间尺度中地球大系统的变化规律，也称为地球系统科学。空间地球科学不仅是一门新兴的前沿科学，是科学家关心的领域，而且它还涉及严峻的政治问题，是各国政府和首脑十分关心的问题。工业发展和生活改善需要大量能源，目前人类使用的能源大部分是不可再生的化石能源。化石能源燃烧后产生大量的二氧化碳等温室气体，这些温室气体滞留在大气中包裹着地球。从地球表面反射太阳红外辐射的能量被大气中的温室气体层又反射回地面，由此造成的温室效应使全球升温。温室效应已经造成地球北极圈和南极圈面积减小、冰雪融化、海平面升高等诸多变化。累积的数据显示，地球大气中二氧化碳的含量确实在逐年增长。科学家们预计，如果地球表面温度增加超过2 ℃的阈值，地球环境将发生不可逆的灾难性变化。严峻的现实使一些人提出地球村的概念，希望大家紧密地联系在一起，共同关心全球环境变化。各国地球科学家正在加强对全球气候变化和全球环境变化的研究。各国政治家也都在为改善全球环境而焦虑，制定减少二氧化碳排放的政策和措施。在目前和今后相当长的一段时间内，中国的能源都是以煤为主，每年烧煤达30亿吨左右，燃烧1吨煤就排放大约2.28吨的二氧化碳，中国在今后相当长一段时间内将是二氧化碳排放量最大的国家，中国的政治家和科技专家将承担起重大的责任。

通过观测星际分子研究生命起源和用大型射电望远镜搜寻地外智能生物是空间生命科学的重要问题。同时载人航天也带动了空间医学和生理学、重力生物学、辐射生物学、空间生物技术所关联的空间生命科学，以及由微重力流体物理学、微重力燃烧、空间材料科学、空间基础物理学等构成的微重力科学的蓬勃发展。载人航天工程和相关的空间探索活动都是牵动全球关注的重大活动，研制和运营近地轨道的空间站和天地往返运输器更是经费投入巨大和技术难度非常高的任务。在近地轨道上运行的空间设施受到的地球引力与离心力抵消，处于微重力环境。在微重力环境中物体处于失重状态，地面上由重力主导的各种现象都消失了，物质不再有轻重之分，也不再受浮力作用和重力引起压力梯度的影响。在太空运行的空间站环境中，液滴不需要容器约束而自由地悬浮在空间。人们为了能在微重力环境中正常地生活和工作，必须了解和遵循微重力环境的规律，这就需要掌握和利用微重力科学和空间生命科学。另一方面，微重力环境是一类极端的物理环境，它为人们提供了地面上难以实现的研究条件，可以进行地面上难以或无法进行的实验，为发展重大的科学前沿创新研究开拓了极好的条件。人们利用空间站把在地面进行定量的物理学和生命科学的研究室搬到了太空，空间站实际上就是人们可以长时间进行有人操作的微重力实验室。国际空间站已经并还在为人类科技发展做出重大贡献。2020年建成中国空间站，2024年以后，中国空间站将独自遨游于太空，中国的科技工作者正在积极准备，将在微重力科学和空间生命科学等领域做出巨大贡献。

空间科学是发展迅速的新兴领域，不断地探索空间，不断地拓展新现象、新知识和新概念，需要人们不断地增进对它的了解。陕西人民教育出版社在“十二五”初期就筹划出版一套“空间科学发展与展望”丛书，它包括《遨游天宫——载人航天器》《从太空看宇宙——空间天文学》《进入太空——日地空间探测》和《从太空看地球——空间地球科学》。这套丛书的作者都是长期从事该领域研究的专家，对相关领域的内容和前沿科学有深刻的理解。十分感谢这些专家承担繁重的撰稿任务，将相关领域的精髓和发展动向深入浅出地介绍给读者。这套丛书具有很强的知识性和可读性，读者一定会从中受益。在此还要感谢陕西人民教育出版社的领导和编辑，是他们有远见的选题、辛勤的组稿和细致的编辑才使这套优秀的科普丛书成功出版。

胡文瑞

2015年1月8日

前言 Preface

天文学的研究在于探索宇宙及它所包含的所有天体的本质。现代天文学有三大特点。其一是进入了全电磁波段观测的时代。各个波段望远镜的发展吸取了当代最先进的尖端技术，同时也推动了技术的发展。以地面为基地的大型光学和射电望远镜与以太空为基地的X射线、伽马射线、紫外、红外、光学和射电波段的观测设备相结合，构成了全波段观测体系，并以其惊人的发现向世人展示了天文学家揭示宇宙奥秘的巨大能力。其二是天文空间探测已经有了长足的发展。不仅望远镜被送上了太空，而且航天员还亲自登上月球进行实地探测和实验，人类发送探测器到火星、金星表面登陆进行考察，并发送众多的宇宙飞船到各大行星附近去观测。建立以月球或火星为基地的天文台已成为天文学家探讨的实际课题。其三是已进入天文学和物理学紧密结合、相互促进的时代。从1970年瑞典天文学家阿尔文因创建太阳和宇宙磁流体力学而获诺贝尔物理学奖开始到2011年，天文学研究取得了巨大成就，11项物理学奖授予17位天文学家，其中里卡尔多·贾科尼就是因为对空间X射线天文学的贡献而得奖。事实上，1936年奥地利物理学家黑斯获得诺贝尔物理学奖是因为利用火箭探测发现了宇宙线，这也应该属于空间天文学的范围。

观测是天文学研究的主要实验方法。人类基本上只能被动地接收来自宇宙空间天体发来的电磁波、高能粒子和引力波，不仅被动，而且由于绝大多数天体离我们特别遥远，到达地球的能量非常微弱，因而观测起来特别困难。浩瀚的宇宙所包含的天体数目数也数不清，物理过程极其丰富，规模极其宏大，这是地球上的所有实验室都无法相比的。来自宇宙的信息永远是人类取之不尽的知识源泉，观测手段越多、越好，所能得到的信息就越丰富。正因如此，天文观测技术伴随着天文学的发展始终没有停止前进的步伐，一浪高过一浪，不断进步。光学和射电天文学的发展如此，空间天文学的发展也是如此。

空间天文学是在宇宙航行时代这个大环境下快速发展起来的。红外线、紫外线、X射线和伽马射线在电磁波谱中占据了相当大的部分，蕴藏着宇宙天体极其丰富的信息。从气球、火箭到人造卫星，开辟了一个十分重要的认识宇宙的窗口，使一门新兴的学科迅速发展起来。爱因斯坦X射线天文台、伦琴X射线天文卫星和钱德拉X射线天文台三项大型空间观测设备由于配置了X射线掠射望远镜，大幅度地提高了分辨率和灵敏度，以极其丰富的观测成果令世人瞩目。伽马射线波段的观测技术也有了长足的进展，康普顿伽马射线天文台和费米伽马射线空间望远镜所携带的伽马射线探测设备是当今最先进的，综合探测能力达到了最高峰。这个窗口越开越大，不仅使天文学进入了全波段观测研究的时代，还发现了诸如X射线脉冲双星、伽马射线暴源、耀变体这样特殊的天体，形成了新的研究领域。红外天文卫星、红外空间天文台、国际紫外探测者等一系列探测红外辐射和紫外辐射的空间探测器也获得了许多令人震惊的新发现。

自古以来，人们就幻想着飞上太空亲眼看看那里的奥秘。从1957年苏联的第一颗人造卫星上天到今天，太空中的人造卫星、航天飞机、宇宙飞船和空间站已构成空间一族。天文学空间探测已成为空间科学的主旋律。从1969年开始，美国阿波罗号宇宙飞船先后6次共载12名航天员登上了月球，在月球表面累计停留了300多小时，探测达80小时，行程达90.6 km，带回了月球土壤和岩石样品381 kg，使我们对月球的认识产生了巨大的飞跃。科学家们又在策划利用月球、改造月球的宏伟计划，月球作为人类进行科学研究、开采矿藏、开发旅游，甚至移民基地的前景展现在我们的面前。我国的空间技术已经步入国际先进行列，并已开始实施登月计划的历程。

行星的空间探测使人类对它们的认识得到了巨大飞跃。已经有不同系列的宇宙飞船从太阳系内各大行星以及冥王星的近处飞过，或成为围绕行星的卫星对行星进行近距离的拍摄和探测，甚至将探测器送上了火星和金星的表面，进行实地考察和取样实验。在八大行星当中，火星是与地球最相似的行星，关于火星上有没有生命这个问题已经困惑了人类几个世纪，因此对火星的探测成为所有行星探测中的重中之重。金星的浓密大气和温室效应、木星的大红斑和它自身具有的比较强的辐射、土星的美丽光环和众多的卫星等一直都是天文学家关注的焦点。对于离地球比较远，又比较暗的天王星、海王星和冥王星，地面上的大型望远镜很难看清楚它们及其卫星的细节，但空间探测弥补了这个缺陷。在21世纪将有更多的宇宙飞船探测行星，把航天员送上火星亲自做科学考察的宏伟理想也可能在未来二三十年内实现。

本书将比较系统地介绍空间天文学研究的意义和发展历程、观测设备的研制和不断进展的情况、观测所得到的主要成果及其在天文学中的意义和地位；将扼要介绍太阳系天体的空间探测成就，还将按光学、红外、紫外、X射线、伽马射线、射电和宇宙线等分别介绍空间观测、研究课题和取得的成就；最后以宇宙的起源和演化为题作为本书的总结。空间天文学的观测设备集当今最先进、最尖端的科学技术于一身，相当深奥和巧妙。空间天文学研究的内容是当今天体物理学前沿中最热门、最关键，也是最引人入胜的课题，涉及暗物质、暗能量、超新星、脉冲星、黑洞、伽马射线暴、耀变体、星系核等观测对象。空间天文学是一门高深的科学学科，要把空间天文学写成一本通俗易懂的科普图书，实在不易。我们虽然从事天文学科研、教学和科普工作多年，但所积累的有关空间天文学的知识还很不够，写作能力也有限，鉴于本书编委会一再热情邀请，我们勉为其难地接受了这个任务。本书必然会存在缺点、错误或者某些疏漏，欢迎读者批评指正，也恳请空间天文学的专家们给予指教。

最后，我们要感谢为空间科学的发展做出卓越贡献的各国科学家、工程技术人员和有关科学项目的研究单位。本书所展示的许多精美绝伦的天体照片和以不同方式表达的观测结果、翱翔天空的各种空间望远镜照片和它们的结构原理图，都是空间天文学丰硕成果中不可或缺的一部分，也成为本书众多图例中的重要组成部分，其中很多照片是美国宇航局（NASA）和欧洲空间局（ESA）所发布的。我们再一次表示衷心的感谢。

吴鑫基　温学诗

2016年5月

Contents

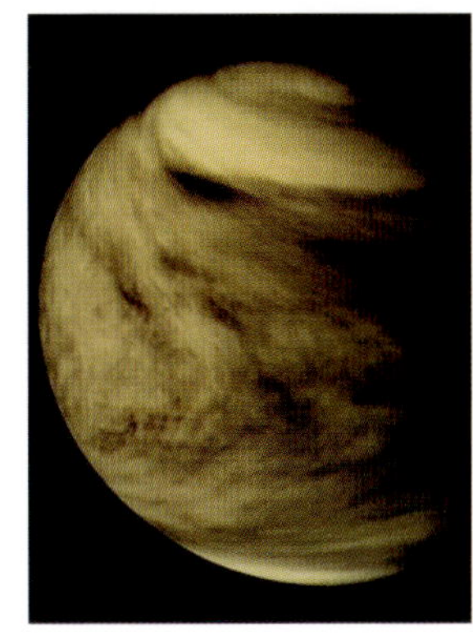

目录

目录 Contents

第六章 宇宙伽马射线源的观测研究 / 273

目录 Contents

目录 Contents

第一章 空间天文学和航天科学的发展

天文学从本质上说是一门观测科学。目前，绝大多数关于天体的信息都来自电磁辐射和以高能粒子流为主的宇宙线。天体物理仪器的作用是对来自天体的电磁辐射和高能粒子流进行收集、定位、变换和分析处理，电磁辐射和高能粒子流的收集和定位由不同的望远镜和探测器实现。为了获得全面的物理信息，必须对天体的电磁辐射进行全波段的观测和分析。现代天文学已经进入了全电磁波段观测的时代，各个波段望远镜的发展吸取了当代最先进的尖端技术，同时也推动了技术的发展。以太空为基地的X射线、伽马射线、紫外、红外、光学和射电等波段的观测设备以及高能粒子的探测设备构成了完善的空间观测家族，观测成果已构建起现代空间天文学的各个分支学科。

航天科学的发展使空间天文学的含义更为广阔，包括了航天飞行器和航天员对太阳系天体的实地观察、采样和实验分析。航天科学的发展对推动空间天文学的发展至关重要，空间天文学的很多技术是借鉴、移植，甚至是使用航天科学的技术。所以本章将用一定的篇幅介绍与空间天文学有关的现代火箭、卫星、飞船、航天飞机、空间站等天文观测设备的运载工具或载体，还将扼要介绍空间探测的主要成就。人类已经发射空间探测器到月球、水星、金星、火星、木星、土星、天王星、海王星以及冥王星附近去探测，甚至把探测器送到行星及其卫星表面，这些探测及探测结果无疑是空间天文学的重大进展，当然也是航天科学的重大贡献。其中对月球和火星的空间探测尤为精彩和重要，对土星和木星的空间探测也可以说是深入细致。要全面了解空间天文学，我们也需要对空间探测的情况有所了解。

从发射探空火箭和发送探空气球算起，空间天文学的研究始于20世纪40年代。空间科学技术的迅速发展，给空间天文学研究开辟了十分广阔的前景。

1 天体的电磁辐射、地球大气辐射窗口和空间天文学的早期发展

我们获得的天体信息主要来自它们发出的电磁辐射。电磁辐射的波段非常宽，从伽马射线、X射线、紫外线、可见光、红外线到射电波段，地球大气只允许可见光和射电波通行无阻地到达地面，而把伽马射线、X射线、紫外线及大部分红外线阻挡在地球大气之外，只能进行空间观测。空间天文设备技术复杂、耗资巨大，起步比较晚，发展也比较缓慢，直到最近的几十年才得到长足的发展。

1.1 天体的电磁辐射波段划分和普朗克定律

天体的电磁辐射主要有黑体的热辐射和高能带电粒子在磁场中加速运动产生的电磁辐射，电磁辐射的波段非常宽，表1–1给出各个波段的波长范围。

表1–1 天体的各种辐射及其波长

辐射名称		波长范围
射电波	米波	1~30 m
	厘米波	1~100 cm
	毫米波	1~10 mm
红外线	远红外	30~1000 μm
	中红外	3~30 μm
	近红外	0.77~3 μm
可见光		0.39~0.77 μm
紫外线		0.01~0.39 μm
X射线		0.001~10 nm
伽马射线		小于0.001 nm

根据普朗克黑体辐射定律，黑体辐射的频谱由温度决定。我们在生活中通常采用摄氏度（℃）或华氏度（F），但天文学上常常采用绝对温标，即开尔文（K），它属于国际单位制中的温度单位。摄氏度以冰水混合物的温度为起点，而开尔文是以绝对零度作为计算起点，两者之间很容易换算，0 K = –273.15 ℃。温度是天文学观测和理论研究中一个重要的物理参数，本书各章节大部分采用绝对温标，用K表示，也有一些章节采用摄氏度。

图1–1是黑体在温度为3 500 K~5 500 K情况下的频谱，随着温度的增高，频谱的峰值波长逐渐变短。对于不同的温度，其辐射的频谱范围都比较宽，只是在峰值波长两边，辐射逐渐变弱。太阳的表面温度为5 800 K，其辐射的峰值在可见光波段，但是，在射电、红外、紫外、X射线和伽马射线等波段依然展现出风采。天体的表面温度差异极大，有几百万开尔文、几万开尔文的，也有几千开尔文的。星云和星际介质的温度则非常低，只有几开尔文、几十开尔文、几百开尔文。著名的微波背景辐射的温度只有2.726 K。至于非热辐射，如高能带电粒子（主要是电子）在磁场中加速运动发出的电磁辐射，频谱也很宽。总体来说，要获得天体全面的信息，必须具有全波段观测的能力。

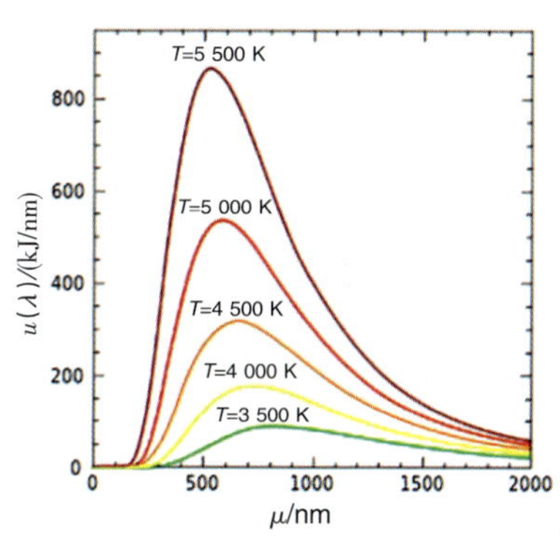

图1–1　黑体的电磁辐射频谱与温度的关系

1.2 地球大气辐射窗口

虽然天体各种辐射的本质没有不同，但是地球大气对它们的反响却有很大差别。许多波段的辐射在地球大气中受到反射、吸收或者散射，根本无法到达地球表面，只有少数波段的辐射可以穿透地球大气到达地球表面，这就好像地球大气为这些波段敞开了一扇扇窗口。

图1–2给出了地球大气的辐射窗口，纵坐标是大气不透明度，横坐标是波长。可见光和射电波可以穿透地球大气，到达地球表面，它们分别称为光学窗口和射电窗口。红外波段的辐射绝大部分都会在地球大气中被水、二氧化碳、臭氧等各种分子吸收，只有从近红外到中红外之间的一小段波长，即波长1.2~21 μm的红外辐射能够穿透地球大气，到达地球表面。

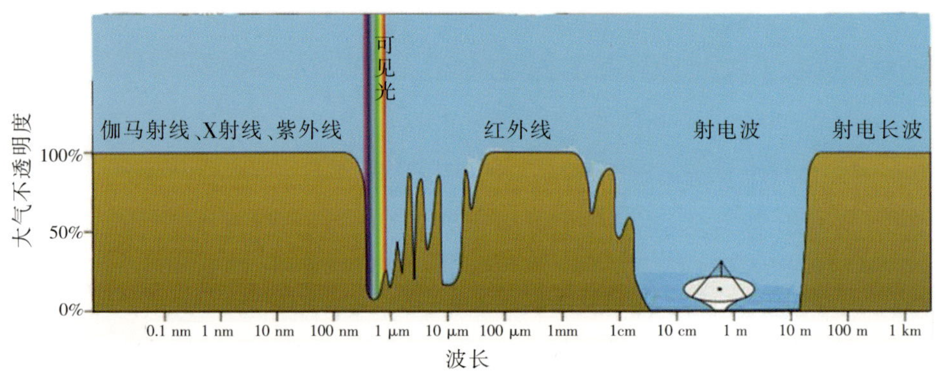

图1–2 地球大气对于不同频率电磁辐射的不透明度

对于紫外线、X射线和伽马射线，地球大气对它们都有大量吸收。如大气中的氧、臭氧和氮，强烈吸收来自天体的紫外线；而低层大气中的水，强烈吸收来自天体的X射线和伽马射线。因此，紫外线、X射线和伽马射线都被地球大气阻挡在了外面。

对于射电波段，大气中的水蒸气对最短的亚毫米波和毫米波有一定的吸收，所以亚毫米波和毫米波望远镜都放置在海拔高又很干燥的地方。当然，空间观测最理想，微波背景辐射的空间观测已经获得重大成果。但是，射电波段空间观测的局限性很大，不可能把地面上的大型望远镜发射上天。而天体发出的波长特别长的射电波会被地球电离层反射，地面设备观测不到。已经有人建议在月球上建立超长波射电望远镜，由于月球上没有大气，更没有电离层，它是射电天文观测的理想地方。

1.3 空间天文学的诞生和早期发展

天文学的历史很长，可以追溯到天文望远镜发明以前，即使以望远镜为手段作为起点，也超过了400年。而空间天文观测至今只有约100年的时间，而且发展比较缓慢，这是因为空间观测设备技术要求高，造价昂贵。空间天文学的发展从气球和火箭载着探测器观测开始，到了卫星时代才有比较大的发展。空间观测设备及其观测水平是由低级向高级逐步发展的，依赖于应用物理、工程、自动化技术、精密仪器制造、空间技术、计算机技术等科学技术水平的不断提高。

1.3.1 高空气球和火箭探测开创了空间天文学

1911年至1912年，奥地利物理学家赫斯用气球把电离室送到距离地面5 000多米的高空，进行大气导电和电离的实验，发现了来自地球之外的宇宙线。这应该说是人类第一次进行的空间天文观测，成果震惊世界，1936年赫斯因此获得了诺贝尔物理学奖。1946年10月10日，由早年的火箭试验先驱图西率领的研究组拍下了波长短至230 nm的太阳紫外光谱，得到第一张太阳紫外照片。1949年，弗里德曼等天文学家利用火箭携带探测器上天，发现了太阳的X射线辐射。1962年，贾科尼研究小组利用高空火箭探测月球表面的X射线荧光，意外地发现了来自天蝎座方向的X射线强源，同时还发现了宇宙X射线弥漫背景。贾科尼的发现揭开了X射线天文学的序幕。之后，利用高空火箭的观测得到了粗略的X射线天图，人类发现的大部分X射线源都集中在银道面附近。

1.3.2 人造卫星上天促使空间天文学大发展

利用气球和火箭进行观测的缺点很明显，气球不能上升得太高，只能在距地面几十千米的高空飞行，在这样的高度上，只能观测到光子能量比较大的硬X射线，低能的紫外线和软X射线都被地球大气吸收了。火箭可以飞得很高，但是观测时间太短，只能观测几分钟，对变源的观测无能为力，而且每枚火箭只能用一次，费用昂贵。1957年人造卫星上天以后，天文学家总算找到了一种非常好的空间观测载体，卫星的优点是完全摆脱了地球大气的影响，而且能在太空停留好几年，还能携带更多的探测设备，相当于在太空中建了一个天文台。空间观测需要将望远镜准确地对准天体，记录下辐射源的强度变化，这要求卫星有很好的定向系统、正确的轨道参数和可靠的姿态控制系统，以及高速度的信息采样系统和资料输送系统，航天技术的发展已经具备这样的能力，天文观测的要求使这些技术更加完善。

20世纪60年代以来，各国发射了许多系列天文卫星。太阳辐射监测卫星是美国早期的太阳观测卫星系列，也是世界上第一个天文卫星系列，从1960年至1976年共发射了10颗。其主要任务是对太阳X射线和紫外线辐射进行整个太阳活动周期的连续监测并提供实时数据，探测太阳X射线和紫外线的辐射通量。1960年发射的太阳辐射监测卫星1号是世界上第一颗天文卫星，它的发射揭开了人类利用卫星进行太阳探测和研究的序幕。轨道太阳观测台是美国第二个太阳观测卫星系列，从1962年至1975年共发射8颗，主要任务是对太阳紫外线、X射线和伽马射线辐射以及日冕、耀斑等进行综合观测。轨道天文台是美国的天文卫星系列，从1966年至1972年共发射3颗，主要用于探测宇宙天体辐射的紫外线、X射线和伽马射线。轨道天文台获得了第一批恒星观测的紫外线图像，其中轨道天文台3号在天蝎座还发现了一个与一颗超巨星相伴的黑洞。高能天文台是美国天文卫星的又一系列，从1977年至1979年共发射3颗，它们是20世纪70年代最重的空间观测台。高能天文台重点对脉冲星、黑洞、类星体等各种河外宇宙天体辐射源的X射线、伽马射线和宇宙线进行探测和研究，使人类对X射线的探测范围扩展到银河系外的天体。

电子号卫星是苏联的科学卫星系列，1964年共发射了4颗。卫星上装有高、低灵敏度的磁强计、低能粒子分析器、低能质子检测器、太阳X射线计数器以及研究宇宙辐射成分的仪器等，它们的主要任务是研究进入地球内、外辐射带的粒子及与其相关的各种空间物理现象。

中国的实践系列卫星既是技术实验卫星，又是科学探测卫星。1971年发射上天的实践一号载有用于探测宇宙线和观测太阳X射线的仪器，设计寿命为1年，但却在太空中正常运行和探测了整整8年。1981年发射上天的实践二号、实践二号甲及实践二号乙是用一枚火箭同时发射的3颗卫星，卫星获取了有关地球磁场、大气密度、太阳紫外线、太阳X射线、带电粒子辐射背景等数据，圆满地完成了新技术的试验。

总体来说，美国发射的天文卫星最早、最多，水平最高；其次是苏联；后来欧洲各国发射的天文卫星也不少，水平都很高。在亚洲，日本发射的天文卫星最多，走在前面。21世纪初，我国的“嫦娥探月”工程顺利进行，开始了对月球的天文观测研究。2015年12月，我国发射上天的暗物质粒子探测卫星“悟空”标志着我国空间科学探测研究迈出了重要一步。另外，我国还有几颗天文卫星在等待发射。天文科学卫星种类繁多，按波段分就有光学、红外、紫外、X射线、伽马射线以及宇宙线等。与空间天文强国相比，我国的天文卫星很少，比较落后，急需加快发展速度。

贾科尼领导了美国第一个专门用于探测天体X射线的空间探测器——自由号卫星的研制，它于1970年发射上天，能接收能量为2~20 keV的X射线。该卫星一举发现了339个X射线源，包括半人马座X-3、天鹅座X-1等十分著名的X射线源。自由号卫星的发射上天被公认为X射线天文学发展的一个里程碑，这也成为贾科尼后来获得诺贝尔物理学奖的原因之一。

第一个发射上天的伽马射线天文卫星是1961年美国探索者11号，接收到的伽马射线光子不到100个，但发现了银河系能量为100 MeV的伽马射线辐射，还发现了伽马射线暴。1972年发射的小型天文卫星2号（SAS–2）专门用于伽马射线天文观测，工作了7个月，检测到8 000个伽马射线光子，发现了太阳耀斑和一些脉冲星的伽马射线辐射，还获得了银河系大尺度伽马射线强度分布图。天文学家公认，伽马射线天文学是从这颗卫星开始的，而伽马射线暴的观测研究则成为之后几十年全世界天文学家关注的重大天文课题之一。

2 航天科学的发展为空间天文学的发展创造了条件

人造卫星和各种宇宙飞船的成功发射是20世纪最重大的科技成就之一，它们在许多学科和技术领域发挥了前所未有的巨大推动作用，对促进空间天文学的发展尤为明显。由于地球大气的吸收和干扰，需要把各种天文观测设备送到地球大气外去观测，航天科学帮了大忙。对于地面探测不到的伽马射线、X射线、远紫外线、远红外线和甚长波的射电波，由于卫星可以长期绕地球运行，载着天文观测设备的卫星就成为空间的一个运动着的天文台，可以对其进行观测。对于地面可以进行观测的可见光和近红外波段，为了克服地球大气抖动引起的分辨率和灵敏度（极限星等）的限制，也都有必要到空间去观测。这样，火箭、卫星、飞船、航天飞机和空间站的发展就直接影响着空间天文学的发展。

2.1 现代火箭的发展

从风筝到气球、飞艇，再到飞机，人类实现了像雄鹰一样在天空中翱翔的美好愿望。然而，它们只能飞离地面，飞上蓝天，却不能逃脱地球的引力，飞向太空。天文观测需要把探测器送到离地球表面几百千米的空间绕地球飞行，在飞行过程中进行天文观测，这要求运载天文观测设备的人造卫星具有第一宇宙速度，这样才能绕地球运行而不掉下来。有的观测设备放置在太阳和地球的第一拉格朗日点和第二拉格朗日点上随地球一起绕太阳运行，进行天文观测，这对探测器的速度要求更高。

根据牛顿万有引力定律推算，物体的运动速度如果达到7.9 km/s，它就可以挣脱地球的引力环绕地球飞行，而不再落到地面上，这个速度称为第一宇宙速度。如果要飞离地球到月球上建立天文观测站，必须达到第二宇宙速度，即达到11. 2 km/s。

火箭是发射人造卫星最重要的运送工具。说起火箭，最先发明火箭的是我们的祖先，据史书记载，汉朝末年诸葛亮攻打赫昭，用的就是“火箭”。800多年前，即我国南宋时期，民间就开始用火药制造各种鞭炮，其中有一种称为“窜天猴”的鞭炮，火药点燃后，在尾部喷出气流，主体向上飞。“窜天猴”是靠自身喷气推进而升到空中的，它与现代火箭的原理一样。明代的“火龙出水”是一种串联式二级火箭，点燃第一级后使龙体在水面飞行，火药燃尽时便引燃龙腹中的第二级火箭，从龙嘴中吐出数支“火箭”攻击敌人。

20世纪初期，科学技术的飞速发展以及炼钢、合金、电焊等各种工业水平的大幅提高，给那些致力于宇宙航行研究的人们带来了希望的曙光。这时，俄国一位杰出的科学家，后被人们誉为宇宙航行之父的齐奥尔科夫斯基脱颖而出。1903年，他发表了一篇题为《利用喷气装置探索宇宙空间》的著名论文，为人类的航天事业奠定了科学的理论基础。他指出：“只有火箭才能冲出地球大气到达宇宙空间。”又指出：“要有多级火箭，逐级加速，速度越来越快，最后挣脱地球引力，进入宇宙空间。”他为人类实现飞天梦想指出了一条光明大道，然而，这些观点当时并未引起人们足够的重视，他自己也没有制造过一枚火箭。

1926年3月16日，美国科学家戈达德在实验场点燃了世界上第一枚液体火箭的燃料，火箭一下子窜到十几米高的空中，然后又水平飞行了几十米后落下地来。这次实验使他被后人誉为火箭之父。1929年，以德国科学家奥伯特为首的宇宙航行协会开始做液体火箭的试验。1931年，奥伯特在布劳恩等助手的帮助下研制的火箭垂直上升高度达到了91 m。后来，军方挤了进来，要求他们研制军用火箭。1933年至1942年，德国著名火箭专家布劳恩等研制出各种型号的液体火箭，最高飞行速度接近2 km/s。1944年，德国纳粹头子希特勒看中了A–4火箭，下令将它改进后装上炸药用于战争，进攻英国，并更名为V–2火箭。尽管V–2火箭在战争中充当了希特勒滥杀无辜的工具，但是它成功的制造技术已经让人类挣脱地球引力、冲出大气的日子不再遥远了。V–2火箭是人类航天史上一个重要的里程碑。1945年5月7日，德国宣布无条件投降，此后布劳恩等一批火箭专家到了美国，还有一些火箭专家到了苏联，他们的才华和技术得到了应用和发展，布劳恩到美国后成为美国第一颗人造卫星上天和“阿波罗”登月计划的重要人物。

V–2火箭的速度最高只能达到3.5 km/s，距离第一宇宙速度7.9 km/s还有差距，提高速度的途径只有采用多级火箭这种办法，多级火箭大致分为三种形式：串联式、并联式和串联并联式。串联式是由两个以上的火箭装在一起，最下边的是第一级，往上是第二级，再往上是第三级。第一级先点火燃烧开始工作，工作完成后，通过连接/分离结构把这一级抛弃掉，减轻了火箭的质量，获得良好的加速性能。接着，第二级开始工作，工作完成后再被抛弃。一级一级地加速，最后达到所要求的速度，把人造卫星送入轨道。并联式是以一个主火箭为中心，周围再捆绑几个小火箭，工作时，周围的小火箭先点火燃烧加速，然后中心火箭再点火继续加速。串联并联式是先把几个火箭叠装在一起，相当于并联式中的主火箭，然后在它的周围再捆绑几个火箭。

20世纪80年代，国际商用卫星发射市场由美国独占。后来，欧洲的阿丽亚娜火箭系列占了上风。目前，除了法国和美国活跃在空间发射市场外，还有俄罗斯的质子号运载火箭、乌克兰的天顶号运载火箭、我国的长征系列运载火箭（见图1–3）和日本的H–2运载火箭。

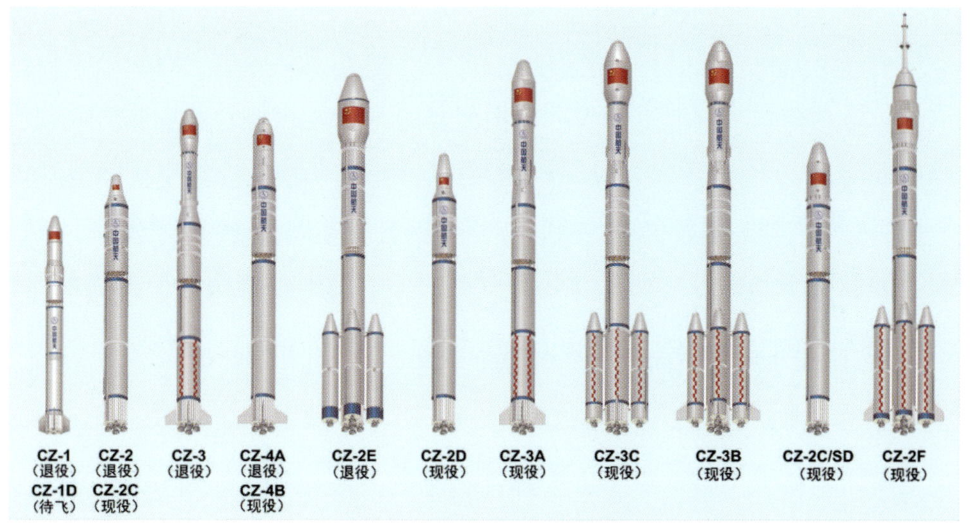

图1–3　我国长征系列运载火箭

我国的运载火箭技术已经达到世界先进水平，长征运载火箭形成了系列，具备发射近地轨道卫星、太阳同步轨道卫星、地球静止轨道卫星的能力，发射成功率比较高。

我国从1956年开始现代火箭的研制工作，第一颗卫星东方红一号由长征一号运载火箭发射上天。在已服役的火箭中，高轨道运载能力最大的是长征三号甲运载火箭，可把2.5 t有效载荷送入地球同步转移轨道；地球同步轨道运载能力最大的是长征三号乙运载火箭，运载量5 t左右；近地轨道运载能力最大的是长征二号F运载火箭，运载量9 t左右。虽然长征系列运载火箭成功发射了神舟系列飞船、嫦娥探测器、天宫一号，但是，它们与美国、俄国的运载火箭相比，运载能力还有较大差距。

20世纪，美国应用土星5号火箭实现了“阿波罗”登月计划，这是人类历史上使用过的最重、推力最强的运载火箭，高达110.6 m，起飞质量3 038 t，总推力达34 000 kN左右，可将118 t的有效载荷送上近地轨道。它创造了一个历史纪录，连美国人也没有打破过。不过，发射载人登月飞船的确需要很大的推力。

2012年，我国新一代大推力120 t液氧煤油火箭发动机点火热试车再获成功，这预示着我国航天动力的新旧更迭将加快。长征五号运载火箭的研制已经完成，预计2016年年底将实现首飞。这是我国新一代中芯级直径为5 m的火箭系列，近地轨道运载能力最大将达到25 t。未来天宫空间站、北斗导航系统和探月三期及其他深空探测的实施都将使用这个火箭系列。

2.2 航天飞机为空间天文学的发展立功

航天飞机曾是更为新颖的运载工具，但由于安全性能的缺陷和运行费用的高昂，航天飞机退出了历史舞台。但是，航天飞机在技术上有它的独到之处，而且其贡献很大，值得回忆。航天飞机是往返于太空和地面之间的航天器，可重复使用，它由可以回收重复使用的固体火箭助推器、不能回收的两个外挂燃料贮箱和可以多次使用的轨道器三个部分组成。航天飞机是一种垂直起飞、水平降落的载人航天器。其外部燃料箱被用来储存并提供燃料，发射后约8.5分钟，燃料耗尽，外部燃料箱便坠入到大洋中。一对装有助推燃料的火箭助推器平行安装在外部燃料箱的两侧，在发射后的前两分钟，与航天飞机的主发动机一同工作，到达一定高度后，与航天飞机分离，使用降落伞系统降落在大西洋，回收重复使用。轨道器很像一架大型的三角翼飞机，全长37.24 m，起落架放下时高17.27 m，机翼的最大翼展达23.97 m。它要载人在太空中绕地球飞行，还要在返回地球的过程中在大气层中飞行，经由高超声速、超声速、亚声速和水平着陆的减速过程，还要承受进入大气层后因与大气摩擦产生的高温，在技术上十分困难。航天飞机的优点是可以重复使用、载人或载物比较多。除了在天地间运载人员和货物之外，还能在太空进行科学实验和空间研究工作，携带天文观测仪器就成为一个绕地球运行的天文观测台。航天飞机还可以把人造卫星从地面带到太空去释放，或把在太空失效或毁坏的无人航天器（如低轨道卫星等人造天体）修理好，再投入使用，甚至可以把欧洲空间局研制的空间实验室装进舱内，进行各项科研工作。

从1981年至1993年年底，美国一共有5架航天飞机进行了59次飞行，其中哥伦比亚号航天飞机飞行了15次，挑战者号航天飞机飞行了10次，发现号航天飞机飞行了17次，亚特兰蒂斯号航天飞机飞行了12次，奋进号航天飞机（见图1–4）飞行了5次。每次载航天员2~8名，飞行时间2~14天。在12年中，已有301人次参加航天飞机飞行，其中包括18名女航天员。航天飞机在太空释放卫星50多颗，载2座空间站到太空轨道，发射了3个宇宙探测器，进行了卫星空间站回收。

图1–4　奋进号航天飞机在轨飞行

特别值得说的是，航天飞机将几架大型天文望远镜或探测器送到太空，第一个用航天飞机发射的是麦哲伦号探测器。1989年5月5日由亚特兰蒂斯号航天飞机把探测器送入地球低轨道，然后用一枚固体燃料火箭再将麦哲伦号探测器推入飞向金星的轨道。1989年10月18日，亚特兰蒂斯号航天飞机又释放了一个伽利略号木星探测器，这是迄今为止世界上研制和发射的结构及性能最为复杂、技术最为先进的行星际探测飞船，用来执行美国经过十年精心准备的最重要的木星探测计划。1995年到达木星的探测器绕木星飞行了22个月，拍摄到木星及其卫星的大量清晰照片，之后以48 km/s的速度进入狭窄的通道，进入木星大气层，在打开降落伞徐徐下降的过程中，展开了各种测量工作，不断地向地球发回各种宝贵的探测数据。历时1小时，最后这个球形探测器被大气压垮，探测工作才终止。

1990年4月，发现号航天飞机把哈勃空间望远镜（简称“哈勃”）送上了天。1990年10月，发现号又把一个观测太阳的探测器——“尤里西斯号”从航天飞机的舱内推出去，这个探测器使人类第一次从三维立体角度探测太阳的南北极。哈勃空间望远镜上天以后至今已有26年，其观测成果征服了科学界，这一切要归功于航天飞机五次送航天员上天对哈勃空间望远镜进行的维修（见图1–5）。

图1–5 第五次维修哈勃空间望远镜

2011年航天飞机退役后，美国向国际空间站运送人员和货物只能依靠俄罗斯，为改变这种状况，美国宇航局鼓励私营企业开发往返空间站和地面的“太空巴士”，并给予太空民营企业大力支持。天龙号飞船（见图1–6）就在这样的背景下诞生了，天龙号飞船又称龙飞船，采取7人座和宽货舱设计，整体外形呈子弹状，高约6.1 m，直径约3.7 m，每次能运送约500 kg的物资，一次的发射成本为1.2亿美元左右，比航天飞机便宜得多。龙飞船实际上只是一艘货运飞船，没有安装生命支持系统。2012年5月25日，龙飞船与国际空间站成功对接，成为有史以来首艘造访空间站的民营企业飞船，31日龙飞船重返地球大气层，靠一系列大型降落伞保持稳定并降低速度，直至落入太平洋。

图1–6　天龙号飞船

2.3 俄罗斯和中国的宇宙飞船

加加林乘坐的东方号飞船是人类第一艘载人飞船，它由球形的密封舱和圆柱形的设备舱组成。密封舱是航天员的座舱，直径2.3 m，外表覆盖了一层耐高温材料，能承受550 ℃的高温，舱内备有食品、氧气和饮用水等生活必需品，还有返回系统、遥测系统和姿态控制系统。设备舱位于密封舱的后面，里面装有飞船的动力系统及服务保障系统。东方号飞船只能乘坐1人，属于第一代飞船，虽然比较小，也比较简单，但它却是经过了多次不载人飞船飞行实践后改进完善的结果，安全可靠。

第二代飞船“上升号”可乘坐2~3人，它增加了出舱的设施，可以让航天员走出飞船到太空行走，但扩容的改进引起了问题，除了拆掉一些仪器设备，还要求航天员在舱内不穿航天服，这留下了重大隐患。

第三代叫“联盟号”，非常成功，它是一种多座位飞船，内有1个指挥舱和1个供科学实验和航天员休息的舱房，还增加了能与别的飞船或空间站进行空间对接的装置。“联盟号”既能自主长期飞行，为空间站接送航天员和物资等，又能与空间站组成一个新的飞行器。为了准备把航天员送上月球，从1967年的“联盟1号”到1970年的“联盟9号”都进行了交会对接实验。美国“阿波罗”登月成功迫使苏联取消登月计划，改为发展空间站，“联盟10号”到“联盟40号”的任务就是为礼炮号空间站和和平号空间站运送航天员和物资。

联盟号飞船在1967年至1981年共发射了40艘，除了最初发生了两起事故外，安全性一直很好。美国航天飞机停飞以后，联盟号飞船成为国际空间站接送航天员的唯一飞船。俄罗斯欲在2020年建成新的太空无人飞船并以之取代“联盟号”。图1-7是俄罗斯联盟TMA-7飞船。

我国在1970年发射第一颗人造卫星上天以后，就一直在为实现载人航

图1-7　俄罗斯联盟TMA-7飞船

天飞行而努力。在成功地进行了四次无人飞行试验后，2003年10月15日，酒泉卫星发射中心的长征二号F运载火箭将我国第一艘载人宇宙飞船神舟五号送上太空，绕地球飞行14圈后，平安降落在内蒙古阿木古郎草原上。图1-8是我国第一位太空使者——杨利伟。

2005年10月12日，航天员费俊龙和聂海胜乘坐神舟六号升空，于10月17日早晨顺利返回。2008年9月25日，航天员翟志刚、刘伯明和景海鹏乘坐神舟七号载人宇宙飞船成功进入太空，于9月28日安全返回地面。这次载人航天飞行圆满成功，使我国成为世界上第三个独立掌握空间出舱关键技术的国家。2011年，神舟八号上天，这是一艘无人飞船，与天宫一号进行了对接实验。

图1-8　我国第一位太空使者——杨利伟

2012年6月16日，神舟九号载着3名航天员（景海鹏、刘旺和女航天员刘洋）飞上太空，6月18日14时左右神舟九号与天宫一号实施自动交会对接，这是我国实施的首次载人空间交会对接。2013年，神舟十号载着3名航天员上天，再一次与天宫一号成功对接。

图1-9　我国长征二号丙运载火箭发射升空的场面

图1-9是我国长征二号丙运载火箭发射升空的场面，而将我国神舟五号、神舟六号、神舟七号和神舟九号载人宇宙飞船送入太空的神圣任务，都是由长征系列长征二号F运载火箭完成的。长征二号F运载火箭是我国航天史上最复杂、安

全性指标最高的火箭，全长58.34 m，包括一级火箭、二级火箭、整流罩和逃逸塔四部分，宇宙飞船隐藏在整流罩内。火箭起飞时的总质量达497 t，是个名副其实的大力士。

我国现有酒泉、太原、西昌、文昌四个航天发射场，其中酒泉卫星发射中心是我国唯一的载人航天发射场，该地区地势平坦，人烟稀少，属于内陆及沙漠性气候，非常适宜航天发射。海南文昌航天发射场由于纬度低，发射卫星的能耗较低，加上海运火箭的大小不受铁轨的限制，将成为我国发射巨型火箭的基地。

2.4 科学卫星满天飞的时代

1957年10月4日，苏联的第一颗人造卫星上天，揭开了人类进入空间时代的序幕。当天午夜，莫斯科广播电台向全世界宣布了这一重大新闻，全世界都可以接收到卫星1号发出的“嘀嘀嘀”的信号，在日出、日落的时候，用小型望远镜还能看到它。全世界都为之沸腾了。

美国于1958年2月1日发射的第一颗人造卫星探险者1号，绕地球工作了将近4个月，首次发现了围绕在地球周围的范艾伦辐射带，立了大功。法国的第一颗人造卫星是1965年11月26日发射的试验卫星1号。日本的第一颗人造卫星是1970年2月11日发射的“大隅号”。我国是世界上第五个依靠自己的力量成功发射人造卫星的国家，我国的第一颗人造卫星是1970年4月24日发射的东方红一号。它的外形是个近似球形的多面体，直径约1 m，最大特点是携带了一台音乐发生器，能够播放乐曲《东方红》。1970年以后，又有英国、印度、欧洲空间局等的卫星上天，种类繁多的人造卫星形成了一个大家族。

人造卫星的外形五花八门，各具特色，有的是圆柱体，有的是多面体，有的是锥体，有的像车轴，还有的像一只大鸟，当然也有球形的，苏联发射的第一颗人造卫星就是球形的。早期的运载火箭尺寸比较小，卫星多采用球形或接近球形的多面体，这种形状的容积最大，允许安装比较多的仪器设备。返回式卫星的设计还要考虑返回地面过程中穿过稠密大气层时温度急剧升高的问题，这要求材料能耐高温，而且还要考虑稳定问题，一般返回式卫星的外形都设计成钝头形。

无论人造卫星的形状、大小和质量多么不同，但它们的结构大致相似：都有用特殊材料制成的外壳，能防止宇宙空间高能粒子的侵袭；都有坚固的骨架，能够抵抗起飞时的火箭推力和超重现象；都有一个严格与外界隔绝的环境，能够维持卫星内部的温度和气压，使卫星上携带的各种仪表都能正常地发挥作用；都有能源，多数采用太阳能电池，把太阳能转变为电能，保证卫星的能量供给；还有跟踪、遥测、遥控、通信、轨道控制、天线等系统，使卫星能保持与地面的联系，随时将探测到的资料和成果发送回地面；等等。除此之外，返回式卫星还有回收系统，有特殊任务的卫星还配有专门设计的各种专用系统。

按照用途来分，人造卫星可以分为三大类：第一类是用于科学探测和研究的科学卫星，包括空间物理探测卫星和天文卫星等；第二类是试验卫星，包括进行航天新技术试验或为应用卫星进行试验的卫星；第三类是直接为人类服务的应用卫星，这类卫星数量最大，种类也最多，包括通信卫星、气象卫星、地球资源卫星、侦察卫星、导航卫星等。我们最关心的当然是天文卫星，不过通信卫星、气象卫星、地球资源卫星等应用卫星也值得我们关注。

像月球围绕地球旋转一样，人造卫星也围绕地球不停地运动。不同使命的人造卫星的运行轨道不同，主要分为地球同步轨道、太阳同步轨道、极地轨道和近地轨道等，发射不同轨道的卫星上天对火箭推力的要求也各不相同。

运行周期与地球自转周期相同并且运行方向与地球自转方向一致的人

造卫星，其轨道为地球同步轨道，又称为24小时轨道，在这种轨道上运行的卫星，每天在相同的时间经过相同地方的上空。在地球赤道上空，有一条十分特殊的地球同步轨道，从地面上看，在这条轨道上运行的卫星好像挂在空中静止不动，因此称之为静止卫星，这条轨道又被称为地球静止轨道。其实这种卫星并非不动，只是它绕地轴转动的角速度和地球自转角速度大小相等，方向相同，它距地面的高度为35 786 km，运动速度为3.075 km/s。

太阳同步轨道指的是卫星的轨道平面和太阳始终保持相对固定的取向，轨道平面与赤道平面的夹角接近90度，卫星要在两极附近通过，因此又称之为近极地太阳同步卫星轨道。为使轨道平面始终与太阳保持固定的取向，因此轨道平面每天平均向地球公转方向自西向东转动0.985 6度。选择适当的发射时间，可以使卫星经过某些地区时都有较好的光照条件，即卫星在这些地区的上空始终处于太阳光的照射下，太阳电池可以充足供电而不会中断。倾角大于90度的太阳同步轨道还兼具极地轨道的特点，可以俯瞰整个地球表面。气象卫星、地球资源卫星一般都选取太阳同步轨道，以使拍摄地面目标的图像最好。太阳同步轨道的精度要求很高，为了较长时间保持与太阳同步，卫星需要配备轨道控制系统，用于修正轨道误差和不断克服摄动力的影响，太阳同步轨道卫星距地面的高度不超过6 000 km。

近地轨道卫星飞得都比较低，轨道究竟多低没有公认的严格定义，一般高度在2 000 km以下的近圆形轨道都可以称为近地轨道，由于近地轨道卫星离地面较近，绝大多数对地观测卫星、测地卫星、空间站以及一些新的通信卫星系统都采用近地轨道。

我国的卫星在航天遥感、卫星通信、文化教育、科学技术、空间科学试验等方面都取得了举世瞩目的成就，而通信卫星在国民经济、军事、文化、教育等方面都有重要的应用。1984年4月8日，我国成功地发射了一颗试验通信卫星，并在预定时间成功地定点于东经125度赤道上空，卫星上的仪器、设备工作良好，进行了电视、通信、广播等传输试验应用，这使航天事业为四个现代化建设服务开辟了广阔的道路。现在，我国的卫星通信服务已经被当作一项业务开展，仅就电视来说，中央和很多省、自治区的电视台的节目已经在用卫星转播，使其在全国范围都可以收看。

3 可作为天文观测站的空间站

太空的神奇吸引着古今中外的人们，20世纪60年代，航天技术的发展让人类千年的飞天梦想变成现实。从苏联航天员加加林上天到美国航天员阿姆斯特朗登月，只用了8年时间。由于载人航天的成功，在太空中建造比卫星大得多的有人居住的空间站成为可能，空间站又称轨道站、航天站，是建造在太空中的科学实验室和以开发空间资源为目的的基地。经过40多年的发展，空间站已经从单个轨道舱体发展为由基础舱和多个功能舱组成的轨道联合体，由于空间站规模大，不可能在地面建好后发射上天，所以只能在地面制造部件分次送到太空，依赖对接技术进行组装，并需要航天员出舱工作及进行维修。

空间站的优越性非常大，它能在轨道上长期停留，寿命基本上都能达到十年，能保证航天员在太空中停留比较长的时间，因此可以完成大量人造卫星和载人飞船所不能完成的任务。在太空中运行的科学实验室能进行很多地面实验室无法完成的实验，由于它具备失重状态，并且清洁度极高，生命科学、生物科学、物理学和空间科学的一些实验研究只能在这样的条件下进行。它的容积比较大，可同时进行多方面的科学实验，天文学家也希望能在空间站进行天文观测。载人空间站还可以执行军事侦察、预警、导航、通信等多种任务，这些都是世界各国十分关心的问题。

3.1 苏联率先建造空间站

1971年，苏联发射了第一个小型空间站“礼炮1号”，它看起来像一个粗壮的大炮筒，总长约12.5 m，粗细不等，直径约为1.8~4 m，重约18.5 t。空间站由轨道舱、服务舱和对接舱三大部分组成：轨道舱里有各种试验设备、照相摄影器材和科学仪器；服务舱里装有发动机、推进剂等；对接舱是专门为在太空中与其他宇宙飞船对接准备的。

联盟号飞船负责与礼炮号空间站对接，它的载重量达2.3 t，承担运送航天员和给养的任务。“礼炮号”与“联盟号”对接后可以组成一个容积达100 m^{3}的居住舱，最多可容纳6名航天员。“礼炮1号”之后，苏联又陆续发射了“礼炮2号”~“礼炮7号”，“礼炮6号”和“礼炮7号”有较大改进，增加了一个对接口，这两个空间站共接待了27批（61名）前来工作的航天员。

3.2 美国天空实验室

美国第一座空间站——天空实验室由轨道工作舱和阿波罗飞船指挥舱、服务舱组成，全长36 m，重约82 t，工作容积达316 m^3，其结构与礼炮号空间站类似，但规模要大得多。工作舱是天空实验室的基本部位，是航天员主要的工作和生活舱室，舱内设有环境控制系统，它能给航天员提供舒适的环境，保持室温为15.6 ℃~20 ℃。太阳望远镜是天空实验室上的一个天文台，可以拍摄太阳的紫外线和X射线等，能获得精细的日冕照片。在天空实验室里还有作业室兼实验室、食堂、寝室、厕所等。

1973年5月14日，天空实验室由两级的土星5号火箭发射上天。但是，出师不利，升空后就出了事故，因此不得不派载有3名航天员的阿波罗飞船去营救，这3名航天员作为空间站的第一批工作人员，逗留了28天，不仅使天空实验室恢复了正常工作，还拍摄太阳照片30 000多张、地球照片近9 000张，记录资料磁带达14 000 m。

1973年7月8日，第二批航天员（3名）入住，航天员完成了持续6个半小时的舱外活动，给太阳望远镜装上了新的胶卷盒，安装了测量微流星的装置，检查了阿波罗飞船的推力器，他们还在空间站上面搭起了一个新的遮阳伞。这次飞行的天文观测成果很显著，航天员使用了多光谱摄影机、地球照相机、红外多光谱扫描仪、微波辐射计和散射仪、高度计和L波段辐射计等，对太阳的观测时间共计300小时，通过阿波罗望远镜，航天员拍摄了77 600张X射线、紫外线和可见光光谱段内的日冕照片，并拍摄了100多张太阳耀斑照片。1973年11月16日，第三批航天员发射升空，在空间站生活、工作了84天，航天员们出舱更换了6台望远镜照相机内的胶卷，安装了尘埃和微流星、宇宙线和带电粒子测量仪，修理了空间站尾部的一个天线。这次飞行观测获得了两项杰出成果：第一次观测到一颗名为康浩特的新彗星；观测到一次耀斑爆发时的全过程。此外，还拍摄了有关太阳X射线、紫外线、可见光的照片，多达75 000张。

天空实验室依靠探月剩下的阿波罗飞船接送航天员以及运送物资，但是飞船被用完，空间站只能无人飞行，最终不得不于1979年7月11日由地面操作人员发出指令，让它安全飞过北美大陆上空人口稠密地区以后进入大气层，最后化成无数碎片，坠落在澳大利亚西部地区和南印度洋。天空实验室在宇宙空间共运行了2 246天，绕地球3.498 1万圈，航程达14亿多千米。

3.3 苏联和平号空间站

1986年，苏联研制成比礼炮号空间站更先进的和平号空间站，全长

87 m，最大直径4.2 m，质量为175 t，有效容积470 m³，它有6个对接口，不仅可以分别与载人飞船、货运飞船对接，还可以再与4个工艺专用舱对接，既扩大了科学实验范围，又提高了生命保障系统。和平号空间站于1986年2月20日发射上天，超期服役，曾创造两名航天员在太空飞行整整一年的世界纪录，后因财政困难于2001年3月23日告别太空。

自诞生之日起，和平号空间站共在轨道上运行了15年，大大超过了5年的设计寿命，它绕地球飞行8万多圈，行程35亿千米，进行了1.65万次科学实验，完成了23项国际科学考察计划。在运行期间，共有31艘联盟号载人飞船、62艘进步号货运飞船与其实现对接，还有9次与美国航天飞机对接和联合飞行。航天员从这座人造天宫进行了78次太空行走，舱外活动的总时间达359小时12分钟。先后有28个长期考察组和16个短期考察组在上面从事考察活动，共有12个国家的135名航天员在这座空间站上工作过。航天员在这座空间站上进行了大量生命科学实验、空间材料学和医学实验，取得了极为宝贵的成果和数据，不仅拍摄了许多恒星、行星的照片，进行了基本粒子和宇宙线的探测，还探索了从太空预报地震、火山爆发、水灾及其他自然灾害的可能性。

在对地观测方面，它发现了10个地点可能有稀有金属矿藏，117个地点可能有油脉存在。在天文观测方面，它也有不少新发现。此外，和平号空间站还开发了大量空间新技术。

3.4 国际空间站

国际空间站由美国、俄罗斯、欧洲空间局成员国以及日本、加拿大等16个成员国参与，是人类有史以来规模最大的宇宙空间探索行动，长110 m，宽88 m，重约470 t，供航天员生活的区域相当于一架波音747喷气式客机的容量。国际空间站于1994年开始准备，1998年兴建，原计划于2006年建成，但因经费、技术和计划协调等原因，进展缓慢，欧洲和日本的实验舱到2008年才送入轨道，由于采取“边建设，边应用”的发展模式，2000年11月首批常驻乘员已经进驻国际空间站，开始利用俄罗斯和美国的实验舱开展科学试验活动。国际空间站建设周期长，投资巨大，至少花了750亿美元，运转和维护费用每年高达数十亿美元，不堪重负，因此，刚刚建成就要讨论什么时候退役。

当然，国际空间站作为一个巨大的太空实验室，还是展示了其强大的能力和优越性。到2011年11月2日，在有人值守的11年中，共进行了1 400多项科学实验，在医药、生物、环境科学，特别是天文观测等方面获得了重要成果。2011年5月16日，高精度粒子探测器——阿尔法磁谱仪2号搭乘美国奋进号航天飞机到了国际空间站，这是国际著名科学家丁肇中主持的大型国际合作项目。他曾多次坦言，这是他40多年科研生涯中难度最大的实验，让由他和来自全球16个国家和地区的56个科研机构组成的国际团队奋斗了整整17年。我国科学家也承担了其中重要的研制任务。科学家们希望阿尔法磁谱仪2号能找到人类从未“见”过的东西，还期待能找到人类从没“想”过的东西。2013年4月，安装在国际空间站上的阿尔法磁谱仪2号累计观测到超过40万个正电子，进一步证实了反物质的存在。

3.5 正在建造的中国空间站

国际空间站由16个国家合作建设，唯独拒绝我国参加，这迫使我们推出中国的空间站建设计划。差距虽大，但我们有条不紊地迈开了坚实的第一步，为2020年前后建成规模较大、长期有人参与的国家级空间站做技术准备。计划中的中国空间站将由一个21 t核心舱和两个20 t实验舱组成，总发射质量超过60 t。核心舱长18.1 m，最大直径4.2 m，分为节点舱、生活控制舱和资源舱；节点舱拥有5个对接口，用于对接实验舱和载人飞船，是空间站的联系枢纽；生活控制舱是航天员的主要活动场所，也是空间站的管理控制中心；在资源舱尾部还有一个对接口，用于对接货运飞船。两个实验舱长度均为14.4 m，最大直径4.2 m，是开展空间实验的主要舱所，也可供航天员临时生活，其中，实验舱还有部分控制功能。

中国空间站的各个舱段均为独立的航天器，具备自主飞行能力，这种设计增加了制造成本，但用我国自己的火箭分三次就能把空间站送上天，避免了使用航天飞机这种复杂而昂贵的天地运输工具，降低了整体的建设成本。中国空间站分两个阶段实施：2016年前，研制并发射空间实验室，突破和掌握航天员中期驻留等空间站关键技术，开展一定规模的空间应用；2020年前后，研制并发射核心舱和实验舱，在轨组装成载人空间站，突破和掌握近地空间站组合体的建造和运营技术。在空间站上将安装口径2 m左右的光学望远镜和太阳高能辐射探测设备，将开展多色成像和光谱巡天，研究宇宙加速膨胀与暗能量属性，研究星系、类星体、恒星与黑洞的形成和演化等，计划装载采用创新技术的高能宇宙辐射探测设施。图1–10是神舟八号与天空一号对接模拟图。

图1–10　神舟八号与天宫一号对接模拟图

4 月球探测和在月球上建立天文观测基地

月球是离地球最近的一个天体，天文学家对它的观测研究倍加关注，研究的课题十分广泛，涉及历法、月球轨道、与地球的关系、物理特性、月球表面、月球的结构等。对月球进行空间探测主要有三种方式：一是把探测器发射到月球附近绕月球运行进行探测；二是让探测器降落到月球表面进行考察；三是航天员登月实地考察，并取回月球的土壤、岩石等。

4.1 苏联率先探月

向月球发射探测器的技术比发射人造地球卫星要复杂，必须考虑地球、月球以及太阳引力的影响。月球距离地球38.4万千米，在探测器离开地球奔向月球的过程中，离地球31.8万千米以前主要受地球引力的影响，之后则主要受月球引力的影响。由于月球的引力只有地球的1/6，探测器进入月球引力为主的范围后，必须及时调整飞行姿态和速度，稍有偏差就不能到达预定的轨道。探测器在月球表面实行软着陆还要选择合适的着陆地点，由于月球上没有大气，只能采用火箭发动机来进行制动，使探测器缓慢地降落在月球表面。航天员登月就更复杂了，最重要的是保证航天员能安全地登陆月球和返回地球。

苏联在1959年一年之内连续发射了“月球1号”“月球2号”和“月球3号”三个探测器：“月球1号”的速度太大，没有被月球引力俘获，与月球擦肩而过；“月球2号”击中月球正面的中央，这是人类第一次实现人造物体在月球上硬着陆，标志着人类对月球近距离直接科学探测的开始，“月球2号”还首次为人类送回了月球表面的珍贵照片，证实了月球没有全球性的磁场，但它没有实现绕月飞行；“月球3号”从月球背后绕过，第一次拍到了月球背面的照片。

1965年发射的“探测器3号”拍摄了25张月球表面的照片，尤其弥补了“月球3号”没有拍摄到的部分月球表面，使人类得到了一幅完整的月球背面地貌图。1966年2月3日，苏联发射的“月球9号”在人类探月史上第一次实现了月球表面软着陆，从月球发回了一批月球全景照片。同年3月31日，苏联发射了“月球10号”，该探测器第一次实现了环绕月球飞行，拍摄了大量的月球照片。

1970年9月发射的“月球16号”第一次实现了无人驾驶飞船登月，并首次取回月球样品返回地球。1970年11月发射的“月球17号”第一次把一辆无人驾驶的月球车送到月球表面，在8万平方米的区域，对200多处土壤进行了测试，在月球上工作了11个月，月球车上的X射线望远镜还进行了天文观测。1973年1月发射的“月球21号”把月球车2号送上月球表面进行考察，它的活动范围更广。1976年发射的“月球24号”是这一系列探测器的最后一个，它携带了一台掘土机，从月球表面下方2 m处获得了170 g的样本。

4.2 美国“阿波罗”登月

苏联的探月走在世界的前面，美国后来居上，在无人探测器探月方面进展神速，于1961年实施的“阿波罗”计划更使美国登上了探月的顶峰，震惊了世界。

1969年7月16日发射的阿波罗11号飞船顺利地把航天员送上了月球表面（见图1–11），之后，又发射了“阿波罗12号”~“阿波罗17号”，这6艘飞船中除了“阿波罗13号”由于意外事故未能登上月球之外，其余全部登月成功。每艘飞船都载有3名航天员，每次都有2名航天员踏上月球的土地，完成各不相同的考察项目。“阿波罗17号”是“阿波罗”计划中拜访月球的最后一位使者，其中一名航天员施密特是位地质学家，他在登陆地对地质情况进行了考察后报告：“这里真是地质学家的乐园。”5艘飞船选择的着陆点不同，但它们都在登陆地建立了核动力实验站，实验站里包含六种科学仪器：磁力计，离子检测器，月球大气检

图1–11 “阿波罗11号”航天员奥尔德林在月球表面，面罩上映出了摄影者阿姆斯特朗

测器，太阳风分光仪，尘埃检测器和月震仪。整个“阿波罗”计划宣告胜利结束，12名航天员先后6次登上月球，累计在月球表面停留达302小时20分钟，探测达80小时，行程达90.6 km，带回月球土壤和岩石样品381 kg。这是人类月球探测史上具有划时代意义的一项成就，它不仅使我们对月球的认识产生了巨大的飞跃，而且为我们开发利用月球资源提供了十分宝贵的第一手资料。图1-12是“阿波罗12号”拍摄的月球第谷环形山及其辐射纹。

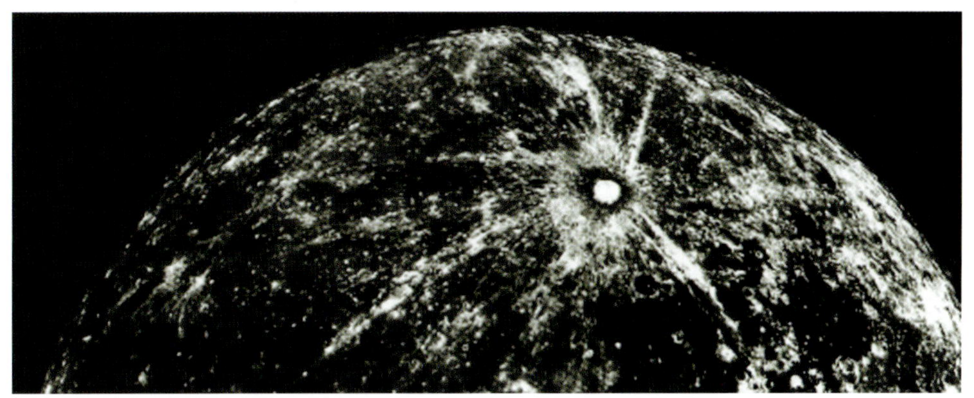

图1-12 “阿波罗12号”拍摄的月球第谷环形山及其辐射纹

4.3 中国“嫦娥探月”工程

进入21世纪，全球再次掀起探月高潮，日本、英国、德国、中国、印度、美国、俄罗斯等轮番上阵。各国的研究课题不尽相同，大方向却是一致的，那就是为将来开发利用月球资源做准备，找水和探矿成为探月的重点。

我国“嫦娥探月”工程分为三个阶段：第一阶段是“绕”，发射围绕月球飞行的卫星，对月球进行整体的、全面的、综合性的探测；第二阶段是“落”，向月球发射软着陆器，并携带月球车在月球表面巡视勘察；第三阶段是“回”，向月球发射携带小型采样返回舱的软着陆器，采集重要的样品后返回地球。嫦娥一号和嫦娥二号已完成“绕”的任务，嫦娥三号已完成“落”的任务。

嫦娥一号携带了CCD立体相机、干涉成像光谱仪、激光高度计、微波探测仪、太阳高能粒子探测器、X射线谱仪、伽马射线谱仪和低能离子探测器等。这些仪器设备都是为了完成如下科学探测任务：获取月球表面三维立体影像（见图1–13），精细划分月球表面的基本构造和地貌单元；勘察月球表面钛、铁等14种元素的含量和分布；利用微波辐射技术探测月球土壤的厚度，并且估算氦–3的资源分布和含量；进一步探测地球和月球之间的空间环境。嫦娥二号的任务仍然是这几项，但是它离月球表面更近，从200 km变为100 km，携带的照相机更先进，因此它拍摄的月球表面照片的分辨率和清晰度都比嫦娥一号高出很多，嫦娥二号获得了分辨率为7 m的全月图。这两次探测还使用微波探测仪进行氦–3资源的普查，初步结果已经得知，月球大约有100万吨的氦–3储量。

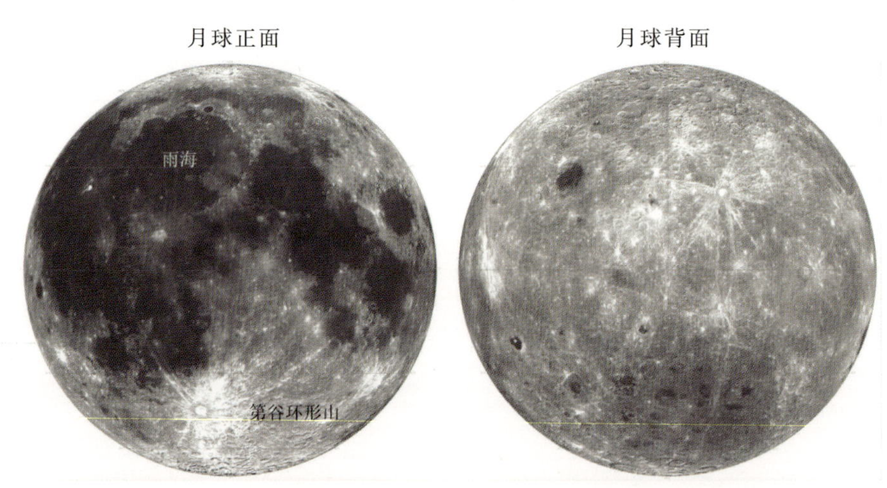

图1–13　嫦娥一号拍摄的月面图

2013年下半年发射的嫦娥三号，把一个月球着陆器和一辆月球车送到了月球表面。月球车有6个轮子，能在月球表面方圆3 km的范围内行走10 km，还能绕过障碍，由太阳能板提供能源，相机当眼睛，机械臂当手，抓取月壤（月球表面的土壤）放到车内分析。月球车底部还安装了雷达装置，可以边走边探测，雷达可以探测1~30 m厚的月壤，还可以探测月球内部的岩石结构，探测深度达1~3 km。不过，月球车的设计寿命仅为3个月，月球表面昼夜温差特别大，从–170 ℃到150 ℃，要保证月球车上的各种仪器正常工作实属不易。

嫦娥三号的任务可概括为巡天、观地和测月。着陆器顶部装置了一架近紫外光学望远镜，望远镜的口径为150 mm，视场大小为1.36度×1.36度。为什么观测波段定在近紫外呢？因为地面上的光学望远镜在这个波段很难进行观测。这次观测课题主要有两个方面：一是对一些重要天体的光变进行长期连续监测，研究其变化特性和物理机制；二是对低银道带进行巡天观测，获得巡天星图和星表。这架月基光学望远镜虽然很小，却是五脏俱全，它具有二维转动指向功能、观测和图像处理等复杂的软件功能，能根据地面上传的观测计划生成观测指令，调整反射镜指向观测目标，实现观测。它的遥控和自动化能力非常强，能适应月球的恶劣环境，在–40 ℃~–20 ℃下满足望远镜工作指标要求，计算机也能够正常进行天文图像中的目标识别、匹配及提取，这一切都将为我国后续空间天文望远镜的研制和运行提供重要的经验。这架月球表面近紫外光学望远镜已经实现2 000小时的观测，获得40颗恒星和风车星系的观测数据。

着陆器的设计寿命为1年，但已经正常工作了2年多，经历了月球表面极端恶劣的温度环境，完成了25次月夜休眠和月昼自主唤醒，并在2014年4月和10月、2015年4月和9月顺利经历了4次月全食的考验，获得了大量科学数据和月球表面环境数据。为了进一步获取在轨试验数据，着陆器在2015年1月开展了9项拓展试验，对不要求过月夜的设备进行超常规工作状态的测试，验证其在月球表面长期生存后的工作能力和对极限环境的适应性。在着陆器两年的工作期间，项目办组织各分系统对在轨数据不断进行阶段总结，特别是月尘对太阳翼发电的影响以及对热控涂层、多层的影响等进行分析，为后续月球探测任务提供了宝贵的第一手数据。1972年，美国“阿波罗16号”的航天员曾在月球上手动操作一架安放在一个简易三脚架上的口径76 mm的施密特望远镜，拍摄了地球、星云、星团和大麦哲伦星云，获得了一批天体照片，这是人类首次尝试在月球上使用望远镜观测天体，不过还算不上月基天文台。

嫦娥四号简称四号星，是嫦娥三号的备份星，由于嫦娥三号发射成功将不再发射嫦娥四号。嫦娥五号将于2017年前后执行月球采样返回任务，预计将带2 kg月球上的样品返回地球。为了探路，2014年10月24日由首次亮相的长征三号丙运载火箭带嫦娥五号升空，进入近地点高度为209 km、远地点高度为413 000 km的地月转移轨道，它的主要用途是突破和掌握探月航天器载人返回的关键技术。同年11月1日，探测器的返回器在内蒙古四子王旗预定地区顺利降落，这是我国航天器第一次在绕月后返回地球，使我国成为继苏联和美国之后成功回收绕月航天器的国家。

4.4 月基天文台的策划

人类对月球探测的步骤可归纳为探月、登月和驻月三大步。俄罗斯走完了第一步，现在准备迈第二步；我国与日本、印度、英国和德国等都还处在第一阶段，以“探”为主攻方向；只有美国已经走完了前两步，有能力实践驻月阶段，在月球建立永久性载人基地。果然，美国在停顿了30多年的登月探测之后，开始了新的登月计划。

2004年1月14日，美国总统布什宣布重返月球新计划，在2020年将4名航天员送上月球，开展约7天的月球基地建设；之后陆续前往，在2024年基本建成月球基地，最终的月球永久基地将可以保障每批航天员在月球上定居180天。2009年，美国总统奥巴马在向国会递交的2011财政年度政府预算案中，决定取消重返月球计划。新的太空探索计划将朝火星进发，在

21世纪30年代中期将航天员送往火星，并安全返回地球。尽管美国政府放弃了重返月球和开发利用月球，但仍有不少月球探测计划陆续出笼，有些已在实施之中。不少国家把开发月球作为努力的目标，这是因为月球是研究天文学、空间科学、地球科学、遥感科学、生命科学与材料科学的理想场所，加上月球资源丰富，将对人类社会的可持续发展产生深远影响。

在月球上进行天文观测比目前在空间和地面的天文观测优越得多。第一个优点是月球上不存在大气，天体发射的电磁辐射的所有波段都可以到达月球表面。地球大气本身有辐射，从紫外到近红外有荧光发射，红外和毫米波波段有热发射和散射，这些构成了天文观测的强干扰背景，然而在月球上观测就没有这个问题，月球周围的真空状态要比空间天文观测设备所处的还要低百万倍，月基天文观测不存在大气扰动干扰的问题。第二个优点是月球上的恒星周日运动缓慢，对天体连续观测的时间很长。月球自转周期平均是27.3天，比地球上慢27倍，由于月球自转很慢，只需极简单的跟踪系统。第三个优点是月球极区可能存在永久的极端低温环境，那里的环形山的底部永远不受太阳和地球的照射，温度可保持低于-30 ℃，是进行红外观测的合适场所。第四个优点是月球磁场很弱，没有电离层，尤其在背向地球的一面不会受地球无线电波的干扰，是进行射电天文观测的好地方。特别是在地面上由于电离层反射而观测不到频率低于10 MHz的射电波，在月球表面上却大有可为。第五个优点是在月球上观测比现在流行的空间天文观测的难度低，仪器的接收面积可以造得很大，运行寿命长。第六个优点是月震活动很小，月震只相当于地震活动的亿分之一，因此可以建造一个稳定、坚固和巨大的观测平台，特别有利于在月球表面建造几十千米至数百千米的长基线的光学、红外和射电干涉系统。

目前提出的具体的月基天文观测计划都属于大胆的设想，但比较受关注的有如下几项：一是在月球背面建立射电天线阵，工作波段是地球电离层截止频率以下的0.1~10 MHz，以探测宇宙极早期“黑暗年代”的氢21 cm谱线，我国天文界也提出相应的项目建议，并获得预研究的经费支持；二是利用月球表面的低重力建造超大口径的自转液体望远镜，口径为30~100 m，利用极区恒低温和恒定天区进行极深的近红外观测；三是利用月球地质学超稳定的固体表面建立光学和近红外望远镜的长基线干涉仪，做超高分辨率成像观测；四是利用月球自转缓慢的特点部署中小口径、不带跟踪功能的望远镜，在紫外波段做带状天区的巡天观测。

在21世纪，月基天文观测一定会逐步火起来，先易后难地在月球上建立一个一个的天文观测站。月基天文观测有可能成为地面观测和空间卫星观测举足轻重的伙伴。

5 类地行星的空间探测

地球是围绕太阳运行的一颗行星，与地球一起围绕太阳运行的还有七颗行星和一批矮行星，以及数不清的小行星和彗星，它们组成了一个和谐、美妙的天体系统。水星、金星、火星的性质与地球相近，因此称为类地行星。行星的空间探测是人类在研究天文学方法上的一次巨大飞跃，掀开了太阳系天体研究史上全新的一页。

5.1 水星的空间探测

在冥王星由行星降格为矮行星后，水星成为太阳系中个头最小的行星，其直径大约是地球直径的1/3，比木卫三和土卫六还小。水星外貌如月球，但其内部与地球非常相像。水星、金星和火星都归为类地行星，主要的组成物质是固态的岩石。

从地球上观测水星很困难，发射探测器绕水星飞行也十分困难。水星的昼夜温差太大，水星朝向太阳的一面，可达到400 ℃以上，这样热的地方就连锡和铅都会熔化，而背向太阳的一面，达到−173 ℃，探测器要靠近水星，首先就要接受冰火两重天的考验。水星是太阳系中公转最快的行星，要想准确地向水星发射探测飞船，就好像在百米以外打一个飞速移动的靶子，要计算得很准确才行。它仅比月球大1/3，相对于近在咫尺的太阳，实在是太小了，向它飞来的探测器，弄不好就成为太阳的盘中餐。

1973年11月3日，美国发射水手10号宇宙飞船，在对金星探测之后对水星进行了“顺访”，先后于1974年3月、9月和1975年3月三次飞临水星，拍摄了上万幅近距离图像，但只拍摄到了约45%的水星表面。专门探测水星的信使号飞船于2004年8月3日发射，为了克服发射绕水星运行探测器的困难，探测器走了一条迂回曲折的路，小心翼翼地接近水星，于2011年3月18日进入水星轨道，开始对水星进行为期1年的在轨探测。

水星距离地球1.5亿千米左右，但是“信使号”却用了6年半的时间走了78.86亿千米的旅程才进入绕水星运行的轨道。飞船的导航控制、飞行引导等小组成员在这漫长的6年多的日子里一直在进行监测和监控，一点都不能懈怠。在入轨之前，遥控“信使号”的主发动机点火约15分钟，将飞船减速，从而被水星引力捕获。

在这之前，“信使号”曾三次从水星身边飞过，拍摄了以往漏拍的地方，查看了水星大气层里的钠、钙和镁三种原子的含量及变化情况。第三次飞越水星时发现，钠原子比第二次飞越时少了一些，显示出季节性变化。“信使号”进入水星轨道以后，拍摄了近10万张图片，绘制了水星的引力场，进行了精密的高度测量，展示了水星表面的地貌特征。

看见水星的照片时，人们的第一印象就是与月球非常相像。图1-14是“信使号”环绕水星长期观测获得的资料所构成的水星表面图，比以往发布的水星表面图完整、精细。像月球一样，水星表面也布满了许多环形山，也有山脉、悬崖、峭壁、盆地和平原，不过，大环形山比较少，直径

20~50 km的环形山不多见。对水星的探测还了解到，水星上也几乎没有大气，没有水，但是在极区一些终年见不到阳光的陨石坑中发现了很多水冰。

图1–14 “信使号”对水星进行了全面的观测，获得了完整的水星表面图

水星外貌如月球，内部却很像地球。在八大行星中，水星的密度仅比地球略低一些，平均密度为5.433 g/cm^3。与地球一样，水星也分为壳、幔、核三层，只是核所占的比例大些，巨大的铁质核心半径可能达到1 800~1 900 km，而外壳仅有500~600 km厚。它的内核占整个星球的比例超过了地球，其原因可能是水星在太阳系早期的狂暴撞击时代曾遭遇严重撞击，把密度比较小的部分外壳抛到太空中去了。水星也有磁场，而且是与地球磁场一样的偶极磁场，但强度大约为地球磁场强度的1%，水星磁场可能来源于核心部分高温液态的金属。

5.2 金星的空间探测

金星是全天最明亮的一颗星，最亮时的视星等可达–4.4等到–4.8等，我国古代叫它太白星。和水星一样，金星只能在早上或晚上作为晨星或昏星出现，然而由于金星与太阳的距离比水星与太阳的距离远得多，金星在天空中“逗留”的时间也就比水星长得多，因此很容易见到。我国古代有“东有启明，西有长庚”的说法，指的就是早上出现在东方和晚上出现在西方的金星。

金星是距离地球最近的一颗行星，大小与地球相当，其直径是地球平均直径的95%，质量约为地球的4/5，同样被一层大气所覆盖。天文学家曾经把金星看作地球的孪生妹妹，猜想金星或许是浩瀚的宇宙荒漠中的另一片生命绿洲。然而，金星却是一个地狱般的世界，不分白天和黑夜，也不分赤道和两极，到处都是将近500 ℃的高温。浓密的大气层把金星严严实实地包裹了起来，最大的光学望远镜也无法给我们提供金星表面的任何信息。

苏联最先发起对金星的空间探测，从1961年发射巨人号金星探测器开始，发射了几个金星探测器，都遭到“出师未捷身先死”的命运。美国宇航局1962年7月发射的水手1号金星探测器也以失败告终。金星表面的高温环境，使早期的金星探测尝够了失败的苦头。

图1–15 “水手2号”拍摄的被浓密的大气包裹着的金星照片

最早实现金星探测的是美国1962年发射的“水手2号”，于同年12月从金星附近掠过，取得了金星大气、磁场、太阳风等方面的信息（见图1–15）。1967年，苏联“金星4号”携带的登陆舱抵达金星，人们才知道，金星表面的高温比雷达探测的结果还要可怕，平均温度达到480 ℃。

最成功的金星探测是1989年5月美国发

射的麦哲伦号探测器，对金星进行了4年多的探测，其运用成像雷达方法，对这个星球98%的表面进行探测，绘制出了地形地貌图（见图1–16），分辨率达到360 m。2006年到达金星的“金星快车”进行了486个地球日的环绕金星的探测。

金星地势比较平坦，包含70%的平原、20%的低洼地和10%的高原，环形山很少，这是因为受到稠密大气的保护。它的表面平静，但其实暗流涌动，火山及火山活动为数众多，除了几百个大型火山外，在金星表面还零星分布着100 000多座小型火山。

稠密的金星大气几乎是地球大气密度的100倍，大气中有96%保温性极强的二氧化碳和3%的氮气，还有一层厚达万米的浓硫酸云。大气中的二氧化碳允许太阳光自由地穿过，但是却不允许热量再散发出去，造成温度不断攀升，这种温室效应使金星成为太阳系中最热的行星，其温度高达465 ℃~485 ℃，而且不会因地区、季节或昼夜产生变化。

图1–16　根据麦哲伦号探测器的探测资料经计算机处理后得到的金星表面地貌照片

5.3 火星的空间探测

火星是地球的近邻，许多性质与地球相同，虽然比地球小，但直径也有6 796 km，约为地球的一半，其自转周期为24小时27分钟，与地球大致相等，公转周期为687天，约为地球的两倍。火星上同样有着四季的变化，因为火星的自转轴与公共轨道有一个23°59′的倾角，与地球的情况相近，只有半度之差。其地表平均温度比地球表面的平均温度大约低30 ℃。火星也有大气，只是比地球大气稀薄得多，主要成分为二氧化碳。

火星空间探测始于20世纪60年代。美国最积极，从1964年开始已经发射了20个火星探测器。其次是苏联、欧洲、日本和印度，苏联解体后，俄罗斯继承其衣钵继续发展。中国也在积极准备发射绕火星运行的探测器，不仅要环绕火星运行，还有送到火星表面的火星车。火星早期的探测成果很多，对地貌、土壤、岩石成分、矿藏和大气都有很好的了解。

美国1996年发射的火星环球勘测者探测器于1997年9月11日进入绕火星运行的轨道，开始对火星进行考察。“火星环球勘测者”对火星的地貌、大气、矿藏以及磁场等情况进行了测量，发现火星有微弱磁场，其最引人注目的成果是得到了火星表面2 700万个点的高度值，由此绘制出一幅火星的三维图像，给出火星表面的高山、平原、峡谷、盆地等。图1–17是根据“火星环球勘测者”观测资料获得的火星三维地形的北极冰帽，从图中可以看出，火星北极就像戴着一顶硕大的用冰做成的帽子，这顶大帽子方圆大约有1 200 km，最厚的地方大约3 km，上面还有1 km深的山谷。人类对火星表面了解的翔实程度

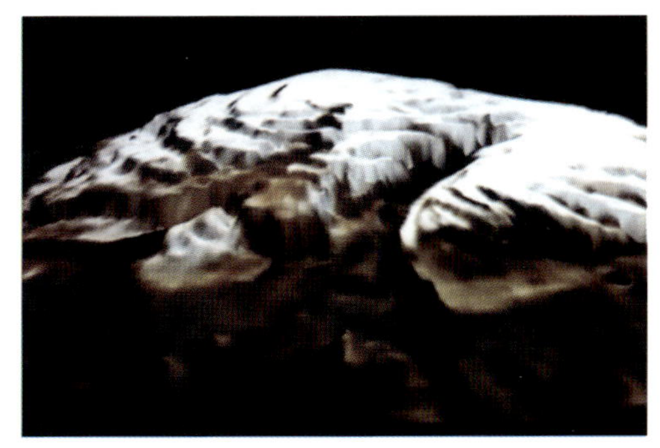

图1–17 根据“火星环球勘测者”观测资料获得的火星三维地形的北极冰帽

甚至超过了对地球许多大陆性区域的了解。

2006年开始对火星进行探测的火星勘测轨道飞行器发现火星上存在巨大的地下冰原，从两极延伸，几乎到达了赤道。在北半球的五个陨石坑的岩屑中，还发现了水冰的存在，陨石坑表面有大量的白色水冰（见图1–18），这些水冰是陨石坑形成时被撞击出来的，它们是火星近代历史中较为湿润的时期的残留物。

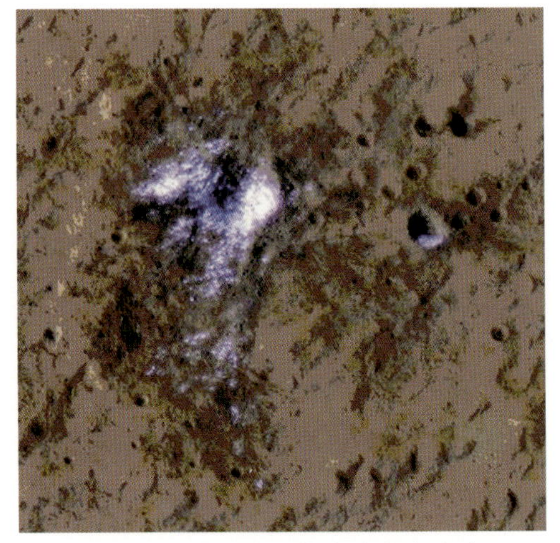

图1–18　火星陨石坑中的白色水冰

2003年，欧洲空间局发射火星快车探测器上天。同年，美国发射的勇气号火星漫游车和机遇号火星漫游车于2004年到达火星表面。2007年，美国发射凤凰号火星探测器上天，于2008年登陆火星北极冰冻地区。这些探测器和火星漫游车均把找水作为第一要务，结果如愿以偿，找到了很多有水的地方。2011年发射并于2012年8月到达火星表面的好奇号火星漫游车（见图1–19）不再找水了，而是寻找以碳为基础的有机物，探测火星是否有生命存在的迹象，是否有适合人类居住的条件。

图1–19　好奇号火星漫游车

6 类木行星的空间探测

八大行星中，木星、土星、天王星和海王星都是气态天体，统称类木行星。木星和土星个头最大，被尊称为巨行星，而天王星和海王星离太阳最远，也称远日行星。对类木行星的空间探测一直在持续不断地进行中，其中卡西尼号飞船探测土星最为有名。

6.1 木星的空间探测

木星是太阳系中体积最大的行星，也是自转最快、辐射最强、磁场最强、卫星最多的行星，这使之成为一颗可以傲视太阳系其他行星的老大，颇有些恒星的气质。它的成分与太阳差不多，其中氢占86%，氦占14%，还有很少量的其他气体。而木星内部还有着自己的能源。

20世纪70年代到80年代，已有先驱者10号、先驱者11号、旅行者1号、旅行者2号和伽利略号共5个行星际探测器考察过木星、土星等远离太阳的行星。1989年发射的伽利略号最为重要，它绕木星运行，进行了长达7年多的探测。2007年新视野号探测器途经木星时，对木星及其4颗最大的卫星进行了近700次拍摄和观测，以前所未有的视角展示了木星的大气层、光环、卫星和磁气圈。

大红斑是空间探测的重点，实际上它是木星大气中一个特大的气流旋涡，图1-20展示了“哈勃”跟踪拍摄的木星大红斑，其形状基本上保持不变。2006年和2008年，空间探测在大红斑附近又发现了第二个和第三个红斑，它们的尺寸只有大红斑的一半，称为小红斑。

300多年来，土星一直被认为是太阳系中唯一带环的行星。1979年，旅行者1号和旅行者2号发现了木星光环，亮度十分暗弱，约有6 500 km宽，厚度不到10 km，由大量尘埃和黑色碎石组成。

木星有67颗卫星围绕着它旋转，就像一个小型的太阳系。最有名的卫

图1-20 “哈勃”跟踪拍摄的木星大红斑

星还是伽利略号最早发现的4颗卫星，统称为伽利略卫星，中文名字分别叫木卫一、木卫二、木卫三和木卫四。美国伽利略号探测器对这4颗卫星的探测有很多发现，非常精彩，图1-21是伽利略号拍摄的这4颗卫星，它们的个头与月球差别不大。4颗伽利略卫星中，木卫二（欧罗巴）最小，但最受世人关注，因为很多迹象表明它可能拥有生命现象，其表面有很多浮冰，浮冰之下是海洋。探测发现木卫二有磁场和巨大的潮汐现象，这种持续不断的能量来源可能已使冰层下面升温，为生物的生存创造了条件。图1-22是伽利略号拍摄的木卫二表面细节，表面被冰层覆盖，冰层之上沟壑纵横。空间探测还发现，木卫一（艾奥）表面有很多火山，至少有9个活火山正在猛烈地喷发。木卫三（盖尼米得）的直径达5 268 km，是太阳系卫星中最大的一颗，它拥有自己的磁场。木卫四（卡利斯托）的表面被一层厚厚的黑尘所包裹，上面还布满了密密麻麻的环形山。

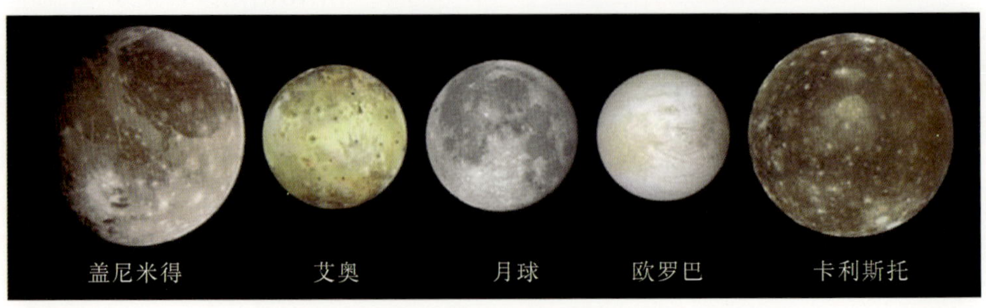

图1-21 木星的4颗卫星及月球

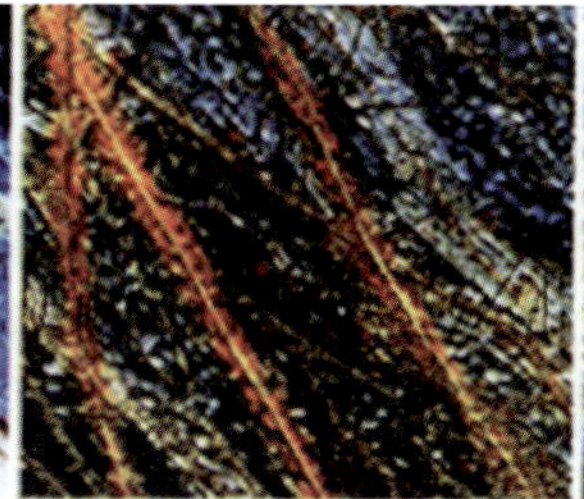

图1-22　伽利略号拍摄的木卫二表面细节

6.2 土星的空间探测

土星与木星相像，均属于气态行星，个头稍小一些，有宽大、明亮的光环，就像戴上了一顶漂亮的大草帽，这使之成为太阳系中最奇特、最美丽的行星（其飒爽英姿见第二章的图2-18）。土星大气以氢、氦为主，还有少量的甲烷和氨等其他气体，大气中常有白斑出现，这是一种短期风暴。土星的磁场比木星磁场要弱，但比地球磁场强，都是对称的偶极场。

图1-23　卡西尼号飞船：直径3 m，高7 m，重6.4 t，携带了27种最先进的科学仪器设备，还携带了探测土星最大卫星——土卫六的惠更斯号探测器

早期，先驱者11号、旅行者1号和旅行者2号对土星进行了空间探测，展示了土星表面和光环的细节，发现其有很多卫星，但这3次探测时间都很短暂。1997年，由美国宇航局和欧洲空间局合作研制的卡西尼号飞船（见图1-23）携带惠更斯号

探测器经过7年的奔波于2004年进入围绕土星的轨道，按计划进行4年的探测，但至今仍在正常地执行探测任务，已经超过10年。“卡西尼号”十年如一日地把土星及其光环和卫星看了个够，这堪称为人类历史上最伟大的探测计划之一。

“卡西尼号”携带的探测仪器特别丰富，如等离子体分光计、宇宙尘埃分析仪、复合红外分光计、离子和中性粒子质谱仪、成像科学子系统、双重技术磁场强度计、磁场成像仪、无线电探测和测距仪、无线电波和等离子体波科学仪器、无线电科学子系统、紫外成像摄谱仪、可见光和红外线测绘分光计，这些科学设备用于探测土星的电离层、磁场以及土星附近的宇宙尘埃、等离子和中性粒子等，不仅可以给出被测物体的温度和成分，还可以在射电、可见光、紫外等波段拍摄照片。“卡西尼号”携带的照相机，比哈勃空间望远镜上的同类照相机性能更好。

“卡西尼号”携带的“惠更斯号”被赋予特殊任务，它在充满液态甲烷的土卫六上登陆，探测土卫六的大气和表面。“惠更斯号”在土卫六上工作了24小时，重点探测是否存在生命迹象，土卫六是科学家认为的太阳系内除地球外最有可能存在生命的星球。

2014年，在“卡西尼号”探测十年之际，美国宇航局在官网上选出了“卡西尼号”的十大科学成就和发现。“卡西尼号”已经向地球发回了514 GB的科学数据，利用这些数据，科学家发表了3 000多篇研究论文。其中最吸引眼球的成就有两点。

（1）“惠更斯号”探测土卫六

“惠更斯号”探测土卫六是这次探测任务的重头戏。它途经土卫六大气层的过程中，对各个高度的大气进行了采样和成分分析，实现了迄今为止人类完成的距离地球最远的软着陆。着陆后的探测发现，土卫六与生命出现之前的地球非常相似，有河流、湖泊和海洋，存在侵蚀和冲刷形成的沟渠，还有干涸的湖床，蓄积着大量的液态甲烷和乙烷，有时还会下起甲烷雨。雷达成像以及可见光和红外线图像都显示，土卫六拥有许多与地球相似的地质过程。

土卫六的大气中富含各种分子，有许多复杂的碳氢化合物，包括苯等，这是太阳系里最复杂的大气组成。从阳光遇到甲烷开始，越来越复杂的分子在大气中形成，直到它们变得足够巨大，形成了不透光的烟雾，包裹住了这颗巨大的卫星。在更靠近表面的地方，甲烷、乙烷和其他有机物聚集在一起降落到表面，很可能还有其他生命起源前的化学过程在那里发生着，土卫六成为研究生命起源前的化学过程的最好的空间实验室。

（2）对土星、光环和其他卫星的探测

“卡西尼号”观测到发生在2010年至2011年间土星北半球的巨型风暴，在几个月的时间里，这场风暴环绕了整颗行星，形成了一个旋涡带。“卡西尼号”还发现土星的千米波射电辐射，这种射电辐射的变化由行星的自转控制着，但在南半球和北半球的情形却不同，南北半球的差异似乎还在随着土星季节的变化而发生改变。“卡西尼号”首次完整看到土星北极的六边形构造（见图1–24），一般认为这是由巨型风暴形成的，但是为什么会形成如此完美的六边形，至今仍然找不到答案。

“卡西尼号”长达十年的探测，观察到土星动态光环系统中的种种变化，发现了螺旋状的结构，见证了可能是一颗新卫星的诞生过程。它还观察到了太阳系里或许是最活跃也最混乱的一条光环（土星的F环），而且首次拍摄到土星光环中的垂直结构。

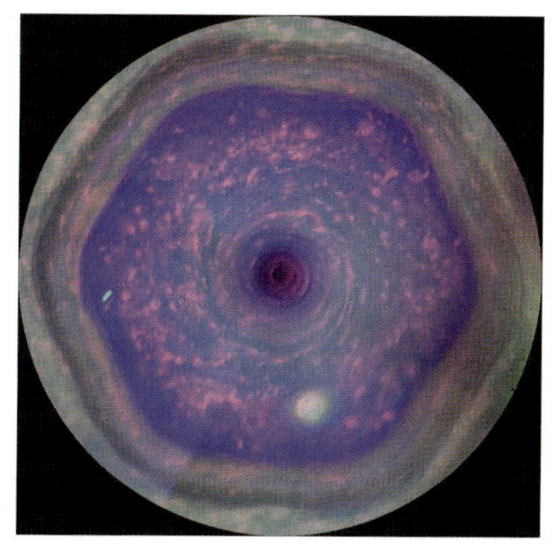

图1–24 土星北极的六边形高速气流区域

“卡西尼号”破解了土卫八的阴阳脸之谜。早先的观测显示，土卫八的表面是一半黑一半白，这个谜题已经困扰了天文学家长达300多年。“卡西尼号”发现土卫八的轨道上散布着深红色的尘埃，随着卫星在这条轨道上扫过，这些尘埃便降落到它的迎风面上，深色的区域吸收热量变得更热，而未受污染的区域仍然是冰冷的，土卫八较长的自转周期，促成了它的阴阳两面。出乎意料，“卡西尼号”发现了土卫二上活跃的冰喷泉（见图1–25），在喷泉中发现水冰存在的证据，还发现它的地下可能有海洋存在，使得这颗卫星成了太阳系中最令人兴奋的科学探测目的地之一。

图1–25 “卡西尼号”在土卫二的背阴面拍摄的照片，可以看到这颗卫星正在向外(左下方)喷出物质

6.3 天王星和海王星的空间探测

太阳系八大行星中天王星和海王星离太阳最远，所以又称远日行星，它们的共同特点是受太阳的引力小，接收到的太阳能量少，是两颗很暗、很寒冷、公转周期很长的天体，也属类木行星，与土星和木星有很多类似的地方。

旅行者2号发现天王星有一个令人奇怪的现象，它背向太阳的极区的温度反倒比被太阳照亮的另一个极区的温度还要高一些，到现在科学家还不知道这是什么原因造成的。

天王星有光环，但细而暗，地面上的大型望远镜也很难看见。1978年，美国天文学家使用口径5 m的海尔望远镜在红外波段第一次拍摄到天王星光环的照片。后来，哈勃空间望远镜拍摄到的光环照片比较清晰。

海王星（见图1–26）在天王星之外，与太阳的距离是日地距离的30

倍，是太阳系最遥远的一颗行星，绕太阳公转一周需要164.8年，自转周期大约16小时，亮度为7.85等，不用望远镜根本看不见它。它的颜色比天王星还要蓝，和大海的颜色相似，叫海王星真是名副其实，其大气中的主要成分也是氢、氦和甲烷，核心部分也是固态，也有卫星和暗弱的光环。1989年，旅行者2号发现海王星表面有一个大黑斑，其实那是一个大飓风。

图1-26 “哈勃”拍摄的海王星照片

1989年8月，旅行者2号探测器飞近海王星的时候，发现了海王星的5条光环，它们比天王星的光环还要纤细和暗弱。这一探测结果很重要，因为木星、土星、天王星和海王星都有光环这一事实表明，它们有着类似的演化过程。

7 矮行星和小天体的空间探测

2006年，冥王星被降格为矮行星，成为太阳系中众多小天体的领头羊。除矮行星之外，还有种类繁多的小型天体，如小行星、彗星和流星等，它们都在绕太阳运行，这些小天体都可能保留了太阳系形成时的原始物质，成为科学家研究的重要对象，当然也成为空间探测的对象。

7.1 冥王星的空间探测

2006年8月24日，在国际天文学联合会第26届大会上，经投票表决，把冥王星开除出行星的行列，划归为矮行星一类。其原因之一是冥王星的质量和体积都太小，其引力不足以清除它的轨道上的小天体。再者就是它的运行轨道的椭率太大，与其他行星基本圆形的轨道差别太大。另外，最近十多年，人类陆续发现了一些与冥王星差不多的天体，即柯伊伯带的天体。是否也将它们归为行星呢？天文学家必须做出决断，结果，另列矮行星一类，就把冥王星也归为矮行星了。

冥王星非常遥远，太小，太暗，地球上最大口径的望远镜和哈勃空间望远镜都无法看清楚它的面貌。天文学家期盼的新视野号飞船，从2006年发射，花费了9年半的时间才于2015年7月14日到达冥王星附近（见图1–27)，终于可以在近处看到冥王星的容貌了。然而，新视野号飞船并没有像人们期盼的那样绕冥王星运行，把冥王星上下左右看个够，它只是在接近冥王星的过程中拍摄了照片，然后就匆匆离去。这是因为，新视野号飞船如果要环绕冥王星运行，就必须降低到足够慢的速度，才能被冥王星微弱的引力抓住，要刹车和转向，它所携带的燃料根本不够用，更何况还要继续前行至太阳系边缘，探测神秘的柯伊伯带呢！

新视野号飞船飞掠冥王星，最近离冥王星只有13 695 km，在飞掠过程的几个小时中，其对冥王星和它的几颗卫星——卡戎、尼克斯、许德拉、克伯勒斯和斯蒂克斯拍摄了许多照片，并进行了各种测量。新视野号飞船已探测到冥王星上存在极冠的信号。由于极其寒冷，冥王星上的氮以固态冰的形式存在，不过环绕整个矮行星的稀薄大气中也含有氮。新视野号飞船将不断发回大量奇妙的高清图片，不过这需要我们耐心等待，由于飞船上搭载的传输器的传输速度不快，需要16个月才能到达地球。

图1–27　新视野号飞船于2015年7月14日飞掠冥王星

7.2 小行星的空间探测

小行星很小，即使用最大的望远镜观测也只能看到一个针尖大小的光点，它们的形状、结构、组成等秘密直到空间探测发展以后才陆续被揭示。小行星是早期太阳系的物质，其研究价值很高。因为小行星撞击地球造成恐龙灭绝使人类心有余悸，撞击的威胁使这类小天体的研究价值陡升，一些小行星时刻被监测着，人类正在寻求办法防止它们侵犯地球。

小行星最大的不超过几百千米，最小的只有鹅卵石般大小。1991年10月，伽利略号木星探测器访问了951 Gaspra小行星，从而获得了第一张高分辨率的小行星照片。空间探测表明，不规则的形状是所有小行星的共同特点。也有人认为，火星的两颗卫星是被俘获的两颗小行星，1971年的空间探测发现其形状很不规则，像两块马铃薯。

小行星也有卫星。1978年，美国洛韦尔天文台发现大力神小行星有卫星。1992年，地面雷达观测发现托塔蒂斯小行星是一个双小行星。1993年，伽利略号探测器在距243号小行星艾达（见图1–28）2 400 km处拍摄到它的一颗卫星。到目前为止，至少发现10多颗小行星拥有卫星。

图1–28　首个被确认拥有卫星的243号小行星艾达

小行星表面与月球很相似，有很多陨石坑。欧洲罗塞塔号探测器飞掠小行星主带时对小行星2867 Steins拍摄了许多照片，可以清楚地看见一个垂直排列的陨石坑链，它很可能是小行星和一串流星互撞的结果。在小行星上由于没有大气的散射，太阳照到的地方亮得刺眼，照不到的地方黑得吓人。绝大多数小行星距离太阳都比火星距离太阳远许多，其表面平均温度终年在–120 ℃左右，因此，小行星是冰冻的世界。了解小行星的组成成分很重要，这涉及其是否有开采价值，最好的办法是发射飞船到小行星上去采样。2003年，日本发射隼鸟号小行星探测器，成功地从糸川小行星上面采集岩石样本，这是人类第一次从小行星上采集样本。2010年6月，“隼鸟号”返回地球，本体于大气层烧毁，而内含样本的隔热胶囊与本体分离后在澳大利亚内陆着陆。糸川小行星原名25143号小行星，是1998年发现的，其轨道与地球平均距离约3亿千米，它的外形如马铃薯，长约540 m，宽约540 m，体积较小。2014年，日本发射了隼鸟2号小行星探测器（见图1–29），将围绕小行星1999 JU3进行为期6年的探测任务，它不仅会带回来自小行星表面的样本，而且可以通过炸出弹坑来收集出露物，还可以采集到该小行星表面下的样本。

图1–29　日本“隼鸟2号”探测小行星

小行星也像地球一样有着坚实的表面，也有山丘、岩石和坑洞，地球上有的矿藏，小行星上应有尽有。有的小行星富含镍与铁，有的小行星还可能含有丰富的金和铂以及一些稀有元素，如铱等。每年从地球侧旁飞过的小行星有1 500多颗，估计当中有10%的小行星有水和珍贵金属，这是在给地球人送宝。有人估计，241号小行星Germania上所具有的矿产资源的价值达到95.8万亿美元，超过了目前全世界的GDP总量，这是多么诱人！

7.3 彗星的空间探测

彗星是太阳系中一类特殊的成员，它们的体积和形态变化多端。太阳系的彗星很多，多得数以亿计。彗星曾给地球送来水、冰和有机物，它们保留了太阳系的早期物质，成为天文学家研究太阳系形成初期物质成分的最佳天体。

众所周知，哈雷彗星是一颗76年回归一次的著名彗星。它的发现者哈雷预言这颗彗星将于1986年回归，后来它果真回来了，这次回归的情况虽不如1910年那次壮观。但是，1986年观测条件已经大大改善，不仅地面上的大型望远镜威力巨大，而且空间探测手段也很丰富。欧洲空间局的“乔托号”、苏联的“金星—哈雷彗星1号”和“金星—哈雷彗星2号”、日本的“NS-T5”和“行星A号”、美国的“国际日地探险者3号”等6艘宇宙飞船在不同区域、不同时间靠近哈雷彗星，用不同的观测仪器对哈雷彗星进行细致的观测。乔托号探测器成功接近哈雷彗星，飞到了距离哈雷彗星彗核不到600 km的地方进行考察，测量出哈雷彗星彗核的长径是15 km，短径是8 km，其形状像个大马铃薯。

在最近的20多年中，已经有4次与短周期彗星近距离的空间探测，并且都非常成功。第一次是“深空1号”探测波瑞利彗星。1998年，美国发射深空1号探测器，主要任务是探测波瑞利彗星，这颗彗星的彗核比较小，仅有8 km长、4 km宽，轨道运行周期为7年。2001年9月22日，“深空1号”追上这颗彗星，并在距它2 200 km的地方拍摄了数十张波瑞利彗星彗核的图片（见图1-30），这是迄今为止人类第二次领略到这种由星际尘埃和冰构成的神秘天体的内核部分。“深空1号”是一种新型宇宙飞船，升空以后启动新发明的离子发动机，使其逐步达到非常高的速度，而且只需携带传统火箭发动机所携带燃料的1/10，推进效率非常高。“深空1号”于2001年12月18日结束了它为期3年的使命，成为一个绕太阳运行的人造天体。

第二次是“星尘号”探测维尔特2号彗星。这颗彗星是1978年由瑞士天文学家保罗·维尔特发现的，其轨道周期很短，仅6年。1999年，美国发射星尘号行星间宇宙飞船，2004年1月2日飞船接近维尔特2号彗星时拍摄了很多照片（见图1–30），发现这颗彗星表面上有很多底部平坦的坑洞，这些坑洞都有完整的边缘，但直径大小不同。彗核的直径大约为5 km，最大坑洞的直径大约为2 km，这些坑洞很可能是由小天体碰撞造成的，也可能是内部不断排出气体而形成的。探测的重头戏是应用气凝胶样品采集器收集彗尾的尘埃物质，送回地球进行深入研究。当飞船穿过彗星时，彗尾的粒子以6.1 km/s的高速撞上气凝胶，画出比粒子长200倍的胡萝卜形轨迹，根据这些轨迹可以获得尘埃颗粒的某些物理特性。2006年1月15日载着彗星尘埃样本的返回舱成功在地球着陆，首次获得的彗星物质样品十分宝贵，它们包含的信息一二十年都分析不完。星尘项目的策划者、副首席科学家是美籍华人邹哲，他评价说，“星尘号”捕获的彗星粒子数量为百万以上，仅肉眼能看到痕迹的就有20多个，目前这些粒子已分给150多名科学家进行研究。

第三次是“深度撞击号”探测坦普尔1号彗星（见图1–30）。这颗彗星是1867年德国天文学家恩斯特·威廉·勒伯莱希特·坦普尔首次发现的，它很暗弱，肉眼根本看不到，个头也不大，长约14 km，宽约4 km，轨道周期比较短，仅5.5年。美国天文学家为了探测彗星的彗核内部成分，专门研制了深度撞击号探测器，把坦普尔1号彗星当作实验室。2005年1月12日升空的深度撞击号探测器在接近坦普尔1号彗星之后释放出一个约372 kg的铜合金制成的锥形撞击器，直奔坦普尔1号彗星而去，撞击时发出耀眼的光芒，覆盖在彗核表面的细粉状碎屑顿时以5 km/s的速度腾起，在彗星上空形成一片云雾。探测表明，彗核并不像人们原先认为的那样是个大冰坨，彗核表面覆盖着10多米深的细粉状物质，其中含有水、二氧化碳和简单有机物，水的成分大大少于原先的猜测，在粉末下面是较硬的“彗核之核”。彗核虽然很小，却有多种地貌，有光滑平坦的平原和环形山似的坑洼。在深度撞击之后，彗核中喷发出大量含碳和氮的有机物。

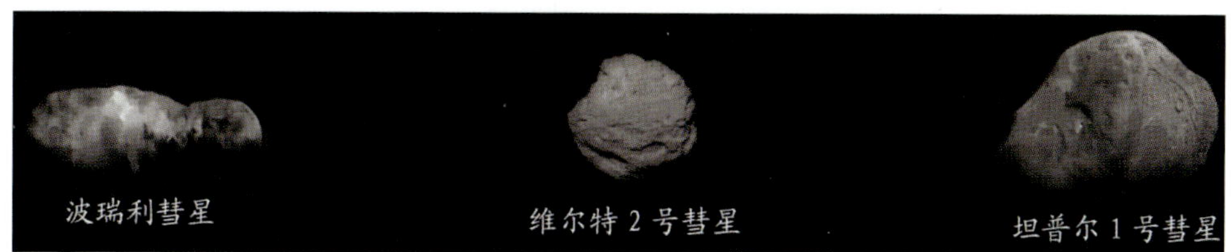

图1–30 空间探测器拍摄的3颗彗星照片：波瑞利彗星为“深空1号”2001年拍摄；维尔特2号彗星为“星尘号”2004年拍摄；坦普尔1号彗星为“深度撞击号”2006年拍摄

第四次是“罗塞塔号”探测67P彗星。现已公认，彗星由太阳系诞生初期的物质组成，它们自身温度极低，又置身于温度更低的宇宙空间，对那些近日点远离太阳的彗星来说，它们的组成几乎与太阳系诞生初期的物质组成一模一样。1993年，天文学家开始策划研制罗塞塔号彗星探测器和由它携带的菲莱号着陆器，选择67P彗星作为着陆点进行实地考察的目标（见图1–31）。1969年发现的67P彗星，又名丘留莫夫—格拉西缅科彗星，它的近日点距离一直很远，1959年以前约为2.7个天文单位（1天文单位=1.496×10^{11} m），当前的近日点距离约为1.4个天文单位。由于受太阳的影响很小，彗星很可能保持着原始状态。经过11年的努力，于2004年3月载有菲莱号着陆器的罗塞塔号彗星探测器飞上了太空，它经过10年的太空飞行，终于于2014年8月6日在距离地球4亿千米的太空追上了67P彗星。随后3个月，探测器与彗星结伴而行，把彗星仔细端详，锁定了“菲莱号”的着陆地点。

菲莱号着陆器重100 kg，大小如同一个电冰箱，于2014年11月12日登陆67P彗星的彗核。第一项科学任务是从彗星表面拍摄全景图像，继而钻探地下，研究彗星的化学构成，并考察彗星如何随阳光照射的改变而发生变化。菲莱号所携带的20余种设备大都需要电力支持，它所携带的电池只工作了60小时，以后就全靠太阳能电池提供。然而传回地球的照片显示，菲莱号着陆器的周围并不平坦，石头比较多，光线也不充足，这会影响太阳能电池的充电功能，导致其无法正常工作。

图1-31　罗塞塔号彗星探测器(右下)放送菲莱号着陆器(中)到67P彗星(左上)上去的示意图

第二章 光学波段的空间观测

1609年，伽利略制造了历史上第一架天文望远镜，成为天文学史上划时代的创举。天体辐射的可见光波段的观测历史最悠久、观测资料最丰富、开创的分支学科最多，至今其仍是最基本、最重要的天文观测手段之一。地面光学望远镜的发展一浪高过一浪，至今仍有强大的生命力，但是由于地球大气的影响，大大限制了地面光学望远镜的分辨率。1990年4月24日，美国哈勃空间望远镜上天，彻底摆脱了地球大气的影响，实现了人类科学史上一个伟大的创举。迄今为止，哈勃空间望远镜已经在太空中度过了26年，获得了大量激动人心的新发现，为我们揭示了一幅幅多彩的宇宙画卷，让我们看到了许多天体的细节和前所未闻的宇宙奇景。随着技术的发展，特大镜面、主动光学和自适应光学技术的应用使地面光学望远镜充满了活力，不仅在聚光能力上是空间望远镜所不能企及的，而且在分辨率上也逐步接近和超越了空间望远镜。现在，我们正处在地面光学望远镜和空间光学望远镜相互竞争和相互补充的时代。

1 地面光学观测设备的发展和不足

观测是天文学研究的主要实验方法。人类首先用肉眼观察璀璨的星空，研究天体的分布和运行规律，宇宙空间天体发来的电磁波包含了射电、红外、可见光、紫外、X射线、伽马射线的辐射，人类的肉眼唯独能够接收来自天体的可见光，因此首先发明了可见光波段的望远镜。光学望远镜得到了持续的发展，为了看清遥远、微弱的天体，望远镜的口径越来越大，在分辨率方面受到地球大气的影响很快就达到了极限，唯一的出路就是把光学望远镜送到地球附近的空间。

1.1 光学望远镜400年

光学望远镜400年的发展历史极其丰富多彩。伽利略1609年发明的光学望远镜口径很小，仅4.2 cm，属于折射望远镜（见图2-1），存在诸如球差和色差的缺陷。1668年，牛顿另辟蹊径发明了反射望远镜（见图2-2），口径更小，仅2.5 cm，但代表了望远镜技术发展的新方向。目前，世界上最大型、最优秀的望远镜都是反射望远镜。1814年，夫琅和费发明了分光镜，将其配备在他所研制的口径24 cm的折射望远镜上，这使之成为天文学史上第一位发现太阳和恒星光谱的天文学家，这一标志性事件宣告了天体物理学的诞生。观测研究天体的光谱能够精确研究天体的物理状态，获得温度、压力、磁场、电场、速度以及天体的化学成分等信息。

图2-1　伽利略制造的两架望远镜

美国天文学家海尔是研制光学望远镜的奇才。在海尔时代，天文学家已经在探讨银河系之外是否存在与银河系类似的天体系统，这要求天文实测能力必须能触及更遥远的星系世界，甚至宇宙

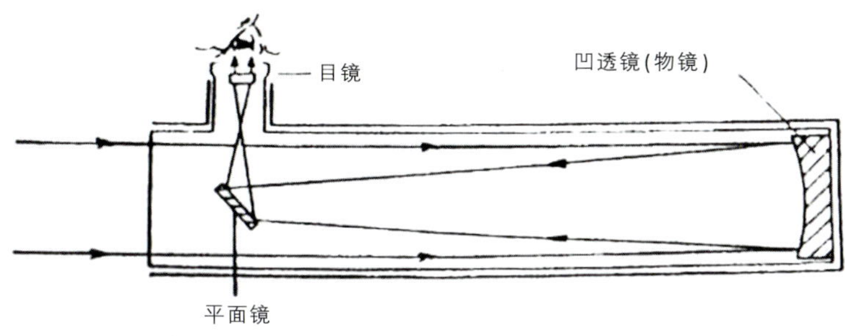

图2-2 牛顿反射望远镜光路图

整体。与此同时，天体光谱测量技术、大块玻璃的浇铸技术和镜面镀银技术日趋成熟，海尔洞察了这一切，决定研制远远超过前人的大型精密反射望远镜，连续制造了口径1.5 m、2.5 m和5 m的三架大型反射望远镜。前两架放置在威尔逊山天文台，1948年年初研制完成的口径5 m的反射望远镜（见图2-3）放置在帕洛玛山上，被命名为海尔望远镜。这架望远镜有六七层楼高，整个装置可动部分的总质量达500多吨，然而它动起来却方便灵活，能拍摄暗至23等的暗弱天体，能观测距离地球几亿光年的遥远星系，观测能力大幅度提高。这在当时堪称是一项惊世骇俗、难以完成的研制计划。海尔望远镜代表了当时最高的天文光学和精密机械水平，带动了20世纪下叶一批5 m级望远镜的建设，独领风骚40年。

图2-3 口径5 m反射望远镜落成时的照片

1.2 地面近红外波段的观测

光学望远镜实际上包括了近红外波段的观测研究，波长为1.2~21 μm的近红外线部分能够穿过地球大气而被地面上的望远镜接收到，世界各国都建有专门观测近红外波段的望远镜，多数大型光学望远镜都把观测波段扩展到了近红外波段。

许多低温天体发出的可见光很弱，但红外波段的辐射比较强，只能用红外望远镜观测它们发射的红外线来窥视这些天体的奥秘。由于任何物体都在发射红外线，包括望远镜本身，为了尽量减少望远镜本身可能对观测造成的影响，主、副镜都要镀上最不发热的反射材料（金或银），使用时最好能将望远镜冷却。近年来，不少国家把红外望远镜建在南极大陆上，南极气温很低，可以使望远镜冷却。我国国家天文台兴隆观测站有一架口径1.26 m的红外望远镜，已在红外天文领域取得了不少成绩。由于任何天体都能发射红外线，红外波段的观测对于天文学家来说实在是太重要了，因此，近几年建成的超大型光学望远镜，如美国的凯克望远镜（简称“凯克”）、欧洲的甚大望远镜、日本的昴星团望远镜等，无一不被设计成可见光和近红外波段的两用望远镜。而最近在大西洋加那利群岛上建成的西班牙口径10.4 m的加那利大型望远镜（GTC），则是以红外观测为主。

1.3 地面天文观测的不足

光学和近红外天文望远镜有两个重要参数：极限星等和分辨角。恒星按亮度分为不同的星等，星等越大，恒星越暗，而极限星等是指望远镜指向天顶区域时能观测到最暗的恒星的星等，所以极限星等这个参数是望远镜灵敏度的另一种表述，极限星等越大，能观测越暗的天体，灵敏度越高。这个参数主要由望远镜物镜的有效口径决定，口径越大，极限星等越大，灵敏度越高。正常视力的人在黑暗、空气透明的场合最暗可看到6等星，70 mm口径望远镜的集光力是肉眼的100倍，能看到比6等星再暗5个星等的11等星。分辨角是指望远镜观测能分辨开的天球上两个发光点之间的角距，用θ（弧度）表示，$\theta=1.22\frac{\lambda}{D}$，$D$为物镜的有效口径，$\lambda$为入射光的波长。分辨角越小，分辨率越高，为了获得高分辨率，需要把望远镜口径做得很大。虽然波长越短，分辨率越高，但波长的选择主要由研究课题的需要决定。

浓密的大气是天文学家观测研究宇宙天体的一大障碍。地球大气阻挡了远红外、紫外、X射线和伽马射线的电磁辐射，使地面无法观测。地球大气的抖动还使光学波段的观测产生困难，遥远天体的辐射到达地球大气外可以看成平面波，经过20 km的大气层后，由于大气无规则的抖动，导致平面波的波阵面已经不是平面，产生了几微米的相位差。当然，环境优越的地方，大气抖动要小一些，但即使在最好的观测地点，地面上可见光波段望远镜的角分辨率都无法超过一架口径20 cm的空间望远镜的角分辨率。与分辨率公式的计算结果相比，大气抖动使口径4 m的望远镜的空间分辨率降低了一个数量级。

唯有把望远镜送上太空才能从根本上克服地球大气对天文观测的不利影响。1990年，发现号航天飞机成功将哈勃空间望远镜送入太空的近地轨道，实现了人类科学史上一个伟大的创举。哈勃空间望远镜的主镜口径2.4 m，比当时地面上口径5 m的海尔望远镜小很多，但空间望远镜的分辨率可达0.1角秒，所提供的图像清晰度是海尔望远镜的10倍。

2 一代天骄——哈勃空间望远镜

1990年4月24日，在美国佛罗里达州卡那维拉尔角的肯尼迪航天中心，发现号航天飞机成功将一架主镜口径2.4 m的望远镜送入太空的近地轨道，实现了人类科学史上一个伟大的创举。迄今为止，哈勃空间望远镜已经在太空中度过了26年，获得了大量的精彩图像和激动人心的新发现，为我们揭示了一幅幅多彩的宇宙画卷，让我们看到了许多天体的细节和前所未闻的宇宙奇景，它迫使理论学家重新审视那些与观测事实不太相符的理论，建立新的理论把那些天文现象解释得更加精确，它使人类对宇宙的认识得到了极大的扩展和突破。很少有望远镜能够像哈勃空间望远镜这样，对天文学的研究和发展产生如此深远的影响。

2.1 举步艰难的哈勃空间望远镜

哈勃空间望远镜是美国宇航局从1962年开始酝酿的，1977年得到批准，由美国宇航局和欧洲空间局联合研制、实施这一计划。它从开始到发射历时将近30年，耗资20多亿美元，原定1986年由挑战者号航天飞机送它上天，但由于“挑战者号”的意外爆炸，美国宇航局的航天飞机停飞了很长时间，因此发射时间推迟了4年。

“发现号”起飞也并非一帆风顺，本来定在1990年4月10日早晨起飞，但在预定起飞前4分钟，发现一个装置的涡轮旋转过快，于是倒计数立即停了下来，起飞被取消。4月24日再次准备起飞，当辅助发动装置已经起动31秒后，发现一个燃料贮箱的阀门没关上，于是倒计数又停了下来，赶紧关好阀门，终于在8点34分起飞了。航天飞机把空间望远镜载到太空，任务还没有完成，因为望远镜还在航天飞机上固定着，还需要把它释放到太空轨道上。4月25日早晨，航天员们开始操作，一直到下午3点38分，航天员才松开机械臂柄，使望远镜慢慢脱离开航天飞机的货舱，开始了绕地球的运行。

这架空间望远镜被命名为哈勃空间望远镜。哈勃（1889—1953）是一位伟大的天文学家（见图2–4），也是星系天文学的奠基人，被称为“星系之父”。在颇具传奇色彩的一生中，他在天文学领域取得了许多意义非凡的成就，其中最重要的是发现银河系之外的天体系统，即河外星系，确立了河外星系分类法，并且发现了河外星系速度和距离的关系，即哈勃定律，确定宇宙在膨胀之中。

图2–4　著名天文学家哈勃

2.2 集现代科技于一身的哈勃空间望远镜

哈勃空间望远镜（见图2–5）是迄今为止被送入太空轨道的最大的天文望远镜，全长13.2 m，镜筒直径4.2 m，重11 t。它由三大部分组成：第一部分是光学部分；第二部分是科学仪器；第三部分是辅助系统，包括两个长11.8 m、宽2.3 m的能提供2.4 kW功率的太阳能电池帆板，两个与地面通信用的抛物面天线。镜筒的前部是光学部分，后面是一个环形舱，在这个环形舱里面，望远镜主镜的焦平面上安放着一组科学仪器，太阳能电池帆板和天线从镜筒的中间伸出。

哈勃空间望远镜观测波段主要是可见光，但还包括紫外和近红外波段，因此对镜面的要求比一般光学望远镜要高，要求镜面在抛光后的准确性达到可见光波长的1/20，也就是大约30 nm。科学家使用了极端复杂的电脑控制抛光机研磨镜片，镜片使用的是超低膨胀玻璃，为了将镜子的质量降至最低，采用蜂窝格子，只有表面和底面各一英寸是厚实的玻璃。抛光的进展很慢，不仅落后原定的进度，经费也大大超支。从1978年开始，到1981年底才完成，花了400万个工时。镜片镀上了25 nm厚的镁氟保护层，为了

图2–5　哈勃空间望远镜

增强反射还镀上了75 nm厚的铝。为此，发射日期被迫延期，先延至1986年3月，接着又延至1986年9月。

哈勃空间望远镜采用卡塞格林式反射系统，由两个双曲面反射镜组成，一个是口径2.4 m的主镜，另一个是装在主镜前约4.5 m处的副镜，口径0.3 m。投射到主镜上的光线首先反射到副镜上，然后再由副镜射向主镜的中心孔，穿过中心孔到达主镜的焦平面上形成高质量的图像，供各种科学仪器进行精密处理，得出的数据通过中继卫星系统发回地面。

除了光学部分，哈勃空间望远镜的另一个主要部分是装在主镜焦平面上的一组科学仪器，包括宽视场行星照相机、暗弱天体照相机、暗弱天体摄谱仪、高分辨率摄谱仪和高速光度计等，另外还有一组精密的制导系统，这些科学仪器是为望远镜在最初几年的运转期间所配备的，为了使空间望远镜能够利用最新的技术成果，焦平面上的这些仪器可以做不同的组合。一旦有所损坏，可以发射载有航天员的航天飞机去进行维修和更换，也可以用航天飞机将整个望远镜载回地面进行大的修理，然后再送入轨道。

从地面望远镜的标准来看，口径2.4 m算不上大型望远镜，而把这样大口径的望远镜搬到太空，意义就非同一般了。

2.3 小疏忽引起大问题和第一次空间维修

人们期待着哈勃空间望远镜的观测成果，1990年5月20日，“哈勃”发回了第一张照片——NGC 3532的照片，从这张照片上发现，早先用地面望远镜看到的星团中一条拉长的光线，原来是两颗星，第一张照片就有如此大的天文发现，天文学家们为之振奋。但是，照片的成像质量太差，几乎和地面拍摄的照片没有差别，远远没有达到设计要求，令人们大失所望。

耗费了这么多工时和资金，研制过程又是如此精益求精的哈勃空间望远镜到底是什么地方出了毛病呢？地面控制中心下达各种指令，对哈勃空间望远镜进行检验。首先调试望远镜的聚焦系统，当他们把天体的像慢慢往焦点移动时，却发现不管怎么移动，都不能得到一个清晰的像，可见，哈勃空间望远镜的光学系统存在严重的像差，最后确认主镜有球差。主镜磨制精度高达1/20波长，即主镜镜面要精确到约1/40 000 mm，原来的设计已经把球差改正了，怎么还会有球差呢？再检验原始数据，望远镜制作过程中的每一项操作都有详细记录，全部输入在计算机里，每一步是怎么操作的都能从计算机里查到。一查果然发现，原来是在磨制主镜的过程中犯了一个绝不应该犯的小错误：把检测系统内一个光学元件的位置放错了1.3 mm，导致磨出来的主镜镜面出了偏差，镜面边缘平了一些，与需要的位置差了约2.2 μm，来自镜面边缘的反射光，不能聚集在焦点上。

主镜镜面偏离了设计要求，产生了球差。如果主镜磨好以后，把它和副镜放在一起做合成检验，就能及时发现这个误差，但是这需要使用一个专用检验镜，这个检验镜价格很高，而且在用完之后再也派不上别的用场，为了省钱，又过分自信，就没有做合成检验。没想到，却酿成了大问题，造成了不可挽回的巨大损失，为此，很多人丢掉了“乌纱帽”。

“哈勃”的光学系统出了问题，天文学家期盼的暗弱天体的观测项目无法进行，但对强源及光谱观测影响不大，望远镜依然进行了三年的观测。这期间天文学家还研究了影像处理技术，得到了可喜的发展。

天文学家对解决哈勃空间望远镜的主镜聚焦模糊的问题进行了深入的研究，先后提出三种解决方案。

第一种方案是重新更换主镜，由航天飞机上天去把“哈勃”接回来，重磨一个主镜换上以后再送上天。航天飞机1991年和1992年的任务都已经排满了，如果采取这种方案，航天飞机最早在1993年才能去接回“哈勃”，等修好以后再送上去，就要到1996年了，时间太长。

第二种方案是让航天员乘航天飞机上天，在“哈勃”的光路中插进一个改正镜。这个办法很方便，但是“哈勃”的设计没有留出插改正镜的位置，所以这种方案也不可行。

第三种方案是让航天员乘航天飞机上天，给“哈勃”换一台新的光度计。这台独具匠心的光度计非同一般，它有着与“哈勃”主镜相同的像差，只是功效相反，用光度计的“错误”来抵消镜面的“错误”，相当于配上一副能改正球面像差的眼镜，这个新的光度计的名字叫空间望远镜光轴补偿校正光学系统。

为了能够顺利完成修复哈勃空间望远镜的任务，美国宇航局做了充分的准备工作，其中包括让航天员乘航天飞机到太空中进行修复的预演。1993年12月2日，美国宇航局发射了载有7名航天员的奋进号航天飞机进入太空修复哈勃空间望远镜，这是人类航天史上从未发生过的奇迹，全世界都为之震惊，大家的目光都关注着“哈勃”和“奋进号”。

奋进号航天飞机把哈勃空间望远镜停泊在其尾部的支架上，航天员们五次走出机舱，去为“哈勃”实施“手术”。12月5日他们首先安装了新的用于定位的陀螺仪及其电控装置；12月6日用了6个半小时更换了两块新的太阳能电池帆板；12月7日更换了宽视场照相机和两台磁强计；12月8日拆除了原来的高速光度计，换上了能够矫正空间望远镜视力的新的光度计，并为一台计算机安装了一个协处理器和储存器；12月9日，最激动人心的时刻到了，航天员轻轻按动电钮，将这个长13.2 m、宽4.2 m、重11 t的庞然大物重新释放回它的运行轨道。这次历时一周、耗资6.29亿美元的修复工作顺利结束了。

修复后的哈勃空间望远镜还要接受地面控制中心发送的指令，进行一两个月的系统调试，人们期待着两个月之后“哈勃”会给我们送回一个全新的令人满意的宇宙图像。果然，修复后的哈勃空间望远镜不负众望，它的分辨能力大大提高，远远超过了地面上最优秀的、比它口径还大得多的望远镜，修复取得完全成功。从此以后，哈勃空间望远镜源源不断地给我们送回了许多宇宙天体的效果极佳的图像资料，这些精彩的星空图景都具有非常珍贵的科学价值，为人类研究宇宙的演化、太阳系的形成等一系列问题提供了重要的线索和可靠的依据。

“哈勃”成功的秘诀关键在于它位于地球大气之上，彻底摆脱了套在地面望远镜脖子上的枷锁，没有地球大气抖动的影响，分辨率达到理论值。所拍摄的图像可以分辨出小于0.1角秒的细节，所获得的图像和光谱具有极高的稳定性和可重复性，这些特性使得“哈勃”在测量天体的亮度和结构时可以达到前所未有的精度。空间观测的另一个地面观测所不具备的优点是黑暗的天空背景，在地面上看夜空，无论如何都不会完全黑暗，上层大气中的原子会吸收白天日照的能量，然后在晚上以光的形式辐射出来，地面望远镜无法观测比天空背景还要暗的天体。还有，“哈勃”所处的高度也使其在紫外波段上进行观测成为可能，而地面上无法观测天体的紫外辐射。

2.4 延续“哈勃”青春的多次空间大维修

哈勃空间望远镜自1993年被修复以后，以丰硕的观测成果成为最受人们瞩目的国际性的科学偶像。天文望远镜需要经常维修，地面上的设备维修起来很方便，空间望远镜的维修就要大动干戈，不仅技术难度大，而且费用高，因而空间望远镜的设计寿命都不长，一般只有几年，但“哈勃”已经在太空遨游了26载，靠的则是多次空间维修。

第二次空间维修是在1997年2月，由发现号航天飞机载航天员给哈勃空间望远镜送去了两台新的仪器：空间望远镜影像摄谱仪（STIS）及近红外线照相机和多目标分光仪（NICMOS），用它们替换戈达德高分辨率紫外摄谱仪（GHRS）和暗淡天体摄谱仪（FOS）。新的仪器把“哈勃”的观测能力扩展到了红外波段，并且可以一次观测多达500个不同的天体，大大提高了“哈勃”的观测能力，这次维修还提升了“哈勃”的轨道高度。

第三次空间维修是在1999年12月，主要是陀螺仪发生了问题。陀螺仪是用于瞄准和保持自身稳定所必需的仪器，“哈勃”共安装了6个陀螺仪，至少需要有3个陀螺仪正常运转才能维持望远镜的观测活动。第四个陀螺仪发生故障后，望远镜就会自动停止工作。1999年2月，“哈勃”上的陀螺仪坏了3个，11月13日，又有1个坏死，“哈勃”彻底瘫痪了，停止了观测。

为了救活“哈勃”，载有7名航天员的发现号航天飞机于12月19日上天，花了2天时间找到“哈勃”。航天员使用机械臂将“哈勃”抓到“发现号”的平台上，进行第三次维修。12月22日，2名航天员为“哈勃”换上6个陀螺仪后，进行了通电测试，结果令人满意，6个陀螺仪工作都很正常。已经坏掉的陀螺仪生产于20世纪80年代，它们是利用空气把一种黏性液体挤进体内，但是空气与液体发生化学反应，腐蚀了陀螺仪的铜质部件，致使陀螺仪的寿命缩短。而新的陀螺仪使用惰性气体氮代替空气把黏性液体压进陀螺仪里，使用寿命增加了。另外，航天员还在“哈勃”的太阳能电池帆板与电池之间的导线上安装了电压控制器，以防其过热而受损。12月23日，另外2名航天员为“哈勃”更换上新的电脑，同时更换了一个用于精确定位的精密制导传感器。这台新电脑的存储能力比原来那台增大6倍，计算速度加快20倍。12月24日，2名航天员又为“哈勃”安装了1台无线电收发器和1台数据记录器，并为“哈勃”修补了已经严重受损的隔热层。12月25日圣诞节这一天，航天员再次用机械臂将“哈勃”举起，小心翼翼地将它送回距地面600 km的太空轨道。

这次为“哈勃”更换的设备，价值7 000万美元，修复后的哈勃空间望远镜起死回生，于2000年1月11日恢复正常工作。

第四次空间维修是在2002年3月，按照最初的设计，“哈勃”的使用寿命是10年，到2002年已经超过服役期限，如果要让“哈勃”继续保持科学的运行以及世界顶级望远镜的能力，就需要进行新的维修和设备的更新。“哈勃”的观测成果征服了全世界的天文学家，美国天文学家更是舍不得它，决定进行第四次维修。这是一次极具冒险性和科技含量极高的维修，主要任务如下：为“哈勃”更换一套小型但功率更强大的太阳能电池帆板；为“哈勃”更换一个新的电力控制装置，这套装置好比“哈勃”的心脏，为“哈勃”各子系统提供电力供应，而老的“心脏”10年来小毛病不断，已经无法为“哈勃”提供足够的电力；为“哈勃”安装一个新的“眼睛”——先进测绘照相机，这台价值7 500万美元、重870磅（395 kg）的数字照相机拥有宽视场行星照相机2倍的分辨率和5倍的感光度，有了这台照相机，“哈勃”将能发现更微弱的恒星和星系。

2002年3月1日，载有7名航天员的“哥伦比亚号”升空。3月3日，在太平洋上空追上“哈勃”，一名叫柯里的女航天员操纵机械臂抓住了“哈勃”，并把它牢牢地固定在“哥伦比亚号”的货舱中。4名航天员分组轮流5次在太空中作业，为“哈勃”实施了预定的各项维修项目。3月9日，经过第四次修复以后，“心明眼亮、青春焕发”的哈勃空间望远镜重新返回它的太空轨道。4月初，“哈勃”恢复正常工作，新安装的先进测绘照相机马上显示出它的威力。

第五次空间维修是为了让“哈勃”延长寿命，使它工作到接班的空间望远镜上天，这也是最后一次维修。原定在2004年实施，使“哈勃”能工作到2010年，这样詹姆斯·韦伯空间望远镜可能接上班。但由于哥伦比亚号航天飞机的事故，美国宇航局当时认为派遣航天员去进行“哈勃”的维护工作风险过大，因而取消了这次任务。2006年10月31日，美国宇航局的官员在新闻发布会上宣布，将于2008年派遣航天员乘坐航天飞机上天，对

“哈勃”进行退役前的最后一次维修，以使其能工作到2013年。

2009年5月11日，美国亚特兰蒂斯号航天飞机执行这次任务，由于这次行动风险极高，还布置了奋进号航天飞机待命，随时准备上天营救。7名航天员通过5次太空行走对哈勃空间望远镜进行了最后一次脱胎换骨的维护和更新，首先更换了全部的（3对）陀螺仪，在安装新陀螺仪时遇到了小麻烦，第三对新陀螺仪怎么也安不上去，不得已，只好将亚特兰蒂斯号航天飞机携带的一对备用陀螺仪安在哈勃空间望远镜上，这些陀螺仪可以帮“哈勃”更精确地对准宇宙中更遥远的天体。

航天员在修复一个停止工作的成像摄谱仪过程中遇到了一个小问题，他们发现扶手上的一个螺丝有异样，但不知道那是什么型号的螺丝，这需要从117 000张照片的数据库中查找，追溯到1996年，看看发射前设备到底是怎样的。如果查不出来，就要查找1996年拍摄的旧成像光谱仪的资料，这样的照片有17万多张。最后还算比较顺利地解决了这个问题。

航天员还为哈勃空间望远镜安装了新相机、数据处理装置以及对接环，对接环将在哈勃空间望远镜退役返回地球时发挥作用。新安装的宇宙起源光谱仪是目前人类放置在太空中灵敏度最高的光谱仪，“哈勃”可以利用它提供宇宙中遥远天体的温度、密度及运行速度的精确数据。

此外，航天员还修复了损坏的先进巡天照相机和空间望远镜影像摄谱仪、损坏的2号精细导星传感器和科学仪器指令及数据处理系统，更换了全部的电池模组和对接环，还安装了全新的绝热毯，补充了制冷剂，等等。

为了这次维修，出舱工作的航天员冒着危险不停地工作，执行了几千项操作，不允许有任何一点儿失误，累了也不能回飞船休息。4名航天员在5天的时间里，完成了5次太空行走，每一次太空行走都在6小时以上，劳动强度非常大。在休斯敦的美国宇航局约翰逊航天中心里，地面控制人员也是高度紧张，保证24小时都有人值班工作，紧盯着“哈勃”上维修人员的一举一动。地面上的工程师们为这次维修准备了300多种特殊工具。

2009年5月19日，维修一新的“哈勃”再次被放飞。这次维修全方位地提高了哈勃空间望远镜的观测性能，使“哈勃”开始了观测生涯的新篇章。它以丰硕的观测成果报答着天文学家们以及“哈勃”粉丝们的厚爱，直到2016年的今天，其依然健在。图2–6是哈勃空间望远镜的空间维修场面。

图2–6　哈勃空间望远镜的空间维修

3 能与“哈勃”竞争的地面大型光学望远镜

哈勃空间望远镜成功上天的时候，地面上最大的望远镜是俄罗斯北高加索特殊天体物理天文台口径6 m的望远镜和美国帕洛玛山天文台口径5 m的海尔望远镜，而海尔望远镜各方面的性能和观测能力都大大超过了口径6 m的望远镜，堪称世界第一，但远不如哈勃空间望远镜。海尔望远镜只能观测到暗至23等星，相当于可以看到3 km之外一支蜡烛的光，而哈勃空间望远镜却能够观测到暗至29等星，相当于可以看到500 km之外一支蜡烛的光。海尔望远镜可以观测到20亿光年（1光年=9.46×10^{15} m）远的天体，而哈勃空间望远镜却可以观测到140亿光年远的天体，是海尔望远镜的7倍，它所能探测到的宇宙空间则是海尔望远镜的350倍。更重要的是，哈勃空间望远镜的分辨率可达0.1角秒，而地面上的观测设备最高只有1角秒，哈勃空间望远镜所提供的图像清晰度是地面观测设备的10倍。

“哈勃”上天一枝独秀，然而也有其局限性，一是口径不可能做得太大，二是维修太困难、太昂贵。20世纪末到21世纪初，地面光学望远镜迎来了大发展的时代，天文学家追求在地面建造口径特别大的光学望远镜，使其在灵敏度和分辨率两个方面都要超过哈勃空间望远镜。

3.1 镜面拼接技术和主动光学技术催生大口径望远镜的发展

新技术催生地面大型光学望远镜诞生，并逐步地追赶、超越哈勃空间望远镜的观测能力。这些新技术为镜面拼接技术、薄镜面技术、主动光学技术和自适应光学技术，前三项技术解决建造特大口径反射镜的技术困难，最后一项技术则帮助消除地球大气抖动造成的影响。

海尔望远镜的反射面自身质量达14.5 t，如果沿用这样的技术，口径为8 m或10 m的反射面，自重必然增加非常多，重力造成的镜面变形将导致望远镜无法观测。为了解决这个问题，发展了由许多小镜面拼接成大反射面的技术，这已经在很多大型望远镜上应用。还有薄镜面技术可以做到让反射面又大又薄，镜面自重比较小，不容易变形。凯克望远镜就是最好的例子，它的主镜口径为10 m，由36块小镜面拼接而成，每块小镜面都为六角形，口径1.8 m，厚7.6 cm，重400 kg，这样，整个主镜总重不到18 t。

传统的望远镜通过提高机械强度、改善镜面材料等方法被动地克服重力和温度变化的不利影响，而主动光学系统则是在望远镜镜面后面设置一套驱动系统，运行中，监测器监测反射面的变形情况，通过计算机控制驱动系统使变形抵消，让望远镜主镜的镜面时刻保持着最佳状态，采用这种技术可以使望远镜的主镜做得很大。

3.2 自适应光学技术

按照望远镜分辨率公式，主镜的口径越大，分辨率越高，但对地面大型光学望远镜来说，并不是如此，由于地球大气抖动的影响导致星像模糊，远远达不到理论的分辨率。

自适应光学系统是一种具有自动调节功能的装置。由于天体特别遥远，到达望远镜的球面波的波前已经与平面波的波前相同，但是，平面波波阵面透过20 km的大气湍流层到达望远镜时，由于大气的抖动，导致波阵面已经不是平面了，产生了几微米的相位差。自适应光学系统首先快速测出波阵面变形的情况，根据变化的数据，在每一毫秒内做出修正，这样就消除了地球大气抖动的影响。这需要大量的波前传感器来测量波前扭曲的状况。

自适应光学技术采用一块小型可变形镜面，这块镜面被安放在望远镜的焦点后方，根据测到的波阵面变形情况的数据来改变这块透镜的镜面形状，以此来抵消大气抖动的影响。通常情况下，改正镜的口径为8~20 cm，近期也有采用大型可变形镜面的望远镜，使镜面变形需要很多触动器，对一架口径8 m的望远镜在可见光短波段做出近乎完美的改正需要大约6 400个触动器，而在红外波段只需要几百个触动器。大数量的触动器意味着波前传感器上需要同样较大数量的图像探测器，通常的设计以需要触动器较少的红外波段为主，这样可见光波段的星像只能获得部分修正。美国的一些军事卫星系统也提供可见光波段完全修正的自适应光学系统。但自适应光学技术还有一个局限是视场比较小，在可见光波段只有几角秒，这不利于有些课题的观测，因此，自适应光学技术还不能使地面光学望远镜的观测达到空间观测的能力和水平。

3.3 能与哈勃空间望远镜比美的大口径光学望远镜

在哈勃空间望远镜之后，地面望远镜的发展进入“大规模、高速度、巨投入”的阶段。在不到20年的时间里，有8架采用主动光学和自适应光学技术的口径大于8 m的大型光学望远镜陆续投入观测，其在聚光能力上超过哈勃空间望远镜，在某些波段的分辨能力上也接近甚至超过哈勃空间望远镜。这8架望远镜是：口径10.4 m的加那列大型望远镜；由2架口径10 m的望远镜组成的凯克望远镜（Keck I和Keck II）；有效直径为10 m的非洲南部大型望远镜；有效直径为9.2 m的霍比—埃伯利望远镜；由2架紧紧相邻的直径8.4 m的望远镜构成的大型双筒望远镜；直径为8.2 m的昴星团望远镜；由4架直径8.2 m的望远镜构成的欧洲南方天文台甚大望远镜；由2架分别放置的直径8 m的望远镜组成的双子望远镜。

凯克望远镜和甚大望远镜不仅采用主动光学和自适应光学技术，还采用干涉技术。“凯克”的两架望远镜作为干涉仪使用时，其分辨率相当于一架口径85 m的望远镜的分辨率。这两架望远镜都安装在夏威夷岛上的莫纳克亚山天文台（见图2–7），这里海拔高达4 206 m，特别适合红外天文观测，是全世界海拔最高的光学、红外并举的重要天文观测基地。

图2–7　安装在夏威夷的10m口径凯克望远镜(Keck I和Keck II)

欧洲是天文望远镜的发祥地，但在19世纪中叶以后的100多年，美国基本上处于领导世界潮流的地位，欧洲不甘落后，决定联合起来，再攀高峰。在1962年10月5日建立了欧洲南方天文台，选择智利圣地亚哥以北约600 km的阿塔卡马沙漠中的拉西利拉山作为欧洲南方天文台台址，这座山海拔2 400 m，山顶上的气象条件很适合天文观测。欧洲南方天文台的甚大望远镜（见图2–8）是由4架光学望远镜组成的综合孔径，分辨率比直径8.2 m的望远镜提高了25倍，相当于一架口径205 m的望远镜的分辨率。在射电波段，干涉或综合孔径技术已相当成熟，这是导致射电望远镜分辨能力从远不如光学望远镜到远远超过光学望远镜的转变。而光学望远镜进行干涉的技术难度比射电望远镜大得多，这是因为光学波段波长太短。

为了提高分辨率和成像质量，欧洲南方天文台为甚大望远镜建造了4架口径1.8 m的辅助望远镜，辅助望远镜可以移动，安置在附近的30个不同地方。当干涉仪使用时，最多有8架望远镜参与，基线长度为200 m，分辨率相当于口径200 m的望远镜，达到0.000 5角秒，比哈勃空间望远镜高50倍，聚光面积则等于一架口径16 m的望远镜，比凯克望远镜高2.5倍。它已成为当今世界上聚光能力最强、分辨率最高的光学望远镜。

图2–8　欧洲南方天文台的甚大望远镜

3.4 将大大超越“哈勃”的下一代地面光学天文望远镜

当前光学望远镜的口径已经是10 m的量级。是不是需要口径更大的光学望远镜呢？能不能建造出口径更大的光学望远镜呢？第一个问题的答案是肯定的。天文世界里看不见的范围太大了，绝大多数天体和天体现象仍然看不见或看不清楚：如宇宙的结构和演化；暗物质和暗能量的本质；星系、恒星和行星的形成和演化；地外生命和地外文明的探索等。尽其所能地提高各类望远镜的效能成为天文学永远迫切的课题。第二个问题的回答也是肯定的，目前已提出30~100 m级的光学望远镜计划，有些已在实施之中。

3.4.1 巨型麦哲伦望远镜（GMT）

巨型麦哲伦望远镜（GMT）（见图2-9）将是世界上第一架新一代天文望远镜，由美国和澳大利亚合作，由于美国自然科学基金会拒绝资助，美国的8家研究机构和大学专门组建了一个财团，自筹经费，后来韩国以承担10%经费的条件加入合作。这架望远镜口径24.5 m，由7面8.4 m口径

图2-9　巨型麦哲伦望远镜效果图

的反射镜片组成，镜片像一朵菊花，1面居中，其余6面则环绕在其周围，8.4 m口径是当前已有单一镜片望远镜中直径最大的。巨型麦哲伦望远镜将放置在智利的拉斯坎帕纳斯天文台，台址海拔2 516 m，已经破土动工，计划于2016年建成。这架望远镜配备了自适应光学感应系统，它的图像清晰度将超过“哈勃”10倍，接收面积将超过“哈勃”100倍以上，将能够在可见光和红外波段进行观测研究，有助于天文学家们研究暗物质、暗能量和黑洞的形成过程，以及寻找银河系中环绕其他恒星运行的行星。

3.4.2 30米望远镜（TMT）

由美国加州大学、加州理工学院和加拿大大学天文学研究协会联合建造的30米望远镜（TMT）（见图2–10）在2004年开始筹划，2008年，日本国立天文台（NAOJ）作为合作者之一加入了30米望远镜项目，2009年中国科学院国家天文台以观察员身份正式加入了30米望远镜项目。30米望远镜项目预计耗资约14亿美元，需由各合作成员筹集，日本政府已承诺出资25%，印度政府也同意出资10%，我国究竟能出资多少，目前还没有落实。不解决出资问题，恐难成为正式成员。我国天文学家和好几个天文研究单位对参加30米望远镜项目非常积极，如中国科学院国家天文台、南京天光所、长春光机所、中国科学院光电所、中国科学院理化所等单位，他们“自带干粮”开展了多项核心技术研发工作，使我国成为该项目中的实质研发合作成员之一。

直径30 m的主镜面由492块直径为1.44 m的六边形镜片拼合而成。30米望远镜安装有自适应光学感应系统，能克服地球大气抖动造成的影响，保证图像的清晰度。其有效接收面积很大，比目前已有的大型望远镜要高一个数量级，将使天文学家能够观测研究远在130亿光年的天体。这意味着天文学家不仅能够观测到宇宙中首批诞生的恒星，还能够直接观测某些太阳系外的行星系统。

图2-10　30米望远镜效果图

目前已确定将这架30米望远镜放置在夏威夷的莫纳克亚山山顶上，这是极好的天文观测地点，海拔高达4 206 m，一年中有超过300个晴朗的夜晚，空气污染少，没有大量的城市灯光干扰。

3.4.3 欧洲特大望远镜（E-ELT）

欧洲南方天文台计划建造的欧洲特大望远镜（E-ELT）（见图2-11）镜面直径将达42 m，有3个篮球场大，21层楼高，仅设计就花掉8 130万美元，制造成本更高，几乎高达11亿美元，这将是有史以来最大的光学望远镜。其主镜采用拼接技术，由798块六边形小镜子组成。为了使镜面保持理想的形状，采用主动光学系统，在每块小镜子下面安装3个调节器，调节器每秒可屈伸10次。为了克服地球大气抖动使图像发生畸变，采用自适应光学感应系统，重新校正被大气扭曲的光线，使之构成清晰的图像。这架望远镜功能强大，分辨率将达到哈勃空间望远镜的10~15倍。2010年4月26日，欧洲南方天文台最终选择智利安托法加斯塔大区阿马索内斯山作为欧洲特大望远镜的安装地，它将帮助天文学家在约100个星系中寻找类地行星，可以看清100多亿光年以外的星系细节。

图2-11　欧洲特大望远镜

4 “哈勃”眼中的太阳系天体

宇宙浩大无比，包括太阳系、银河系和星系团多个层次，有着数以千亿计的恒星、星云和星际介质，神秘多彩，引人入胜。哈勃空间望远镜自1990年升空至今，在26年的时间里为我们打开了一扇观察宇宙的更明亮的窗户，带我们游历那神秘的宇宙，彻底改变了天文学的许多领域，并且为大众奉献了一幅又一幅摄人心魄的宇宙画面。“哈勃”对太阳系中天体的详细观测真是做到了淋漓尽致，这里简要介绍其比较重大的观测成果。

4.1 我们的太阳系

太阳系是以太阳为主体的天体系统，太阳质量占太阳系所有天体总质量的99%以上，其强大的引力把其他天体都牢牢地控制在自己的周围。地球只是太阳系中一个普通成员，它的直径约13 000 km，与太阳相距约1.5亿千米，每年绕太阳公转一周。太阳系内还有其他七大行星，算上地球总共八大行星，到太阳的距离由近及远依次为水星、金星、地球、火星、木星、土星、天王星、海王星，它们大致都沿着同一方向自西向东以椭圆轨道绕着太阳转动（见图2-12）。水星离太阳最近，最近时距离太阳只有4 600万千米。降格为矮行星的冥王星离太阳最远，轨道直径约120亿千米。

图2-12 八大行星合成照片

小行星是太阳系里较小的天体，已经发现并计算出轨道的约70万颗，获永久编号的约15万颗，获命名的共12 712颗。绝大多数小行星就像一块块大小不等、形状不一的石块，它们大部分分布在火星和木星的轨道之间。彗星也是较小的绕太阳运行的天体，它们的公转轨道是椭率非常大的椭圆，当其运行到太阳附近时被阳光照射得十分明亮，而且生成彗尾，形如一把倒挂的扫帚。流星体是太阳系内更小的天体，大多数是直径从十微米到几十厘米的尘粒和固体物质，也绕太阳运行，它们进入地球大气时，由于速度很高，同地球大气中的分子碰撞而发热、发光、燃烧，形成明亮的光迹。也有一些比较大的流星体，在大气中没有燃尽，落到地面上成为陨石。

太阳是一颗很普通的恒星，但因为它是地球上光和热的源泉而占有特殊的地位。日面上经常出现像黑子和耀斑这类太阳活动现象，我们肉眼看到的太阳其实是它的光球，温度约6 000 ℃。在光球外面的日冕具有百万摄氏度的高温，日冕以及太阳磁场可以延伸到极其广阔的太阳系空间。

“哈勃”的长处是可以观测到非常遥远、非常微弱的天体，本来并没有把太阳系天体作为其研究对象，但是它观测近处的太阳系天体仍然有着突出的优越性，比地面大型光学望远镜看得更清楚。它可以对行星、卫星等太阳系天体进行长时间、宽频带的观测，还可以进行高分辨率的光谱分析，即使无人宇宙飞船探测器飞抵天体近处也做不到这样的观测。

当然，“哈勃”观测太阳系天体也有困难，要求“哈勃”快速跟踪目标，这比观测恒星和星系难得多。尽管困难，“哈勃”还是对太阳系天体进行了很多观测，如对金星、火星、木星及其4个大卫星、土星及其光环、天王星、海王星和冥王星，以及对多颗彗星、彗木碰撞、小行星进行了观测研究，取得了丰硕的成果。

4.2 “哈勃”看到的彗木碰撞

木星是太阳系中最大的行星，其令天文学家关注的大红斑至今仍然是个谜。但木星能成为全世界天文界的焦点研究课题，并引起全世界科学界的重视，以及成为广大公众瞩目的焦点则是由于1994年彗星对木星的碰撞事件。

这是一次难得一见的宇宙奇观：舒梅克—列维9号彗星分裂成21块碎片，轨道计算结果预言这些碎片将逐个撞上体态庞大的木星。这一天体大碰撞的预言引起了全世界的注意，人们等待这一时刻的到来，天文学家动用一切可能的手段，等待这个事件的发生。

“哈勃”被寄予厚望，在舒梅克—列维9号彗星“英勇献身”的一年前，“哈勃”发现它已经分裂成21块碎片，变成了一串太空珍珠项链。直到碰撞前的10小时，“哈勃”一直在监视着这些碎片。

从1994年7月16日开始，21块碎片接二连三、完好无缺地撞向木星。照片显示，如原子弹蘑菇云般的火球从木星的地平线上升腾而起，在撞击发生后的10分钟内，逐渐下降、扩散开来，撞击造成的疤痕在木星表面滞留了好几个月。“哈勃”接二连三地拍照片，记录下了精彩的全过程（见图2–13）。

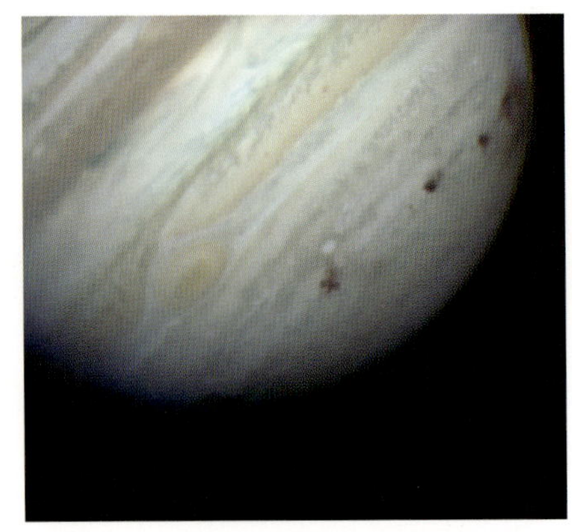
图2–13 “哈勃”拍摄到的彗星碎片撞击木星的照片

4.3 “哈勃”观测的木星大红斑

在木星南半球有一块非常显眼的红色卵形圆斑，俗称大红斑，几百年来，天文学家们一直关注着它。它是怎么形成的？为什么会是红色的？航天时代以来，旅行者号、伽利略号等几个飞往木星的探测器都对大红斑做了科学考察。一般认为，大红斑是木星大气中特大的高压气流旋涡，整个气旋的方向与木星大气流动的方向相反，它的红色可能是太阳紫外线与木星大气中的有机分子或硫化物相互作用的产物。在木星大气–140 ℃的低温条件下，分子运动应当很缓慢，何以能维持这样强大的气旋，并且经久不衰，这仍是一个难以解释的宇宙之谜。

长期以来，大红斑一直是独一无二的，但令人惊异的是，“哈勃”在2006年发现了木星的第二个红斑，2008年，“哈勃”与地面10 m口径凯克望远镜同时发现第三个红斑，它们的尺寸只有大红斑的一半，被称为小红斑。为什么会接连出现新的红斑？研究认为木星赤道区域的温度正在逐渐上升，而南极的温度则在下降，两个地区间逐渐拉大的温差破坏了木星南半球大气的稳定性，从而孕育出了新的红斑。图2-14是“哈勃”观测到的木星的3个红斑。

图2-14 “哈勃”观测到木星的3个红斑

4.4 对冥王星及其卫星的观测

冥王星虽然被开除出行星的队伍，但仍然是天文学家研究的重点天体之一。1996年，“哈勃”在冥王星6.4天自转周期期间，对其进行了全面的监测，发现其表面上大规模的明暗差异现象，类似于我们看到月球的明暗情况，表明其地貌也是非常复杂的。也有天文学家认为，冥王星那层稀薄的带有氮气和甲烷的大气层结冻了，造成表面上到处沉积着许多复杂的冰霜图案，随着冥王星进入长达60年的冬季，冰霜会更多，图案将会发生一些变化。

“哈勃”同时拍摄了冥王星和冥卫一的照片是一大贡献（见图2-15）。冥卫一，也叫卡戎，发现于1978年，当时的观测能力有限，无法将两者分开，只能看到冥王星表面似乎存在一个突起，后来地面上的大型光学望远镜也无法把它们分开，借助“哈勃”强大的分辨力，终于清晰地分开了两颗天体。“哈勃”所拍的照片还显示，冥王星外表有一层光滑的冰，覆盖在由岩石组成的内部结构上，而冥卫一外表的颜色比冥王星更蓝一些，这可能预示着这两颗星的演化过程不同。

“哈勃”看清楚了冥王星和冥卫一存在差异，这对修正这两颗星的体积给出了重要参考，根据1994年的观测计算出冥王星和冥卫一的直径分别是1 440 km和790 km。但是，2015年7月14日，新视野号探测器在接近冥

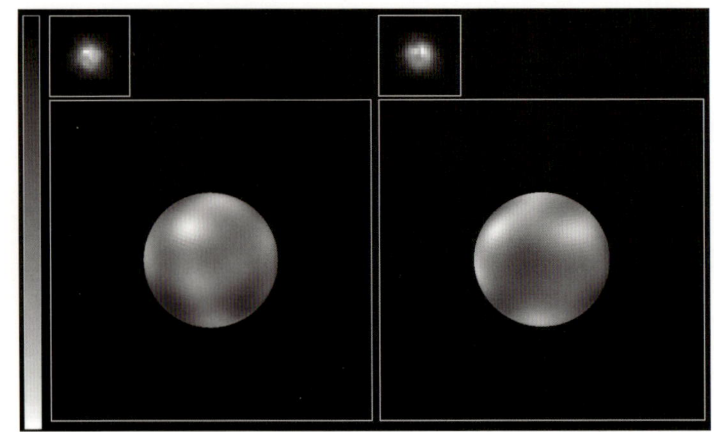

图2-15　“哈勃”拍摄的冥王星和冥卫一

王星时用远程侦察成像仪进行成像观测，它比哈勃空间望远镜、地基天文望远镜的观测更加精确，获得了最新的结果：冥王星的直径约为2 370 km，冥卫一的直径约为1 208 km。

冥王星现在已经有5颗卫星了，除第一颗卡戎外，其余都是“哈勃”发现的。2005年5月15日，“哈勃”发现了冥王星的两颗新卫星，分别取名为尼克斯和许德拉。2011年，“哈勃”发现了冥王星的第四颗卫星，这颗卫星还没有来得及命名，就在2012年发现了冥王星的第五颗卫星，这两颗卫星的中文名称为冥卫四和冥卫五，后来，这两颗卫星分别被正式命名为科波若斯和斯提克斯。

冥卫二和冥卫三的轨道半径分别为50 000 km和65 000 km，轨道周期分别为25天和38天。冥卫二的直径为32~145 km，冥卫三的直径为52~160 km，冥卫三比冥卫二亮25%。

冥卫四的发现是一次无心之作，当时“哈勃”为了查看冥王星是否拥有光环而进行观测，结果发现了这颗很小的卫星，其直径为13~34 km。其实早在2006年“哈勃”就已经拍摄到了这颗小卫星，但是当时被分析人员忽略了，因为那张照片上这颗卫星非常暗弱，几乎无法和噪声点区别开来。冥王星的第五颗卫星也很小，平均直径为10~25 km，公转轨道直径约为95 000 km，公转周期约为20.2天，距离冥王星约4.7万千米，绕冥王星公转的轨道平面与其他四颗卫星近似。由于其亮度非常暗，几乎是哈勃空间望远镜的观测极限。

“哈勃”对冥王星及其卫星系统进行的考察为我们提供有关这一太阳系边缘地带的更多信息，这对更好地规划新视野号探测器在冥王星轨道附近的工作计划大有帮助。“哈勃”对冥王星表面进行的制图成像以及新卫星的发现都将具有不可估量的意义。

4.5 发现海王星外的14个冰岩石天体

海王星在天王星之外，与太阳的距离是日地距离的30倍，是太阳系最遥远的一颗行星。在海王星轨道的外侧存在很多小天体，它们是太阳系形成时残留下来的物质，研究它们有可能获得太阳系形成时的有关信息。多数外海王星天体离太阳遥远，本身又很渺小，反射不了多少阳光，非常昏暗，很难被探测到。

2003年，“哈勃”发现了太阳系内3颗最暗、最小的天体，这些小天体运行在海王星轨道外，由冰和岩石组成。“哈勃”的观测计划估计至少能发现60颗直径为15 km以下的天体，但实际观测结果与估计相距甚远。不过，2010年传来好消息，“哈勃”一举斩获14颗直径为40~100 km的外海王星天体，这些小天体都是冰岩石天体。

通过测量外海王星天体在太空中的移动状况，天文学家能够计算出每个天体的轨道和与太阳的距离，综合这些天体的距离、亮度和反射率，可评估出每个天体的体积大小。

4.6 “哈勃”拍摄的天王星及其光环和极光

天王星是太阳系由内向外的第七颗行星，肉眼可见，但由于亮度较暗、绕行速度缓慢而未被古代的观测者认定为一颗行星，直到1781年才由赫歇尔发现它是太阳系中的一颗行星。它的直径约为5.2万千米，是地球的4倍多，与太阳的平均距离是19个天文单位。

天王星最大的特点是它的自转轴几乎和公转轨道平面平行，它是懒洋洋地躺在轨道平面上自转和公转的，而地球和其他行星则基本上是站在轨道平面上自转和公转的。天王星公转一周需要84.32年，而它自转一周的时间仅为17.24小时，比地球的自转速度还快。

天王星也有光环，但细而暗，地面上的大型望远镜也看不见它（见图2–16）。1977年，天文学家利用天王星掩食恒星的机会发现了它的光环。1986年1月，美国发射的旅行者2号成为第一个从天王星旁边飞过的探测器，并向地球传回几千张天王星光环和众多卫星的照片，旅行者2号在已有的9条光环上又发现2条光环，还看到2条被旅行者2号干扰的光环。

2005年12月，天文学家利用哈勃空间望远镜发现天王星周围2条新的蓝色光环，这2条半透明光环位于已知光环的外边，但是没有超出天王星卫星轨道范围，这时，天王星的总光环增加到了13条。

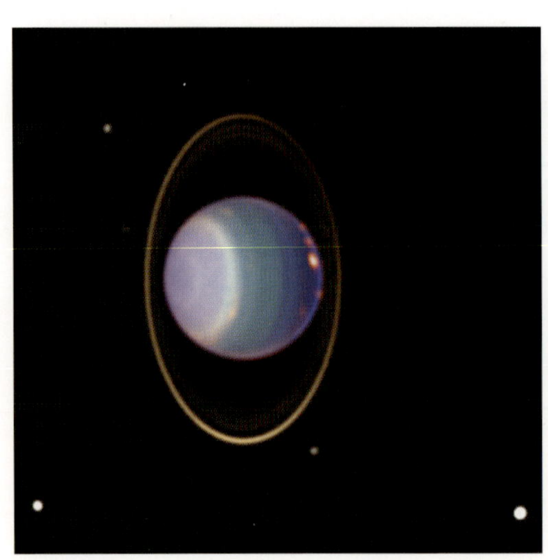

图2–16 “哈勃”拍摄的天王星及其光环

天王星的卫星也比较多，共有27颗，只比木星和土星的卫星数目少。发现最后2颗卫星的是哈勃空间望远镜，较早发现的5颗卫星都比较大，有4颗卫星的直径都在1 000 km以上。旅行者2号飞近天王星的时候对5颗已知的卫星拍摄了许多照片，发现这些卫星的地貌很像地球，特别是天卫五的地貌非常丰富，既有悬崖峭壁，又有高山峡谷。

哈勃空间望远镜首次捕捉到天王星上空的美丽极光画面，壮观的天王星极光由短暂、微弱的发光斑点组成，这与经常出现在地球极区周围的色彩斑斓的光幕完全不同。地球上的极光会在长达数小时内把天空渲染成绿色和紫色，但是新发现的天王星极光与之不同，它只能持续几分钟。

4.7 “哈勃”对木星极光的观测

地球上的极光气势恢宏、美丽壮观、色彩丰富、变化多端，极光是唯一能用肉眼看见的地球高层大气中的物理现象，因为这种现象时常发生在地球两极附近，所以叫极光。来自太阳活动区的太阳风（即带电高能粒子流）闯入地球高层大气时，由于地球磁场的作用，太阳高能粒子会沿着磁力线向地球的南北磁极靠近，当它们到达磁极附近时，就会遇到地球大气，并且和大气中的分子或原子碰撞而发生放电、发光的现象，这个过程发生在高空一个以磁极为中心的椭圆状的区域内，人们称之为极光椭圆。地球的磁南北极与地理南北极虽不重合，但仅相距11度，因此平时说极光时一般都不特别强调磁极。极光椭圆的形状、位置、大小和强弱都随时间变化着。

从地球极光的研究可以知道，极光形成需要三个条件：一是要有足够的磁场；二是要有厚实的大气；三是要有带电粒子源，如太阳风。纵观太阳系的八颗行星，除水星几乎没有大气不可能有极光外，其他七颗行星都观测到过极光。金星虽然磁场很弱，但也观测到过极光，这是因为金星的大气与太阳风作用可以产生电流，并产生局部磁场。金星极光的形状是弥散性的色斑，强度不断地变化，有时跨越整个星球，与地球上看到的极光不太一样。火星虽然没有整体磁场，只有不均匀的局部磁场，而且大气很稀薄，只有很少的氧和氮，但也观测到过极光。不过，火星的极光自成一类，既不像地球那样在磁极附近呈环状或弧状，也不像金星那样弥散分布，而是集中在局部磁场比较强的地方，而且只有紫外光的极光。

除地球外，木星的极光最为显眼，并且具有新的特点，其能量比地球上北极光的能量要强约1 000倍。1979年，在旅行者1号拍摄的紫外光照片上首次发现了木星极光。后来，木星极光也成为“哈勃”经常观测的太阳系现象之一，并得到了非常清晰的木星两极的紫外极光图像（见图2–17）。地球上五光十色的极光是在可见光波段拍摄的，实际上，极光的频谱很宽，包括X射线、紫外、可见光、红外和射电波段。在原理上，木星极光现象是高能带电粒子沿木星磁力线到达木星极地区域上空，与木星大气层上方等离子体发生作用的产物，这点与地球南北两极发生的极光现象基本相同。

“哈勃”在紫外波段拍摄了数千张木星极光照片，实际上，木星极光也是全波段的，综合地面和空间探测器的观测结果，已在紫外、可见光、红外、射电和X射线波段观测到木星极光。射电和X射线波段的极光是沉淀下来的带电粒子发射的，其他波段的极光则是带电粒子与大气中的原子或分子碰撞后发射的。

图2–17 “哈勃”拍摄到的木星极光

木星极光的一个特点与地球极光相似，即极光出现在南北两极区域，呈椭圆形或环形。但是，木星极光还有新的特点，这是因为木星的质量很大，拥有60多颗卫星。“哈勃”的观测表明，木星极光主要由它的几颗大卫星的作用而产生，木卫一的火山爆发提供着大量的离子，木星及其卫星的磁场环境内部相互作用导致极光的产生。“哈勃”拍摄到的木星紫外极光可分为三类：第一类是极光椭圆；第二类是木星的卫星在极光椭圆内产生的极光；第三类是处在极光椭圆内不稳定的弥散性极光。

从“哈勃”拍摄的极光照片中可以发现，最亮的极光特征与它的木卫一有关。木卫一的带电粒子受木星磁场的作用，源源不断地通过宽为1 000~2 000 km的“磁流管”到达木星表面，形象地称“磁流管”为木卫一的脚印，这个脚印会随木卫一环绕木星的运行而横扫木星的表面。木卫一是木星的四颗伽利略卫星中最靠近木星的一颗，这颗充满岩石和富含硅酸盐的卫星一直是地面望远镜、“哈勃”及其他空间探测器观测研究的重点。木卫一的直径为3 642 km，是太阳系第四大卫星，它非常活跃，常有火山爆发，因为它处在木星与木星的另外两颗大卫星——木卫二和木卫三之间，在强大引潮力作用下获得能量，引潮力常常使木卫一的形状发生大到100 m左右的改变，导致内部结构发生变化，引起火山爆发，从而把氧云和硫云抛入木卫一的轨道，这种带电的气体云是形成木星磁爆和产生极光的主要原因。1996年7月期间，“哈勃”拍摄到木卫一的佩雷火山爆发的景象，火山口喷发出来的浓烟和尘埃形成了一股400 km高的烟柱。“哈勃”持续监视木卫一的火山活动，看到火山浓烟的一部分像降雪一样落到木卫一表面，一部分则会投向木星周围的一圈巨型高温气体曲面环中，这个环称为木卫一电浆曲面环，其中的硫离子是形成木星极光的来源之一。

后来，从“哈勃”拍摄到的数千张木星极光照片中分析发现，木星最大的也是磁场最强的卫星——木卫三对极光的形成也有重要贡献。从观测资料中发现，在木星极区看到的极光是在木卫三的磁气圈产生的引力影响下形成的，木卫三在围绕木星运行时，会与这颗行星的等离子体相互作用，在木星极区产生明亮的斑点，这些亮斑被称为木卫三极光足印。

“哈勃”还发现木卫二对木星大气层施加着持续不断的影响，形状类似于彗星的奇特结构，但还未找到木卫二与木星大气层发生电磁作用的有力证据。

4.8 “哈勃”对土星的观测

土星是太阳系中第二大行星，拥有一圈华丽的环系，它从来都是业余和专业天文学家最喜爱的行星。“哈勃”上天以后，土星成为它的重点观测对象之一，成为第一次行星观测的挑战目标。

4.8.1 土星风暴的观测

土星的白斑很快就成为“哈勃”追逐的亮点。土星白斑是1933年发现的，被认为是土星上发生的风暴，土星上常常刮着狂风，其速度可超过1 600 km/h，在太阳系行星中的风速是最快的。1990年9月25日，天文爱好者观测发现土星上的一处大白斑正以400 m/s的速度向东扩张，随后，“哈勃”于11月9日起以固定的时间间隔拍摄了一连串的照片，之后，风暴变得更加激烈，又追加了观测，1994年，“哈勃”又对另一起风暴进行追踪观测。观测结果的分析使天文学家相信，1990年的大白斑是氨的冰晶所形成的上涌烟云穿透云顶造成的。

4.8.2 土星光环的观测

卡西尼号探测器2004年才到达土星，在这之前“哈勃”一显身手，对土星光环进行监测，获得了反映土星光环四季变化的证据。光环的掩星观测可以研究光环的密度和结构，因此光环掩星观测成为“哈勃”精心策划的观测项目之一。掩星观测的机会并不多，要求哈勃空间望远镜、土星环系以及所要遮掩的恒星的位置适当，“哈勃”在1991年完成了第一次土星光环掩星的观测，虽然“哈勃”当时正受到球面像差的困扰，观测还是获得成功，发现了43圈不同的环状特征。

土星赤道面（包括土星光环）与它的公转轨道面不重合，有一个大约27度的夹角，因此，随着土星在轨道上的运转，土星光环面朝地球的倾斜角度就会不断变化。每隔14.5年，土星光环的侧面就会对准地球一次，土星的光环就会“消失”一次。1995年，土星光环正面对着地球，是观测光环掩星的最好时机，行星科学家想用“哈勃”来测量环系的厚度，并寻找位于环带内的已知卫星及尚未发现的卫星，果然，在这次观测中，还真的发现了4颗新卫星。

4.8.3 土星极光的观测

极光是“哈勃”观测土星的重点课题之一。土星极光早在1980年和1981年由旅行者号的紫外线探测器发现，1997年“哈勃”第一次观测到土星极光，当时应用照相摄谱仪在紫外波段进行观测，主要针对氢在两种能量情况下的辐射，却发现了土星极光，极光覆盖了土星极地一片非常广阔的区域。土星极光出现在距离土星表面超过1 200 km的高空，而地球上的极光多出现在100~500 km的高度，这是因为大气成分的不同，构成地球大气的主要成分为较重的氮气和氧气，因此只有在较低的高度上才能达到产生极光所需的气体密度，而土星大气主要由较轻的氢气构成，因此土星极光出现的高度要远大于地球极光。

土星上也有极光现象发生，而且很有特点，与地球极光的最大不同是存在时间非常长。“卡西尼号”在2004年1月接近这颗气态巨星时，研究人员令“哈勃”与“卡西尼号”一起对土星南极进行同步观测，“哈勃”使用紫外波段观测，“卡西尼号”则同时观测射电辐射与太阳风。图2-18是“哈勃”拍摄的一组照片，每张间隔时间为2天，显示出土星南极极光

图2-18 "哈勃"拍摄的土星极光照片

可以完整或部分环绕磁极，3次观测结果表明极光持续存在了4天以上。由于土星绕太阳公转的原因，在30年内只有两次机会能同时观测到土星南北两极的极光现象，土星南北两极同时出现闪亮的极光，是由于太阳风与土星大气层的分子发生交互作用而形成的。土星南北两极的极光之间只有细微的差别，北极光中的明亮椭圆形状区域比南极光中的区域略小，并且光线更强烈，这暗示着土星的磁场分布并不均匀，北极磁场更强。

对土星极光的研究并不是"哈勃"独此一家，多家的观测发现了土星极光的新特点，极光总是在中午和午夜出现，土星自转一圈为10小时36分钟，极光每天都是重复的，在同一时间、同一地点出现。

2010年，发现了土星极光与无线电辐射周期的相关性。土星极光能存在好几天，说明它有着与地球不同的带电粒子源，这很可能来自它的很多卫星，特别是像最靠近土星的土卫一和比较活跃的土卫二等卫星。科学家很早便猜测这些带电粒子在向土星两极运动时会产生无线电波，因此土星的无线电辐射应该与极光之间有着紧密的联系。在后来的研究中，天文学家将土星的无线电周期与土星的极光周期进行对比，并调出了"哈勃"在2005年至2009年间拍摄的全部土星极光照片进行对比分析，终于找出了土星极光发生的周期性规律，证实了土星的极光与无线电辐射之间存在着物理联系。这意味着土星的无线电辐射确实是在土星极光的产生过程中出现的。

天文学家策划了"哈勃"与"卡西尼号"同步观测土星极光的实验，

由"哈勃"在几个星期内连续拍摄土星极光的紫外线图像，同时卡西尼号探测器用等离子分光计和磁场探测设备探测土星极光的强度以及太阳风的磁场。从这个实验中研究人员发现，土星极光每天都在变化，有时能伴随土星自转而运动，有时却又保持静止，有时发亮能持续好几天，不像地球极光那样只能持续几分钟。与地球或木星极光尤为不同的是，土星极光在土星的昼夜交替之际显得尤其明亮，有时会成为一个螺旋形，这意味着影响土星极光的因素与地球及木星的因素不完全相同。

5 "哈勃"眼中的宇宙

太阳系只是宇宙中的沧海一粟，是银河系中普通的一员。银河系中约有两千亿颗恒星，范围达10万光年，在银河系外更有千亿个像银河系一样的天体系统。根据宇宙大爆炸理论和天文观测，宇宙边缘的天体所发出的光到达地球要137亿年，望远镜越做越大的原因就是要看到更远、更弱的天体。哈勃空间望远镜克服地球大气的干扰，得到空前高的空间分辨率，能把遥远天体看得仔仔细细。在26年的时间里，哈勃空间望远镜带着我们观赏了神秘宇宙中的种种奇观美景，众多的发现彻底改变了天文学的许多领域。

5.1 银河系和河外星系

银河系中有数以千亿计的恒星、许许多多的弥漫星云和到处都有的星际物质，恒星的化学组成大同小异，质量的差别也不是很大，但大小和密度却很悬殊。太阳的半径约为70万千米，中等偏小；红巨星的半径比太阳要大10~500倍，是恒星世界中的庞然大物；恒星世界的侏儒是白矮星和中子星，白矮星的半径只有太阳的0.7%，和地球相当，大约为5 000 km，中子星更小，半径只有10~30 km。红巨星、白矮星和中子星的质量和太阳的质量差别不大，因此它们之间密度的差别可达几个、十几个数量级。

许多恒星的光度会发生引人注目的变化。其中变星的光度变化是周期性的，周期从一小时到几百天不等，也有的可以长达两三年，还有一些恒星的光度发生突然的剧烈变化成为新星和超新星。恒星并不孤单，有的恒星有行星系统相伴，有的则是成双成对的双星系统，还有的三五颗聚在一起组成聚星，也有几十、几百乃至几百万颗聚在一起形成星团。银河系中双星并不少见，约占全部恒星的1/3。

银河系中约有两千亿颗恒星，主要集中在一个扁球状的空间范围内，从侧面看像一个中间突起、四周渐薄的体育运动用的铁饼，这个大铁饼称为银盘，银盘的面叫银面，直径约10万光年，中心突出部分是核球，直径约2万光年，厚约1万光年（见图2–19）。银核是银河系中心很小的区域，很多天文学家相信，那里是一个超大质量的黑洞，甚长基线干涉仪的探测表明，银心射电源的中心区很小，甚至小于10个天文单位，即不大于木星绕太阳的轨道。波长12.8 μm的红外观测资料指出，直径为3.261 6光年的银核所拥有的质量相当于几百万个太阳质量。不过，钱德拉X射线望远镜（简称“钱德拉”）在紧邻银河系中心的区域发现了数十颗庞大且非常明亮的恒星，它们的体积大约是太阳的30~50倍，亮度则达到了后者的100倍。它们至少要离

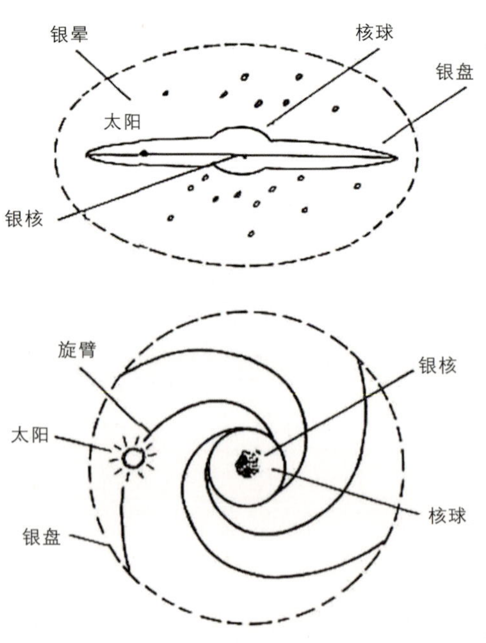

图2–19 目前国际公认的银河系模型
（上为侧视，下为俯视）

开银心黑洞比较远一些的地方，否则就会被大黑洞吞噬掉，这些恒星可能会发展为超巨星并发生爆炸，最终演变为一群小型的黑洞。

在大铁饼之外，还有一部分恒星稀疏地分布在一个扁球状的空间范围内，形成所谓的银晕。从上向下俯视，银河系就像一架风车，中心是核球，从核球延伸出去的螺旋状风叶是四条旋臂，分别称为三千秒差距臂、英仙臂、人马臂和猎户臂。我们的太阳系就位于猎户臂的内侧。

银河系的总质量是太阳质量的2 100亿倍，主要物质都集中在核球和旋臂上，有恒星、星团、星云以及星际气体和星际尘埃，恒星质量占了90%。1927年布鲁根克特和1944年沃尔特·巴德提出恒星分类法，按照年龄、化学物质组成、空间分布与运动特性比较接近的情况把恒星分为不同的三个星族。

第一星族星（亦称星族Ⅰ星）属于年轻的恒星，它们包含相当数量比氦重的元素（天文学中通称为“金属”），这些重元素来源于上一代恒星经过超新星爆炸的遗留物或行星状星云物质扩散过程所散布出来的物质。太阳属于第一星族星，第一星族星通常都散布在银河系的旋臂中。第二星族星（亦称星族Ⅱ星）属于年长的恒星，是在宇宙大爆炸之后形成的恒星，只含有少量金属，这些金属是恒星演化过程中逐步形成的。第二星族星都在球状星团和银河系银晕中。第三星族星（亦称星族Ⅲ星）是最年长的恒星，是在早期宇宙中形成的恒星，只有氢元素和氦元素，不含金属。银河系中不存在这样的恒星，因此银河系中的恒星只需分为第一星族星和第二星族星两大类。

银河系如此之大已令人难以想象，但是在银河系之外还有许许多多同银河系类似、离我们非常遥远的庞大天体系统，称为河外星系，其数目在千亿以上，已知视星等亮于20等的河外星系约有2 000万个，亮于23等的则有10亿个以上，已观测到的最远的河外星系距离可达130多亿光年。对它们的观测使天文研究的范围扩展到以百亿光年为尺度的广阔空间，并可追溯到百亿年以前发生的事件，成为现代宇宙学的重要支柱。

河外星系也聚成大大小小的集团，有双重星系、多重星系以及由成百上千个星系组成的星系团。河外星系按形态可以分为椭圆星系、旋涡星系、棒旋星系和不规则星系等类型，它们的演化历程尚无定论。20世纪60年代以来，许多正在经历着高能过程的河外目标陆续进入天文学研究的前沿，包括类星体、各种射电星系、赛弗特星系、蝎虎座BL型天体等活动星系。图2–20是“哈勃”拍摄的旋涡星系M101。

图2–20 “哈勃”拍摄的旋涡星系M101

5.2 “哈勃”提高距离测量的精度

自天文学诞生的那一天起，天文学家就一直在面对一个恼人的问题，那就是如何测定天体的距离。在地球上的距离测量似乎比较简单，但是一旦要测天体的距离就变得极为复杂。我们生活在一个三维空间，肉眼所看到的天体都是它们在天球上的投影，如果我们不知道天体的距离，就不会知道天体在空间的真实分布，也不会知道它们的运动速度和发射电磁波的真实强度。

恒星之遥远，远到无法用千米来作单位，因而天文学家特别定义了几把不同的尺子来衡量它们的距离。第一把尺子称为天文单位，即太阳和地球之间的距离，约为1.5亿千米。这是一把小尺子，更大一点的尺子叫光年，就是光一年所走的距离，光1秒大约走30万千米，1年要走大约10万亿千米。还有一把更大的尺子叫秒差距，这是由一种测量距离的周年视差方法导出的，1秒差距等于3.26光年。

在地面上可以利用三角的方法测量一个远处物体的距离。譬如，我们要测量山顶上一座塔到地面的距离，可以先确定两个已知距离的测量点，使从这两个点看向塔顶的视线与两个点之间的连线组成一个等腰三角形，这两条视线的夹角就是视差角。在一个等腰三角形中，知道顶角和对边，就可以求出它的高，也就是塔顶到地面的距离。

测量近处的恒星，也可以用三角法。只是不能用地面上的基线，因为太短了，充其量也只有近万千米，恰好，地球绕太阳做轨道运动，这个轨道平面的直径可长了，约有3亿千米，我们把地球绕太阳运动轨道的直径作为已知距离的基线，地球绕行太阳半周是半年，正好从地球轨道直径的一端跑到另一端，这样，隔半年两次测量恒星的方向，测出它的视差角，便可以计算出恒星的距离（见图2-21）。利用三角视差法测定了

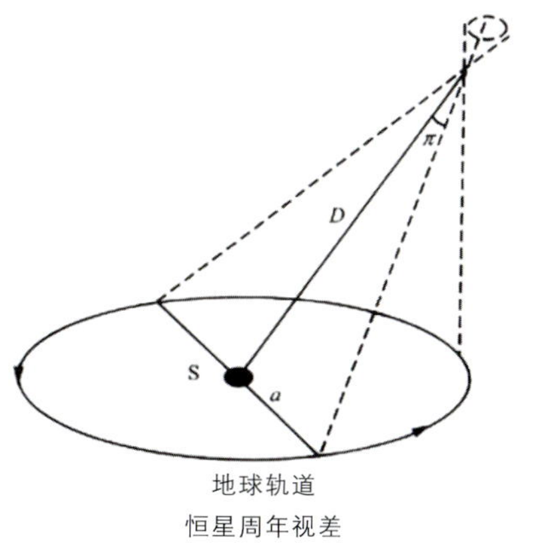

图2-21 天体周年视差的测量

大约7 000颗恒星的距离，绝大多数恒星距离太遥远，它们的视差位移小于0.001角秒，根本测量不出这样的小角度，只能寻找其他方法。

造父变星是一种具有“量天尺”绰号的特殊天体，利用造父变星周光关系可以推算出这些变星的距离。造父变星的光度和它们的光变周期有明确的关系（见图2–22），如果能够用周年视差的方法估计它们的距离，我们就能得到光变周期和距离的关系。

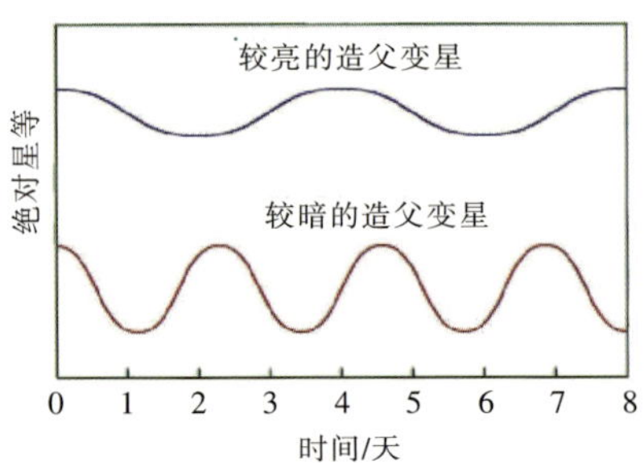

图2–22　造父变星的光变周期

勒维特是美国一位双耳失聪的女天文学家，她专门研究小麦哲伦星云中的变星，在1 777颗变星中发现有25颗是造父变星，视星等从12.5等到15.5等，光变周期从2天到120天。她发现造父变星周期和光度之间存在确定的关系，如图2–23所示，造父变星的光变周期越长，它的绝对星等越大，因此测出造父变星的光变周期便可以估计出它的光度或绝对星等。

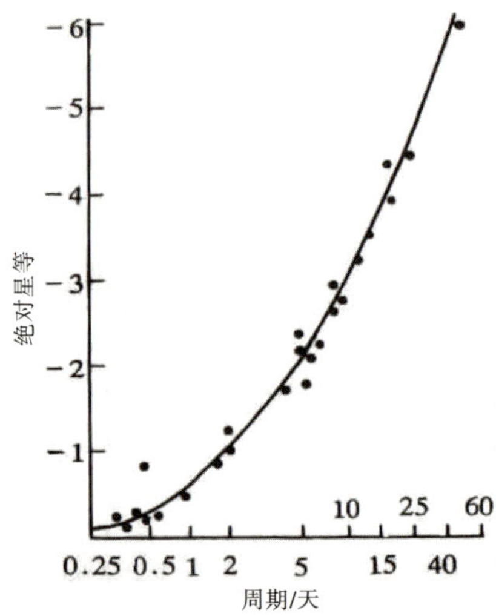

图2–23　造父变星的周光关系

“哈勃”自身的高分辨率和它上面搭载的精细导星传感器使得它能精确测量恒星的视差，尽管精细导星传感器主要的用途是在“哈勃”进行科学观测的过程中保持望远镜的精确指向，但是它也可以用来对单颗恒星的位置进行毫角秒精度的测量。此外，精细导星传感器也相当灵敏，可以测量很暗弱的恒星，因此“哈勃”可以探测更为遥远天体的距离，可以对银河系中更大的范围进行采样。

造父变星的光度超过太阳数千倍，在其他星系中也很容易辨认，因此计算所得距离的精度直接与造父变星的周期—光度关系（周光关系）的精度有关。“哈勃”的周年视差观测，由于精度极高，大大减小了用造父变星周光关系推算距离的不确定性，因此星系距离的估计也精确了。“哈勃”的高分辨率比较容易识别近距星系中的造父变星，以及准确地测出它们的光度变化，即使对一些比较远的星系中的造父变星，也能把它和附近的恒星分开，这样一来，使得可测出距离的星系数目一下子就扩大了1 000倍。“哈勃”上天以后，已经观测分析了36个星系中的造父变星及它们的光变周期。

5.3 “哈勃”对超新星1987A的观测

1987年2月，天文学家目睹到一次极为壮观的超新星爆发现象，取名为超新星1987A（SN 1987A），它引起了天文学家的极大重视。1990年8月，“哈勃”给它拍摄的第一幅照片中它的周围有一个淡黄色的光环，1994年5月，“哈勃”又发现在它的光环外面还有两个更稀薄、更暗弱的大环围绕着它，使其成为著名的三环结构（见图2-24）。天文学家曾预言，爆炸所产生的冲击波将大约以1/10光速向外传播，当冲击波撞击到围绕它的内环时，压缩和加热内环的气体，在其最内层形成热斑，热斑的温度高达几千摄氏度到百万摄氏度，而且会发出亮光。从1994年开始，“哈勃”一直在跟踪超新星1987A。果然，它的内环在暗淡了几年之后又重新明亮了起来，1994年出现一个亮斑，2001年则有5个，到2006年就发展成整整一串，一个挨一个的明亮热斑犹如宇宙太空中一串

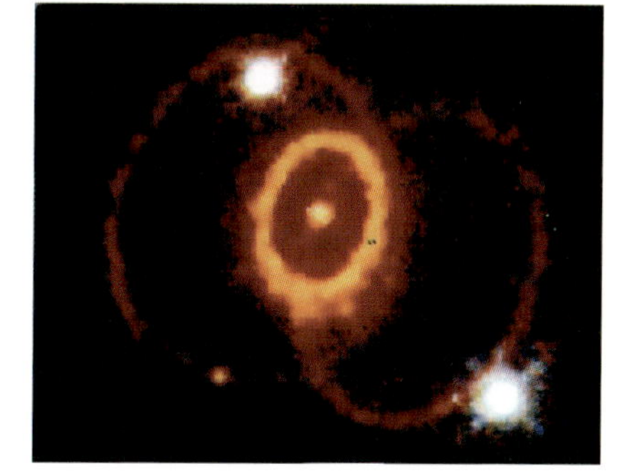

图2-24 “哈勃”拍摄的超新星1987A爆发后显现的三个环及爆发遗迹（图中的两个白色亮斑是背景上的其他天体）

闪闪发光的钻石项链（见图2-25）。绝大多数天文事件的发生至少都要经过几千年甚至几百万年，然而这一次，天文学家在短短几年时间内看到了一个天体快速演变的过程，正是超新星1987A给他们提供了这唯一的机会。

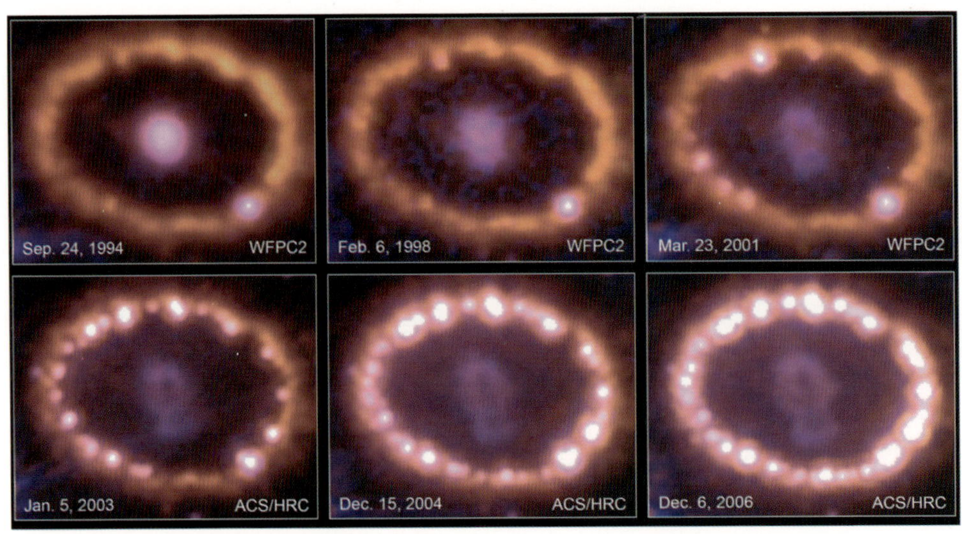

图2-25　1994年至2006年间“哈勃”跟踪拍摄的超新星1987A的“钻石项链”

5.4 恒星诞生地的观测

我们观测到的恒星都是在很早以前诞生的。有没有正在形成之中的恒星呢？我们能不能找到孕育恒星的地方呢？这是一个十分诱人的研究课题。恒星形成的必要条件是要有丰富的气体云和大量的尘埃，这是寻找恒星诞生地的重要线索。天文学家曾发现多处孕育恒星的地方，巨蛇座鹰状星云M16（见图2-26）、猎户座大星云M42和人马座礁湖星云M8等就是其中最典型的几个，这些气体星云中都有年轻恒星或正处于形成过程之中的原行星盘存在，这是天文学家早已发现的事实。“哈勃”上天之后，陆续揭示了几十个原行星盘的细节，它们大都映衬在明亮的星云背景上，形如一个个剪影。在“哈勃”观测过的年轻恒星之中，至少有一半看似拥有类似的物质盘，事实证明，形成恒星所需的原料在银河系中普遍存在。

图2-26 “哈勃”拍摄的巨蛇座鹰状星云M16中恒星诞生的壮观景象

5.5 观测M31追溯星系的演化历史

较大的星系都会经历吞并小星系的过程，借此成长壮大起来，这是目前的主流观点，但需要观测证据。“哈勃”对仙女座河外星系M31进行了细致的观测，已经得到了一些蛛丝马迹（见图2-27）。观测发现，M31有一个星系晕把主星系盘包围起来，这是个稀薄的球状结构，由恒星和星团构成。在M31的晕中，恒星的年龄相差很大：最年老的有110亿年到135亿年，最年轻的只有60亿年到80亿年。这些年轻的恒星就像是小孩子闯进了老人院，它们可能来源于被吞并的卫星星系，也可能是另一个星系撞进来时，把星系盘中较年轻的恒星撞到了星系晕中。

银河系的情况与M31不同，在它的晕中并没有包含很多相对年轻的恒星。“哈勃”的观测结果显示，尽管仙女座河外星系M31和银河系的外形很相似，但这两个星系的成长历史却可能各不相同。

图2–27 “哈勃”拍摄的仙女座河外星系M31中心的细节

5.6 哈勃深空视场

哈勃深空视场是一张由哈勃空间望远镜所拍摄的小区域夜空影像，拍摄位置在大熊座，影像的范围仅144弧秒，相当于100 m外的一颗网球对我们所张开的角度。由于拍摄的目标太暗淡，整张影像由342次曝光叠加而成，拍摄时间是1995年12月18日至12月28日，当时美国宇航局决定让“哈勃”用10天的时间盯着一个很小的天区进行观测，遭到很多人反对，其理由是这样长的曝光时间，不可能获得清晰的天体照片。然而“哈勃”的光学稳定性使得不同时间的观测都具有完全相同的分辨能力和数据质量，因此多次观测数据可以叠加起来，灵敏度得到非常大的提高，使这次观测非常成功，拍摄到许多非常遥远的天体（星系），发现它们之间碰撞得很厉害，一直在变化之中。

此后，“哈勃”分别于2003年至2004年和2012年9月25日再次对该区域更小视场和更深区域进行了拍摄，分别获得了哈勃超级深空视场和哈勃极端深空视场两张太空影像。

哈勃深空视场又称哈勃深空，所包含的区域几乎没有银河系中的恒星，可见的3 000多个天体全部都是遥远的星系，其中更包含了目前所知最早以及最遥远的星系。哈勃深空观测三年之后，哈勃空间望远镜对南天的杜鹃座再度以同样的方式拍摄了哈勃南天深空的影像。两张影像的雷同之处使天文学家更加坚定地相信宇宙的星系散布并非是紊乱的，而是有统一的构造。

哈勃超级深空视场，又称哈勃超深空，显示的是天炉座的一小部分，该照片是由哈勃空间望远镜于2003年9月24日至2004年1月16日期间得到的数据累积而成的，相当于113天的曝光，也是截至2006年为止在可见光波段拍摄的最深远的宇宙影像，显示超过了130亿年前的情况，当中估计有10 000个星系。哈勃超级深空视场中所显示的范围为3平方角分，只有全天空一千二百七十万分之一的面积，位于赤经3h32m40s、赤纬−27°47′29″（J2000）天炉座的一小片天区，而照片的左上角则指向天球的北方，选择这个范围的理由是因为附近（约为满月1/10大小的面积）没有较亮的星体。虽然通过红外线，在地面望远镜也能观测到照片中大部分的天体，但只有哈勃空间望远镜才能在可见光波段观测其中的极遥远天体，这些极遥远天体发出的光经过100多亿年才到达地球，因此照片所呈现的星系都是较年轻的，发现其性质与银河系附近较年老的星系有所不同，其中部分差别是由于相对论性多普勒效应，用光学波段拍摄的照片实际上是由紫外波段的辐射经红移后变为可见光的。

2012年9月25日，美国宇航局发布了“哈勃”拍摄的宇宙深处影像，即哈勃极端深空视场。在哈勃超级深空视场的基础上，选取了之前研究发现的最深远的一块中心区域进行观测，哈勃极端深空视场区域非常窄，角直径不到满月的1/10。“哈勃”持续观测了50天，累计曝光时间超过200万秒，它的两个主要相机——高级巡天相机（ACS）和第三代广域相机（WFC3）共拍摄了2 000余张图像，组合成哈勃极端深空视场，并把“哈勃”的视角延伸到了近红外区域。宇宙诞生于137亿年前，而哈勃极端深空视场能回溯到大约132亿年前的星系。哈勃极端深空视场中的星系大多数都很小，处于年轻的成长时代，离宇宙大爆炸仅有4.5亿年，早期宇宙是星系的形成期，星系的尺寸较小，形状更不规则，经常激烈地碰撞和合并，因此哈勃极端深空视场被称为遥远过去的时光隧道。“哈勃”让天文学家第一次看到年轻星系的真实外形，这提供了直接的视觉证据，证明宇宙在演化着，就像回放电影的一个个单帧画面，“哈勃”深空巡天揭示了婴儿宇宙结构的雏形和随后星系的动态演化阶段。

美国宇航局计划中的詹姆斯·韦伯空间望远镜（JWST）将以哈勃极端深空视场为向导，有望发现更暗的星系，它们离宇宙大爆炸仅2亿~3亿年。因为宇宙膨胀，来自古老宇宙的（紫外）光波已经拉伸到红外波段，而詹姆斯·韦伯空间望远镜的红外视力非常适合把哈勃极端深空视场推向更早的年代，抵达第一代恒星和星系诞生的年代。正是由于第一代恒星和星系的诞生，漫长的黑暗宇宙时代才得以结束。

5.7 “哈勃”和“斯皮策”联手发现的一个早期星系

通过组合“哈勃”和斯皮策空间望远镜（简称“斯皮策”）的观测数据，天体物理学家确认在星系团Abell 2744图像边缘发现了超年轻星系Abell 2744 Y1，它的直径仅有银河系的1/30，但其产生恒星的速率至少是银河系的10倍，这个星系存在于宇宙大爆炸后仅6.5亿年的时代。

图2-28是“哈勃”拍摄的Abell 2744星系团，这是迄今为止单个星系团获得的最深度曝光的图像。天体物理学家估计能在靠近星系团核心的区域发现非常遥远的星系，因为对这个地方的曝光时间最长，得到的放大程度最大。但是，没有发现比Abell 2744 Y1更远的星系。为了与“哈勃”的观测相协调，“斯皮策”和钱德拉X射线望远镜都对前沿场的星系团目标进行了超深度曝光，“斯皮策”和“哈勃”观测数据的组合分析都显示Abell 2744 Y1星系不但含有恒星，而且含有大量的气体。

图2-28 “哈勃”拍摄的Abell 2744星系团

在未来的几年里，美国宇航局的三个最强大的空间望远镜——“哈勃”“斯皮策”和“钱德拉”将通力协作，投入大量的时间观测6个超级星系团。它们的强大引力将作为巨型引力透镜来放大、聚集遥远的背景星系的光，以增加我们观测到宇宙边缘的暗淡星系的机会。

5.8 “哈勃”发现众多星系中心都有大质量黑洞

早在20世纪60年代，天文学家就猜想类星体和活动星系核由正在吞噬物质的巨型黑洞所驱动，如今，“哈勃”的观测进一步证实了这个想法。凡是“哈勃”仔细观察过的星系，几乎最终都发现它们的中心拥有一个黑洞。类星体的高分辨率照片也揭露了它们的藏身之处是明亮的椭圆星系或者相互作用的星系（图2–29是“哈勃”拍摄的巨椭圆星系NGC 1316）。其次，包裹着星系中心的核球的质量与巨型黑洞的质量紧密相关。这些观测事实都暗示，星系与中央黑洞的形成与演化息息相关。

图2–29 “哈勃”拍摄的巨椭圆星系NGC 1316

5.9 哈勃定律对遥远天体距离和宇宙年龄的估计

更遥远星系的距离要根据哈勃定律来估计。哈勃发现，河外星系的距离越远，其谱线红移越大，退行速度也越快，根据退行速度与距离成正比，得到$v=H_0 d$。其中，v为退行速度，以千米/秒（km/s）为单位；d为距离，以百万秒差距（Mpc）（1 pc=3.086×10^{16} m）为单位；H_0是比例常数，H_0可由观测测量，多次观测的结果并不一致，大约是73(km/s)/Mpc。哈勃定律的获得依赖于谱线红移的测量和星系距离的测量。

哈勃定律也提供了一种通过测量红移来估计星系距离的新方法。哈勃只测到几十个星系的距离和红移，获得了红移与距离的关系，用这个关系式来估计其他星系的距离是一种外推，这几十颗造父变星距离的测量就成为第二级距离的标准，如果测量误差比较大，那么对其他星系距离的估计误差也就很大。对于非常遥远的星系，我们无法测到它们中的变星，也就不能使用观测变星周期的方法估计距离。类星体的红移非常大，离我们特别远，只能用哈勃定律来估计它们的距离。

但是，应用哈勃定律估计距离有两个问题需要注意。第一是天体的谱线红移应该是宇宙学的红移，即天体远离我们而去的速度引起的红移。关于这一点，曾经有过激烈的争论，不过现在已经趋于一致了。第二个问题是哈勃常数值测得准不准。哈勃最初确认仙女座大星云的距离是100万光年，现在公认的距离是230万光年，这是由于早期哈勃常数的测量值不准确导致的。

1929年，哈勃第一次测定的哈勃常数值是500(km/s)/Mpc，到了20世纪50年代，巴德发现有两类造父变星——星族Ⅰ和星族Ⅱ造父变星，它们的周光关系不同，因此对距离的估计造成很大的误差。1958年，桑德奇进一步测量得出75(km/s)Mpc的结果，哈勃最初测定的结果是它的6.7倍。

哈勃常数表示星系退行速度的变化率，越远的天体，其退行速度越大，这说明宇宙在膨胀之中。设想将这一过程在时间上反推，必定在很久以前存在过全部星系都拥挤在一起的起始状态，这就是大爆炸宇宙学的观点。哈勃定律$v=H_0d$可改写为$\frac{d}{v}=\frac{1}{H_0}$，代表膨胀以来的时间，也就是宇宙的年龄。哈勃最初给出的$H_0=500$（km/s）/Mpc，算出来的宇宙年龄是近20亿年，太短了。地球的岩石经放射性半衰期测定已经有46亿年，显然20亿年的宇宙年龄是不对的。

哈勃空间望远镜对造父变星的精确观测为获得准确的哈勃常数提供了保证，在“哈勃”之前，观测得到的哈勃常数有1~2倍的差异，但是在有了新的造父变星观测之后，宇宙距离尺度的不确定性猛然下降到了大约只有10%。

1994年，天文学家测量到室女座星系团M100中的造父变星，给出的距离是5 000万光年，但“哈勃”测得的距离是5 600万光年。接着，“哈勃”又测量了室女座星系团中其他星系的距离，如NGC 4639，发现星系中的造父变星，以此来估计星系的距离。在这个星系中，不仅发现造父变星，还发现Ia型超新星，Ia型超新星是白矮星因为吸积伴星的物质达到钱德拉塞卡极限而发生爆炸形成的，由于这类超新星的质量几乎完全一样，可以认为爆发后的极大光度相同，可以作为一种遥远天体的标准烛光。在同一个星系内发现的造父变星可以给出距离，因此这颗Ia型超新星的距离也就知道了。如果我们在更遥远的星系中发现Ia型超新星，就可以由它的视亮度来估计它的距离。

“哈勃”对天炉座星系团的棒旋星系NGC 1365的观测也很重要，因为这个星系团比较致密，各个星系靠得比较近，因此，由一个星系的距离代表星系团的距离误差比较小。“哈勃”发现这个星系中的50颗造父变星，测得距离为6 000万光年。

由这些观测获得的哈勃常数值比较接近，但仍然有不少差别，其值在55和80之间，平均值为67.5±12.5（km/s）/Mpc，这比哈勃当年获得的值低很多。

2009年5月7日，美国宇航局发布最新的哈勃常数测定值，根据对遥远星系Ia型超新星的最新测量结果，哈勃常数被确定为74.2±3.6(km/s)/Mpc，不确定度进一步缩小到5%以内。

红外波段观测的优势是可透过尘埃云对变星进行观测。2012年，美国宣布斯皮策空间望远镜在红外波段测定的哈勃常数结果为74.3±2.1(km/s)/Mpc，不确定度仅3%，这比“哈勃”测量值的误差更小。

2006年，根据“钱德拉”的X射线观测和射电观测，确定了距离地球14亿到93亿光年的38个星系团的距离，得到的哈勃常数为77(km/s)/Mpc，不确定度为15%。这个结果与哈勃空间望远镜及斯皮策空间望远镜所获得的结果很接近，但误差大一些。

2003年，威尔金森微波各向异性探测器（WMAP）进行空间探测，其灵敏度和分辨率都比以往的同类观测高出很多，观测得到哈勃常数值是71±4(km/s)/Mpc，由此计算得到的宇宙年龄是137亿年。这与“哈勃”和“斯皮策”后来的观测结果非常一致，由此也就成为公认的宇宙年龄。

5.10 哈勃空间望远镜的局限性

“哈勃”发现的最遥远星系正在接近它的能力极限，这架史上最强大的望远镜可能永远也看不到宇宙中最遥远的星系。

整个天空可能布满了数千亿个星系，但实际上，这些星系中的一部分由于太暗淡、太遥远，“哈勃”只能勉强看到它们。限制望远镜能力的原因有两个，一是“哈勃”口径太小，主反射镜直径仅2.4 m，收集光子的能力受限制，因此即使长时间曝光23天，也只能看到最遥远距离上那些非常明亮的星系。二是越远的天体的光，红移越明显，人类发现的宇宙最早期诞生的大部分是最年轻、最炽热、最明亮的恒星，它们发出的光线在紫外波段，肉眼看不到，但宇宙在膨胀，星系在远离，这意味着来自遥远恒星和星系的光子，在到达地球的过程中会发生红移，它们的波长会被拉伸，如果移到了红外波段甚至射电波段，“哈勃”当然就看不到了。

在原子跃迁过程中，最强、最易见的恒星或星系的发射线来自氢，它在紫外（莱曼系）、可见光（巴耳末系）或红外（帕邢系）波段上都能进行跃迁，地球实验室中测出了这些线系的波长，这是在静止坐标中进行计算得到的。但随着宇宙的膨胀，这些波长会产生极大的红移，最强烈也最容易辨识的跃迁，也就是通常发生在121.567 nm波长（紫外）上的莱曼—阿尔法跃迁，也会产生不可思议的偏移。在一个例子中，红移后的莱曼—阿尔法谱线波长接近了540 nm，紫外波段的谱线已经变到了可见光。

“哈勃”上最新、最强大的相机——3号广域相机使用的滤镜可以观测到1 700 nm的波长，因此理论上我们可以看到红移值达12或13的天体，即相当于宇宙年龄只有当前3%时的天体。但不幸的是，我们在进行深空观测时并没有使用这些红外滤镜，为了捕捉到更多的光子，我们使用了广域波段滤镜，最长波长约为850 nm（上限为900 nm）。因此“哈勃”最多只能探测到红移值不超过8或9的天体，而宇宙中可能存在着红移值达15甚至20的星系，这就要依靠“哈勃”的接班者詹姆斯·韦伯空间望远镜了，它不仅拥有前所未有的灵敏性和更高的分辨率，而且收集光子的能力是“哈勃”的6倍左右，能观测红移值大于8或9的天体。在超长波段射电天文学出现之前，詹姆斯·韦伯空间望远镜将是我们发现最遥远星系的希望。

第三章 红外波段的空间观测

红外线是一种肉眼看不见的电磁辐射，它的波长比可见光长，波长范围为0.77~1000 μm。红外线的发现标志着人类认识自然的又一次飞跃。温度低于4 000 K的天体辐射主要集中在红外区。地球大气对大部分红外线都有吸收作用，能够穿透地球大气到达地球表面的红外线只有近红外及中红外中少数狭窄波段。虽然早在200多年前就发现了天体的红外辐射，但是由于红外物理和技术发展迟缓，直到20世纪80年代，红外天文学才蓬勃发展起来，各种天文探测仪器如雨后春笋般出现，红外天文卫星一个接一个发射升空，获得了许多令人震惊的新发现，大大地扩展了人们对宇宙的认识。

1 红外天文学的起步和学科的意义

1800年，天文学家威廉·赫歇尔发现太阳的红外辐射，这是人类历史上的第一次红外天文观测。由于天体的红外辐射很弱，直到第二次世界大战结束，人类才能对太阳和少数亮的红巨星的红外辐射进行观测。红外天文学缓慢地起步，终于迎来了当今空间红外天文学的蓬勃发展。

1.1 天体红外辐射的发现

1800年，英国著名天文学家威廉·赫歇尔（1738—1822）在对太阳进行观测时，用棱镜将太阳光分散成了彩虹一般的光谱，然后测量各种颜色光的温度（见图3–1）。牛顿曾进行了首次太阳分光实验，但没有测过温度。赫歇尔使用了三个温度计，其中一个用来对光谱进行测量，另外两个则置于光谱之外的地方，用来测量环境温度，以作对照。当测量紫色、蓝色、绿色、黄色、橙色和红色光的时候，他注意到所有颜色光的温度都要高于对照的环境温度，从紫色到红色，温度不断地升高。于是，他决定测量光谱中红色区域之外空无一物的地方的温度，令他吃惊的是，这一区域的温度甚至比红色区域的还要高。由此，赫歇尔断言，在太阳光谱的红光之外存在着很强的肉眼看不见的光线，这就是后来我们所说的红外线。1869年，罗斯用热电偶测量了月球的红外辐射。之后，天体红外辐射观测的进展很缓慢。直到1965年，美国加利福尼亚理工学院的诺伊吉保尔等用简易的红外望远镜发现了著名的红外星，才真正开始了红外波段的天文学观测。

图3–1　赫歇尔发现太阳红外辐射的示意图

在天文学的历史上，赫歇尔是一位传奇人物。他原来是一名弹奏乐器的乐师，因为爱好天文观测，很快就成了一位著名的天文学家，有一系列震惊世人的天文学成就：他研制了一系列反射望远镜，越做越大，越做越好，代表了当时的最高水平；他通过观测十几万颗恒星确认众所周知的银河是一个庞大的天体系统，这个发现成为人类认识宇宙的第二个里程碑；他发现了太阳的红外辐射，成为红外天文学的开创者。2009年发射上天的以观测天体红外线和亚毫米波为己任的空间探测器被命名为赫歇尔空间天文台（简称“赫歇尔”），以纪念赫歇尔发现红外辐射的功勋。

赫歇尔发现红外线之后，红外天文学并没有得到发展，长期处于停顿不前的状态，它发展缓慢的主要原因是红外探测技术进步不大，缺乏有效的探测手段。在第二次世界大战中，军用红外探测技术迅速发展，之后各类高灵敏度的红外探测器相继问世，加上气球、火箭以及人造卫星技术的发展，为红外天文观测摆脱地球大气的限制提供了方便。当然，天文学家逐渐认识到红外辐射对了解天体物理性质的重要性，并加倍努力，推动了红外天文学的发展。同时，天文学家开始建造专门观测天体红外辐射的地面望远镜和空间望远镜，即使是普通的光学望远镜也要附加上近红外探测终端，兼顾近红外波段的观测。红外天文学在20世纪80年代成为天文学的一个分支。

1.2 地球大气的红外窗口

天体的可见光和射电波段的辐射可以通行无阻地穿过大气到达地面，红外波段就没有那么幸运了，大部分被地球大气中的多种分子吸收，只有很少的一些狭窄波段的辐射可以到达地面。

红外线被科学家划分为近红外、中红外和远红外三个波段，近红外的波长为0.77~3 μm，中红外的波长为3~30 μm，远红外的波长为30~1 000 μm。大气中的多种成分都是以分子的形式出现，气体分子的能量由四部分组成，即分子的热运动能，组成分子的原子的振动能、转动能以及其中电子的能量。热运动能的变化是连续的，变化很小，不足以引起红外吸收，而后三种能量的变化则是量子化的，也就是只能吸收一些分立的能量值（ΔE）。当天体的辐射经过大气时，大气中的分子吸收相应的能量

ΔE，就会从低能级跃迁到高能级，这样，天体的辐射被吸收，形成吸收线。一种分子所产生的吸收线可以很多，从理论上计算得知，分子的电子能级变化吸收的能量在紫外波段，转动能级之间的跃迁主要在远红外区，振动能级之间的跃迁则主要在近、中红外区。所以对红外波段的吸收是那些多原子气体分子，如水（H_2O）、一氧化碳（CO）、二氧化碳（CO_2）、臭氧（O_3）、甲烷（CH_4）和一氧化二氮（N_2O），好在它们在大气中只占很少的比例。图3-2是各种气体对天体红外辐射吸收情况的实测结果，从上而下分别是一氧化碳、甲烷、一氧化二氮、臭氧、二氧化碳和水。图3-3是地球大气的红外窗口。

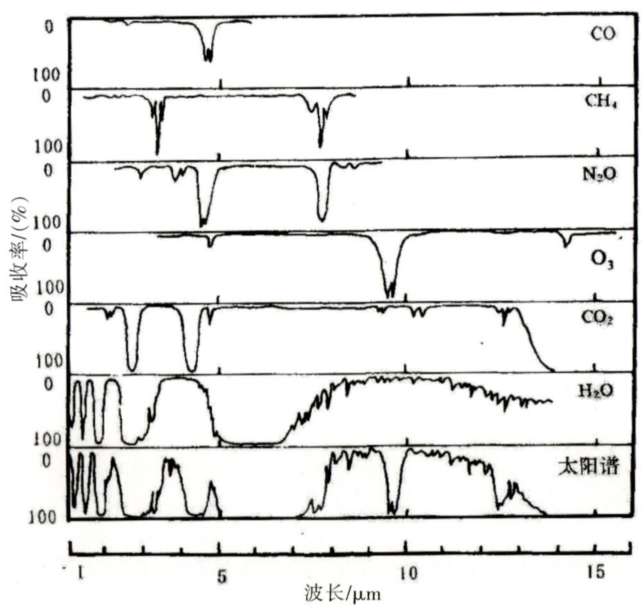

图3-2 各种气体对天体红外辐射的吸收情况

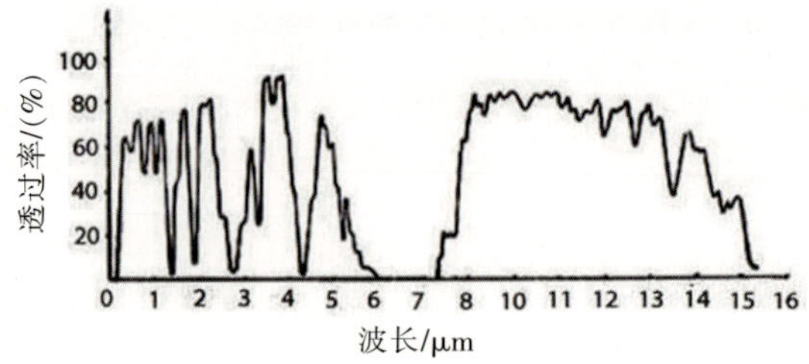

图3-3 地球大气的红外窗口

地球大气中的多种分子对天体红外辐射的吸收形成一条一条的吸收谱线，每条谱线有一定的宽度，在远红外波段的吸收线特别多，连成了一片，致使天体远红外辐射全部被吸收，不能到达地面。水分子是红外辐射的主要吸收体，水的吸收线很多，形成了一个吸收带，几乎覆盖了0.71~8 μm的波长范围。在13.5~17 μm处出现二氧化碳的吸收带；这些吸收带间的空隙形成一些红外窗口，其中最宽的红外窗口在8~13 μm处（9.5 μm附近有臭氧的吸收带）。17~22 μm是半透明窗口，22 μm以后直到1 mm波长处，水再度成为重要的吸收体，对地面的观测者来说完全不透明。但在海拔高、空气干燥的地方，可观测到部分亚毫米波谱线。表3–1给出了大气辐射窗口红外波段的划分。

表3–1　大气辐射窗口红外波段的划分

波长/μm	0.65~1.0	1.2	1.6	2.2	3.6	5.0	10.6	21	450
天文学波段	R和I	J	H	K	L	M	N	Q	亚毫米波

由于地球大气的红外窗口依赖于大气中的诸多分子，它们的分布会因地而异、因时而变。就水分子而言，随离地面的高度而变化，如高山和平原不同，也会因地而异并随季节而变化，因此地面观测站的选择就变得非常重要了。专门用于红外线和亚微米波观测的望远镜一般都建在非常高的山上，如夏威夷的莫纳克亚山天文台，海拔高达4 206 m，而且空气干燥，在这里，大气对红外天文观测的影响大大低于低海拔地区，这座昔日里默默无闻的死火山成为一个规模宏大的全世界海拔最高的光学、红外并举的重要天文观测基地。

智利的阿塔卡马大型毫米波/亚毫米波天线阵（ALMA）于2013年建成投入观测。这是一个多国合作项目，由66架口径为7~12 m不等的抛物面天线组成。工作在毫米波和亚毫米波波段。亚毫米波与远红外波段相连接，其辐射特性相近，对台址的要求非常苛刻，不仅海拔要高，还要特别干燥。天文学家把它放置在智利北部的阿塔卡马沙漠，其海拔比夏威夷的莫纳克亚山天文台还要高，达到5 104 m，这里也是地球上气候最干燥的地区之一，非常适合亚毫米波和红外波段的观测。天线阵的分辨率可达0.01角秒，相当于能看清500 km外的1分钱硬币，“视力”超出哈勃空间望远镜。

1.3 红外天文学的起步

第二次世界大战期间，由于军事需要，红外技术得到了很大的发展，但这些技术被认为是军事秘密，民间和天文界都得不到这种技术。直到20世纪60年代初期，为军事而发展起来的红外技术才逐渐在自然科学研究领域被广泛应用。同时，低温制冷的光电红外探测器问世，空间科学技术迅猛发展，红外天文学如鱼得水。

1965年，美国加利福尼亚理工学院的天文学家诺伊吉保尔和莱顿设计建造了一架口径1.5 m的红外望远镜，在威尔逊山进行了一次2.2 μm波长的红外巡天观测。他们发现，许多肉眼可见的亮星用红外波段观测不到，说明它们的红外辐射非常弱；许多肉眼看不到的天体在红外波段却很亮，他们把这些天体称为红外源。这次巡天观测发现了大约20 000个红外源。巡天观测结果的发表大大激励了天文学家进行红外探测的热情，也揭开了红外天文学的序幕。

20世纪70年代前后，各国天文学家利用高空气球、火箭和飞机携带各种红外望远镜在高空和大气外进行了多次红外天文观测。1970年至1971年间，美国霍夫曼等人用一个小气球携带望远镜，在波长100 μm观测到近百个红外源，这些红外源基本上沿着银道面分布。

1983年，红外天文卫星（IRAS）发射上天标志着红外天文学开始进入空间探测的时代。

1.4 红外天文学的重要性

宇宙中非常多的源温度比较低，处在3 K~3 000 K的范围，如低温恒星、原恒星、棕矮星、星际介质、星云，以及微波背景辐射，它们的辐射峰值部分处在红外波段（波长1~1 000 μm），红外波段成为观测宇宙中低温天体的最好手段。

红外探测是观测被宇宙尘埃掩蔽的天体的得力手段。遥远天体（恒星、星系）发出的电磁波被星际弥漫物质部分吸收、散射，造成光度减弱的现象称为星际消光。著名天文学家卡普坦研究银河系的结构40余年，由于没有考虑星际消光的作用，得出了错误的结论。由于星际物质对不同波长的星光吸收、散射的程度不同，对长波散射小，对短波散射大，因此红外波段的消光现象比可见光要弱得多，尤其是远红外波段的消光更小。例如，银河系中心由于被稠密的尘埃所包围，大型光学望远镜在可见光波段观测，看到的是一片漆黑，但是在红外波段，却可以清楚地看到银河系中心的秘密。

宇宙中有相当部分的物质以分子的形式存在，它们的发射谱线大多在红外波段，所以红外望远镜成为分子云观测的重要手段，其中包括从最简单的氢分子到极为复杂的碳氢化合物等有机分子。恒星的辐射主要不在红外波段，但是早期形成的恒星如果红移很大，若大于5，其辐射波段将会移动到红外波段。

恒星形成是当前一个热门研究课题。星际空间存在着许多由气体和尘埃组成的巨大分子云，成为恒星形成的主要场所。这种分子云的温度很低，恒星形成的整个过程中大部分时间都处在温度比较低的情况下，所以研究恒星形成的物理过程主要依靠红外线、毫米波和亚毫米波的观测。温度为3 K~3 000 K的物体在这一波段的辐射都会发出峰值。

天文学家目前最为关心的诸多天文过程也都会涉及红外辐射，例如，早期宇宙中的星系——银河系和河外星系中的恒星形成，恒星周围的原行星盘以及其中的行星形成，生命前驱分子和化合物的形成与演化，行星大气、光环以及彗星的组成和结构等。

红外天文学很重要，但观测起来却比较困难。一是因为地球大气中的水和二氧化碳会吸收掉天体所发出的绝大部分红外辐射，只有在极窄的波段内，红外线才能穿透（或者部分穿透）大气到达地面。二是因为望远镜自身及周围的物体都会发出很强的红外辐射，而且通常情况下比来自天体的红外辐射要强得多，为了能在地面上进行红外观测，红外望远镜必须放置在干燥的高山上，而且需要保持低温。三是因为地球大气具有一定的温度（约300 K），其自身的热辐射对探测工作，特别是对波长大于5 μm的观测，会造成极强的背景噪声。所以，最好的办法就是把望远镜送入太空。

2 地面和大气平流层红外天文观测

地球大气能让一些很窄的波段到达地面，而在干燥的高山上和大气的平流层中情况会有较大的改善，加上在地面高山上设置大型望远镜、用飞机携带红外望远镜在平流层中进行观测远比空间基地容易得多，因此高山上的红外线观测设备与日俱增，用气球、火箭和飞机携带红外望远镜在平流层中进行观测的次数也逐渐增多。

2.1 红外天文望远镜的特点

红外天文望远镜分为两种，一种是专门观测红外波段的望远镜；另一种是普通光学望远镜的波段扩展，既可以观测天体可见光波段的辐射，也可以观测红外波段的辐射。从结构来看，专用红外望远镜与光学望远镜基本相同，最主要的差别是放置在望远镜焦平面的红外探测器，它先将红外线通过光电转换装置转换为电子流，如用各种红外探测光电二极管、线阵光电二极管阵列来承担这个任务，但转换得到的电子流很小，还必须进行放大，最后使电子打在荧光屏上，变成可见光。

一般天体的红外辐射较弱，典型的地面望远镜在10 μm波长观测红外源时，探测器上接收到的源信号是10^{-14} W量级，而探测器上得到的背景辐射却高达10^{-7} W量级，强的背景噪声淹没了微弱的源信号，必须设法消除或减少背景红外噪声。探测器等器件本身也在辐射红外线，环境温度越高，辐射越强，器件本身的红外辐射成为望远镜探测的极限灵敏度，必须尽量降低器件的温度。所以红外天文探测的根本问题是抑制背景噪声和探测器本身的红外辐射。

红外望远镜具有四大特点，一是口径要很大，尽可能提高望远镜的灵敏度；二是接收红外辐射的探测器的能力必须很高；三是要有制冷措施，减少器件自身的噪声；四是采用调制技术，以抑制和消除背景辐射。

红外探测器采取制冷措施是为了减少器件自身的噪声，对于波长大于5 μm的探测，望远镜系统中的一些其他部件（甚至整架望远镜）必须放置在温度很低的环境中，因此制冷技术在红外天文探测工作中必不可少。较多探测器是用液氮制冷的硫化铅光电导器件，温度可保持在77 K，而液氦制冷的锗掺镓辐射热测量计则可以处在4 K甚至小于1 K的温度，在如此低温的情况下，器件本身的红外辐射就没有什么影响了。

由于天体的红外辐射常常比天空和望远镜等引起的背景辐射小几个数量级，而且背景辐射在空间和时间上是涨落起伏的，为了抑制这种强背景干扰，同时为了把所接收的红外信号产生的直流或准直流信号转为交流信号以便电子线路处理，在天体的红外辐射投射到探测器以前用机械方法将入射辐射进行斩波，以实现调制的目的。探测器交替接收单纯的背景信号和伴有背景信号的天体红外信号，再由探测器输出这一交替信号，在电子线路里实现相减，这样背景信号就被消除，微弱的天体信号也就检测出来了。由于背景辐射在空间和时间上的涨落起伏，这并不能完全消除背景辐射的影响，因而让望远镜的主镜或副镜以每秒一二十次的频率摆动，使望远镜对准天体和偏离天体。

2.2 大型地基红外望远镜

为了减少大气中水等大气分子对天体红外辐射的吸收，红外望远镜常置于高山区域，世界上较好的地面红外望远镜大多集中安装在美国夏威夷的莫纳克亚，这里已经成为世界红外天文的研究中心。20世纪60年代，夏威夷大学首先在此建了一架口径2.2 m的红外望远镜。20世纪70年代，美国宇航局在此建了一架口径3.1 m的红外望远镜，英国在此建了一架口径3.8 m的红外望远镜，加、法、美三国合资在此建了一架口径3.6 m的红外望远镜。

许多大型地基光学望远镜以观测可见光波段为主，但也可以进行近红外波段的观测。目前，口径最大的望远镜是20世纪90年代建成的口径10 m的凯克望远镜I和凯克望远镜II，其终端设备主要有三个：近红外照相机、高分辨率CCD探测器和高色散光谱仪。它们既能够在近红外和可见光波段观测天体，还可以拍摄天体高色散的光谱。其他大型光学望远镜也都能在近红外波段进行观测，还有正在筹建或研制中的特大型光学望远镜都能进行近红外波段的观测，如口径24.5 m的巨型麦哲伦望远镜（GMT）、口径30 m的30米望远镜（TMT）、口径42 m的欧洲特大望远镜（E-ELT）(详见第二章有关部分)。我国于2009年获得参与30米望远镜项目的观察员地位，并于2013年7月与美国、加拿大、印度、日本等国官方科学机构共同签署了30米望远镜项目国际合作总协议，30米望远镜建成后，我国将分享与实物贡献成比例的30米望远镜观测时间，获得科学回报。

2.3 平流层中气球、火箭和飞机上的红外观测

地球大气的平流层又称同温层，位于对流层的上方。在中纬度地区，

平流层位于距离地表10~50 km的高度，而在极地，此层则始于距离地表8 km左右。平流层中能见度高、受力稳定，水、悬浮固体颗粒、杂质等极少，适合气球、火箭和飞机携带红外探测器进行观测。

美国红外天文学家霍夫曼等在1970年至1971年间利用气球携带的小型望远镜，在波长100 μm观测到近百个红外源，这些源基本上分布在银道面。美国空军坎布里奇研究实验所于1971年和1972年共7次用火箭携带望远镜在波长4 μm、11 μm和20 μm进行巡天观测，探测范围约占79%的天空区域：在4 μm观测到2 507个红外源，在11 μm观测到1 441个红外源，在20 μm观测到873个红外源，总共探测到约3 200个红外源，其中有些红外源在不同波段都探测到了。

机载红外观测远比地基望远镜优越，这是因为飞机所能飞到的高度远比山高，那里的温度很低、大气稀薄且干燥，可以远离地球大气中99%的水分子，使红外波段观测的覆盖率达到85%。再者，飞机可以飞临地球表面任何一处上空，想到哪里就可以到哪里。机载红外观测相对于空间望远镜也有优点，飞机的使用寿命远比红外空间望远镜长，观测设备维修方便，虽然机载天文观测不能覆盖红外的全波段，但其造价却比空间望远镜低得多。

20世纪20年代，人类就开始了机载天文学观测，当时主要是对日全食的观测。到60年代中期，由于新的红外传感器问世，红外天文学开始蓬勃发展，加上喷气式飞机的普及和尖端望远镜技术的发展，机载红外以及其他波段的观测随之红火起来。

1964年，美国宇航局购买了一架康维尔990飞机用作空中科学平台，它的首个空中任务是观测发生在1965年5月30日的日全食。1967年至1969年，天文学家又以此为平台进行了多次红外观测，其中对金星的近红外分光观测证明它的云层并非是人们原先所认为的由水构成。1968年，一架用于红外观测的口径30 cm的望远镜被安装到了美国宇航局里尔喷气机的全开放舱体中，首次测量了木星和土星的内部能量，对猎户座星云进行了红外观测，以及观测了恒星形成区和银河系中心的红外源。

1974年，美国宇航局以C–141运输机为平台的柯伊伯机载天文台问世，它装载了一架口径91 cm的红外望远镜，可以搭载大约20名科学家滞空7.5小时。在服役的21年里，柯伊伯机载天文台取得了丰硕的成果：发现了天王星的光环，探测到了彗星中的水，发现了冥王星的大气，研究了超新星1987A的结构和演化，给出了银心的尘埃和气体分布、星际介质中受激气体的辐射以及形成恒星的星云的结构等。

2.4索菲亚平流层红外天文台（SOFIA）

作为美国宇航局和德国航天中心的联合项目，早在2004年天文学家就对索菲亚平流层红外天文台（SOFIA）（简称“索菲亚”）（见图3–4）要携带的红外望远镜进行了首次地面测试，但之后即被叫停待审，所幸随后又得到认可，项目才得以继续进行。这是一架载有红外望远镜的波音747SP宽体飞机上的天文台，其中，由德国制造的望远镜口径2.5 m，重20 t，整个项目耗资大约3.3亿美元，它是世界上最大、最先进、最昂贵的机载天文台。“索菲亚”的飞行高度大约为12 000 m，位于地球大气中的平流层，将可以工作20年。

图3–4　飞行中的“索菲亚”

2009年12月18日，“索菲亚”进行了测试飞行。飞行持续时间1小时19分钟，其中有2分钟开启了望远镜所在的舱门，以了解望远镜内部以及周围空气的流动情况。2010年春季还进行了两次针对望远镜观测能力的测试飞行。

2010年5月26日，“索菲亚”进行了首次飞行中的夜间观测，科学家、天文学家、工程师和技术人员随机工作，飞行持续了6小时，飞行高度达10 700 m。这次飞行观测最成功的就是对木星的观测，发现从木星的核心不断向外散发热量。

“索菲亚”所能观测的目标，小到星际尘埃，大到恒星乃至星系，无所不包，但最吸引人的还是太阳系外行星的观测。虽然银河系中充满了各式各样的行星系统，但天文学家并不知道它们到底是如何形成的，这是因为普通的望远镜无法看透孕育行星的巨大而稠密的星云，而工作在红外波段的“索菲亚”可以拨开云雾直击它们的形成过程，不仅能看到分子云中行星形成的整个过程，还能在原行星盘中确定出氧、甲烷和二氧化碳等物质的位置。

2.5 我国红外天文学的概况

我国从20世纪70年代中期开始了红外天文学研究。1981年，云南天文台和北京师范大学天文系合作，利用云南天文台1米望远镜实现了红外观测。1982年，上海天文台进行了高空气球的红外观测。1985年，北京天文台和南京天文仪器厂合作建造专用的口径1.26 m的红外望远镜，这是我国第一架专用的红外望远镜，成为我国开展红外天文学研究的开路先锋，获得了很多观测结果。但是，在研制这架红外望远镜时期，我国的红外技术比较落后，国际上在红外探测器方面对我国实行禁运限制，因此这架望远镜在技术上先天不足。由于设备老化，维护难度越来越大，这架望远镜于2008年停止了运行。不过，2011年我国启动了对这架望远镜全面的升级改造计划，并于2013年完成，使其以全新的面貌投入了观测。

上海天文台在1987年建成了一架口径1.56 m的光学望远镜，并于1989年启用，这架望远镜位于上海市郊外的佘山上。望远镜采用RC光学系统和卡塞格林焦点系统，配备CCD照相机做成像和光谱工作，可用于近、中红外探测器成像观测测试。为了加强红外技术的研究，2015年2月9日，中国科学院上海天文台与上海技术物理研究所联合成立了红外天文技术联合研究中心。

近30年来，国外红外天文学蓬勃发展，而国内红外天文学发展相对较慢，水平较低，只有几架小型红外望远镜，而红外空间探测还没有列入近期计划。不过，令人兴奋的是，2015年云南天文台1米新真空太阳望远镜（NVST）建成（见图3-5），这架近红外太阳望远镜的有效焦距约45 m，观测波段为0.3~2.5 μm，可以对太阳进行高分辨率成像和光谱观测。这架坐落在云南抚仙湖的太阳望远镜的技术含量很高，是全球最大的真空望远镜之一，也是国际三大前沿太阳观测系统之一。真空太阳望远镜很不一般，比一般太阳望远镜的性能优越。太阳离我们很近，无须很大的望远镜，1 m口径对观测太阳来说已经足够。虽然它不及美国基特峰天文台口径为208 cm的反射式太阳望远镜，但却具有新的技术特点，其全部成像光学元件均置于真空筒中，故称为新真空太阳望远镜，这样做的好处是可以消除仪器内部气流对成像的有害影响。

图3-5　云南天文台1米新真空太阳望远镜

3 20世纪的空间红外探测

早在20世纪70年代初期，就有科学家提出利用人造卫星进行红外观测的设想。1983年，美、英、荷三国合作，把红外天文卫星（IRAS）送上了天，开始了空间红外天文学的观测研究。日本的空间天文学起步很早，在红外天文卫星方面也有贡献。

3.1 第一个红外天文卫星（IRAS）

应用人造卫星将探测仪器带到大气层之外观测是最理想的方法，但是如何能让整套探测设备长时间制冷却是一个难题。美、英、荷三国花了15年时间攻克了这个难关，于1983年1月25日发射了人类第一颗进行红外天文观测的卫星，简称IRAS（见图3–6）。

图3–6　红外天文卫星

红外天文卫星有一架主镜口径60 cm的反射望远镜，焦平面上共有62个红外探测器，用于4种不同的波长（12 μm、25 μm、60 μm和100 μm），还装备了一台用于8~22 μm波长的中红外低色散摄谱仪和一个远红外成像设备，还有低分辨率红外分光计、短波和长波光度计等。整个望远镜和探测器全部浸泡在液氦中冷却，制冷温度为绝对温度1.6 K（–272 °C），这是进行红外观测所必需的低温。卫星携带了720 L超流体氦，只能使用1年，所以红外天文卫星的寿命只有1年，而实际上9个半月就用完了液氦，尽管其他设备都完好无损，但由于观测设备的温度不断升高，无法进行红外观测，这架望远镜的生命走到了尽头。

红外天文卫星采取近似圆形的太阳同步轨道，倾角约为99度，轨道半径约为900 km，周期为103分钟。所谓太阳同步轨道是指卫星的轨道平面和太阳始终保持相对固定的取向，因此轨道倾角（轨道平面与赤道平面的夹角）在90度附近，卫星运行要在地球的两极附近通过，为了使轨道平面始终与太阳保持固定的取向，轨道平面每天平均要向地球公转方向（自西向东）转动约1度。这种轨道的好处是观测范围大，死角少。

红外天文卫星在太空中虽然工作时间比较短，但是它所取得的观测成果却非常丰硕。其最大的收获是巡天观测发现新的红外源：在中红外和远红外的四种波长上巡查了96%的天空，共记录到245 839个红外源，使已知红外源的总数增加了100倍。它还获得了5 000个比较亮的红外源的光谱，这是一个宝藏，给天文学家提供了很多有意义的观测课题和观测样本。

第二个成就是在地外行星系统探测方面有突破性的进展，不仅发现了一些年轻恒星周围有星周尘晕或星周尘盘，而且还发现了一些著名亮星（如织女星、绘架座β星等）的红外辐射特别强，超出理论的推算，说明在它们的周围存在固态尘埃物质。红外发光主要是尘埃，如果亮星附近有尘埃，就可能在被照射后发出红外光，因此可以推断，年轻的和老年的恒星周围往往会有一些尘埃环绕着，年轻恒星的星周尘埃是从胚胎（原恒星）里带来的，而老年恒星则会不断地向其周围吹出尘埃物质。但是，织女星、绘架座β星等既不是很年轻也不是太老，为什么会有很多尘埃物质呢？天文学家推测，像我们的太阳系存在小行星带和柯伊伯带一样，织女星、绘架座β星也有类似的行星带或小行星带，它们的尘埃物质很可能就是正在形成的原始行星系统。在当时并未发现太阳系外行星的情况下，这一发现很有启发性。

第三个亮点是河外星系红外观测的诸多发现：常见的椭圆星系的红外辐射很弱，而旋涡星系的红外辐射却比较强，特别是其亚类棒旋星系的红外辐射更强，这说明椭圆星系中的尘埃物质很少，而棒旋星系中的尘埃物质比较多；发现许多亮红外星系和极亮红外星系，形成一种新的星系类别，引起广泛的重视，成为近一二十年星系天文学研究的重点之一，这类星系非常活跃，大量的年轻恒星正在它们的内部诞生；此外，还发现银河系中大量即将形成恒星的尘埃云、广泛分布的由低温尘埃组成的红外云，以及太阳系内的5颗彗星和5颗小行星等。

3.2 红外空间天文台（ISO）

继红外天文卫星之后，1995年11月11日，又一个振奋人心的红外天文卫星——红外空间天文台（ISO）飞向太空（见图3–7）。红外空间天文台耗资6亿美元，是欧洲空间局跨世纪天文计划中的重要项目。它在红外天文卫星（IRAS）的基础上又有许多重要改进，所携带的望远镜口径虽然只有60 cm，但分辨率比红外天文卫星更高，工作波长更广。红外空间天文台在焦平面上配置了4个终端设备，分别是红外相机（观测波段是3~17 μm）、红外偏振光度计（观测波段是3~200 μm）、短波红外摄像仪（观测波段是3~45 μm）和长波红外摄像仪（观测波段是45~180 μm）。红外空间天文台的总质量为2.5 t，携带了2 000多升液氦，可以使主要器件冷却到4K，由于携带的液氦比较多，红外空间天文台在太空中飞行了2年5个月，进行了大约3 000次观测，直到1998年4月8日，才因制冷剂耗尽而停止工作，观测时间比红外天文卫星长得多。

图3–7　红外空间天文台

红外空间天文台的主要观测对象是恒星、星际物质和星系，也给太阳系天体的观测分配了一些时间。大天区巡天不是它的主要任务，但是它在部分天区的深空巡天任务中有重大发现。所谓深空巡天就是探测更远的红外源，深空巡天使用红外空间天文台上的红外相机和光度计，考察了6个天区。它们的观测资料揭示了1 000多个非常活跃的星系，这些星系中许许多多恒星正在形成，其中许多星系已被光学望远镜观测到，但远不如在红外波段明亮，这意味着它们是富含尘埃的，可能正在生成大量新恒星。这些星系大约是在100亿年前诞生的，那时正是所谓的星系形成的黄金年代。

红外空间天文台的另一个有显示度的成果是关于宇宙中水的观测。水是形成生命、维持生命必不可少的元素。“是否有水？”“哪里有水？”成为研究生命起源课题中的重要问题。在太阳系天体上找水成为空间探测最重要、最受关注的课题之一，特别是在月球和火星的探测中，科学家煞费苦心，精心设计实验，取得了重要的成果。对于太阳系外天体无法进行直接探测，最好的办法就是观测它们的光谱，水分子的发射线和吸收线主要集中在红外波段和毫米波波段，因此红外波段的谱线观测可以发现水分子的存在，成为探测宇宙中水的重要手段。红外空间天文台不仅观测到太阳系中普遍存在着水的事实，而且还发现在太阳系外的宇宙空间中，水也是普遍存在着的。

红外空间天文台观测到火星底层大气中的水分子，还发现土星、木星、天王星、海王星及土星的卫星泰坦（土卫六）的外层大气中水分子以及二氧化碳的红外发射线带（见图3–8）。天文学家曾对这四个巨行星的外层大气有水疑惑不解，这可能意味着这些水是外来的。在红外空间天文台上天的时候，正值舒梅克—列维彗星撞击木星不久，这次撞击给木星带去了200万吨水。1996年秋，海尔—波普彗星回归时，红外空间天文台发现该彗星由于靠近太阳而挥发出大量水蒸气。

从理论上说，宇宙中的水普遍存在，因为在宇宙中组成水分子的两种元素——氢（H）和氧（O）的含量都很高，在宇宙诞生时就产生了大量

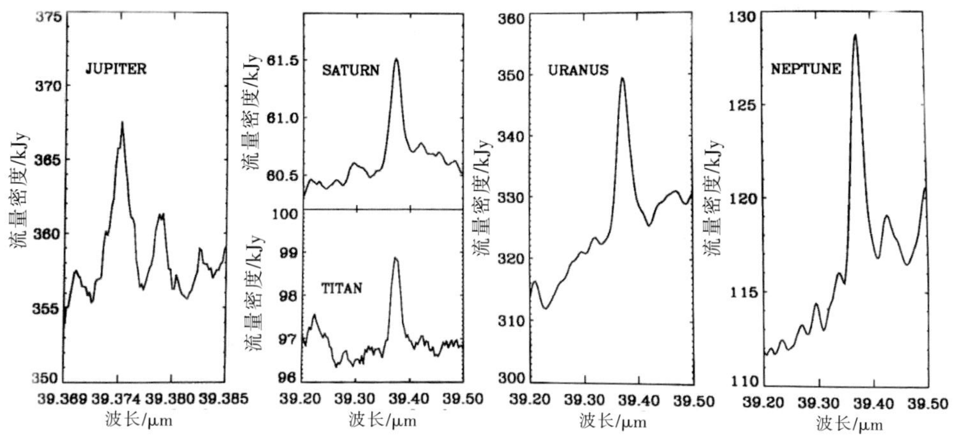

图3-8　木星(左1)、土星和土卫六(左2)、天王星(右2)和海王星(右1)的外层大气中的水分子红外发射线

的氢元素，而氧则是恒星形成后恒星内部核反应的生成物之一，大质量恒星的超新星爆发把氧抛射到星际介质中。虽然氢和氧到处都有，但是形成水分子需要几百开尔文的温度，因此只有分子云中的恒星形成区才存在水分子。红外空间天文台发现了猎户座星云中心区水分子的谱线。除了恒星形成区，老年恒星的外围大气也可能有水存在。当中、小质量恒星核心的氢和氦相继燃烧殆尽后，会变为体积很大、表面温度比较低的红巨星，体积的收缩和膨胀使它们的光度发生变化成为变星，这些红巨星会通过星风把大量物质抛射到恒星周围的空间，其中包括氧元素，因此这些老年恒星的周围就可能形成大量的水分子。红外空间天文台还探测到许多长周期变星外层大气中的水分子。

红外空间天文台观测发现了著名河外星系仙女座大星云M31中有一系列以前从未看见过的同心环，这些环由温度约为73 K的冷气体和尘埃构成，新恒星正在这些环里形成。而一般的光学望远镜无法看到这些环。红外空间天文台还观测了距离地球5 500光年的三叶星云M20，发现它的大质量中心星正在促进第二代恒星的产生。

红外空间天文台重点观测了红外天文卫星发现的极亮红外星系，对于这一新的星系类别，人们不太清楚它们的能量来源，有人猜想这么高的光度来自大量恒星的诞生，但也有人认为可能是中心黑洞吸积物质造成的。红外空间天文台的观测表明，这两种可能性都存在，大部分极亮红外星系的能量由恒星形成提供，少部分由中心黑洞的吸积造成。

3.3 美国中途空间实验卫星（MSX）

美国中途空间实验卫星（MSX）是1996年发射上天的一颗美国军事侦察卫星，用来监测弹道导弹的飞行轨迹，观测波段范围包括紫外到中红外的多个波段。这颗卫星携带了一架口径32 cm的红外望远镜，其分辨率比红外天文卫星要高一个数量级，望远镜被固态氢冷却到11 K~12 K，红外接收器的波段是4~26 μm。这颗卫星在做军事侦察之外，也进行天文观测，共获得200 G的天文数据，观测了全天15%的天区，主要是银道面以及红外天文卫星巡天遗漏的4%的天区。另外，它还观测了银河系中8个恒星形成区、10个近邻星系以及13个太阳系天体，包括小行星、彗星和月球。

3.4 日本红外空间望远镜（IRTS）

日本是空间天文学比较发达的国家之一，空间技术起步很早，早期曾发射过一系列X射线卫星。但其红外空间观测起步比较晚，直到20世纪90年代中期才有了红外空间望远镜（IRTS）。红外空间望远镜不是真正意义上的红外卫星，而是搭载在空间飞行器（SFU）上的众多设备里的一个。空间飞行器于1995年3月18日发射上天，1996年1月13日被美国的奋进号航天飞机回收并带回地球。

红外空间望远镜具有实验性质，口径很小，仅15 cm，但终端配备了4套从近红外到远红外的接收设备。它携带的冷却剂也比较少，仅100 L，望远镜观测28天就用完了。28天的观测重点突出，选择张角比较大的黄道光、星际介质、红外背景等弥散天体进行观测，还完成了7%天区的巡查，部分是银道面上银河系的天体，部分是高银纬区域的河外天体。

图3-9 在极其晴朗的没有月亮的夜晚，背景足够暗的情况下，能看到的黄道光

黄道光是我们肉眼可以看到的一种天象。在极其晴朗的没有月亮的夜晚，背景足够暗的情况下，当太阳西沉，黄昏过后，在西部天空有时能隐约看到一片火苗般的亮光（见图3-9）。同样，太阳东升，晨曦未现之时，也能够在东方看到从地平线向上延伸的一片光芒，在地平线附近非常宽，延伸向天顶则逐渐变窄，这就是黄道光。黄道光是行星际尘埃对太阳光的散射，因此，它的光谱与太阳光谱极为相似。通常认为行星际尘埃粒子是小行星被撞碎后或是彗星瓦解后的产物，它们基本上散布在黄道平面及其近旁，所以黄道光也就大致沿着黄道面伸展。黄道光中红外波段的辐射比较强，红外空间望远镜容易观测到。

银河系星际介质是遍布恒星间的非常稀薄的物质，包括了尘埃、气体、磁场等，星际介质中的尘埃可以吸收附近恒星的光，然后在红外波段发射出来。红外空间望远镜通过观测来自星际介质的红外辐射研究它们的性质。红外背景也是星际介质的红外辐射，只不过它们是许许多多遥远星系中的星际尘埃发射出来的红外辐射叠加起来造成的结果，各个方向都有，成为一种背景辐射。

红外空间望远镜所观测研究的黄道光、星际介质和红外背景，都是尘埃发射的红外辐射，只不过是来自不同区域、不同尺度的尘埃罢了。

4 能与“哈勃”媲美的“斯皮策”

斯皮策空间望远镜（SST）原名为空间红外望远镜设备（SIRTF）（见图3–10），后来才改名以纪念对空间天文学的发展做出特殊贡献的斯皮策。望远镜的主镜口径比哈勃空间望远镜要小得多，但是由于它在红外波段进行观测，能够穿透气团和尘埃，看到“哈勃”看不到的天体和现象，成为揭开未知天体神秘面纱、推算宇宙早期模样的必不可少的观测设备，其观测能力可以与“哈勃”媲美。

4.1 探测宇宙奥秘的四大天王之一的“斯皮策”

早在20世纪40年代，美国科学家斯皮策最先提出要把望远镜送入太空，后来又努力推动哈勃空间望远镜的立项和研制，被尊称为“空间望远镜之父”。空间观测设备的立项和研制很困难，既需要以高新技术为基础，又需要大量经费的支持，使得许多弱小国家不得不望洋兴叹。从20世纪90年代开始，美国宇航局实施了一项规模浩大的空间探测工程——大天文台项目，这个项目一共包括四架不同波段的空间望远镜，号称“四大天王”，

图3–10 斯皮策空间望远镜

包括观测波段主要在可见光、紫外和近红外的哈勃空间望远镜以及康普顿伽马射线天文台（简称“康普顿”）、钱德拉X射线天文台、斯皮策空间望远镜。

2003年8月25日，斯皮策空间望远镜发射升空。这架望远镜总长约4.45 m，质量为950 kg，主镜口径为85 cm，用铍制作，望远镜的口径虽然不太大，但终端设备的功能强大、齐全，其观测能力远超早期的红外空间望远镜。它共携带了三台强有力的终端设备：第一台是红外阵列相机（IRAC），大小为256×256像素，共有4个波段，分别为3.6 μm、4.5 μm、5.8 μm和8 μm；第二台是红外摄谱仪（IRS），由4个模块组成，分为低分辨率和高分辨率两组，低分辨率的工作波段为5.3~14 μm和14~40 μm，高分辨率的工作波段为10~19.5 μm和19~37 μm；第三台是多波段成像光度计（MIPS），工作在远红外波段，由3个探测器阵列组成，波长24 μm的阵列像素为128×128，波长70 μm的阵列像素为32×32，波长160 μm的阵列像素为2×20。

大型红外阵列成像技术与早期用的红外探测器相比，灵敏度提高了百倍以上，使望远镜看得更远，观测的空间范围扩展了上百万倍。我们知道，红外空间望远镜必须在接近绝对零度的超低温条件下才能正常工作，为使它保持超低温，消除望远镜自身散发的红外线的影响，保证其检测到的红外线都来自其他天体，必须给它装上液氦或液氢，使主镜温度冷却到5.5 K。

为了使“斯皮策”保持低温，它被送到了第二拉格朗日点（L2）上，拉格朗日点不是天体，而是太空中一些非常奇妙的位置。在太阳和地球所组成的系统中，有5个受力平衡的地方，人造天体处于这5个地方时，所受到太阳和地球引力的合力与人造天体的离心力大小相等、方向相反，因此只需消耗很少的燃料就可以长期随着地球一起绕太阳运行。这些地方成为放置空间探测器的理想位置。这5个位置就称为拉格朗日点，分别为第一拉格朗日点（L1）、第二拉格朗日点（L2）、第三拉格朗日点（L3）、第四拉格朗日点（L4）和第五拉格朗日点（L5），其具体位置如图3-11所示。第二拉格朗日点在太阳和地球的连线上，位于地球的外侧，距离地球约150万千米。

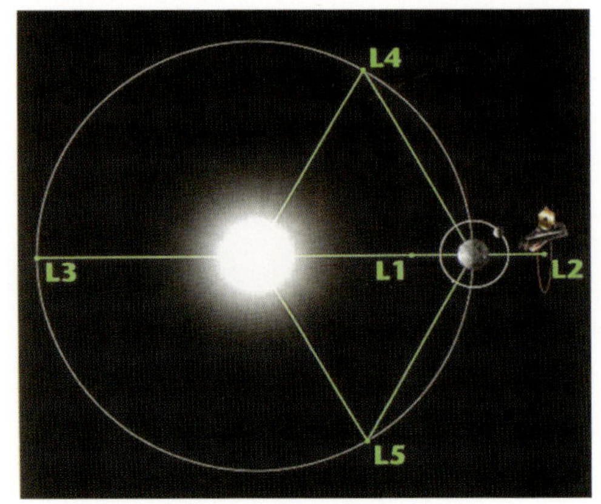

图3-11　特殊的拉格朗日点

斯皮策空间望远镜在第二拉格朗日点上，成为一架与地球同步运行的空间望远镜，它总是躲在地球的后面，背对地球和太阳，与地球保持同样的角速度绕太阳旋转。望远镜本身还装有一个保护罩，可使望远镜免受太阳的直接照射和来自地球的干扰。

“斯皮策”设计的最短寿命为2年半，目标寿命在5年以上，到2009年5月15日耗尽低温制冷剂的时候，它已经工作了5年半以上。但是，斯皮策空间望远镜的红外阵列相机4个通道中的2个仍能正常工作。

4.2 “斯皮策”观测成果之一：太阳系外行星及太阳系小天体的观测研究

寻找太阳系之外的行星是当今天文观测研究的热门课题。行星只是反射其母恒星的光，体积比母恒星小得多。在可见光波段，行星比它的母恒星要暗，母恒星要比它亮100亿倍。但是，有些比较年轻的行星的红外辐射比较强，而它们的母恒星的红外辐射又相对弱一些，所以行星与母恒星的红外强度之比就不像在可见光波段那样悬殊，这意味着大型红外望远镜在发现和研究系外行星课题上具有优越性。

4.2.1 系外行星HD 189733b

系外行星HD 189733b是一颗热木星的大质量气态行星，正围绕着一颗距离地球63光年的恒星运行，它的绝大部分辐射在红外波段，使得“斯皮策”可以探测到它的温度和化学组成。在行星绕恒星转动的过程中，它都会从恒星的前方经过，发生凌星现象，这时“斯皮策”看到行星处于夜晚一侧的情况。当凌星现象结束，它向恒星后方运动的时候，“斯皮策”能不断地观测到它大气中不同的部分。当行星绕到恒星后面时，“斯皮策”上的探测器就会测量出由于缺少了行星所造成的红外辐射降低的情况，这一降低所对应的正是这颗行星的大气温度，还能探测到这颗行星的温度随其经度的变化。观测发现，HD 189733b朝向恒星一侧和背向恒星一侧的温度从927 ℃变到649 ℃，变化并不太大。

4.2.2 太阳系外岩石行星

2004年，“斯皮策”发现了系外行星——巨蟹座55e，巨蟹座55系统距离地球只有40光年，在清澈的夜晚肉眼可以观测到它的恒星。人类已经发现巨蟹座55系统内有5颗行星，“斯皮策”的精细观测提供了其中最靠里的一颗行星（巨蟹座55e）的情况，其半径只有地球的1.6倍，质量相当于7.8个地球质量，密度比水大得多。它是一颗岩石行星，但并不是特别致密，其质量约1/5是较轻的元素和化合物，如水。它到母恒星的距离比水星到太阳的距离要近，是水星到太阳距离的1/26，公转周期小于18小时，是已知的太阳系外行星中公转周期最短的行星。由于太靠近母恒星，其表面温度接近2 700 ℃。天文学家认为，巨蟹座55e开始可能远离其母恒星，类似海王星的气态行星，系统内5颗已知行星之间的引力互动引起了迁移，让这颗行星最终旋转进入靠近母恒星的地方。

4.2.3 只有地球2/3大小的系外行星UCF-1.01

2012年7月18日，美国宇航局宣布“斯皮策”发现了一颗只有地球2/3大小的太阳系外行星，它的名字为UCF-1.01，距地球约33光年，其表面温度非常高，可能是一颗与太阳系距离最近的、体积小于地球的系外行星。

4.2.4 行星碰撞

2009年8月，“斯皮策”发现距离地球大约100光年的年轻恒星HD 172555周围有碎岩石和重新凝固的熔岩，天文学家分析后提出，这是数千年前两颗行星的碰撞事件造成的。天文学家用电脑模拟了这次碰撞的情景（见图3-12），那颗较小的行星体积大约跟月球差不多，它显然在这次撞击过程中被完全摧毁了，另一颗跟水星差不多大的行星幸存下来，不过它的表面上留下了很深的凹痕。

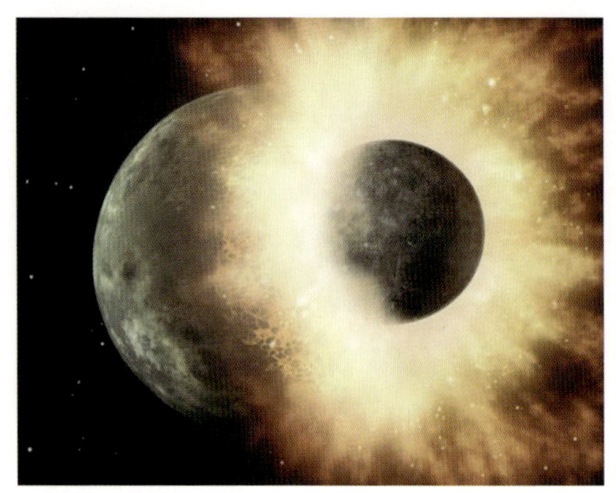

图3-12　两颗行星碰撞事件示意图

事实上，在太阳系的早期阶段，这种猛烈的撞击事件非常普遍。流行的观点认为，月球是在40多亿年前发生的一次撞击事件中形成的，当时一颗火星大小的天体撞上地球，使地球表面熔化，撞击产生的碎片大部分进入围绕地球的一个圆盘里，最终形成月球。多次撞击可能剥掉了水星的外层，剧烈的大撞击可能使天王星向一侧倾斜，撞击使得金星向相反方向旋转，这些虽然是理论推测，但可能性却是存在的。

4.2.5 太阳系小天体的观测研究

“斯皮策”对太阳系的多种小天体进行了观测研究，如对众多彗星进行了观测，参与了73P彗星、17P彗星以及深度撞击坦普尔1号彗星的联合观测。图3-13是“斯皮策”在2006年观测73P彗星时所看到的彗核分裂为几块的情景。对坦普尔1号彗星的联合观测

图3-13　“斯皮策”在红外波段观测到73P彗星彗核分裂为几块的情景

发现，在撞击45分钟后得到喷射物的光谱，分析后发现其中有水冰、结晶态硅酸盐、碳酸盐、碳氢化合物等物质。

“斯皮策”在2009年观测过当年发现的红极一时的鹿林彗星，还观测了遥远的柯伊伯带天体。远离太阳的彗星非常微弱，一般的望远镜观测不到，彗星在轨道上散落的碎片、尘埃颗粒等物质更难观测，但是“斯皮策”凭借非常高的灵敏度能够进行观测研究。

4.3 “斯皮策”观测成果之二：星云的观测研究

星云世界多姿多彩，有可见光波段的发射星云、反射星云和暗星云，还有射电波段的中性氢云和分子云。巨型分子云是银河系中最大的天体，也是恒星诞生的所在地。恒星晚期的膨胀和爆炸又不断把经过恒星加工过的物质注入星际空间，造就新的星云。很多分子谱线处在红外波段，因此“斯皮策”成为观测研究银河系星云进而研究恒星形成区和恒星晚期演化的有力工具。

4.3.1 猎户座大星云

猎户座大星云是一个巨大的恒星“托儿所”，距离地球约1 500光年。图3–14是“斯皮策”拍摄的猎户座大星云的伪彩色图，覆盖约40光年的范围，这幅图与可见光波段的图像相比，具有不同的特点，红外波段的图中星云最明亮的部分以猎户座四边形星团内年轻而灼热的大质量恒星为中心，红色光晕代表仍然处于形成过程中的原恒星，这是在可见光波段拍摄的照片中看不到的景象。

图3–14 “斯皮策”拍摄的猎户座大星云

4.3.2 北美星云

北美星云（NGC 7000）距离地球约2 200光年。在“斯皮策”拍摄的北美星云的图像中（见图3–15），有数以千计的幼年恒星正在形成。在可见光波段，由于尘埃阻挡，我们无法看见其中隐藏的新生恒星，因此，之前仅在此发现了约200颗年轻恒星。而此次拍摄的图像穿透了这层尘埃云，并找到了约2 000个疑似年轻恒星的目标。红外波段的观测竟然能看到那么多可见光下看不到的东西，这使天文学家感到特别宽慰。尘埃气体云的塌缩，在中心形成原恒星，周围形成原始尘埃吸积盘，围绕在原恒星周围，看上去像一张唱片，随着恒星逐渐成长，这一吸积盘将逐渐凝结，演化成为行星系统。当恒星达到成熟时，剩余的气体和尘埃已经基本被驱散了。“斯皮策”拍摄的图像展示了恒星演化的各个阶段的场景：从尘埃围裹的婴儿恒星，到正在孕育行星系统的幼年恒星。在这张伪彩色图像中，波长3.6 μm的红外光呈蓝色；波长8 μm的红外光呈绿色；波长24 μm的红外光呈红色。

图3–15 “斯皮策”在4个红外波段拍摄的北美星云的合成图像

4.3.3 螺旋星云

螺旋星云位于水瓶座，距离地球约650光年，该星云最早发现于18世纪，是距离地球最近的一组名为行星状星云的典型例子，曾因类似气体巨行星而被错误命名为NGC 7293。质量较小的恒星演化成红巨星后，核心部分因为核聚变停止而塌缩为白矮星，外层则因为快速膨胀陆续把物质抛向星际空间而形成行星状星云。

螺旋星云曾被多架大型望远镜观测过，也成为“哈勃”顶级图像的第70张图片。与“哈勃”的光学图像不同，图3-16是由斯皮策空间望远镜的红外波段和星系演化探测器（GALEX）的紫外波段联合观测的。外侧尘埃层非常明显，中心是一颗正在死亡的恒星发出强烈的紫外辐射，照亮了它外侧的正向宇宙扩散的尘埃层。

图3-16 斯皮策空间望远镜的红外波段和星系演化探测器的紫外波段联合观测的螺旋星云图像

4.4 “斯皮策”观测成果之三：星系的观测研究

哈勃空间望远镜一直致力于遥远星系的观测，以揭示早期宇宙图景，已经拍摄到130亿光年之遥的宇宙深空，那里密密麻麻分布着很多星系。但是，“哈勃”的观测集中在可见光和紫外波段，而“斯皮策”的观测集中在红外波段，两者的结合将得到更加完美的观测成果。在“斯皮策”升空之前，已经发现了一些在红外波段辐射很强而可见光波段辐射却很弱的河外星系，还有一些星系具有一个能够释放巨大能量的星系核，“斯皮策”要进一步揭示它们的秘密，这成为“斯皮策”的重要观测课题之一。

4.4.1 旋涡星系M81

M81是一个典型且非常美丽的旋涡星系，也是肉眼可以看到的最明亮的星系之一。图3-17是它在可见光波段的照片，图中蓝色部分是星系中最年轻的恒星，而位于中

图3-17 M81可见光波段的图像

心的橙色区域则是星系中最年老的恒星，其带有明亮的核、庞大的螺旋臂和尘埃带。图3-18是“斯皮策”观测给出的3个红外波段（24 μm、70 μm和160 μm）的图像，可以发现，可见光和红外波段获得的图像有较大差异，不同的红外波段的图像也不尽相同。当然，所有图像都显示M81有一个亮核和旋臂，大体模样是相似的。

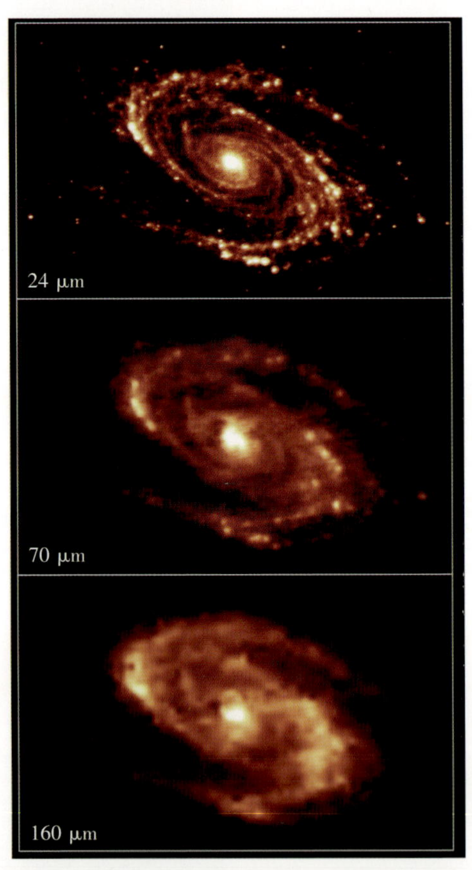

图3-18 “斯皮策”在3个波段观测旋涡星系M81

4.4.2 最遥远的星系MACS 1149-JD

借助斯皮策空间望远镜和哈勃空间望远镜，再加上宇宙引力透镜放大效果的帮助，人类发现了可能是迄今已知的最遥远的星系。在编号为MACS J1149+2223的巨型星系群中，发现的MACS 1149-JD星系是宇宙大爆炸后仅约5亿年诞生的。那时，宇宙正在从一个被称作黑暗时期的阶段中逐渐摆脱出来，从一个完全黑暗、没有任何星星的世界向着今天我们所熟知的充满璀璨星辰的宇宙转变。

以前探测到的遥远星系，绝大多数仅在单一波段上被观测到的，而MACS 1149-JD这个星系在5个不同波段上进行了观测研究，包括哈勃空间望远镜的4个不同波段和斯皮策空间望远镜的红外阵列相机的第5个波段。这种距离极端遥远的天体大多数都超出当今最灵敏的望远镜设备的探测极限，而不能被观测到。引力透镜效应帮助了天文学家，它把来自遥远星系暗弱的光放大了15倍左右，因此“哈勃”和“斯皮策”都可以观测到。这一遥远星系非常小，结构非常紧密，其质量约为银河系质量的1%，这正是极早期星系的特点，后来通过星系相互之间的合并，才形成现代宇宙中的那种巨型星系。

引力透镜是爱因斯坦预言存在的一种天体。大质量天体像玻璃透镜一样能使光线弯曲、变形、放大和缩小，恒星、大质量黑洞、星系和星系团都可以起到引力透镜的作用。但是能把引力透镜后面的天体的光聚焦在地球附近的引力透镜并不多，因为这需要地球、引力透镜天体、观测对象恰好三点一线。“斯皮策”发现的这个遥远星系恰好满足星系、引力透镜天体和地球三点一线的条件，因此这个遥远星系的亮度得到了放大。

4.4.3 最小的类星体和最原始的黑洞

从2006年开始一直到2010年，樊晓辉领导的研究小组利用斯皮策空间望远镜观测研究了21个类星体的红外辐射，它们都是非常遥远的类星体，其中心都有一个比太阳质量大1亿倍的超大质量黑洞，观测发现类星体中尘埃的数量和黑洞的质量都在增加。他们发现J0005-0006类星体和J0303-0019类星体中心黑洞的质量最小，周围没有尘埃，表明这两个类星体还非常年轻，被认为是宇宙中第一代类星体和最原始的黑洞。

4.4.4 “斯皮策”拍摄的最高分辨率的银河系照片

“斯皮策”的两个观测团队参与了银河系图像的拍摄和合成工作，给出了最高分辨率的银河系照片。他们分别利用望远镜的红外阵列相机和多波段成像光度计进行多次观测，共拍摄了80万幅独立的照片，包含了25亿红外像素。全图就是由这80万幅独立照片拼合而成，覆盖整个银河系的一半，这是最高分辨率的银河系照片，也是面积最大、灵敏度最高的红外照片。图3-19是“斯皮策”拍摄的银河系中心。银河系中心尘埃和其他吸光物质会挡住可见光，而红外线可以穿透尘埃，因此，“斯皮策”可以观测到银河系中心的秘密。当然，要解开银河系结构的秘密，必须通过光学、射电和红外多个波段的观测。经过数百年的研究，天文学家获得的银河系结构图（见图3-20）：有一个中央棒和四条旋臂，其中两条是大旋臂，银盘从侧面看也可能存在一定的翘曲。银河系的盘状结构是18世纪80年代威廉·赫歇尔用光学望远镜观测发现的，而银河系的旋臂则是通过波长21 cm的射电观测确认的，此后，天文学家很快转向用红外波段来观测银河系的核心。美国宇航局的宇宙背景探测器于1990年拍摄了第一张银河系中央核球的近红

图3-19 “斯皮策”拍摄的银河系中心

图3-20 银河系结构图

外照片。2005年，斯皮策空间望远镜在中红外波段进行的巡天观测记录下了大约3 000万个源，精确地测量了银河系的中心，发现银心在某个方向上恒星的数量明显要比其他方向上的多，这预示了棒的存在。棒的长度大约为2.8万光年，与太阳到银心的距离（2.6万光年）相当，因此确认银河系属于棒旋星系。

5 赫歇尔空间天文台

欧洲空间局在1995年发射上天的红外空间天文台取得了非常丰硕的观测成果，但是因制冷剂耗尽于1998年4月停止工作。为了继承红外空间天文台未完成的太空红外探测事业，欧洲空间局决定研制比红外空间天文台更强大的红外空间望远镜，赫歇尔空间天文台应运而生。不过它在红外空间天文台停止工作11年以后才升上太空，可以说是姗姗来迟。

5.1 赫歇尔空间天文台

欧洲空间局成立于1975年，致力于航空航天事业。1984年提出“地平线2000”计划，1994年又增加了一些项目。进入21世纪后，欧洲空间局提出了“地平线2000”的继任者“宇宙新视野”计划。在这一系列项目中，有四个项目规模大、经费多、耗时长，被称为“基石”项目，它们是赫歇尔空间天文台、包括太阳和太阳风层探测器（SOHO）在内的“日地关系”计划、牛顿X射线望远镜和对彗星进行采样的罗塞塔号探测器。

“赫歇尔”原来的名字是远红外及亚毫米波望远镜，后来改名为赫歇尔空间天文台，以纪念发现天体红外辐射的著名天文学家赫歇尔。这是目前世界上口径最大的空间望远镜，镜面以轻质金刚砂为材料，直径达到3.5 m，大约是哈勃空间望远镜镜面直径的1.5倍，是红外空间天文台的远红外望远镜的6倍，其观测波段为远红外波段和波长短于1 mm的射电波，携带英国研制的斯皮尔照相机和帕斯照相机。

2005年，中国科学院国家天文台“百人计划”引进人才——黄茂海研究员及其负责的小组参加技术合作，对“赫歇尔”造价达一亿欧元的主要仪器SPIRE项目签署合作协议，正式成为其国际合作伙伴。我国获得两个科学专家组成员名额，由国家天文台黄茂海、李金增两位研究员担任。

2009年5月，赫歇尔空间天文台与普朗克望远镜一起搭乘欧洲阿丽亚娜5号ECA型火箭升空，进入距离地球150万千米的第二拉格朗日点，成为围绕太阳运行的航天器，以背对太阳和地球的姿势对宇宙进行持续观测。与其一起发射上天的普朗克卫星，又称普朗克巡天者，以1918年获得诺贝尔物理学奖的德国科学家马克斯·普朗克的名字命名，其研究任务是观测宇宙微波背景的各向异性分布，观测波段为毫米波和亚毫米波，与赫歇尔红外空间望远镜（见图3–21）的观测波段衔接，因此有些课题可以相互配合。

图3–21　赫歇尔红外空间望远镜

“赫歇尔”携带有2 300多升超流氦，用来冷却望远镜，保证其内部工作温度接近绝对零度，从而尽可能降低仪器本身的辐射，达到最优的观测效果。不过，所携带的冷却剂再多也有用完的时候，一旦耗尽，“赫歇尔”所有仪器的温度就将升高，望远镜就会失去观测能力。2013年4月29日，欧洲空间局宣布“赫歇尔”正式退役，并迅速把“赫歇尔”从观测位置移出，使其他航天器有机会进入第二拉格朗日点。

与太阳相比，宇宙中有不少星体的表面温度相对较低，辐射能量集中在远红外波段，哈勃空间望远镜观测不到。“赫歇尔”凭借它对远红外辐射的高度敏感性可以探测到更多远红外范围内的宇宙星体，包括银河系内和银河系外的星体。

红外空间望远镜因为寿命总是比较短暂，观测课题的选择和观测时间的分配就显得特别重要。把卫星送到第二拉格朗日点上，150万千米的路程要走100多天，这时冷却剂已经在消耗，必须充分利用这宝贵的100天：第一是在途中就开始进行各种测试；第二是对太阳系天体进行观测。“赫歇尔”到位后，观测时间一部分分给参加研制的各个单位，一部分对全世界天文学家开放，竞争很激烈。在被批准的所有观测课题中，又遴选了一部分作为重点课题，给予较多的观测时间，共有42个重点课题：太阳系2个、恒星2个、星际介质和恒星形成20个、星系和活动星系核13个、宇宙学5个，共获得11 000多小时，约占望远镜预定寿命的3/5。

“赫歇尔”在近4年的工作时间里，完成了超过3.5万项科学观测，累计观测数据时长超过2.5万小时。大量观测数据不是一时半会儿就能分析处理完的，下面仅就已经发表了的一些重要成果做些介绍。

5.2 “赫歇尔”观测成果之一：银河系星云的观测

银河系内的星云世界多姿多彩，有可见光波段的发射星云、反射星云和暗星云，以及射电波段的中性氢云和分子云，形成恒星的物质条件是气体和尘埃，因此巨型分子云成为银河系中最可能诞生恒星的地方。恒星晚期的膨胀和爆炸又不断把经过恒星加工过的物质注入星际空间，制造了大量尘埃，造就新的星云。恒星形成和死亡是天文学研究最有魅力的观测研究课题之一。由于尘埃的辐射主要在近红外波段，气体分子谱线则在红外和亚毫米波波段，因此“赫歇尔”成为观测星云、考察恒星形成区和恒星爆炸后产生的星云的最有力的观测设备。

5.2.1 对银河系整个星系盘面的亚毫米波的观测

星际尘埃通常会遮蔽我们对银河系中心的观测视野，但在远红外和亚毫米波范围内，却能观测到它们的辐射，赫歇尔空间望远镜在5个波段对银河系中心进行了观测，发现了许多单个的恒星形成区。在望远镜视野所及的地方，密集的星团中到处都有恒星在形成。到目前为止，天文学家只能在银河系范围内将恒星形成区从它所在的背景中区分出来。

银河系活跃的银心区域星云很多，其形状多姿多彩，它们并不都是圆形，有的呈现出尘埃与气体组成的动态的薄片状或丝状，这正是恒星形成区的主导结构，冲击波引发片状气体相互碰撞形成丝状，最后形成原恒星团块，这些团块又继续通过重力坍缩形成恒星。

5.2.2 银河系中心的大量气体云

图3-22是“赫歇尔”观测到的一张银河系中心的复合图像，显示出银河系中心存在可供恒星形成的大量气体云。银河系是一个旋涡星系，中央部分呈现出类似棒旋星系的结构特征，周围存在着数条旋臂，整个星系的直径可达10万光年，银河系中央隆起的厚度大约为6 000光年。而我们的太阳系则位于银河系其中一条被称为猎户座的旋臂上。

图3-22　银河系中心的大量气体云

5.2.3 发现众多的尘埃物质环

“赫歇尔”发现天蝎座尾部有一个形似泡沫的巨大天体（见图3-23），名为RCW 120星云，那儿聚集着一团质量巨大的尘埃云，距离地球大约

4 300光年，巨大的气泡状结构跨度达到10光年。泡沫状的物质由中央的一颗超大质量恒星产生。

“斯皮策”在红外波段也对RCW 120星云进行过观测，获得了3.6 μm（蓝色）、8 μm（绿色）和24 μm（红色）三个波长观测的综合图像。

NGC 7538位于鹿豹座，距离地球大约9 100光年，其总质量几乎是太阳的40万倍，它是有名的大质量恒星的诞生场所和育婴室。图3–24是“赫歇尔”观测到的NGC 7538的一部分，有分布在全图各处数百个新一代恒星的种子，它们埋嵌在周围的气体和尘埃混合物中。这张伪彩照片由波长70 μm（蓝色）、160 μm（绿色）以及250 μm（红色）的红外图像合成，对应的天区大约是50×50角分，图中上方对应北部，左侧对应东部。

图3–23 “赫歇尔”观测到的天蝎座尾部的由尘埃云组成的巨大天体

“赫歇尔”发现了其中13个巨大的尘埃物质环，它们的质量都在太阳的40倍以上，在吸收足够的物质以后，将会在自身的引力作用下坍塌，核心变得越来越密集，越来越炙热，直到引发核聚变，形成新的恒星。现在它们仍处于恒星形成的早期阶段，块状物仍比较冷，大约只比绝对零度高几十开尔文。在这样的温度

图3–24 “赫歇尔”观测到的NGC 7538的一部分

下，块状物会以低能量的亚毫米波和红外波段的波长释放辐射，而“赫歇尔”恰好可以监测到这些波长的光。

“赫歇尔”发现了一个怪异的尘埃物质环，呈椭圆形，较长的轴线约为35光年，较短的轴线约为25光年，质量大约为太阳的500倍。天文学家在宇宙尘埃云里见到这种环状和气泡状的结构，往往认为这可能是巨大恒星（如O型星）强劲的星风驱逐的结果，或者是这类恒星以超新星的形式爆炸后产生的结果。然而，“赫歇尔”发现的这个环状结构中心并未发现任何死亡的巨大恒星的遗迹，如中子星、黑洞等，因此无法判断这个怪异的尘埃物质环的来历。其中一种可能是恒星处于运动状态，离开了案发现场，所以事后无法检测到它的存在。

5.2.4 老鹰星云中核心部位的恒星形成区

图3-25是“赫歇尔”观测到的老鹰星云的心脏部位，拍摄于2009年10月24日。老鹰星云，也称为NGC 6611，在梅西耶深空天体表中排第16位，也被命名为M16星云，距离地球约6 500光年，位于巨蛇座的末尾。其整体外观像一只老鹰，跨度巨大，达到了20光年，在宇宙幽深的背景下显得格外恐怖，因而该核心部分也被科学家称为星云的“黑暗之心”。该图显示了老鹰星云核心部位的恒星形成区，其中存在着大量的星际气体和尘埃。

图3-25 老鹰星云核心部位的恒星形成区

5.3 “赫歇尔”观测成果之二：星系的观测

河外星系非常多，而且种类繁多，有的星系在可见光波段辐射特别强，有的星系是射电辐射特别强，或X射线、伽马射线、紫外线辐射特别强，也有一些星系则在红外波段辐射特别强，各种波段的望远镜和探测器可以各显其能。遥远的星系非常暗弱，既要求望远镜的灵敏度很高，又要求工作波段对路，可能还要借助引力透镜的帮助。

5.3.1 星系飓风的发现

2011年5月，“赫歇尔”探测到在一些合并星系中心部位发出的超高速分子喷流，其中一些喷流的速度高达1 000 km/s，比地球上的飓风快万倍。“赫歇尔”的观测显示，在一些拥有活动星系核的星系中，这种强烈的星系飓风能吹散几乎所有的尘埃和气体物质，从而导致星系内部恒星的形成过程停止，中央黑洞也得不到新的物质补给。

5.3.2 年轻星系S0901和Clone的发现

2014年，欧洲空间局发布了“赫歇尔”发现的两个年轻星系S0901和Clone的研究结果，它们距离地球约100亿光年，尺度比银河系小很多，约为银河系的10%~20%。“赫歇尔”原本观测不到这样遥远的星系，因为它们太暗了，但由于其处在星系团的后面，借助星系团这个强大的引力透镜的作用，“赫歇尔”观测到了它们。

“赫歇尔”的亚毫米波探测器对这两个星系的离子化碳元素0.158 mm的谱线进行了详细的观测，这一谱线环绕恒星形成区的星云产生，根据谱线的展宽和双峰特点，从而判断气体云团的运动情况。对年轻星系S0901的观测表明，星系旋转有序，但其中没有湍流，而其他早期星系中普遍存在湍流，这个星系可能是一个例外。另一个年轻星系Clone则符合湍流模型。

5.3.3 仙女座星系的新面貌

赫歇尔空间望远镜和欧洲X射线观测卫星（简称“XMM-牛顿”）通力合作，获取了迄今为止最清晰的仙女座星系的红外和X射线图像。图

3-26是两个波段观测结果的叠加，显示了恒星演化过程的两个阶段，这样的结合让天文学家首次得以直接考察高温的恒星与其周围环境中处于超低温状态的尘埃和气体云物质相互作用的情况。

“赫歇尔”拍摄的仙女座星系是迄今最精细的红外波段图像，让科学家得以见到其中正在形成的恒星，而“XMM-牛顿”拍摄的X射线波段图像则展示了垂死的老年恒星发出的强烈X射线。

“赫歇尔”在远红外波段非常敏感，能穿透迷雾，看到一个个尘埃气体组成的“蚕茧”，这些尘埃“蚕茧”正是恒星的胚胎，它们在其中逐渐累积物质，增加质量，并在长达数亿年的过程中依靠引力进行着缓慢的成长。随着物质密度上升达到临界，它们发生核聚变反应，发出可见光，成为新生的恒星，将冲破束缚自己的尘埃云团，成为我们能看见的、闪闪发光的恒星。

图3-26 “赫歇尔”红外波段和“XMM-牛顿”X射线波段观测的仙女座星系的合成图

仙女座星系与其他旋涡星系不同，在距离核心约75 000光年的地方有一个巨型的尘埃环。“赫歇尔”揭示了更多细节，从图3-26中可以看到至少有5条包含恒星新生区的尘埃环带，图中蓝色显示的是X射线图像，有数百个X射线源，其中很多集中在星系核位置，每一个X射线源都对应一个垂死的恒星系统，它们可能是恒星爆炸后产生的冲击波和碎片，也可能是一对垂死的双星系统。

5.3.4 M51旋涡星系

图3-27　M51旋涡星系的神秘光线

图3-27是赫歇尔空间望远镜拍摄的M51的图像，M51距离地球约3 000万光年，这是“赫歇尔”2009年6月拍摄到的第一批星系照片之一。从星系中央伸出的两条旋臂结构可知，M51属于旋涡星系。“赫歇尔”可以看见来自星系周围尘埃云和气体透射出来的光线，以及众多恒星分布的位置特征，该星系中的大量气体云也是星系中恒星形成的重要原料。

6 特色鲜明的红外空间望远镜

从21世纪开始，各种红外天文卫星纷纷发射上天，其中有些探测任务单纯、特色鲜明，如法国柯洛探测卫星（COROT）（简称“柯洛”）和美国开普勒空间望远镜（简称“开普勒”）是专门从事发现太阳系外行星任务的探测卫星，而美国广域红外巡天探测卫星（WISE）和日本光亮号天文卫星（ASTRO-F）的主要任务则是进行全天区范围的红外波段巡天。根据任务，它们分别配置了强有力的探测器，取得了非常满意的探测成果。

6.1 法国系外行星探测卫星——柯洛（COROT）

2006年12月，法国柯洛探测卫星（COROT）搭乘俄罗斯火箭上天，这是人类发射的首颗专门用于搜寻太阳系外行星的卫星，载有一架口径30 cm的天文望远镜，观测波段为370~950 nm，两台照相机像素为400×400，最暗能观测13等星，它对大约12万颗恒星进行观测和研究，以发现它们的行星系统。“柯洛”采用凌星法探索系外行星，其具有足够的灵敏度，以发现体积仅有地球1.5倍大小的岩石质类地行星，还能分析行星与它们所属恒星之间的距离是否适合液态水的存在。

2007年，“柯洛”最先发现的两颗系外行星属于热木星类型，取名为COROT-1b和COROT-2b。2008年发现的COROT-4b和COROT-5b具有木星般大小。COROT-3b是被欧洲空间局首先宣布的一颗属于棕矮星和行星之间状态的星体，3年后，测得其质量小于25个木星质量，归属于行星。

2009年，“柯洛”发现超级地球COROT-7b，2010年发现COROT-9b。2010年发现了6颗系外行星和1颗棕矮星，这6颗系外行星都有木星般大小。2011年又发现10颗系外行星。“柯洛”发现的系外行星数目逐年增加，候选者更多，约600颗。

“柯洛”和欧洲南方天文台合作发现的COROT-7b和COROT-9b最为有名。COROT-7b在麒麟座，距离地球约489光年，由凌星法估计出它的大小是地球的2.04倍，但无法确定其质量。后来，借助欧洲南方天文台的高精度径向速度行星搜索器（HARPS）的光谱仪的观测数据，应用晃动法测出其质量是地球的5倍多。因此其密度只比地球大一些，表明它可能是一颗岩石行星。该行星的轨道周期为20小时，十分靠近其母恒星，平均距离仅250万千米，只有日地距离的1/60，白天温度可达2 200 ℃，夜间温度又降到-210 ℃，环境十分严酷，使得任何有机生物无法立足。

COROT-9b位于巨蛇座，距离地球约1 500光年，距离其母恒星0.36个天文单位，轨道周期为95天，轨道椭率为0.11。它环绕母恒星运行一周相当于95个地球日，这要比之前所发现的任何凌日行星至少长10倍。行星越过母恒星需8小时，也是已知凌日行星中凌星时间最长的。行星所处的地方，随着温度下降，反射率有很大的增加，因为大气中水云的凝结，增强了反射。COROT-9b的大小由“柯洛”观测测定，而质量则由欧洲南方天文台的高精度径向速度行星搜索器的光谱仪测定。行星的质量为木星的0.84倍，大小为木星的1.05倍，由此得到其密度为水的96%，行星表面的引力是地球的1.93倍。这颗行星很可能是由氢和氦构成的，还可能包含着20多种地球上的较重元素，岩石和水可能处于高压环境中。总体而言，它非常像太阳系的木星和土星。

6.2 美国开普勒空间望远镜

美国开普勒空间望远镜是一架特殊的红外空间望远镜，美国宇航局专门为搜寻太阳系外行星而设计，以著名天文学家开普勒的名字命名（见图3–28）。由于采用凌星法来发现系外行星，要求望远镜特别灵敏，能够分辨出光度极其微小的变化。望远镜的口径比较大，主镜口径1.4 m，相机所用的CCD探测镜拥有9 500万像素，由42个2 200×1 024像素的电子耦合器组成，其有效光圈达到95 cm，是迄今发射升空的最大的照相机，观测波段为400~865 nm，它搜索系外行星的能力远远超过以往各种观测设备。望远镜放置在日地空间的第二拉格朗日点上，在距离地球150万千米的地方，随着地球一起绕太阳运行。开普勒空间望远镜将观测锁定在105平方度的位于天琴座和天鹅座的区域，要对这个区域中大约10万颗恒星逐个进行观测，以寻找类地行星和生命存在的迹象。

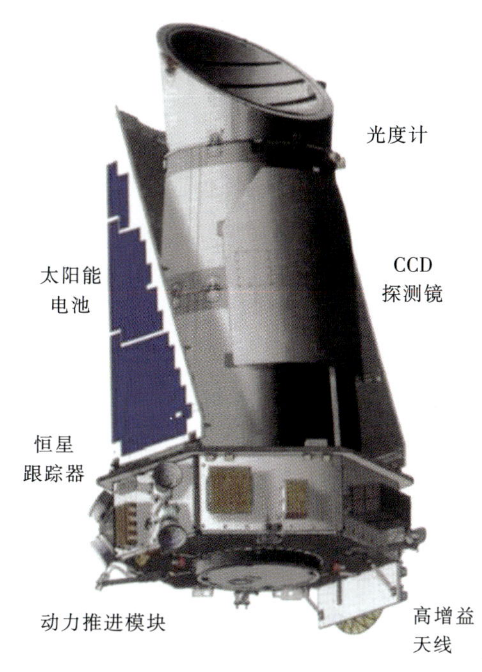

图3–28　开普勒空间望远镜

由于开普勒空间望远镜的灵敏度非常高，有能力采用凌星法来发现行星。所谓凌星就是行星从母恒星前面经过时，对母恒星的遮挡导致观测到的恒星的光度发生变化，这种变化极其微小，相当于一只很小的跳蚤跳过汽车大灯时造成的影响。“开普勒”可以发现质量仅为地球质量一半的行星遮挡母恒星所发生的变化，可以根据光变曲线推算出行星的遮挡面积，估计出行星的大小，可以根据两次凌星时刻的时间间隔得知其轨道运行周期、行星到中央恒星的距离，进而判断这颗行星是否处在宜居带中。图3-29是观测实例，两颗行星从母恒星前面经过时所造成的光度变化非常明显。

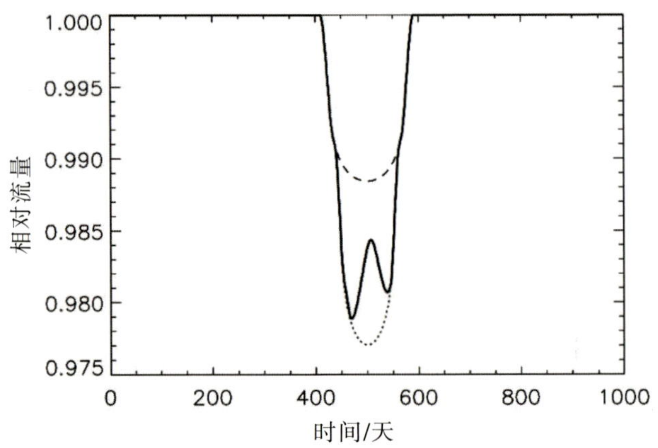

图3-29 两颗行星从母恒星前面经过时所造成的光度变化的光变曲线观测实例

2012年，“开普勒”已经成功地完成了持续时间长达3.5年的原定任务，又开始了其4年的延长观测任务，超过了原先的期望，获得了十分丰硕的观测成果。概括来说，“开普勒”发现了超过千颗系外行星，其中有不少显示度非常高的发现：如质量和直径都最小的系外行星；首个拥有6颗行星的恒星系统；首颗围绕两颗恒星运行的行星；位于宜居带中的类太阳恒星的最小行星等。

在“开普勒”发现的行星系统中，开普勒-11行星系统最为珍贵，它是迄今在太阳系之外发现的最紧密、行星数量最多的行星系统。开普勒-11是一颗黄矮星，距离地球约2 000光年，处在天鹅座中，环绕它的6颗行星的体积都大于地球，最大的体积相当于天王星和海王星。距离恒星最近的行星是开普勒-11b，它到恒星的距离是日地距离的1/10，其他5颗行星与恒星之间的距离小于金星的轨道距离。这6颗行星之间的距离非常近，最外层的一颗行星的轨道周期为118天，其余5颗行星的轨道周期仅为10~47天，构成这些行星的主要物质是岩石、气体和水。

图3-30　开普勒-11的多颗行星的凌星景象

行星凌星比较少见，一般也就是一颗行星凌星，如金星凌日或水星凌日，但开普勒-11行星系统却会发生3颗以上的行星掩凌母恒星的情况（见图3-30），这种行星系统非常少见，目前是绝无仅有的一例。

发现与地球酷似的开普勒-20e和开普勒-20f让天文学家欣喜若狂，它们的直径分别是地球的0.87倍和1.03倍（见图3-31），就好像是地球的孪生兄弟，也都是岩石行星，主要成分是铁和硅酸盐类矿物质，其母恒星是类太阳恒星，距离地球约945光年。不过，它们的公转周期很短，分别为16

图3-31　系外行星开普勒-20e和开普勒-20f与金星和地球的尺度对比

天和9天，而且太靠近母恒星，表面温度分别达到726 ℃和426 ℃，这对于生命来说实在太热，都不可能有液态水的存在。尽管它们的质量与地球差不多，但并不在宜居带中。

要说宜居，开普勒–22b可称为最优秀的候选者，它的母恒星是一颗比太阳稍暗、稍冷一些的G5型恒星，位于天鹅座内，距离地球约600光年。这颗行星的直径是地球的2.4倍，公转周期是290个地球日，这是已发现的太阳系外行星中最接近地球公转周期的行星。初步分析表明，开普勒–22b是一颗温度适宜的行星，可能有海洋和降雨过程。而开普勒–16b是一颗围绕两颗恒星运行的行星，这一事实证明行星可以形成于双星系统周围并长期稳定存在。

目前探测到的系外行星中，最小的行星非开普勒–37b莫属，其母恒星与太阳类似，有3颗行星，它是最小的一颗，体积略大于月球，大约是水星的80%，它是首次发现的体积小于太阳系中任何行星的系外行星。它的轨道周期非常短，仅13个地球日就绕其母恒星转一周，离母恒星很近，表面温度超过400 ℃，没有水和空气，当然也就不会有生命存在。天文学家根据开普勒空间望远镜的发现，估计银河系中至少有170亿颗体积与地球相当的系外行星。

6.3 美国广域红外巡天探测卫星（WISE）

美国宇航局的广域红外巡天探测卫星（WISE）于2009年12月14日发射，携带口径40 cm的红外望远镜，其任务是进行红外巡天，灵敏度比早期的红外空间望远镜高得多，观测波段为3~25 μm，分为4个波段：3.4 μm波段，观察恒星和星系；4.6 μm波段，观测棕矮星；12 μm波段，观测小行星；22 μm波段，观测恒星形成区的尘埃。2010年10月，广域红外巡天探测卫星的制冷剂用完后，其工作改为不使用制冷剂的搜寻近地天体的延伸任务。

广域红外巡天探测卫星携带的红外望远镜（见图3–32）不大，在太空中执行任务的时间不长，但观测成果却很丰富，简述如下。

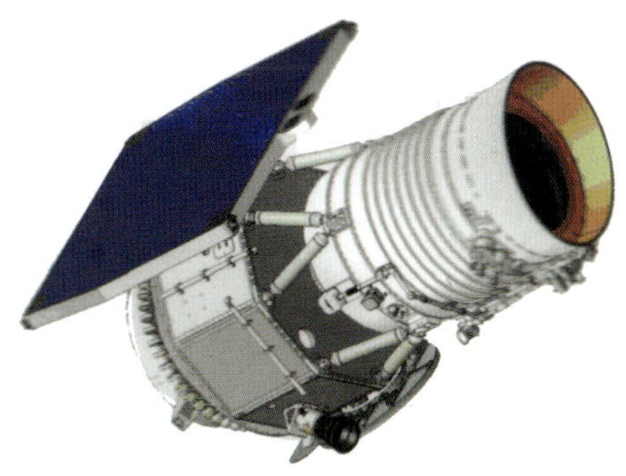

图3–32 画家笔下的广域红外巡天望远镜

6.3.1 搜寻太阳系中的小行星

广域红外巡天探测卫星共发现16颗先前未知的小行星，其中，55%的小行星只能反射不到10%的太阳光，因此可见光望远镜很难发现它们，还有一颗小行星像沥青一样漆黑，只能反射不到5%的太阳光。

6.3.2 发现黑洞和“热狗”

广域红外巡天探测卫星发现了大量黑洞，数量高于以往历次探索活动的发现。它还发现了数目众多的新型星系，亮度比银河系高1 000多倍，它们被尘埃云遮挡着，辐射的红外线非常强，这种星系简称“热狗”。观测表明“热狗”所在区域也是隐藏超高密度黑洞的地方，“热狗”不断产生新的恒星，黑洞则在不断吞噬周围的物质。

6.3.3 发现200个耀变体

耀变体会产生强烈的伽马射线，由于这种高能耀变体通常与低能量现象（红外线或射电波）相关联，所以广域红外巡天探测卫星在红外波段能够发现耀变体，然后再去寻找伽马射线的耀变体。实际上，耀变体是来自活动星系中心特大质量黑洞的喷流的辐射。

6.3.4 发现旋涡星系和椭圆星系的重大差别

在旋涡星系里，恒星以一个非常有秩序的方式做环形运动，就像那些旋转木马上的动物；而在椭圆星系里，恒星更随机地聚在一起，像一群蜜蜂。

6.3.5 发现Y0型棕矮星

棕矮星又称褐矮星，其质量约为木星的5~90倍，与一般恒星不同，棕矮星由于质量不足，其核心不能发生核聚变反应，无法成为主序星，它们的温度很低，仅在红外波段有辐射。广域红外巡天探测卫星在2011年共发现6颗Y0型棕矮星，分别是WISE 2056+1459、WISE 0410+1502、WISE 1405+5534、WISE 1541-2250、WISE 1738+2732和WISE 1828+2650。

6.3.6 发现巨大星系团

广域红外巡天探测卫星广泛搜寻遥远星系团的候选者，共列出了数亿个天体，范围遍及整个星空。“斯皮策”将观测范围缩小到200个最有意思的红外天体，最后发现了巨大的星系团J1142+1527，它距地球85亿光年。由于宇宙膨胀，发生谱线红移现象，原来可见光波段的辐射移到了红外波段，所以才能被“斯皮策”和广域红外巡天探测卫星观测到。

6.4 日本红外天文卫星——“光亮号（ASTRO-F）”

“光亮号（ASTRO-F）”是日本第一颗完全用于红外天文学的天文卫星，后来欧洲加入合作，分享了10%的观测时间。它于2006年2月发射升空，进入距离地面745 km的太阳同步轨道。卫星搭载了红外望远镜和远红外测量仪，望远镜主镜的有效口径为68.5 cm，焦距为4.2 m，由液氦冷却，观测波段覆盖近红外到远红外波段，为1.7~180 μm，由安装在两台探测器中的滤光器进一步细分为4个波段。

巡天是这颗卫星最重要的观测任务，它每半年可以将整个天空巡查一遍，但也有对特定天体进行定向观测研究的任务，观测研究课题有5项：探索星系的起源和演变；关注恒星的一生；寻找棕矮星；搜索太阳系外行星系；发现新彗星。“光亮号”自2006年5月正式工作以来，已经对90%以上的天区进行了两次以上的宏观观测，少数天区由于月球遮挡的原因还未完成两次观测，但在收尾工作中得到了弥补。在对天空进行了5年的扫描观测后，“光亮号”的红外空间望远镜因为发电系统出现故障而被关掉。

“光亮号”的观测成果陆续公布，其中有不少是巡天观测拍摄的太空照片。凭借红外拍摄装置发现隐没在黑暗中的特殊气体和尘埃，其揭示了这些物质在太空中的分布。拍摄的银河系中心区域、猎户座、天鹅座的照片，都显示出它们是众多恒星诞生的地方。

最有显示度的观测结果是发现宇宙诞生约3亿年后产生的恒星集团释放的光。“光亮号”对天龙座方向进行了半年的观测，从获得的大量观测资料中分析得到来自非常遥远的蓝色天体释放的光，进一步推定这是宇宙诞生约3亿年后产生的恒星集团释放的光。这个恒星集团中的恒星被认为是宇宙的第一代恒星，这一发现将有助于弄清宇宙诞生初期恒星的形成和演化机制。按照现有理论，宇宙诞生于大约137亿年前的大爆炸，这之后约38万年至10亿年的阶段被称为宇宙黑暗时代，尽管在这个时期逐渐有恒星和星系诞生，但它们产生的光被弥散在宇宙中的氢气雾遮掩，难以观测。

7 詹姆斯·韦伯空间望远镜

哈勃空间望远镜上天已经26年，创造的丰功伟绩使它成为最伟大的空间望远镜，五次空间大维修使它的生命得以延续，原计划2010年退役，但至今仍在工作，等待接班者的到来。詹姆斯·韦伯空间望远镜就是哈勃空间望远镜的接班者，原定2011年服役，但现要推迟到2018年。

7.1 詹姆斯·韦伯和詹姆斯·韦伯空间望远镜

詹姆斯·韦伯是美国宇航局第二任局长（见图3–33），在他的任期内，美国的航天事业掀开了新的篇章，其中包括探测月球和极其宏伟的“阿波罗”登月计划等。作为哈勃空间望远镜的后续望远镜，在许多方面都会大大超过“哈勃”，这正是美

图3–33　詹姆斯·韦伯

国天文学家所期望的，用美国宇航局历史上最辉煌时期的领导人詹姆斯·韦伯的名字作为这架望远镜的名字正体现了这种期望，我们简称它为韦伯空间望远镜。

从1996年开始，美国宇航局向全国招标，寻找“哈勃”接班者的设计方案。当时有四个机构参与竞争，它们是美国宇航局的戈达德航天中心、美国TRW公司、美国洛克西德—马丁公司和美国鲍尔航空宇宙公司，最后美国TRW公司一举夺魁。

韦伯空间望远镜原来的计划很宏伟，主镜口径8 m，但由于费用一直攀升，达到了80亿美元还是不够，后来修改了计划，口径缩小为6.5 m。这是观察宇宙最遥远的地方，也就是宇宙大爆炸第一缕光线的最低要求。这个项目后来成为美国宇航局、欧洲空间局和加拿大空间局的合作项目。

正在研制的韦伯空间望远镜的质量为6.2 t，只有“哈勃”的一半，但望远镜的口径却达6.5 m，观测面积是“哈勃”的5倍以上。为什么口径大很多，质量却轻了呢？这是因为主镜采用多镜面拼接技术，选择铍作为制造主镜面的材料，铍坚硬无比，又很轻，还能在低温下保持稳定，但单靠铍并不能很好地反射近红外光，所以每块镜面都涂上了约3.4 g的金。18块镜面都是六角形，每块直径超过1.3 m，重约40 kg。

很显然，韦伯空间望远镜的观测能力将大大超过哈勃空间望远镜，能够观测比“哈勃”看到的暗淡天体还暗淡400倍的天体。口径6.5 m的主镜比发射它的火箭还要大，解决这个难题的办法是把18块镜片折叠起来发射上天，上天以后这些镜片在高精度的微型马达和波面传感器的控制下展开，形成一面6.5 m口径的反射镜。主镜的镜面作为整体也形成六角形，聚光部和镜面都露在外面，容易让人联想到射电望远镜的天线。另外，它的主体也不呈筒状，而是在主镜下展开座席状的遮光板（见图3–34）。

韦伯空间望远镜将携带三台巨大的精密仪器：一台近红外摄像机、一

图3–34　詹姆斯·韦伯空间望远镜的效果图

台近红外光谱摄制仪以及一台组合式中红外摄像机与光谱摄制仪。中红外仪器将用于分析韦伯空间望远镜6.5 m主镜采集的光线，由美国宇航局与欧洲空间局共同研制，英国卢瑟福—阿普尔顿实验室的天文学家负责中红外仪器的研制。工程师们为了模拟太空的条件，将中红外仪器放入40 K的低温环境中进行测试，持续了86天。

哈勃空间望远镜位于距离地表大约600 km的较低的轨道位置上，其优点是望远镜发生故障后，可以用航天飞机或其他载人飞船运送技术人员去修理。它不容易遮挡太阳光的照射，还容易受到来自地球的干扰。对于远红外观测来说，环境温度越低越好，自然要避开太阳光的照射和地球红外辐射的影响，因此韦伯空间望远镜将在日地系统的第二拉格朗日点上安家。

韦伯空间望远镜远离地球，无法派航天员进行维修保养，所以它的设计制造必须完美无缺，否则将功亏一篑！也许，将来可以派机器人到望远镜上执行修理任务。

7.2 詹姆斯·韦伯空间望远镜的光荣使命

天文学家对韦伯空间望远镜寄予厚望，其主要任务是观测研究作为大爆炸宇宙学理论的残余红外辐射的证据（宇宙微波背景辐射），观测宇宙诞生初期的状态。

中红外仪器观测的是波长5~28 μm的红外辐射，它可以观测遥远宇宙中第一批形成的恒星，还能观测其他被星际尘埃云遮挡的深空天体以及近处的彗星。中红外仪器携带的光谱仪可以将这些遥远天体发出的光线分解，让天文学家了解其可能存在的元素，还可以通过它的红外观测能力探索宇宙早期出现的星系中央是如何形成特大质量黑洞的。

一些人确信，如果不发射韦伯空间望远镜，其将不仅影响美国宇航局的研究工作，还将瓦解美国在天文学界的领先地位。韦伯空间望远镜将是世界上新一代的空间望远镜，将成为迄今为止人类建造的最强大的空间望远镜。它有望提供最早期星系形成时的照片，探索遥远恒星周围的行星，研究宇宙历史的每个阶段。

7.3 詹姆斯·韦伯空间望远镜研制情况探秘

2014年1月，北京大学科维理天文与天体物理研究所的何锐思教授在参观美国宇航局设在马里兰的戈达德航天中心时，看到了科学家们正在为韦伯空间望远镜做最后的装配工作，于是撰文介绍了有关情况，很是精彩。

在装配韦伯空间望远镜的无尘间，任何人都需先在风淋室中清洗，穿上隔离服、戴上手套才能进入，这是为了保证镜面的绝对洁净。望远镜由主镜、第二反射面和第三反射面组成，口径6.5 m的主镜由18块子镜拼接而成，主镜要能够折叠装进火箭头部的锥形货舱里，进入轨道后再展开，还能像一整块反射镜一样工作。图3-35是18块密封箱中的

图3-35　等待安装的18块子镜

子镜，反射面的平均抛光精度达到20 nm。

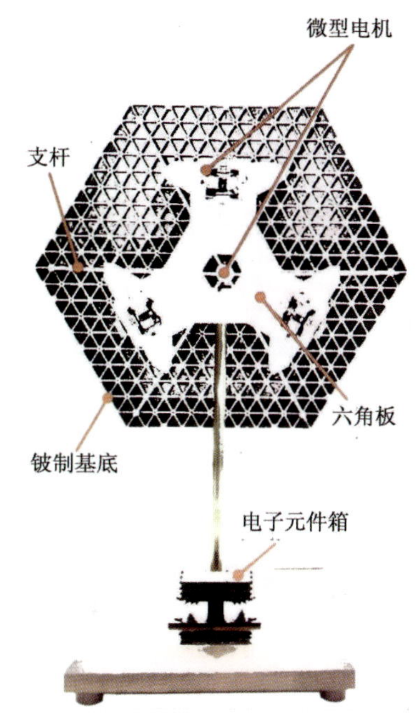

图3–36 单块反射子镜背后的结构和控制装置示意图(模型)

图3–36给出了单块反射子镜的调节控制系统模型，对图中标注的几项说明如下。①铍制基底：选用质地坚硬而质量又轻的金属铍作为镜片的骨架，在太空极端低温条件下能够保持形状，采用蜂窝状是为了去除多余的材料，在保证强度的条件下尽量减轻质量。②六角板：在每块子镜背后安装一块六角板，用于安装微型电机。③微型电机：六个微型电机放置在六角板末端上，用来移动和旋转镜片，将镜片移动到正确的位置上或通过旋转改正其弯曲程度；一个特殊的压力电机直接固定在镜片背面的中央。④支杆：六条细长的铍制支杆与镜面边缘相连，中心的压力电机可以对镜面弯曲程度进行微小改正。⑤电子元件箱：可以向电机发出信号以操控、定位和控制镜面。

微型电机的控制是望远镜的关键，它不仅能完美地实现纳米级微小移动，而且在重复工作中，在温度为10 K的情况下都能表现出极高的可靠性。纳米级微小移动究竟是多少，可以用我们熟悉的一张薄纸的厚度来说明，它厚约10万纳米，要能准确地实现纳米级的移动，难度之大真是难以想象。众多的电机需要大量的电线，有的用于供电，有的用于传递电子控制元件发出的信号，这么多的电线，如何布线就是一个看似简单、实际却很困难的任务。

韦伯空间望远镜上天，将折叠的镜面在太空中展开并冷却到工作温度以后，地面上的工程师发出命令开动全部电机来调整好镜面，这将需要半年时间。在观测工作开始之后，镜面的校准将每隔10~14天进行一次。韦伯空间望远镜将是在空间工作的第一架主动控制拼接主镜的望远镜，这在技术上是一个创新和飞跃。绕地球运行的哈勃空间望远镜的大小与一辆公共汽车相当，而韦伯空间望远镜则与波音737客机相当。“韦伯”的观测能力比“哈勃”强100倍，从大爆炸后的第一束光和早期星系的形成，到产生能够支持生命的恒星—行星系统，再到太阳系的演化，宇宙历史的每一个阶段都可以用它进行观测研究。

第四章 空间紫外天文学

紫外波段介于X射线和可见光之间，天体在紫外波段（10~390 nm）内有极强的、丰富的、各种元素的吸收线和发射线。根据紫外光谱可以了解星际介质的化学成分、密度以及温度，了解高温、年轻恒星的温度与成分，还能给出星系演化的信息。紫外波段的天文观测已经成为研究天体结构和演化不可缺少的波段，是可见光和红外波段天文观测的重要补充，也是天文观测的一个重要发展方向。由于地球大气对紫外线的吸收特别严重，导致紫外天文学发展很慢，20世纪60年代人类进入空间时代之后，许多人造卫星和空间探测器都携带有紫外探测装置，更有一些专门用于紫外波段的飞行器，使得紫外天文学才有了较大起色。

1 天体紫外辐射的发现及早期空间观测

当1800年英国天文学家赫歇尔在观测太阳光谱时发现了红外辐射之后，人们自然而然地要问，在太阳光谱的紫端外边是否也存在着看不见的紫外辐射呢？一些科学家效仿赫歇尔检测红外辐射的方法，将温度计放到太阳光谱的紫端外边，结果温度计一点儿反应都没有。是太阳没有紫外辐射，还是紫外辐射的性质与红外辐射的不同？1801年，德国物理学家里特发现硝酸银在蓝光和紫光下照射以后会分解出黑色的金属银，于是他想到将硝酸银放到紫端外边试试看，令他惊喜的是，这种反应进行得更快了。这个实验结果证实了太阳光谱中紫外端是有辐射的。

1.1 早期太阳紫外辐射的高空探测

发现紫外线之后，人们首先想要观测的就是太阳的紫外辐射，但是在这方面却长期无任何进展。1880年，科学家们通过多年的高空气球探测，发现35 km以上高空的太阳紫外辐射异常强烈，进一步发现地球大气15~35 km的范围内有一层厚约20 km的臭氧层，这个臭氧层将太阳紫外辐射几乎全部吸收了。我们的眼睛能够感觉到波长为390（紫色）~770 nm（红色）的可见光，波长为10~390 nm的紫外线对人类有害。由于地球大气的臭氧层对来自太阳和其他天体的紫外辐射有着强烈的吸收，它对人类起着保护作用，因此在地面上不可能观测到天体的紫外辐射。

1920年，有科学家乘气球升到9 km的高空准备拍摄太阳紫外照片，但没有成功。1930年，又有人放飞无人气球到20多千米的高空去拍摄，依然不成功。直到1946年，美国海军研究实验室发射了一枚从德国缴获的V–2火箭，它携带紫外望远镜升高到80 km的高空，终于获得了人类第一张太阳紫外照片。这是V–2火箭第一次应用于太空研究，从此开启了火箭探测太空的科学历程。

V–2火箭把我们的思绪带回到第二次世界大战，当时德国研制了V–2火箭，于1944年9月投入使用，发动了对英国的攻击，共发射了1 403枚，其中517枚命中伦敦，造成重大伤亡，V–2火箭成为罪恶的火箭。第二次世界大战结束后，美国和苏联分别享有了德国的火箭技术，德国军方火箭计划负责人瓦尔德·多恩伯格中将和火箭专家冯·布劳恩博士等126位专家前往美国，成为美国火箭研究的中坚力量。

在V–2火箭之后，“空蜂号（Aerobee）”成为美国探空火箭的主力，也是世界航天史上最成功的探空火箭之一，它发展了多种改进型，一直工作了40年。紫外天文学起步时，研究对象集中在太阳。太阳紫外光谱中有许多高电离硅、氧、铁等元素的谱线，为太阳色球与日冕间的过渡层和耀斑活动的研究提供了极有价值的信息。由于许多原子和分子的共振线属于紫外区，又由于在此波长上的分子散射比固体粒子的散射更为重要，因此通过对太阳系内行星、彗星等天体的紫外光谱的观测可以帮助天文学家确定它们的大气组成。

1960年，美国发射了太阳辐射监测卫星1号，它是美国发射的第一颗天文卫星，对太阳的紫外辐射通量和X射线进行了测量。之后紫外空间观测越来越多，许多卫星上都装有紫外探测仪器，如太阳紫外光度计、太阳紫外多普勒照相机、紫外扫描分光光度计、紫外光谱仪、远紫外太空望远镜、戈达德高分辨率紫外摄谱仪等。

1.2 早期非太阳紫外辐射的空间观测

到了20世纪50年代中期，夜间发射的探空火箭发现了来自恒星的紫外辐射。很多天体都能辐射紫外线，特别是那些非常热、质量非常大的恒星，其表面温度高到足以使其辐射能量主要集中在紫外波段。活动星系核、吸积盘以及超新星爆发都会有很强的紫外辐射，很多化学元素在紫外波段有吸收线，观测星际介质的紫外吸收线成为研究它们成分的重要工具。

人类第一个成功地用于非太阳的紫外空间天文台是苏联的“宇宙215号（Kosmos 215）”，于1968年4月18日发射。虽然比美国1966年4月8日发射上天的第一个轨道天文台晚了两年，但因为轨道天文台1号（OAO-1）的失败，“宇宙215号”成为世界上第一个紫外空间天文台。它装备了一组口径7 cm、焦距21 cm的紫外望远镜，视场为1度，观测波段从远紫外端的125 nm到近紫外端的270 nm，同时还可以进行X射线观测。

从1966年4月到1972年8月，美国发射了一系列名为轨道天文台的卫星

（共3颗），简称“OAO”，轨道天文台2号（OAO-2）和轨道天文台3号（OAO-3）很成功，将在下一节专门介绍。

1972年3月，欧洲使用美国的火箭发射了欧洲第一颗紫外天文卫星“特德-1A（TD-1A）”，这也是欧洲第一颗三轴稳定卫星，比以往的自旋稳定装置更先进了。这颗卫星运行在一条近圆形的太阳同步轨道上。

1974年8月，荷兰天文卫星（ANS）（见图4-1）由美国火箭发射上天，运行在偏心率很大的太阳同步轨道上。这颗卫星装备了X射线和紫外波段的观测设备，X射线波段有60 cm^{2}的检测器，能观测能量范围为2~30 keV的X射线光子，可以确定星系和河外X射线源的位置、辐射频谱和强度变化。它还携带了一架口径22 cm的卡塞格林式望远镜，可以观测150~330 nm的紫外波段，分5个检测器进行接收，波段分别是155 nm、180 nm、220 nm、250 nm和330 nm。这颗卫星在太空中工作了20个月，共对400个天体进行了18 000次观测。

图4-1　荷兰天文卫星

法国于1975年9月使用自己的钻石BP4火箭将名为“王冠”的紫外天体分析卫星发射上天。钻石系列运载火箭后来被欧洲著名的阿丽亚娜火箭所取代。“王冠”的主要任务是对恒星进行观测，但也对太阳和黄道光进行观测研究，其在运行了1年3个月后，因卫星姿态系统出现故障而停止使用。

1.3 美国轨道天文台系列空间紫外卫星及其观测成就

空间科学的发展为紫外天文学带来了勃勃生机。从1966年4月到1972年8月，美国发射了3颗名为轨道天文台的卫星，简称“OAO”，主要从事紫外、X射线和伽马射线的探测，但侧重于紫外探测，在紫外波段巡视宇宙天体辐射源，测定其方向、强度和辐射谱特征，观测恒星、星云、星际物质、银河系和河外天体的紫外辐射状况。卫星长约3 m，直径约2.1 m，重2 t左右，运行在750 km高空近圆形的轨道上。

轨道天文台1号（OAO–1）于1966年4月8日上天后，因配置的电源失灵，在发射两天后停止工作，没有获得任何信息。

轨道天文台2号（OAO–2）于1968年12月7日上天，它比轨道天文台1号重，有2 150 kg，携带的观测系统很独特，由一组较小口径的望远镜捆绑在一起。卫星的头部和尾部都可以观测，当一端的望远镜观测某个目标时，处于另一端的望远镜可以观测另一方向上的目标。其中一端是威斯康星设备包，另一端是史密松天体物理台。威斯康星设备包如图4–2所示，共有7台仪器，中间的大圆是星云光电光度计，装载在41 cm口径望远镜的后面，使用190~350 nm范围内的6个波段对星际介质进行测光；周围4个小圆是恒星光度计，它是4架口径20 cm望远镜的终端，对点源进行观测；左右两侧的2个多边形是物端棱镜扫描摄谱仪，分别拍摄近紫外和远紫外光谱。史密松天体物理台有4架口径为30 cm的望远镜，配有紫外成像阵

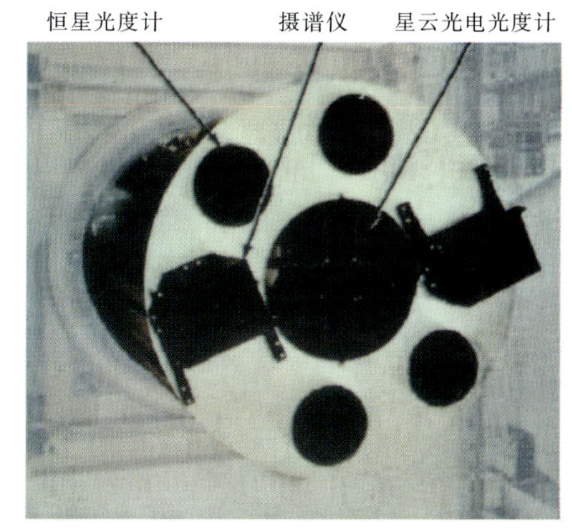

图4–2 轨道天文台2号上装载的威斯康星设备包

列，用于4个波段的成像观测，其中心波长分别为140 nm、150 nm、230 nm和260 nm。1973年年初，由于几个紫外成像设备陆续出现问题，轨道天文台2号不得不停止使用。

1970年11月30日，第三个轨道天文台“OAO–B”发射，装有96.5 cm口径的望远镜，主要用于紫外光谱的观测。但是发射上天后，该卫星未能与火箭分离，重返大气后烧毁。

图4–3　在太空运行的轨道天文台3号模拟图

轨道天文台3号（OAO–3）于1972年8月21日上天后不久，适逢伟大的天文学家哥白尼（1473—1543）诞辰500周年，因而又被命名为哥白尼卫星（见图4–3）。哥白尼卫星携带一架口径81 cm的卡塞格林式望远镜和光栅光电分光计，主要目标是研究热星的紫外光谱，另外它还有三架小型X射线望远镜。

轨道天文台2号和哥白尼卫星先后在太空中运行了8年，都获得了丰硕的观测成果。轨道天文台2号实现了对银河系的巡视，覆盖天区占全天的1/10，发现了银河系中5 068个具有紫外辐射的天体。根据这些观测资料，1973年美国宇航局发表了全世界第一份紫外巡天星表，列出了这些天体的位置、紫外辐射强度、光谱类型等。观测还发现许多星系在短于200 nm波长上的亮度、B型星和O型星的紫外辐射强度超出了天文学家原来的估计，以及红超巨星的色球层里有很强的紫外辐射。轨道天文台2号观测彗星，发现它们有一个范围远大于彗尾的氢晕，构成彗晕的氢来自彗星上的水分子。最令天文学家感到意外的是，它发现众多球状星团和部分近邻星系的紫外超现象，也就是它们的紫外辐射特别强，大大超过根据理论所推测的强度。天文学家认为，这可能是星团或星系中的大部分恒星演化到老年后所产生的现象。恒星到了生命的晚年，核心部分的氢已经全部聚合为氦，正在进行由氦转变为碳和氧的核反应，因此发生紫外超现象。轨道天文台2号的成功，真正揭开了紫外天文学的序幕。

哥白尼卫星的主要任务之一是观察恒星发射的紫外线被中途尘埃吸收的情况，以此来研究星际介质。银河系的星际介质中有大量尘埃，尘埃对星光的吸收和散射造成星光被削弱，波长越短，削弱得越厉害，这种消光作用对天体的紫外辐射更严重。所以只有弄清不同波长上的星际介质消光情况，加以修正，才能获得天体紫外辐射的本来面目。哥白尼卫星在探寻星际尘埃的结构和分布方面获得了许多紫外恒星的光谱以及星际分子的光谱，探测到星际尘埃中有大量氢原子和重氢原子，发现了一些可能是超新星爆发或热星喷发物质形成的大范围气体云，其中最引人注目的是在天蝎座发现了一个与一颗超巨星相伴的候选黑洞。

轨道天文台2号和哥白尼卫星曾系统地观测过各类恒星的紫外光谱。对于表面温度很高的早型恒星（如O型星、B型星）来说，紫外辐射很强，进行紫外观测自然很重要；对于表面温度较低的晚型恒星来说，紫外观测同样很重要，可以对它们的色球活动进行紫外光谱的观测研究。各类变星也是紫外观测的重点对象，轨道天文台2号和哥白尼卫星曾发现变星中许多有意义的现象，如一些变星在可见光和紫外波段的位相不重合，当可见光波段变暗时，紫外波段却变强了。

2 国际紫外探测卫星（IUE）和哈勃空间望远镜的紫外观测

20世纪70年代，紫外天文观测得到较大的发展。1978年发射上天的国际紫外探测卫星（IUE）成为这一时期紫外空间观测的最强大的设备，观测成果非常丰硕。1990年上天的哈勃空间望远镜以观测可见光波段为主，在紫外波段也有比较强的观测能力，因此在紫外观测方面也有上乘的成果。

2.1 国际紫外探测卫星（IUE）

1978年1月，由美国宇航局的火箭发射的国际紫外探测卫星（IUE）最初是由英国科学家于1964年提出的项目，后来成为美国、欧洲和英国的合作项目。国际紫外探测卫星原定观测3年，结果却工作了18年，取得了11 000个天体的11万条紫外光谱，获得了十分丰富的观测成果，这标志着紫外天文学发展到了一个崭新的阶段。

国际紫外探测卫星（见图4–4）是一颗地球同步卫星，远地点为42 000 km，近地点为26 000 km，轨道周期为23小时56分钟（即一个恒星日）。这样的卫星轨道使得地面上给定地点的观测者能长时间看到这颗卫星，便于把观测数据下传到地球接收站。大多数空间探测器（如哈勃空间望远镜）在比较低的轨道上运行，距离地面只有600 km，而地球同步轨道的高度大约为36 000 km，这样不仅能与地面持续通信，而且允许探测器对大部分天空进行巡查。探测器距离地面很高，地球只能遮挡很小部分的天空。

图4–4 国际紫外探测卫星

当然，把卫星发射到地球同步轨道需要推力很大的火箭，这意味着卫星所携带的紫外望远镜的口径不能太大。国际紫外探测卫星携带的紫外望远镜口径只有45 cm，总质量也只有312 kg，相比哈勃空间望远镜11 t的质量就轻得多。望远镜的口径比较小意味着聚光能力比较弱，空间分辨率不会很高。

卫星还携带有紫外摄谱仪，它有两个观测波段，一个是115~198 nm，另一个是180~320 nm。国际紫外探测卫星是一颗十分成功的卫星，它和美国宇航局地面跟踪站每天24小时保持联系，还和欧洲空间局的控制中心每天联络10小时。其预定寿命为3年，但已大大超过了原计划，正常地在太空中工作了18年，于1996年停止工作。由于早就超期服役，原来的经费已经用尽，后来又多次追加运行费用，最终因为没有经费而关闭。

2.2 国际紫外探测卫星的观测成果

国际紫外探测卫星的预定探测目标包括各类恒星、活动星系、星际物质和太阳系内的天体等。在它运行的18年中，几百位天文学家进行了观测，共取得了11万个天体的紫外光谱，其中有许多惊人的发现。前十年中，应用国际紫外探测卫星观测数据研究发表的论文超过1 500篇，并开了9次专门的学术会议。现将研究成果分别叙述如下。

2.2.1 太阳系天体

除了水星，国际紫外探测卫星对太阳系内所有行星都进行了观测研究，发现金星大气中一氧化硫和二氧化硫的数量在20世纪80年代有很大下降，下降原因众说纷纭，尚无定论。一种说法认为大的火山喷发把硫化物注入大气，但随着火山爆发到了尾声，硫化物的注入就减少了。1986年到来的哈雷彗星不仅成为很多地面观测的对象，而且成为国际紫外探测卫星的重要观测对象，观测它的紫外光谱可以估计彗星尘埃和气体的损失率，观测估计这颗彗星在通过内太阳系时约有3×10^8 t的水被蒸发掉。所谓内太阳系是指太阳系中太阳和小行星带之间的区域。

2.2.2 恒星色球的观测研究

太阳大气有六层，里三层是日核、辐射层和对流层，外三层是光球、色球和日冕。光球是我们平时所看见的明亮的太阳圆面；光球之外是红色的色球；最外层是日冕。太阳色球的厚度大约为2 000 km，越往外面温度越高，最外层的温度高达几万摄氏度。色球的物质很稀薄，温度很高，各种粒子的运动速度非常快，当其中的自由电子与正离子接近时，会因为电磁作用而改变运动状态，甚至被离子俘获，这两种情况都会发出光子。自由电子运动状态的改变称为自由—自由跃迁，被离子俘获称为自由—束缚跃迁，也叫热轫致辐射。色球中这两类辐射的波长主要位于紫外到远紫外波段。此外，色球中离子和原子的能级跃迁所产生的谱线也有很多处在紫外波段。

恒星，特别是那些质量比较小的类太阳恒星，也有类似太阳的结构，都有色球。恒星色球的谱线主要集中在紫外波段，在可见光波段只有很少的几条谱线可以观测到。之前的紫外空间观测的灵敏度和分辨率都比较低，对恒星色球的观测比较粗糙，而国际紫外探测卫星的灵敏度和分辨率有较大提高，其对各种类型主序星的色球光谱进行了详细的观测，观测发现不同类型的恒星色球辐射有差异，年轻恒星的色球活动要强于年老恒星。另外，很多恒星的色球和光球的光度变化并不同步，甚至当有些恒星的光球光度变强时，色球的光度却变暗了。

2.2.3 热星的观测研究

热星是国际紫外探测卫星最重要的观测对象，表面温度高于1万摄氏度的恒星，其辐射的能量中紫外线占大部分。如果仅用可见光观测这样的恒星，大量的信息就会丢失。大多数恒星的表面温度要比太阳低，一小部分恒星的表面温度比太阳高，质量也比太阳大。高光度恒星将通过星风把大量的质量送给了星际空间，白矮星也如此，白矮星形成时的表面温度高达10万摄氏度。

国际紫外探测卫星观测发现，很多白矮星的伴星是主序星，如天狼星就是一颗主序星和一颗白矮星组成的双星系统。在可见光波段，主序星比白矮星亮得多，但是在紫外波段，白矮星可以说是一颗亮星或比较亮的星，因为它的温度很高，因此在波长较短的波段辐射比较强。在这样的系统中，白矮星前身星的质量比较大，但是在变为白矮星的阶段丢失了很多质量。通过观测可以估计出双星系统中各个恒星的质量。

太阳风是从太阳表面吹到宇宙空间的粒子流。大部分恒星与太阳一样，都在不停地把自己的外层大气吹散到星际空间，10个太阳质量左右的恒星会有比较强的星风。太阳风以大约750 km/s的速度把物质释放出来，每年要损失约10^{-14}太阳质量的物质。大质量恒星星风损失的物质要比太阳多10亿倍，星风的速度也会高达每秒几千千米。大质量恒星的寿命只有几百万年，在这期间，通过星风要损失其显著的质量。根据国际紫外探测卫星的观测推算，某些质量比较大的蓝色巨星在一万年间就可以吹掉一个太阳质量的物质。国际紫外探测卫星观测发现，大质量恒星在不同年龄段时星风的强弱不一样，越老的恒星，星风越大。观测还发现，一部分行星状星云的中心星也有很强的星风。

2.2.4 超新星1987A（SN 1987A）的观测

超新星爆发是非常罕见的，也是最激烈、最壮观的天体物理现象之一，它是正常恒星演化的终点，又是中子星和黑洞诞生的起点，更是星系际物质聚散循环中的关键环节。1987年2月23日，天文学家亲眼看到400年来第一次肉眼可见的超新星爆发——超新星1987A，他们调动了全世界各个波段的地面和空间的大型观测设备，对这颗超新星进行持续地监测。在发现超新星1987A之后14小时，天文学家就调用国际紫外探测卫星对它进行观测，到1992年6月9日，国际紫外探测卫星共拍摄了751条该天体的光谱。观测发现超新星1987A刚刚爆发的时候，在紫外波段异常明亮，随后紫外光度的下降也非常迅速。图4-5是国际紫外探测卫星在超新星1987A爆发之初拍摄到的远紫外光谱中的一段，其中能看到明显的碳离子吸收线。理论上认为，超新星是大质量恒星演化到末期爆发产生的，因此它的前身星应该是红超巨星，但是国际紫外探测卫星的观测发现这颗超新星的前身星属于蓝超巨星。天文学家认为，超新星1987A的前身星仍然是一颗红超巨星，但由于其外层大气已经被抛射掉了，而露出来的内层大气温度比较高，所以显示为蓝色。后来，国际紫外探测卫星也观测到了超新星1987A爆发前被抛掉的外层物质。

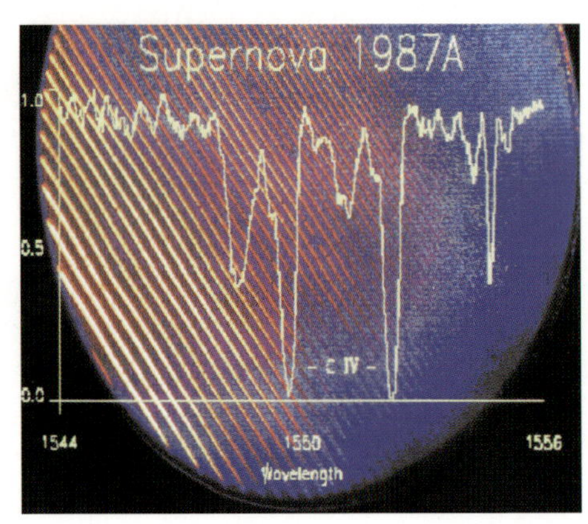

图4-5　国际紫外探测卫星在超新星1987A爆发之初拍摄到的远紫外光谱中的一段

说到超新星1987A的吸收线，借机介绍一下天体辐射的发射线、吸收线和连续谱的有关知识。1814年，德国化学家夫琅和费发现太阳连续光谱上面有许多粗细不等、分布不均的暗黑线，称为夫琅和费线，也就是吸收谱线。不久，他又发现在连续光谱上还有成千上万条明亮的谱线，称为发射谱线。当时，天文学家并不知道这些暗线和明线究竟是怎样产生的，代表什么意思。1870年，德国物理学家基尔霍夫发现了关于光谱的三条定律，给出了答案。第一条定律是凡是炽热的物体都会发出连续光谱，所谓连续谱就是所有波长上都有辐射，但不同波长上的强度不一样，有一个明显的峰值。第二条定律是稀薄而且气压比较低的炽热气体会发出某些单独的明亮谱线。第三条定律是连续谱光源的光经过比较冷的气体后会产生吸收谱线，也就是比较冷的气体把连续光谱中某一波长的能量吸收了。如图

4–6所示，温度为6 000 K的气团发出的连续谱辐射经过棱镜分光形成红橙黄绿青蓝紫的光带，但是气团发出的连续谱辐射经过温度为5 000 K的气体后，有些波段的能量被吸收，形成了一些暗黑的吸收谱线。而温度为5 000 K的气团本身则因为处在高能态的电子跃迁到低能态而发出多条明亮的发射线。

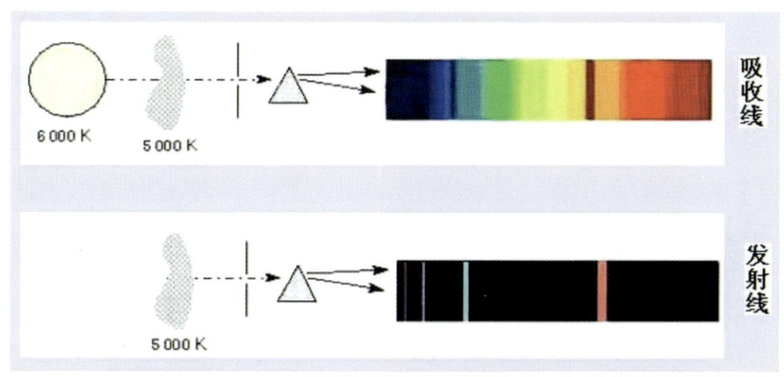

图4–6　基尔霍夫定律解释太阳光谱的吸收线和发射线

1913年，丹麦物理学家波尔提出了一个原子结构的假说。他认为，围绕原子核运动的电子的轨道半径只能是一些分立的值，也就是所谓的轨道量子化，不同轨道对应不同的能量状态。电子会在不同的轨道间上上下下，当电子从低能级往高能级跃迁时，就要吸收能量，产生吸收线，当电子从高能级跃迁到低能级时，就会辐射能量，形成发射线。如果电子吸收了足够的能量，就会脱离原子核的影响，离开核的束缚形成自由电子，这就是电离的情况。自由电子也可能被原子核俘获，落到某个能级上，这也会辐射发射线。不同的元素有各自的谱线系统，所以根据发现的吸收线和发射线就可以研究元素及元素的丰度。

连续谱、发射线、吸收线以及电离的成因等概念，对太阳、恒星、星团、星系、星系团、超星系团、宇宙膨胀以及星际物质、星云等弥漫物质的研究都很重要。

2.2.5 活动星系核的观测研究

在银河系以外，还有许许多多与银河系类似的庞大天体系统，它们被称作河外星系。河外星系有上千亿个，分为正常星系和活动星系两大类。活动星系又称特殊星系，有很多特点，其中之一便是有一个特别明亮、致密的核心，称为星系核。活动星系核是当今最活跃的研究领域之一。

在国际紫外探测卫星发射上天以前，人们知道的第一个活动星系核是3C 273，它也是仅有的一个在紫外波段观测过的星系核。3C 273是一个射电星系，1962年在寻找它的光学对映体时找到一颗视星等为13等的蓝色星，被命名为类星射电源，又称类星体，这是一种既像恒星但又不是恒星的天体。目前公认类星体是活动星系的核，类星体的观测曾被用作星系际空间的探针。在地球与某个类星体之间的氢云将会吸收类星体发射的某些谱线，形成吸收线，产生了类星体的莱曼阿尔法线系森林吸收线。在国际紫外探测卫星以前，天文学家只能研究非常遥远的类星体，因为遥远天体的红移很大，谱线的频率降低很多，处在紫外波段的谱线移到了可见光波段，可以在可见光波段进行观测，而国际紫外探测卫星则用来观测近处类星体的紫外波段，近处类星体的红移很小，谱线的频率降低不多，仍处在紫外波段。

使用国际紫外探测卫星观测活动星系核的紫外谱线变得很普遍，极大地丰富了人们对星系核的理解。NGC 4151是一个特殊的观测目标，它是一个最亮的赛弗特星系。赛弗特星系是一类特殊的旋涡星系，以发现者的名字命名，这类星系最重要的特点是具有十分明亮而又不大的恒星状核，有较强的光度和很蓝的连续谱。国际紫外探测卫星上天后就有不少天文学家都申请观测这个天体，因此国际紫外探测卫星对其进行了反复观测，测出了它的紫外辐射的变化，发现紫外辐射的变化比可见光和红外辐射的变化要大得多。

国际紫外探测卫星也用来观测星系中心质量为太阳质量的5千万~1亿倍的黑洞，观测到紫外辐射的时变尺度是几天，就说明辐射区域的尺度约为几个光天，这个尺度可以看成是黑洞大小的上限。黑洞并不会发出辐射，但是在它贪婪地吸入周围物质的过程中，这些物质会发出辐射。

2.3 哈勃空间望远镜的紫外观测

1990年上天的哈勃空间望远镜的观测能力是目前最强的，由它拍摄的成千上万张揭示天体奥秘的照片被视为珍宝，它们主要是在可见光波段拍摄的。实际上，“哈勃”在近红外和紫外波段也有很强的观测能力，其观测波段从近红外到近紫外，波长范围为112~1 100 nm，可见光的波长为390~770 nm，波长112~390 nm就属于紫外线的范围了。图4–7是哈勃空间望远镜紫外波段的深空观测图像。

“哈勃”携带了5台科学仪器上天，用得最多的是广角行星相机，这样的相机有2台：广角行星相机1号和广角行星相机2号。其在120~1 100 nm波段比较灵敏，包含紫外、可见光和近红外波段。第三台仪器是暗淡天体相机，提供小视野的高分辨率图像，敏感的波段是115~650 nm，只能进行紫外和可见光波段的观测。第四台仪器是戈达德高分辨率紫外摄谱仪，专门为获得天体的紫外波段信息而设计，对光的灵敏感应波段是115~320 nm。第五台仪器是暗淡天体摄谱仪，对光的灵敏感应波段比较宽，但紫外波段观测仍是保证

图4–7 哈勃空间望远镜紫外波段的深空观测图像

的，其范围为110~800 nm。

3 空间站、航天飞机、月球和行星探测器上的紫外观测

空间紫外天文并不局限于使用卫星携带紫外观测设备这一种模式，把紫外望远镜放置在航天飞机和空间站上也是一种常用的手段，还有在月球上建立天文观测站更是一种重要手段。空间站一般重达数十吨，可使用面积达数百立方米，可在太空中运行十余年。航天飞机可容纳多名航天员及携带比较多的观测设备。在航天飞机和空间站上进行天文观测，以及利用探月的机会在月球上进行紫外波段的天文观测等都已经开始进行。

3.1 空间站上进行天体的紫外波段观测

空间站基本上是由几段直径不同的圆筒串联组成，包括对接舱、气闸舱、轨道舱、生活舱、服务舱和太阳能电池翼等几部分。对接舱一般有几个对接口，可以同时停靠多艘载人飞船或其他航天器。气闸舱是航天员在航道上出入空间站的通道。轨道舱是航天员进行科研和工作的场所，配备了各种必需的仪器设备。生活舱是航天员吃饭、休息和娱乐的地方。与卫星或飞船相比，空间站有着非常大的空间，可以进行科学实验，甚至加工生产，当然也可以装备天文观测用的望远镜，进行天文观测。已发射的空间站有多个，如苏联的礼炮号空间站和和平号空间站、美国的天空实验室、欧洲空间局的空间站、国际合作的国际空间站。目前，仅有国际空间站还在太空中翱翔。我国将在2020年前后发射空间站，现在在太空中运行的天宫一号就是为未来中国空间站的建设做前期实验。

天空实验室（见图4-8）在太空中进行的天文观测最多。美国于1973年5月14日用大型火箭“土星5号”把它送上435 km的高空，其承担了包括天文、地理、遥感、宇宙生物学、航天医学等多种学科在内的多达270项

各类科学试验重任，携带的各类仪器多达58种。三批航天员在天空实验室生活总计长达171天，出色地完成了各项科学试验任务，取得了巨大的成功，成为当年震惊世界的壮举。它在天文学方面的成就喜人，航天员用太阳望远镜观测太阳，并分别在光学、紫外、X射线波段拍摄太阳活动的照片多达18万张，其中有一张太阳紫外照片拍到了一个高达40万千米的巨大日珥，令人叹为观止。这批宝贵的资料，使人类对太阳的认识有了突破性的进展。

图4-8　天空实验室空间站

3.2 航天飞机上的紫外观测

1978年，美国宇航局向科学家征求航天飞机天文观测项目时得到热烈响应，收到200多项提案，从中选取了40多项。由于考虑到技术和费用，天文观测计划遭到大量删减，美国宇航局把最初几次机载的观测机会给了紫外天文学。原计划在1986年年初发射第一个机载天文台“天星1号（ASTRO-1）”，然后于1986年年底和1987年夏分别发射“天星2号（ASTRO-2）”和“天星3号（ASTRO-3）”。不幸的是，1986年挑战者号航天飞机失事，美国宇航局暂停了航天飞机的所有活动，直到1988年9月月底航天飞机才开始飞行。

1990年12月2日，“天星1号”终于获得机会，由哥伦比亚号航天飞机送上天。“天星1号”总重12 t多，由三架紫外望远镜和一架宽波段X射线望远镜（BBXRT）组成，三架紫外望远镜的分工不同，分别用于成像、光谱和偏振的观测，它们被安置在航天飞机的载荷仓里，通过一个专门用于装备各种在太空做实验的科学仪器的托架与航天飞机连接，这个名叫空间实验室的托架还能操控“天星1号”的姿态。航天飞机携带着“天星1号”

在太空飞行了10天，于12月11日返回地面，所携带的望远镜完好无损，留待下回使用。

第一架紫外成像望远镜（UIT）由戈达德空间飞行中心研制，主镜口径38 cm，视场40角分，分辨率2.7角分。望远镜的终端有一台可拍摄波长120~200 nm的远紫外照相机和一台可拍摄波长200~310 nm的近紫外照相机，对一批恒星进行观测，主要观测那些将要诞生的恒星和行星等的紫外辐射。第二架紫外望远镜是霍普金斯紫外望远镜（HUT），由约翰·霍普金斯大学研制。望远镜采用主焦点方式，即在反射面的焦点上放置一个光栅摄谱仪，使用的感光元件是光敏二极管阵列。摄谱仪的观测波长是85~185 nm，光谱仪在这个波长范围能分辨两条光谱的最小波长间隔为0.3 nm。现在的光学反射望远镜都采用卡塞格林焦点或牛顿焦点，需要副镜进行第二次反射，造成光的损失。当然，使用主焦系统也有缺点，一是主焦上的终端设备不能太大，二是更换终端设备很麻烦。这次飞行中其对77个紫外天体进行了详细的光谱观测。第三台威斯康星紫外偏振计（WUPPE）用于波长125~320 nm的偏振观测，主镜口径50 cm，视场3.3×4.4角分。天体的偏振观测可以提供恒星和星际磁场的强度和结构、星际尘埃的排列等。这次飞行中其对77个目标天体进行了98次观测。

图4–9　在哥伦比亚号航天飞机货物舱内的霍普金斯紫外望远镜

“天星1号”在航天飞机上进行的天文观测是哥伦比亚号航天飞机的第35次飞行任务，为了在有限的飞行时间里进行更多目标的观测，采取两班轮流24小时的观测体制。图4–9是哥伦比亚号航天飞机货物舱内的“天星1号”，照片突出显示了霍普金斯紫外望远镜，照片上的天空背景是猎户座。

1995年3月2日，奋进号航天飞机携带“天星2号”上天，所携带的紫外望远镜就是“天星1号”的那三架，但这次没有携带X射线望远镜。这三架紫外望远镜中，霍普金斯紫外望远镜原来镜面上镀的是铱，为了提高紫外波段的反射效率，这次镜面则改为镀碳化硅。“天星2号”进行了为期16天的紫外天文观测。因为紫外成像望远镜的近紫外相机出现故障无法使用，只用远紫外相机拍摄了193个目标的758幅图像。霍普金斯紫外望远镜对254个目标进行了369次观测。威斯康星紫外偏振计对206个目标进行了385次观测。“天星2号”比“天星1号”的观测时间多2倍，由于它是上半年巡天观测，而“天星1号”飞行则在下半年，因此可以观测不同的天区。在所观测的600多个天体中，有太阳系内的天体，有恒星、星云、超新星遗迹，还有星系、类星体等河外天体。这次观测发现了宇宙大爆炸时所形成的原始氦元素，引起科学界的轰动，科学家通过研究所观测的100亿光年远的一颗类星体的紫外辐射时发现了这种氦。

3.3 航天飞机平台卫星的紫外观测

航天飞机可以载天文望远镜上天进行观测，也可以载卫星上天，并将其释放在地球轨道上进行观测，当航天飞机要返航时，将卫星收回，带回地面。这种返回式科学实验卫星既大大节省了费用，又减少了空间垃圾。1983年，挑战者号航天飞机曾带着机载卫星做了尝试性飞行，并进行了一系列的科学实验。轨道可回收远紫外光谱仪（ORFEUS-SPAS）是德国和美国合作的空间紫外天文项目，该设备长4.5 m，宽2.5 m，重3.5 t，主体是一架口径1 m的紫外望远镜，镜面镀铱。望远镜的第一个终端设备是图宾根紫外阶梯光栅摄谱仪，由德国图宾根大学主持研制，观测波长是91~141 nm，属于远紫外波段。第二个终端设备是伯克利极紫外及远紫外摄谱仪，由美国加州大学伯克利分校研制，观测波长是39~120 nm。还有一台设备是星际介质吸收轮廓摄谱仪，由美国普林斯顿大学主持研制，它没有安装在口径为1 m的望远镜的焦平面上，而是在它自己的照相机镜头前放置阶梯光栅，然后直接对天空进行曝光观测，它的分辨率很高，观测波长是95~115 nm。

科学实验卫星作为航天飞机平台卫星于1993年9月12日被发现号航天飞机带上了太空，卫星在太空运行了10天，观测了5天。但由于紫外阶梯光栅摄谱仪出了问题，没有取得观测成果。1997年11月19日，轨道可回收远紫外光谱仪再次被哥伦比亚号航天飞机带上天，到12月7日才返回地面。从1997年11月22日起至12月3日，远紫外光谱仪一直进行着天文观测，对银河系中的62个天体（恒星和星云）共拍摄了239条光谱。卫星的控制由航天飞机上的人员完成，观测得到的小部分数据也由航天飞机传输到地面，其他观测数据则保存在磁盘里，等航天飞机返回地面后再进行处理。第一次飞行期间，星际介质吸收轮廓摄谱仪观测了10颗恒星的数百条光谱。第二次飞行期间，它又观测了29颗恒星的4 000多条光谱。

3.4 月球上的紫外天文台

1972年，美国阿波罗16号飞船载人登月时，航天员在月球上建立了一个紫外线观测站，航天员们使用远紫外望远镜和光谱仪获取了地球大气和地冕的图像和光谱。但由于当时技术能力的限制，并没有获得连续的长时间的对地观测数据。

2013年，我国嫦娥三号把一辆月球车和一个着陆器送上了月球表面，着陆器的顶部安装了一架近紫外光学望远镜和一台极紫外相机（见图4-10），应用近紫外望远镜开展了对某些重要天体（如致密双星、活动星系核、短周期脉动变星等）的光变的长期连续监测和低银道带的巡天观测。着陆器在月球表面上固定不动，装备了核电池，设计指标是工作一年，现已超期服役。可以说，这是人类的第一个月基天文台。

图4–10 嫦娥三号装备有紫外波段望远镜的着陆器

嫦娥三号携带的月基光学望远镜的探测性能一直保持良好状态，进行了多个课题的观测研究，观测数据陆续传回地球。2015年9月，国家天文台月基光学望远镜主任设计师魏建彦在中国银河论坛上报告说，嫦娥三号携带的月基光学望远镜一直在正常工作，它共对36颗变星进行了长达945小时的观测，巡天时间约为2 144小时。2015年年初，传回的风车星系M101图像成为人类第一次从月球上拍摄的星系图像。另外，观测还获得月球外逸层中羟基（水）密度上限值的最新值，表明月球上的水极少。

3.5 行星空间探测中的紫外观测

对行星和它们的卫星进行探测主要是发射探测器到星体附近观测，以及使用着陆器到星体表面直接观测，这些卫星或飞船大多携带紫外观测设备，即使在太空飞船实验飞行阶段也不忘进行紫外天文观测。1975年，美国阿波罗载人飞船与苏联联盟号载人飞船对接实验时，发现了来自太阳的极远紫外辐射。下面简要介绍几次行星空间探测中紫外观测设备及观测情况。

（1）1989年，伽利略号探测器由亚特兰蒂斯号航天飞机发射上天，1995年12月抵达环木星轨道。绕木星轨道运行的轨道器上装有很多精密的探测仪器，其中就有紫外分光计，它对木星大气中的氮、氢和氧等进行了探测。

（2）1994年，美国宇航局发射克莱门汀号探测器探测月球，其携带紫外照相机，研究月球表面的矿物特征、地形等。

（3）1997年，美国宇航局和欧洲空间局联合研制探测土星的“卡西尼号”被发射上天，于2004年进入绕土星运行轨道。“卡西尼号”携带紫外成像光谱仪（UIS），测量土星大气、环和表面反射的紫外光，以确定它们的成分、分布、气溶胶含量和温度。

（4）2003年，欧洲空间局发射的火星快车探测器携带紫外和红外大气光谱仪（SPI-CAM），测量火星大气对太阳光的吸收谱线来探测火星大气成分。太阳系内，在紫外波段观测行星大气是重点课题之一。通过测量行星反射和散射不同波长的太阳光的情况来测量反照率，进而了解行星大气的情况，如火星的反照率曲线简单平滑，表明它的大气比较稀薄，火星两极地区与其他地区的反照率曲线差别很大，而金星、木星、土星的反照率与火星的大不一样，但都存在明显的次级结构。

（5）2004年，欧洲空间局发射的罗塞塔号彗星探测器携带紫外成像光谱仪ALICE，分析彗星彗发和彗尾中的气体，获取彗核表面成分数据。“罗塞塔号”在10年内飞越地球3次、火星1次，借助地球和火星的引力完成改道或加速。在近距离飞过火星时，“罗塞塔号”对火星进行了约20小时的探测，收集了火星大气、火星表面以及火星化学构成情况的资料。

（6）2004年，美国宇航局发射信使号探测器探测水星，于2011年进入环水星运行轨道，携带水星大气与表面成分光谱仪（MASCS），工作波段覆盖红外到紫外，用来测定水星大气气体的丰度和表面的矿物质。

（7）2005年，欧美14个国家联合研制的“金星快车”被发射上天，携带紫外与红外大气分光仪（SPI-CAV），研究金星大气的现状和预测金星大气的未来发展变化。紫外分光仪负责金星大气上层部分的探测任务。紫外与红外大气分光仪由“火星快车”上的紫外和红外大气光谱仪衍生而来，通过测量金星大气对太阳光的吸收波长来分析金星大气的成分，紫外和红外大气光谱仪上有紫外和红外两个通道，而紫外与红外大气分光仪新增了一个通道，即红外太阳掩星通道，用于通过金星大气对太阳进行红外波长上的观测。紫外与红外大气分光仪的光谱范围在紫外通道是110~310 nm，红外通道是700~1 300 nm，红外太阳掩星通道是2 300~4 200 nm。

（8）2006年，美国宇航局发射“新视野号”探测冥王星，该飞船又称“新地平线号”，是人类至今发射过的起始速度最快的太空船，已于北京时间2015年7月14日19时49分飞掠冥王星。目前，它正向柯伊伯带的中心地带进发。飞船携带紫外成像光谱仪ALICE，用来探测冥王星大气的组成成分，不仅可以像棱镜一样将不同组成成分发出的光分开，而且还可以给出冥王星不同波长的紫外照片。

4 极紫外天文学与极紫外探测者(EUVE)

极紫外光是指波长在1~50 nm的辐射，这个波段非常重要，衔接远紫外波段和软X射线波段，具有这两个波段的一些共有特性。

4.1 姗姗来迟的极紫外天文观测

近紫外和远紫外的空间观测出现得很早，但极紫外天文波段的观测却很晚才开始发展，主要原因有两个，一是观测技术的发展出现困难，二是理论认识上的错误。

对于波长为170~310 nm的中紫外辐射，通常采用反射镜的光学系统，它的优点在于能完全消除色差，而且口径可以做得很大，能够探测银河系恒星、星云与河外星系的紫外辐射。对于波长短于30 nm的极紫外辐射，其性质与X射线光子类似，具有比较强的穿透性，垂直入射到反射镜表面很容易被吸收，或者穿透镜面，因此只能采用掠射式光学系统。掠射式光学系统的原理和结构可参阅第五章有关内容，这里仅做一些简单的介绍。

波长很短的极紫外和软X射线光子虽然穿透力强，但并不是完全没有被介质全反射的可能，假如入射角非常小，如小于2度，就可能被介质全反射，这就是掠射现象。与光学望远镜在观测时需要对准目标的情况完全不同，掠射式光学系统的镜面几乎顺着紫外源或X射线源，反射面形状采用有焦点的双曲面、抛物面或椭圆面，掠射式极紫外光学系统的研制成功解决了技术上的重大难题，使极紫外天文学获得重大的进展（见图4–11）。

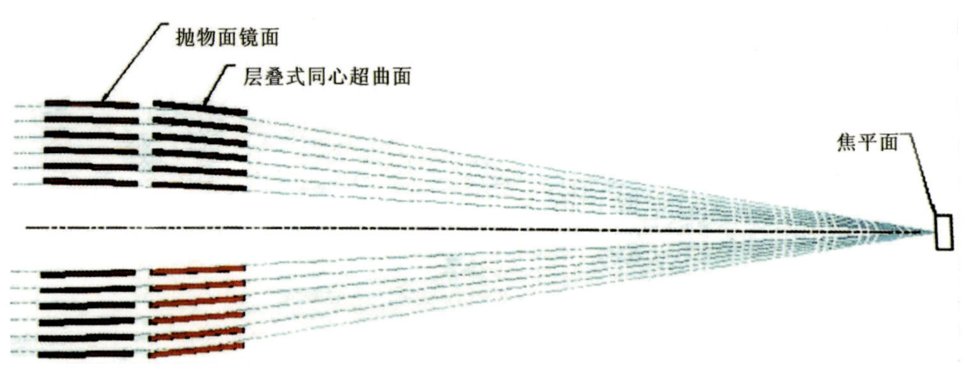

图4–11　掠射式紫外天文望远镜光路示意图

在那个年代，天文学家对天体极紫外辐射观测的认识出现了偏差，也推迟了极紫外天文学的发展。第二次世界大战以后，蓬勃发展起来的射电天文学有了一系列重大发现，其中之一是发现了中性氢原子。当时的天文学家认为，在星系中中性氢原子无处不在，由于中性氢原子可以非常有效地吸收极紫外光子，因此认为根本不可能对天体的极紫外波段辐射进行有效的观测。在这种错误认识的影响下，也就没有天文学家去尝试了。这一状况一直延续到20世纪70年代，直到哥白尼天文卫星发现介质分布得很不均匀，星系中的氢虽然很多，但有些地方的氢却是电离的，如太阳和恒星周围的氢就是这样，电离氢对极紫外光子的影响极小。

1975年7月，美国阿波罗飞船和苏联联盟号载人飞船对接飞行时，航天员使用一架简单的极紫外望远镜发现了来自太空的5颗恒星，这是人类第一次通过这个波段发现太阳系以外的天体。这表明，通过中性氢的空洞来观测天体极紫外辐射是可行的。后来，天文学家发射了一批探空火箭以发现天体的极紫外辐射。

4.2 极紫外天文观测的发展

1990年，德、英、美合作发射的伦琴X射线天文卫星（ROSAT）（简称“伦琴”）携带了极紫外宽视场相机，其视场为5度，在10 nm和16 nm两个极紫外波段进行了巡天观测，共发现1 000多颗炽热的恒星。此次观测成果丰硕，说明其在极紫外波段的观测能力很强。但是，伦琴X射线天文卫星的主要任务是进行X射线巡天，不可能在极紫外观测上投入比较多的时间。由于伦琴X射线天文卫星在X射线观测方面显示更强，因此发现了大量的X射线源，其成就更加显著。

第一个完全用于极紫外观测的卫星是美国宇航局的极紫外探测者(EUVE)，于1992年6月发射，所携带观测设备由两部分组成。第一部分是三架用于巡天的扫描望远镜，第二部分是一架用于深度巡天/光谱望远镜，这些都是掠射望远镜。三架巡天扫描望远镜中有两架几乎完全一样，镜面镀金，视场为5度，观测波段是7~40 nm；另一架扫描望远镜的观测波段是40~76 nm，镜面由镍合金制成，视场为4度。深度巡天/光谱望远镜的镜面镀金，几何尺度为434 cm^2，焦距为134 cm，视场为1度，不仅可以开展深空巡天观测，还可以拍摄目标天体的光谱，它的镜面一半用于巡天，另一半由三台光谱仪分享，三台光谱仪分别工作在7~19 nm（短波极紫外）、14~38 nm（中波极紫外）和28~76 nm（长波极紫外）波段。

极紫外探测者运行在高度528 km的近圆形轨道上，原设计寿命为19个月，但却正常工作了近9年。由于外层大气的摩擦作用，到2001年年初，其轨道已经下降了100 km，提升轨道耗费巨大，美国宇航局决定停止观测，并使其于2002年年初坠落，烧毁在大气中。

这是第一颗极紫外专用卫星，它有很多引人注目的科学发现。第一项有显示度的成果是进行了全天的巡查，并发现了1 106个极紫外源（见图4-12）。其中有456颗晚型星，131颗白矮星，还有一个属于人类第一次发现的极紫外辐射河外天体。除了全天巡天，深度巡天/光谱望远镜还在6.5~18 nm和17~36 nm两个波段上做了沿银道面的深空巡天观测，巡查了覆盖银经180度和银纬2度的一个长条区域。

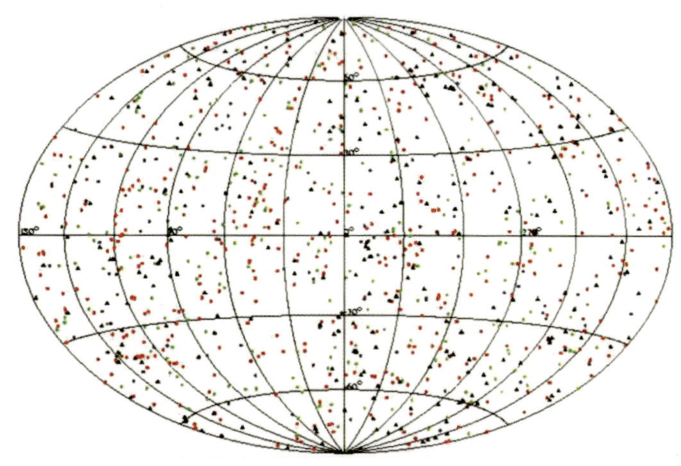

图4-12　极紫外探测者全天的巡查发现了1 106个极紫外源

第二项重大成果是发现了131颗白矮星，特别是其中一颗属于超大质量白矮星，科学意义非常重大。白矮星是人类发现的第一种致密星，它们在赫罗图上远离主序星，是一种光度低但温度高、大小近于行星而质量和太阳差不多的恒星，其密度高达10^5~10^7 g/cm^3。白矮星被公认是中小质量恒星演化到末期的产物，是恒星内部热核反应停止以后达到的一种新的稳定结构。1934年，当时还是一名研究生的钱德拉塞卡在提交给英国皇家天文学会的一篇论文中指出，白矮星的质量有1.44个太阳质量的质量上限，以及其质量越大则半径越小的关系。这个看法与当时天文学家所认识的恒星的特性完全不同，导致了当时天文学界的一场学术大辩论，最后证明钱德拉塞卡的看法完全正确，这成为他后来荣获诺贝尔物理学奖的原因之一。

现在人类已经观测到几千颗白矮星，它们的质量在0.3~1.2个太阳质量范围，但集中在0.6个太阳质量附近，超过0.8个太阳质量的白矮星很少，而超过1.1个太阳质量的更是稀罕。其原因是白矮星的质量越大，体积则越小，可见光光度也越低，因此巡天难以发现光度很低的白矮星。极紫外探测者在几年的时间里，发现了十几颗超大质量白矮星，占到它发现的131颗白矮星的1/10，这说明它发现大质量白矮星的能力非同一般。白矮星辐射的光谱能量分布很特殊，从极紫外波段到远紫外波段都很强，在这之后，随着波长的增加，辐射迅速减弱，呈现很陡的幂律谱。因此，极紫外波段非常适合用来寻找超大质量白矮星。

1996年6月，极紫外光谱探测器被发射，它对宇宙大爆炸后产生的氢和氘的数量进行了探测。1999年6月，美国宇航局“起源”计划之一的远紫外分光探测卫星（FUSE）发射升空，其任务是回答宇宙演化的一些问题。它携带了一架有4块并行镜面的望远镜，观测波段为90.5~1 119.5 nm，具有很高的分辨率，观测对象有活动星系、类星体的核区、大质量恒星、超新星、行星状星云以及冷恒星和行星的外层大气。

1972年的空间观测首次发现地球等离子体层波长30.4 nm的辐射。2000年，美国宇航局发射成像卫星（IMAGE）上天，轨道的远地点为42 000 km，近地点为1 000 km，在远地点利用卫星携带的极紫外成像仪在30.4 nm波长上对地球等离子体层的全貌进行观测。第一次获得了地球等离子体在赤道面上的全球分布及其在太阳扰动期间的变化，这为研究等离子体层、等离子体层顶的整体结构与动力学以及等离子体层与磁层其他区域提供了观测数据。

4.3 极紫外探测日盲区的应用

地球大气中的臭氧层对波长200~280 nm的紫外光会强烈吸收，因此太阳紫外光通过臭氧层时，这个波段几乎被完全吸收了，故称为日盲区。地面上的紫外探测应用技术就是利用这一波段进行的。20世纪60年代，美国等开始研究导弹预警，波段集中在200~300 nm，后来则选用100~200 nm更短一些的波长范围。20世纪80年代到90年代，美国利用导弹尾焰的紫外辐射来探测导弹的技术取得重大进展，测量了各种导弹发动机尾焰紫外辐射的特性，并在紫外传感器技术方面取得进展，先后研制了多种型号的紫外成像仪。目前，其成像式系统在世界上占据主导地位。德国和法国共同研制的MILDS Ⅱ系统采用4个紫外成像探测器，探测距离为5 km，虚警率低至1/90分钟，导弹报警的响应时间为0.5秒。

积雨云的出现往往预示着冰雹、雷暴等灾害的发生。闪电是发生在积雨云中的大气放电现象，在闪电过程中，气体温度达到20 000 K以上。闪电所发出的光中包含了紫外部分，根据闪电光谱的分布可以知道在日盲区闪电放电强度极大。因此，在日盲区波段进行观测很容易探测到积雨云的放电过程。

5 特殊课题的空间紫外观测

紫外波段的空间观测大多以巡天发现新的紫外辐射较强的天体为主，但是巡查发现的天体需要进一步观测，有些天体或研究课题特别需要紫外波段的观测信息，如对太阳的多波段观测，对星系的紫外波段观测，以及对星际物质的紫外波段观测等。因此，不断地有研究目标明确的空间紫外观测设备发射上天。

5.1 探测器携带的特殊功能望远镜

空间天文学发展了几十年，虽然对紫外波段的观测给予了很大的关注，发射了各种携带各个紫外波段探测器的卫星，但其重点研究天体的紫外光谱，特别是银河系中恒星的紫外光谱，而用于紫外巡天和拍摄天体紫外图像的卫星比较少，特别是观测研究星系紫外图像的卫星更是少之又少。由于紫外巡天观测的落后状况拖累了多波段天文学的发展，美国宇航局决定研制星系演化探测器。

5.1.1 星系演化探测器（GALEX）

星系演化探测器（GALEX）的发射很特别，是用飞机发射的。由于它的体积比较小，质量仅有277 kg，使得利用飞机发射成为可能。星系演化探测器在大西洋上空由L–1011飞机上投放的飞马座XL空射火箭发射，这是一种使用固体燃料和固体氧化剂的三级火箭，地基火箭的第一级采用燃烧效率更高的液体燃料，但充加燃料比较麻烦。飞马座XL空射火箭发射的卫星都在近地轨道上，2003年4月28日，星系演化探测器被送入环绕地球的轨道。这个探测器耗资1.03亿美元，预期工作寿命为28个月，这是一项耗资不大的工程，但却有要捕捉所有可能观测到的紫外线天体的雄心勃勃的计划。

星系演化探测器（见图4–13）运行在高度690 km的近地轨道上，轨道倾角29度，绕地球一圈只需要99分钟。它携带了一架口径50 cm、焦距3 m的反射望远镜，在望远镜的光路中安置了一片半反半透的分光镜，可以让入射的近紫外辐射部分（175~280 nm）透过去，而把远紫外辐射部分（135~175 nm）反射到侧面，实现同时对近、远紫外两个波段的观测。这架望远镜的视场很大，有利于巡天观测，也可以拍摄低分辨率的紫外光谱。由于观测设备比较脆弱，

图4–13　星系演化探测器

观测仅在卫星进入地球的影子时才能进行，在其受太阳照射时将关闭高电压设备，结束观测模式，并进入充电模式。同时，星系演化探测器还需要避开亮星的干扰。

这架望远镜的紫外光检测器灵敏度很高，能观测到距离地球80亿光年，甚至百亿光年以上的高温星体发出的紫外线，它的主要探测目标是遥远的、包含众多年轻恒星的、释放出大量紫外线能量的星系。天文学家希望从观测资料中获得恒星是什么时候以及通过什么机制在星系中形成的信息。

5.1.2 近邻星系的巡天

在银河系以外，还有许许多多与银河系类似的庞大天体系统，它们被称作河外星系。已知视星等亮于20等的河外星系有2 000万个，亮于23等的则有10亿个以上，最远的河外星系估计距离可达130多亿光年。

星系演化探测器的第一个任务是对银河系近邻的150多个星系进行巡查，每个星系观测1~2小时，获得这些星系在紫外波段所呈现的细节。星系演化探测器巡天发现的紫外亮星系是一个亮点，可以说对星系天文学做出了重大贡献。

这次巡天发现，在离银河系不远的地方存在着很多在紫外波段明亮的恒星，它们所在的星系也就是紫外亮星系，它们的光度比太阳的全波段总光度要大200亿倍。紫外亮星系分两大类，一类的表面亮度偏低，属于普通的发生恒星形成事件的旋涡星系，它们的紫外辐射偏大是因为本身的质量和体积都比较大，这类星系中的恒星质量比较大，金属丰度比较高；另一类的表面亮度比前一类要强很多，体积要小很多，称为致密和超致密紫外亮星系，这类星系的金属丰度比相同质量的普通星系要低许多。

在一个星系里，恒星往往是成批诞生的。新诞生的恒星质量和个头有大有小，小的比大的数量多得多。大质量恒星数目虽少，但它们的辐射却非常强，在紫外和可见光波段更强。事实上，紫外望远镜发现了明亮星系就是因为它们拥有比较多的年轻的大质量恒星，这也表明紫外亮星系正经历着恒星形成的激烈过程。星系中的大质量恒星一般都诞生在尘埃非常浓密的地方，这些尘埃会强烈地吸收紫外辐射，因此年轻的大质量恒星很难被观测到，这些浓密尘埃的成分主要是由碳、氧、硅等组成的含碳颗粒和硅酸盐颗粒，这些物质都是在恒星演化过程中产生的，所以在富含尘埃的星系里，用紫外巡天的方法并不能有效地发现诞生不久的大质量恒星。在宇宙早期，由于超新星爆发而注入星际介质的恒星物质尘埃还不多，那时很多星系都由贫金属恒星组成，星系中的尘埃不多，它们在紫外波段都很明亮。现今，有一类星系很是热门，即高红移莱曼断裂星系，它们属于较贫金属星系，尺度不大，紫外辐射很强，都属于宇宙早期的星系，星系演化探测器发现的超致密紫外亮星系与高红移莱曼断裂星系的性质相近。深入理解紫外亮星系对我们认识宇宙早期状况将是有益的，这正是发现紫外亮星系的重大科学意义所在。

近邻星系巡天的发现表明，在我们附近的宇宙中，约有1/3的旋涡星系有紫外扩展盘，即星系的光学图像外面还有一层紫外辐射，这是天文学家始料未及的。经查，这些紫外辐射来自高温的恒星，这说明在可见光波段观测到的星系的外围存在许多大质量的年轻恒星。这类有紫外扩展盘的旋涡星系分为两个类型，Ⅰ型的紫外扩展盘比较规则，呈现旋涡状或纤维状，但是扩展盘所在区域的星际介质很稀薄，不足以诞生很多恒星，也就是说，紫外扩展盘来自恒星形成的临界密度区之外。那么，紫外扩展盘中的年轻的大质量恒星又是如何诞生的呢？一些天文学家猜测，像旋涡星系这样的盘星系，其密度波有可能外延到恒星形成区以外，使得那里的物质密度产生波动，其中一些区域的密度上升，达到恒星形成的条件，导致恒星的诞生。Ⅱ型的紫外扩展盘所在的位置满足恒星形成所需要的密度条件，但是在这个区域却没有发现老年恒星。这又是为什么呢？其原因可能与该型的旋涡星系盘的增长方式有关，星系盘从内向外扩展，越靠里的地方越先形成，因此越靠近星系中心的恒星年龄越大。

射电望远镜在21 cm波段观测发现旋涡星系紫外扩展盘区域里存在大量的中性氢，也就是有大量的氢原子。要检测是否有大量的氢分子存在需要射电毫米波和亚毫米波的观测，目前还缺少这种观测，无法判断是否有氢分子存在。按照恒星形成理论，恒星形成是从氢分子云团的坍缩开始的，应该留有大量的氢分子，如果找不到氢分子，也可能是由于新诞生的大质量恒星的强烈紫外辐射使得氢分子离解为氢原子了。

还有一个待解决的问题是大部分星系的紫外扩展盘区域缺乏可见光波段的辐射，特别是找不到氢的H_α谱线，而这条谱线是大质量恒星存在的重要标志之一。这条谱线是质量为20~30个太阳质量的恒星的辐射使周围的星际气体电离产生的，找不到氢的H_α谱线可能表明紫外扩展盘区域没有质量很大的恒星，也可能是质量很大的恒星的演化很快，寿命很短，已经变为超新星，还有一个可能就是大质量恒星的星风很强，把周围的星际气体都吹跑了。

5.1.3 仙女座大星云的紫外图像

图4–14是仙女座大星云紫外波段的图像，由星系演化探测器拍摄到的11张不同图像叠加而成。仙女座星系距离地球约250万光年，是银河系的近邻，这个巨大星系的跨度为26万光年。与地面可见光望远镜观测所获得的图像相比较，可见光对老年恒星展示的比较清楚，而紫外波段的观测则对旋臂、恒星形成区和高温恒星展现得比较充分。

图4–14 仙女座大星云紫外波段图像

5.1.4 年轻星系的发现

星系演化探测器发射上天的当年12月，就观测到宇宙中数十个诞生不久的大型年轻星系。科学家们一直在寻找宇宙中的新生星系，以便更好地理解银河系的形成，但以前观测到的星系距地球都很远，因而很难进行深入研究。这次观测发现一批距离地球比较近的新生星系，最近的距离地球只有10亿光年，大多数距离地球20亿~40亿光年，比以前发现的所有新生星系与地球的距离都近。有一位天文学家说：“这就像在自家的后院里发现了活化石，我们原以为这样年轻的星系早已绝迹了，但实际上新生星系在宇宙中仍然存在而且数量也不少。”对于这些星系的研究可以帮助人们了解银河系年轻时的状况。

5.1.5 发现黑洞在吞食恒星

2006年12月，在牧夫座方向，距离地球40亿光年的一个尚未命名的椭圆星系里，星系演化探测器发现一个巨大的黑洞正将它的黑手伸向一颗离它很近的恒星，黑洞巨大的吸力把恒星撕成碎片，恒星的部分残片在黑洞周围形成旋涡，然后一点点被黑洞吞噬。由于这一过程触发了强烈的紫外线喷发，才让星系演化探测器有机会观测到一个黑洞吞噬一颗恒星的全过程，这将帮助天文学家了解黑洞是如何在其主宰的星系中“进食”和“成长”的。

5.1.6 发现幽灵星系NGC 404

这个曾引起天文界轰动的幽灵星系NGC 404属于透镜星系，状如圆盘，有中心核球，却没有旋臂，其中也没有正在形成过程中的恒星。由于它隐藏在红巨星Mirach的强光之下，难以观测，被天文学家形容为幽灵星系。红巨星Mirach的中文名是奎宿九，是仙女座中的第二亮星（仙女座β星），这颗红巨星的光谱型为M0，距离地球大约200光年。美国甚大阵列射电望远镜在21 cm波段上曾经观测到红巨星奎宿九的一个气态氢环，当时有人推测这个光环是NGC 404在9亿年前与一个相邻的小星系碰撞形成的。在紫外波段探测到这个星系时，获得了NGC 404的紫外图像，人们才看清了它的面目，是一种形状诡异的光环（见图4-15的右图）。图4-15的左图是红巨星奎宿九，其在红外和可见光波段很明亮。

图4-15 星系演化探测器拍摄到幽灵星系(右图)和红外望远镜拍摄的红巨星奎宿九(左图)

5.1.7 确认已知最大的星系

这一巨大的棒旋星系NGC 6872合成图是由星系演化探测器远紫外数据、美国斯皮策空间望远镜得到的波长为3.6 μm红外数据以及欧洲南方天文台甚大望远镜可见光波段图像综合的结果（见图4-16）。壮观的棒旋星系NGC 6872被人们认为是已知最大的星系已长达几十年，星系演化探测器的观测确认了这个看法，测量了两条特大号旋臂的两端，发现NGC 6872延伸的空间范围超过了52.2光年，比我们银河系的5倍还大。如果没有星系演化探测器探测最年轻、炽热恒星的紫外光的能力，我们永远无法测量这个迷人系统的全长，因此NGC 6872被正式加冕为已知最大的棒旋星系。

图4-16 星系演化探测器确认已知最大的星系

5.1.8 彗星般的红巨星

图4-17是星系演化探测器观测到的红巨星Mira和它身后拖着的一条长

达13光年的尾巴，就像是一颗超级彗星。早在16世纪，天文学家就对这颗恒星进行了观测研究，尽管拥有和太阳相同的质量，但红巨星Mira的体积却在不断膨胀，现在的体积已超过400多个太阳。它以130 km/s的速度穿越我们的银河系，在其身后留下的尾巴是由这颗恒星脱落的物质构成的，这条超级尾巴是一条炽热的淡蓝色物质流，构成物质包括氧、碳和氮，这些物质足以形成至少3 000颗地球大小的行星。银河系中红巨星的数目非常多，天文学家从来没有观察到任何一颗红巨星出现过类似的壮观现象，红巨星是即将死亡的恒星，它的核心部分将会坍缩为一颗地球般大小的白矮星，外层的物质将会形成美丽的行星状星云。

图4-17　星系演化探测器观测到的红巨星Mira和它身后拖着的一条长达13光年的尾巴

5.2 远紫外分光探测卫星（FUSE）

1999年6月24日，远紫外分光探测卫星（FUSE）发射升空，这是美国宇航局的“起源”计划之一，卫星上的探测仪器主要由约翰斯·霍普金斯大学制造，这个计划的所有方面也由其负首要责任。加拿大空间局提供了照相机，法国航天局提供了光谱仪的部件，重达1.36 t的远紫外分光探测卫星由美国马里兰州的轨道科学公司制造。卫星专门用来探测天体的远紫外辐射，观测波段是90.5~119.5 nm，其望远镜的光学系统由4个镜面组成，每个镜面是39×35 cm的离轴抛物面，其中2个镜面镀了碳化硅，因为这样对紫外波段波长比较短的紫外光反射率比较高，而另2个镜面则镀了氟化锂，为了提高紫外波段波长比较长的紫外光的反射率。由于对光学系统进行了优化，在整个观测波段具有之前类似设备不曾有过的高灵敏度和高分辨率。这颗远紫外分光探测卫星进入距离地球表面768 km的太空轨道，每100分钟围绕地球旋转一圈。

天文学的观测主要有天体光度测量和天体光谱或分光测量。天体光度测量是指测量来自天体的有限波段范围内的辐射流，简称测光，常以星等表示天体光度测量。天体光谱或分光测量则是要了解天体不同波长上的辐射情况，包括连续谱和分立的谱线。光谱中包含着关于恒星各种特性的最丰富的信息，从观测角度来看，首先要把不同波长的辐射分散开来，也就是要分光，获得光谱，其中有分立的谱线，可以通过证认谱线以确定元素及其丰度。测量谱线的多普勒效应引起的谱线位移和变宽，可获得天体的运动状态和谱线生成区的状况。测量恒星光谱中能量随波长的变化，包括连续谱能量分布、谱线轮廓和等值宽度等，这些特性同恒星大气中的温度、压力、运动、电磁过程以及辐射转移过程有关，是恒星大气理论的主要观测依据。

把不同波长的辐射分散开来要应用棱镜或光栅。17世纪，牛顿让太阳光通过棱镜的实验发现，白色的太阳光由红、橙、黄、绿、蓝、青、紫七种颜色的光组成，因为不同颜色的光的折射率不同，当它们通过棱镜以后就分散开来，变成了一条彩色的光带。现在天文观测常用的分光器件是光栅，光栅之所以能分光，是应用光波的衍射现象。在经典物理学中，波在穿过尺度接近或小于波长的狭缝、小孔或圆盘之类的障碍物时，会发生不同程度的弯散传播，这个现象称为衍射。光栅上刻有许多平行的非常细的狭缝，缝的宽度接近或小于波长，使天体的光射到每个狭缝处都会发生衍射，经过所有狭缝衍射的光波又彼此发生干涉，将射到光栅上的光束按波长的不同进行色散，再经成像镜聚焦而形成光谱。光栅的特性主要由光栅常数表示，光栅两条刻线之间的距离就是光栅常数。光栅在使用面积一定的情况下，狭缝数越多，分辨率越高。对于光栅常数一定的光栅，有效使用面积越大，分辨率越高。光栅分为透射光栅和反射光栅两种。天文仪器中应用较多的是反射光栅，它的基底是低膨胀系数的玻璃或熔融石英，上面镀铝，然后把平行线刻在铝膜上。透射光栅的精度要求极高，很难制造，但其性能稳定，分辨率高。

天文光学仪器最常用的光栅是每毫米600线，但是远紫外分光探测卫星所用的四个光栅，每毫米5 300~5 800线，而且面积很大，达到0.11 m²（见图4–18）。如果将远紫外分光探测卫星光栅上的每条线首尾相连，它的总长度可达480 km。通过这四个光栅，进入远紫外分光探测卫星的光线发生色散，形成具有高光谱分辨率的分析光谱。

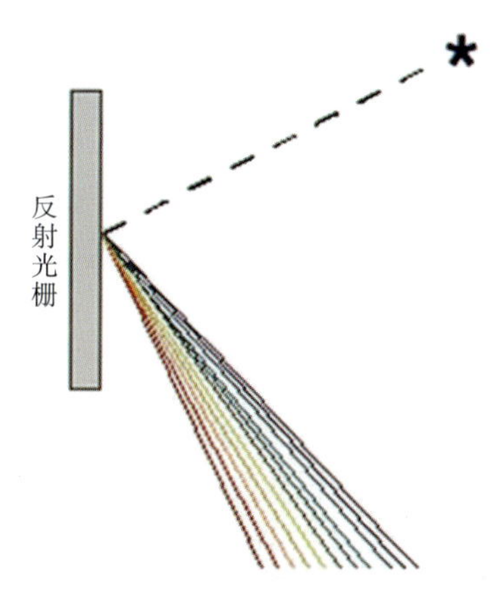

图4–18 远紫外分光探测卫星所使用的反射光栅工作示意图

为了保证观测目标始终处在远紫外分光探测卫星视场的中央，装备了两台微小误差传感器（FES），包含一架灵敏的CCD照相机，可以对观测目标旁的一小块1/3平方度的天区进行可见光成像，探测到暗至14等的恒星，比肉眼所能看见的极限还要暗上5 000~10 000倍。两台微小误差传感器只使用一台，另一台作为备份。微小误差传感器通过观测目标旁的恒星来确定位置，并将信息传给卫星的控制系统，使望远镜对准观测目标，精度可达0.5角秒。

宇宙大爆炸理论是当前最著名，也是影响最大的一种学说，因为有多项观测研究证实了宇宙大爆炸理论的几个预言，如宇宙微波背景辐射预言的观测验证，使美国的阿诺·彭齐亚斯和罗伯特·威尔逊获得1978年诺贝尔物理学奖，后来又使美国的约翰·马瑟和乔治·斯穆特获得2006年诺贝尔物理学奖。

根据宇宙大爆炸理论，宇宙中只有氢和氦是由宇宙大爆炸直接创造出来的，而重元素都是后来在恒星中形成的。长久以来，天文学家一直费尽心思在宇宙中寻找那些所谓的原始的氢和氦，均告失败，因为恒星经过超新星爆发把重元素撒向空间，将原始星云都污染了。

远紫外分光探测卫星的使命之一就是寻找宇宙大爆炸的遗迹。宇宙的最初3分钟见证了氢、氘、氦-3、氦-4和锂-7的形成，氘是氢的同位素，其原子核由一个质子和一个中子构成，氦-3是氦-4的同位素，氦-3的原子核由两个质子和一个中子构成，而氦-4的原子核则由两个质子和两个中子构成。宇宙中最多的元素是氢和氦-4，作为早期宇宙中丰度位列第三的物质，氘在宇宙年龄只有17分钟时达到了顶峰，但还是非常少。早期宇宙中氘、氢之比（记作$\frac{D}{H}$）大约是百万分之三十（30 ppm），由于从大爆炸核合成以来$\frac{D}{H}$一直在下降，观测到的值可以作为从宇宙最早期到现在其密度和物质演化的基本探针。

远紫外分光探测卫星能观测到其他望远镜看不到的紫外线。通过远紫外光能准确测量出宇宙中氢与氘的含量，从而了解氘等元素在宇宙中的循环方式。氘可以为宇宙大爆炸理论提供更多的证据，还可以作为恒星和星系形成的示踪器。

早期宇宙中的原始氘浓度大约是每百万个氢原子中含有27个氘原子，但是远紫外分光探测卫星和美国宇航局的哥白尼卫星发现银河系中还有额外的氘原子分布，比预想的浓度要大。科学家们以前猜想银河系中至少有1/3的原始氘原子在恒星形成过程中被破坏了，但是远紫外分光探测卫星最新的观测结果显示，现在的氘丰度只比原始氘丰度低15%，造成这个结果的原因可能是转化成氦或其他较重元素的氘比较少，或者是降落到银河系的原始氘比预想的多。但不管是哪种原因，我们现有的银河系化学形成模型都需要做重大的修改。

2011年，美国天文学家应用美国凯克望远镜首次发现了宇宙大爆炸之后仅仅几分钟内形成的原始气体云。这次观测用的分析仪器对碳、氧、硅有极高的灵敏度，然而却没有找到碳、氧、硅的任何蛛丝马迹。在气体云的光谱中，研究人员只看到了氢及氢的同位素——氘，由于仪器对氦元素的光谱不敏感，也没有看到氦。这说明的确存在仅有氢，也可能有氦组成的原始星云，这成为支持宇宙大爆炸理论的又一观测证据。

5.3 太阳的多波段空间观测

太阳在X射线、伽马射线、红外、紫外等波段都有辐射，但只能把探测器发射到太空中才能进行多波段的观测。在光学波段，地球上的太阳望远镜既受阴雨天的限制，又受白天与黑夜的交替之苦，不可能24小时不间断地监测太阳，也需要到空间去观测。近20年来，太阳的空间观测得到了飞速的发展。

5.3.1 太阳和太阳风层探测器（SOHO）

1995年，欧洲空间局和美国宇航局合作发射太阳和太阳风层探测器（SOHO）上天，为了开展三大观测课题，携带了三大类12台探测仪器。三大观测课题分别是：观测太阳振荡现象；在紫外和可见光波段，监测日冕，以发现日冕物质抛射事件；探测太阳风。为了实现24小时监测太阳，太阳和太阳风层探测器放置在第一拉格朗日点附近，第三章的图3-11给出了日地系统的5个拉格朗日点，并在文中给予了说明。这里所说的第一拉格朗日点与红外空间望远镜放置的第二拉格朗日点不同，它处在地球和太阳之间，空间太阳望远镜正好能一直盯着太阳进行观测。在第一拉格朗日点上卫星受到的太阳引力被地球引力抵消了一部分，所剩下的太阳引力恰好等于卫星绕太阳运行所产生的离心力，因此可停留在第一拉格朗日点的位置

图4-19 太阳和太阳风层探测器于2003年12月2日在远紫外波段拍摄的一次极为壮观的日冕物质抛射

上，随地球一起绕太阳运行。

太阳大气是由等离子体组成的，主要成分是电子和带正电的离子。太阳活动剧烈时，大量的等离子体冲出表面，形成十分壮观的场景，其中耀斑、日珥和日冕物质抛射是对地球产生重大影响的活动现象。图4-19是太阳和太阳风层探测器于2003年12月2日在远紫外波段拍摄的一次极为壮观的日冕物质抛射，抛射时，观测设备用圆形挡板把太阳光球和部分日冕挡住，图上的太阳图像是后来拼加上的。每次日冕物质抛射事件都会向太阳系空间抛射几十亿吨等离子体物质，它们的速度达到100~1200 km/s，足以克服太阳的引力，继续向行星际空间运动。当所抛射的物质到达地球附近时会对地球的空间环境，甚至地球磁场产生很大的影响。但所抛射的物质需要一定的时间才能到达地球附近，比电磁辐射滞后，使我们来得及发现这种事件并发出警报。

太阳黑子以及其他太阳活动现象（如光斑、谱斑以及耀斑爆发等）都具有11年的周期。国际天文学会规定，每一个太阳活动周期是从太阳活动极小年开始到下一个极小年结束，并且规定从1755年开始的那个太阳活动周为第一个太阳活动周。资料分析表明，太阳活动周期有时长些，有时短些，最长达14年，最短还不到9年，平均为11年。图4-20是太阳和太阳风层探测器在远紫外波段对太阳低日冕从1996年到2006年进行的11年观测的结果，太阳图像上白色是活动区，可以看出1996年的活动区很少，然后逐

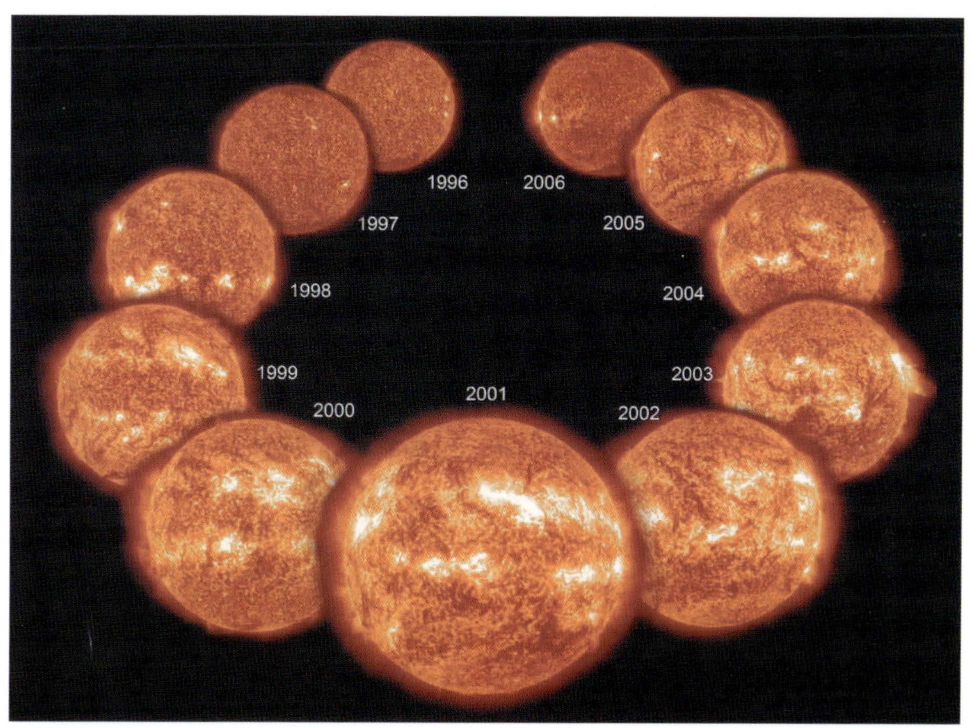

图4-20 太阳和太阳风层探测器在远紫外波段对太阳低日冕进行11年观测的结果

年增加，到2001年达到极大，然后逐年减少，到2006年达到极小。

5.3.2 日出号卫星（HINODE）

日本于2006年把日出号卫星（HINODE）发射上天，目的是详细观测分析太阳的活动。卫星搭载有日本与美国、英国共同开发的可见光磁场望远镜、X射线望远镜、极端紫外摄像分光装置，这三种望远镜可通过可见光、X射线和极紫外三大波段同时观测，研究太阳表面磁场的变动能量传送到日冕的方式和日冕内部发生的现象，进而研究其对整个太阳系产生的影响。

5.3.3 日地关系观测台（STEREO）

美国2006年发射上天的日地关系观测台（STEREO），有5个国家的科学家参与了这一项目，其主要任务是研究与日地关系有关的问题，即日冕物质抛射产生的过程和机制、通过日球的传播特征发现高能带电粒子在内日冕和行星介质中的加速机制和加速位置以及对周围太阳风的结构进行修正等。

为了能同时从不同侧面观测太阳，这次同时把内部结构基本相同的两颗探测卫星发射上天，并使它们分别位于地球绕太阳公转的轨道前方和后方，随地球一起围绕太阳运行，以不同的角度对太阳进行立体观测，拍摄太阳的三维投影（见图4–21）。

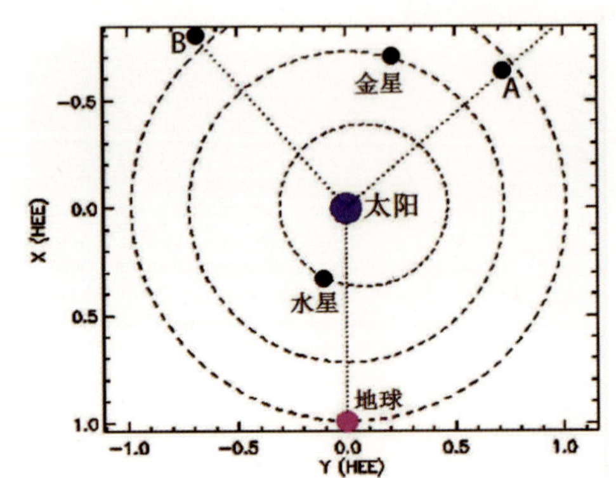

图4–21　日地关系观测台的两颗卫星(A和B)在太空中的位置示意图

当时是用一枚火箭把两颗探测卫星发射上天的，A卫星和B卫星的质量大约为642 kg，卫星上搭载的主要仪器中有一台极紫外成像仪。发射后前三个月，两颗卫星都在绕地球的轨道上运行，轨道很扁，近地点在地球附近，远地点在月球轨道之外。2006年12月15日，B卫星离月球很近，利用月球的引力改变了方向，部署到地球后面的轨道上。2007年1月21日，A卫星接近月球，也改变了方向，进入地球前面的轨道。这样，两颗探测卫星一前一后地在地球两边的地球轨道上绕太阳运行。

A卫星运行速度快，绕太阳1圈需要347天，B卫星速度较慢，绕太阳1圈需要387天。从2007年年初进入环绕太阳的日心轨道起，两颗卫星慢慢地飘离地球，它们之间也慢慢地相互离开。从2007年年初到2009年1月的两年时间里，A卫星和B卫星分开将近90度，这是进行太阳立体观测的最佳时段。这时一颗卫星位于日面边缘，方便用日冕仪观测日冕物质抛射，另一颗卫星则处在日面中央或日面背后，位于中央的卫星可以直接观察发生日冕物质抛射的区域，用粒子和场的试验仪器就地观测。这种探测不仅能告诉我们日冕物质抛射的强弱，而且能揭示日球的形态。随着时间的推移，到了2011年2月6日，两颗卫星相互分开180度，彼此位于太阳的两边，也是观测的有利时机，每颗卫星都能观测半个太阳表面。如果同时观测，整个太阳将一览无遗，这一天是人类观测太阳的历史上第一次观测到整个太阳的活动情况。在这之后，两颗卫星将继续分开，太阳立体探测结束了只能观测半个太阳的历史。

2007年4月23日，美国宇航局发布了日地关系观测台拍摄的首批太阳三维图像。图4–22是日地关系观测台的两颗探测卫星在2008年12月12日至13日观测到的日冕物质抛射事件，左右两图分别是B卫星和A卫星的观测结果，图中心的小白圆圈是太阳，日冕仪的圆形挡板把太阳光球及部分日冕的光遮挡住，因此可以仔细观测外日冕，白色则是日冕所抛射的物质。

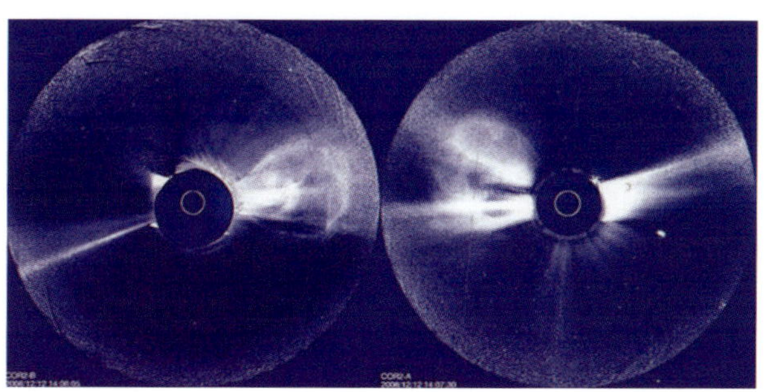

图4–22　日地关系观测台的两颗探测卫星在2008年12月12日至13日观测到的日冕物质抛射事件

5.3.4 太阳动力学观测台（SDO）

2010年发射上天的太阳动力学观测台（SDO）载有日震和磁场成像器、大气成像装置和极紫外测变实验装置三种观测设备，其特点是能够不间断地对太阳进行观测，每0.75秒获得一张图片，不会放过太阳的任何一次爆发现象。图片清晰度非常高，是高清电视的10倍。日地关系观测台每90秒提供一张图片，太阳和太阳风层探测器每12分钟才能提供一张图片。

我们肉眼看到的是太阳的光球，光球被薄薄的色球层所包围。天文学家形容太阳色球层像是燃烧着的草原，那上面许许多多细小的火舌在不停地跳动着，但是当太阳活动剧烈时，会从色球窜出非常高的火柱，也就是大量的等离子体物质，形成美丽的日珥。日珥绰约多姿，变化万千，有的像浮云，有的像喷泉，有的像篱笆，还有的像圆环、彩虹、拱桥，等等。

图4–23是太阳动力学观测台拍摄的太阳爆发的图像，惊人的超热等离子体羽流从太阳表面冲出，形成一个等离子体喷泉，其外形酷似一只手，被称为上帝之手。这种喷泉式的日珥属于爆发日珥，爆发过程相对激烈，它的速度很大，以1 000 km/s以上的高速将等离子体物质喷发到日冕中，高度达几十万甚至上百万千米，蔚为壮观。这些物质将克服太阳引力的束缚进入行星际空间。图4–24是太阳动力学观测台拍摄的太阳表面喷发物质形式的日珥，太阳表面喷发的物质形成一个环状，属于活动日珥，速度比较低，抛射的物质不足以逃离太阳。它们像喷泉一样，从太阳表面喷出而且喷得很高，又沿着弧形轨迹慢慢地落回到太阳表面。

图4–23 太阳动力学观测台拍摄的太阳爆发的图像

图4–24 太阳动力学观测台拍摄的太阳表面喷发物质形成的日珥

5.4 紫外宇宙背景辐射的观测

在第八章将介绍的宇宙微波背景辐射是宇宙大爆炸时所留下的遗迹，

辐射波段在射电波段的厘米波、毫米波和亚毫米波波段。远紫外波段也存在背景辐射，但是对于这种背景辐射的起因至今还没有定论。

5.4.1 远紫外背景辐射的发现和成因讨论

20世纪70年代，早期的紫外空间探测就已经发现远紫外波段的背景辐射，虽然对这种辐射的来源尚没有统一的看法，但有几点则是相当一致的：第一，与宇宙微波背景辐射不同，这种漫天的远紫外背景辐射绝不是宇宙大爆炸时留下的；第二，这种背景辐射一定起源于宇宙中的天体，如大质量恒星或遥远星系核等，但是，这些天体都是分立的源，怎么会变成各个方向都有，有待研究；第三，这种漫天的远紫外辐射一定与星际空间中的弥漫介质有关。

有不少学者认为，远紫外背景辐射是银河系中星际尘埃散射大质量恒星的星光。所谓尘埃就是固态微粒，其主要成分有硅酸盐、金属铁、石墨固体微粒等，它们被冰或二氧化碳包裹着，直径为0.01~0.1 μm。恒星演化到红巨星和红超巨星阶段时会在它们的外层大气中形成尘埃云，之后不断以星风的形式把尘埃吹到星际空间，成为到处都有的星际尘埃。尘埃占星际物质质量的比例仅为1%，但其散射作用却非常重要，其中颗粒直径小的对远紫外光的散射更厉害。由于银河系中遍布星际尘埃，把远紫外光散射到各个方向，形成了背景辐射。

也有学者认为，远紫外辐射是来自银河系银晕中的高温等离子体的辐射。银河系的银晕把整个银河系的银盘包裹起来，所以我们向任何方向看去都会观测到银晕中的高温等离子体的辐射。银晕中的高温等离子体可以发射远紫外辐射，不过，单纯的高温等离子体的辐射总量太低，不能构成远紫外背景辐射，但可能提供部分贡献。

还有一种看法认为远紫外背景辐射来自分子云中氢分子的辐射。宇宙中的物质绝大部分是氢，随处可见，氢元素可以以分子、原子和离子三种形成存在，分别称为氢分子云、中性氢区和电离氢区。当温度在绝对温度10 K~20 K时，氢以分子的形式存在，氢分子的谱线基本上都在紫外波段，但是，氢分子的谱线辐射非常弱，只能对远紫外背景辐射有一些贡献，而不是它的主要成分。

上面的几种看法都认为远紫外背景辐射来自银河系，当然也可能来自银河系外的天体或星际介质。若真来自银河系外，那么远紫外背景辐射的强度分布必然受银河系物质分布的影响。银河系中的物质集中在银盘，离银道面越远，物质密度越小。因此，来自银河系外的远紫外背景辐射的分布必然与银纬有关。

5.4.2 韩国的远紫外成像摄谱仪（FIMS）

远紫外成像摄谱仪（FIMS）是韩国第一个空间天文设备，其主要研究课题是远紫外背景辐射，主要由美国加州大学伯克利分校的空间实验室研制完成，搭载在科学卫星1号（STSAT-1）上，这是韩国自主研制的一种微型卫星，总质量只有106 kg。卫星于2003年9月27日在俄罗斯普列谢茨克航天基地使用俄罗斯的火箭发射上天。

远紫外成像摄谱仪的总质量为22 kg，安装了两套并列的光学系统，一套用于观测波长为90~115 nm的远紫外辐射的短波段，另一套用于观测波长为135~175 nm的远紫外辐射的长波段。它们之间有一段空隙没有安排观测，因为在115~135 nm波段有好几条来自地球外大气层（地冕）中的氢、氦、氧的谱线，为避免其对远紫外巡天造成干扰，有意避开了这个波段。

远紫外成像摄谱仪的主要研究课题是拍摄整个天空的远紫外光谱，因此要求视场大一些，观测远紫外短波段的光学系统的视场为4.0度×4.6角分，观测远紫外长波段的光学系统的视场为7.4度×4.3角分。这两个视场都是一个长条，这是因为摄谱仪的狭缝是一个长条，只有通过狭缝的光才能被观测到。大视场的要求必然导致分辨率低下，大约为5角分，然而恒星和星系核的张角远小于5角分，绝大多数星系的张角也小于5角分，因此远紫外成像摄谱仪不可能用来观测研究单个天体。而对于了解远紫外辐射的空间分布来说，并不要求看清目标的细节，远紫外成像摄谱仪的视场大、巡天快，在不太长的时间里有可能将整个天空巡查一遍，获得远紫外背景辐射的信息。

远紫外成像摄谱仪的全天巡天结果（见图4-25）显示，远紫外背景辐射强度的空间分布与其他一些波段的巡天结果很相似，有很强的相关性，特别是与大尺度的电离氢区的巡天结果对应得很好。在银河系中电离氢区很多，如猎户座分子云、行星状星云和发射星云都是有名的电离氢区。所谓电离氢，就是氢原子核外的电子脱离了原子核的控制变为自由电子。电离氢区形成的原因往往是附近有O型或B型高温、年轻的恒星，其发出大量的紫外辐射，使气体云中的中性氢原子发生电离，形成电离氢区，也称HⅡ区。电离氢区的密度比较大，温度比较高，为1 000 K~10 000 K，电离氢区在红外、可见光、紫外和射电波段都有辐射。远紫外成像摄谱仪的全天巡天结果与银河系中的电离氢区的分布相似表明，远紫外背景辐射是银河系内的星际介质散射星光造成的。

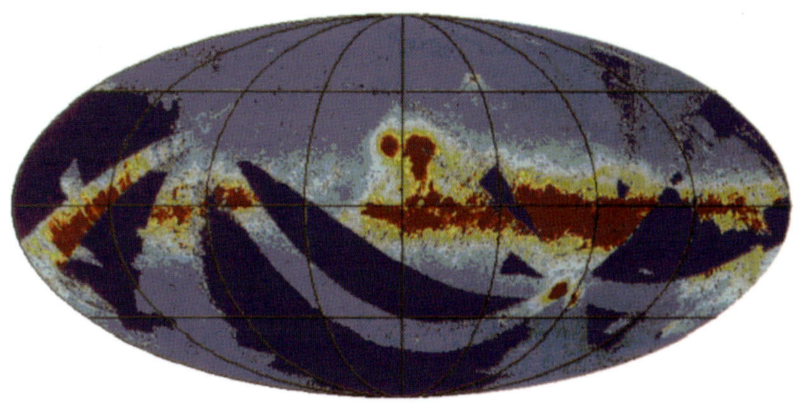

图4-25 远紫外成像摄谱仪在银道坐标系下的远紫外长波段的全天巡天结果（深蓝色区域是尚未观测的，其他地方颜色越红代表强度越大）

5.5 地球等离子体层的探测

早在1905年，挪威空间物理学家斯托米根据对北极光的观测从理论上提出，太阳在不停地发出带电粒子，这些粒子被地球磁场俘获，束缚在离地表一定距离的高空，形成一条带电粒子带。空间探测时代的到来，证实了这个预言，发现了范艾伦辐射带，进而确认地球等离子体层的存在。我国嫦娥三号着陆器携带的极紫外相机就是专门为观测地球等离子体层而配备的。

5.5.1 地球磁场和磁层

地球磁场是偶极型的，近似于把一个磁铁棒放到地球中心，使它的北极大体上对着南极而产生的磁场形状（见图4-26）。当然，地球中心并没有磁铁棒，而是通过电流在导电液体核中流动的发电机效应产生磁场。

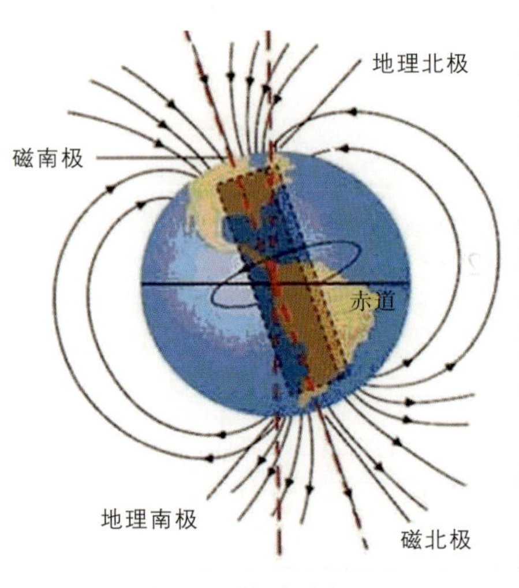

图4-26 地球磁场

地球磁场会受到外界的影响，其中最主要的是受太阳风的影响。太阳风是来自太阳的速度高达200~800 km/s的等离子体流，主要由质子、氦原子核和电子组成，它们流动时所产生的效应与空气流动十分相似，所以称为太阳风。太阳风的速度虽然比地球上的台风高几万倍，但密度却非常稀薄，它分为两种：一种是速度比较慢、密度低但持续不断吹着的持续太阳风；另一种是太阳活动激烈时吹出来的速度较大、密度较高的扰动太阳风。

太阳风不断向地球吹来，时快时慢，时强时弱，不断挤压地球磁场，形成了一个无碰撞的地球弓形激波的波阵面，波阵面与磁层顶之间的过渡区叫作磁鞘，厚度为3~4个地球半径。由于等离子体中基本上都是带电粒子，它们在磁场中只能沿着磁力线方向运动，不能横跨地球的磁力线，所以在太阳风遇到地球磁场时，把地球磁场压缩，导致在朝太阳方向的地球磁场形成一个包层。太阳风不能突破这个包层，只能绕它而过，把地球的磁力线向后面拉伸形成一个被太阳风包围的彗星状的区域，形成了地球的磁层。

地球磁层始于地表以上600~1 000 km处，向空间延伸。磁层的外边界叫磁层顶，离地面50 000~70 000 km。朝着太阳一面的磁层顶离地心约8~11个地球半径，当太阳活动激烈时，则会被压缩到5~7个地球半径。背着太阳的一面，因太阳风不能对地球磁场施以任何有效的压力，磁层在空间可以延伸到几百个甚至一千个地球半径以外，形成一个磁尾。地球磁层如图4–27所示。

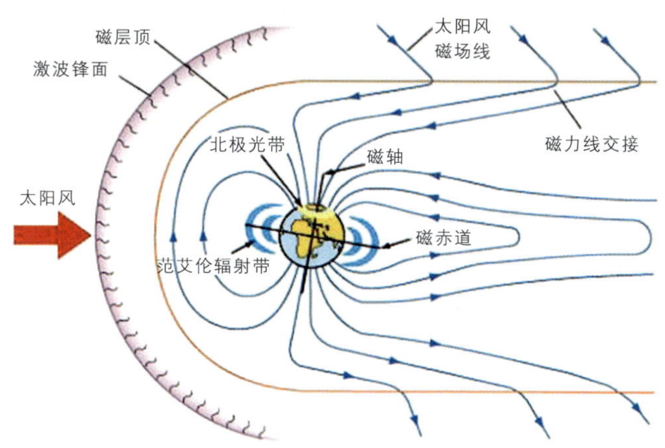

图4–27 太阳风与地球磁场相互作用形成的地球磁层和等离子体层

5.5.2 地球范艾伦辐射带和等离子体层

1958年，当人类刚刚步入空间时代的时候，美国天文学家范艾伦根据当年美国发射的第一颗人造卫星——探险者1号所提供的信息，发现了地球上空的带电粒子带，被命名为范艾伦辐射带。范艾伦参与了这颗人造卫星的设计工作，出于对宇宙线研究的强烈兴趣，在此卫星上安装了检测宇宙线和其他高能粒子辐射的粒子计数器，目的就是要探测近地空间中高能粒子辐射的情况。当探险者1号升空时，随着高度的不断上升，计数器的读数也不断增加，这是人类首次在近地空间直接探测到强流量的高能带电粒子辐射。范艾伦由此判定，这些粒子是被地球磁场俘获的带电粒子带。然而当探险者1号再往上升，高度超过800 km时，计数器的读数竟然一下子下跌至零。1958年发射的探险者3号携带了同样的计数器，但当卫星的高度超过800 km时，相似的情况再次发生，计数器的读数又为零了。

范艾伦经过分析做出了正确的判断：计数器显示为零，并不是粒子数真的为零，而很可能是恰恰相反，由于粒子数太多了，致使计数器达到饱和状态而无法计数。他对计数器做了改进，推出一种新型的计数器——盖革计数器。同年，由探险者4号携带着盖革计数器升空，果然证实了范艾伦的猜想，卫星上升得越高，计数器记录到的粒子数越多，当卫星到达1 000 km高度以上时，所记录到的粒子数更加急剧上升。1959年以后上天的卫星观测进一步发现，地球上空这种微粒辐射区甚至还一直扩展到几个地球半径处的空间中，后来被称为地球辐射带，也称为范艾伦辐射带。地球辐射带呈环状分布，其横截面的形状像两个对称的月牙，大体与地球磁场的磁力线重合，其分为内外两层，离地球较近的辐射带叫内辐射带，离地球较远的辐射带叫外辐射带。

地球辐射带从四面把地球包围了起来，但只存在于低磁纬地区上空，却在南北磁极处留下了空隙，也就是说，地球的南北磁极和高磁纬地区上空不存在辐射带。内辐射带的高度为1~2个地球半径，范围限于磁纬度–40度至40度，东西半球不对称。地球辐射带的范围和形状受地球磁场的制约，也和太阳活动有关，在朝太阳的方向被太阳风所压缩。地球辐射带中的带电粒子数也同地球磁场和太阳活动的变化有关，当太阳活动激烈时，地球磁层受扰动变形，而原来被局限在范艾伦辐射带内的高能带电粒子此时会大量泄出，这些高能带电粒子随着地球的磁力线在地球的极区进入大气层，遇到空气分子时激发空气分子形成千姿百态、绚丽多彩的极光。图4–27中显示了范艾伦辐射带的位置和形状，以及辐射极光的区域。地球磁层是一个颇为复杂的问题，其中的物理机制有待于深入研究，但磁层这一概念近来已从地球扩展到其他行星，甚至有人认为中子星和活动星系核也具有磁层特征。

在范艾伦辐射带中有大量来自太阳的等离子体，实际上，在范艾伦辐射带附近的区域充满了低能的冷等离子体，与范艾伦辐射带一起形成了一个等离子体层，或称内磁层，它位于地球电离层以上，延伸至4~6个地球半径范围的环状区域，它的外边界被称为等离子体层顶，是等离子体密度下降了一个数量级的地方。

5.5.3 地球等离子体层的观测研究

原来认为等离子体层受地球磁场支配，与地球共转，后来发现情况比较复杂，等离子体层的密度不规则，而且也并不总是与地球共转，还需要进一步观测研究。地球等离子体层作为近地空间的重要组成部分，其分布和变化对内部的电离层以及大气层有很大的影响，而其结构形式、辐射特性以及分布的变化对近地空间环境亦有重要的影响。

地球等离子体层的主要成分是地球磁场捕获的电子、氢离子、氦离子、氧离子等，其中氢离子约占总离子含量的70%，氦离子约占20%，氧离子约占10%。氦离子可以共振散射太阳辐射出波长为30.4 nm的谱线，是构成地球等离子体层极紫外辐射的主要部分。等离子体层外部是外磁层，对波长为30.4 nm的辐射基本上是透明的，因此，在磁层之外可以对地球等离子体层波长为30.4 nm的辐射进行成像观测。美国和日本自20世纪70年代开始对地球等离子体层进行了大量的观测和研究。其中，美国于

2000年发射了在大椭圆轨道上运行的IMAGE卫星的探测尤为突出，其远地点距离约为42 000 km，近地点距离约为1 000 km，在远地点附近对地球等离子体层的全貌进行观测，工作波段为30.4 nm，图像分辨率为0.6度，获得了地球等离子体层极紫外辐射图像，这是目前获得的分辨率最高的图像，但这颗卫星已于2005年12月停止工作。由于IMAGE卫星轨道高度只有42 000 km，需要视场大于70度的成像仪器才能观测到地球等离子体层的全貌，而在极紫外波段无法实现70度视场，只有采用3台视场为30度的极紫外成像仪拼接构成84×30平方度视场的成像仪，这对成像质量造成很大的影响，降低了图像分辨率，降低了极紫外成像仪的观测灵敏度。

月球是距离地球最近的天体，它有一侧始终面向地球。月球表面没有大气，磁场和月震又极其微弱，因此被公认为是非常好的天然观测平台，适合进行长期、高质量的成像观测。利用月球平台，在月球围绕地球运行过程中，以不同的角度对地球等离子体层进行成像，可以获得完整的图像，根据观测到的极紫外图像可以反演得到地球等离子体层的全分布，这对地球等离子体层的研究和提高空间天气预报的质量都非常有益。

中国探月工程嫦娥三号卫星搭载了多个国际上首次应用于月球的探测器。其中，极紫外相机就是专门为对地球周围的等离子体层进行成像探测而研制的，成为国际上首次在月球表面着陆的极紫外波段的成像仪器，主要包括三个部分：专门观测地球等离子体层波长为30.4 nm辐射的光学系统、单光子技术成像探测器和跟踪功能系统。嫦娥三号携带的极紫外相机在离地球38万多千米的地方，能够看到地球等离子体层的全貌，可以对地球周围等离子体层产生的波长为30.4 nm的辐射进行全方位的、长期的观测研究，获得地球等离子体层的三维图像，这相比之前的卫星观测进了一大步。

6 将成为巨无霸的世界空间紫外天文台(WSO-UV)

1997年10月，国际天文学界在西班牙召开了“国际紫外探测卫星(IUE)后的紫外天文学”国际会议，由W. Wamsteker博士提议建造21世纪的世界空间紫外天文台（WSO-UV）获得会议认可，同时成立国际联络小组，我国科学技术大学程福臻教授应邀参加了这个小组。从这之后就开始了筹备和设计。

2001年5月9日至11日在北京香山饭店召开了以“世界空间紫外天文台和紫外天文学”为主题的香山科学会议第164次国际学术讨论会，中国科学院国家天文观测中心艾国祥院士、欧洲空间委员会紫外天文学专家W.Wamsteker博士、中国科学技术大学天体物理中心程福臻教授担任本次会议执行主席，来自9个国家的10位外国专家以及来自我国科学技术部、国家天文观测中心、天文台、高等院校等单位代表参加了会议，这表明我国对紫外天文学的高度重视。这个项目由俄罗斯牵头，俄罗斯将提供望远镜、卫星、火箭等设备，德国将提供高分辨光谱仪和中等分辨光谱仪，西班牙将提供无缝低分辨光谱仪，中国、乌克兰和哈萨克斯坦等国相继加入。

世界空间紫外天文台主体为口径1.7 m的紫外波段（110~340 nm）望远镜，携带三台紫外光谱仪和四台紫外图像仪，总质量约为3 500 kg，预计耗资1.7亿欧元。这架空间望远镜有四个重点课题：观测研究宇宙中重子的含量及其化学演化；银河系的形成和演化；天体的吸积盘和喷流；太阳系外行星大气和天体化学。图4-28是世界空间紫外天文台的结构示意图。

我们知道，哈勃空间望远镜以可见光波段观测为主，兼顾红外和紫外波段的观测，它即将退役，但还在发挥余热。哈勃空间望远镜的接班者詹

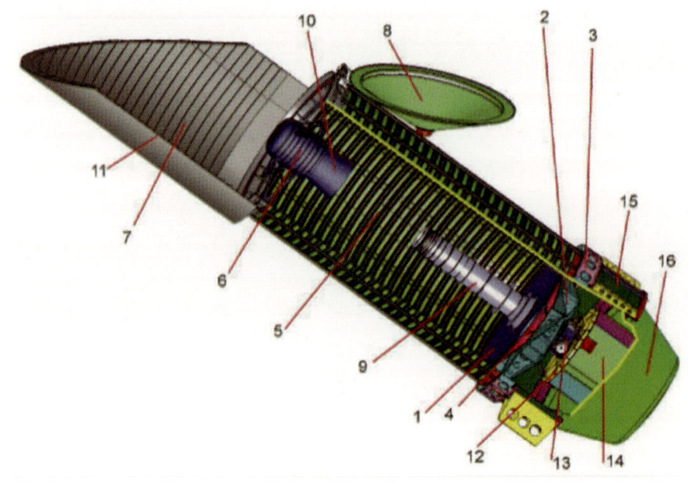

图4–28 世界空间紫外天文台的结构示意图

1. 主镜，直径1.7 m；2. 机械框架；3. 主镜单元的基本框架；4. 散热器与加热元件；5. 管子；6. 副镜组件；7. 外部挡板；8. 望远镜光防护罩；9. 主镜挡板；10. 副镜挡板；11. 环刀；12. 光具座；13. 焦镜头单元；14. 摄谱仪；15. 外部电子盒；16. 科学仪器防护罩

姆斯·韦伯空间望远镜的口径将达到6.5 m，观测能力将大大超过哈勃空间望远镜，但是它的观测波段仅限于红外波段。哈勃空间望远镜在可见光和紫外波段的观测能力将随着它的退役而消失。应该说，口径1.7 m的世界空间紫外望远镜将是太空同类中的巨无霸，它在紫外波段的观测能力是哈勃空间望远镜的5~10倍，预计2021年发射上天，与哈勃空间望远镜的退役时间衔接。

第五章
X射线天文学

天体X射线的观测和研究属于高能天体物理学领域。在德国著名物理学家伦琴发现X射线之后，天文学家对天体X射线的观测产生了浓厚的兴趣，但是遇到了两大困难。第一，地球大气对X射线有强烈的吸收作用，在地面上不可能接收到天体X射线波段的辐射，必须到地球大气之外去观测。第二，X射线具有很强的穿透力，又很容易被介质吸收，很难建造类似光学和射电波段那样的望远镜来观测X射线源，这对X射线天文观测能力的提高有致命的限制。随着这两大困难的克服，X射线天文学迎来了大发展。由于对X射线天文学有突出的贡献，美国天文学家里卡尔多·贾科尼于2002年荣获诺贝尔物理学奖。

1 X射线天文学的创立和发展

1895年，伦琴在实验室发现了X射线，但人们在半个世纪以后的1948年才借助火箭发现了太阳的X射线辐射。之后，X射线观测的发展也比较缓慢，直到卫星上天以后才使空间观测得到较快的发展。早期的空间观测发现了各种X射线源，迅速地开辟和建立了X射线天文学这门新兴学科。

1.1 X射线的发现和天体X射线源的观测

德国著名物理学家伦琴（见图5-1）发现X射线有些偶然，但也实属必然。1895年秋冬时节，他在进行阴极射线管的实验时，发现在实验室存放的一些包装完好的照相底片全部曝光。再做实验时，又发现距离阴极射线管2 m左右处的一块荧光屏发出了淡淡的绿光。他无意中将一只手放在包着黑纸的阴极射线管上，荧光屏上出现了手的影子。他的手动一动，荧光屏上手的影子也跟着动一动。伦琴马上意识到，肯定是阴极射线管产生了一种人的眼睛看不见但却能穿透纸和木板等物质的射线，因此包装完好的底片会曝光，黑暗中的荧光屏会发光。伦琴将这种奇妙的射线称作X射线，表示这是一个未解之谜。人们又称X射线为伦琴射线。因这一伟大发现，伦琴于1901年荣获第一届诺贝尔物理学奖。

图5–1　发现X射线的伦琴

由于地球大气的吸收，X射线、伽马射线、远红外、远紫外等波段的辐射都不能到达地面。但近红外和近紫外波段的辐射可以在地面观测，而极高能伽马射线会在地球大气中产生簇射现象，可以在地面检测簇射引起的切伦科夫辐射，只有X射线波段的辐射必须全部在空间进行观测。

X射线和伽马射线属于高能光子，人们习惯用能量单位——电子伏特（eV）表示它们的频率。光子的能量由公式$E=h\nu$决定，h为普朗克常量，ν为光子的频率。光子的能量与频率成正比，因此可以用能量来代表频率。能量的单位是焦耳（J），但是高能天体物理却习惯用电子伏特（eV）。1 eV相当于$1.602\,2\times10^{-19}$ J，即$1.602\,2\times10^{-12}$ erg，换算为波长是9 120 nm。能量越大，波长越短。X射线波段的能量范围为0.1~100 keV，其中0.1~10 keV的称为软X射线，10~100 keV的称为硬X射线。能量在100 keV以上的就是伽马射线了。实际上X射线和伽马射线的分界相当不严格，人们常常把伽马射线看作是高能X射线。

1948年，美国海军实验室的科学家将V-2火箭发射至近百千米的高空，火箭所携带的探测器首次接收到来自太阳的X射线辐射。此后十余年中，继续用火箭监测太阳的X射线辐射。1960年，该实验室的布莱克等人利用空蜂号火箭携带的一台针孔直径为0.012 7 cm的针孔照相机成功地拍摄到太阳的X射线照片，这是人类获得的第一张天体X射线照片。美国对太阳的X射线进行了开创性的工作，这成为世界X射线空间探测的开端。

1962年6月，美国麻省理工学院以里卡尔多·贾科尼为首的科研组发射了一枚火箭，到达230 km的高度，探测由太阳辐射产生的月球表面的X射线荧光。这是美国宇航局为阿波罗载人宇宙飞船计划做的准备工作，目的是测试月球上X射线的辐射强度。这次观测虽然没有发现X射线辐射，但是却意外地得到了特大收获：在距离月球大约25度的地方，发现了一个位于天蝎座的很强的X射线源，取名为天蝎座X-1。

天蝎座X-1的流量密度非常大，比太阳的大100倍。流量密度是望远镜在单位时间、单位面积、单位频宽上所接收到的能量。X射线光度是天体单位时间内在X射线波段所辐射的总能量。如果流量密度相同，则天体的光度与距离的平方成正比。天蝎座X-1距离地球大约9 000光年，而地球到太阳的距离仅1个天文单位。天蝎座X-1到地球的距离比日地距离远大约5.7×10^{8}倍。计算得知，天蝎座X-1的X射线光度比太阳的要大3.25×10^{19}倍。另外，天蝎座X-1的辐射能量主要集中在X射线波段，比这个天体的可见光波段能量约大1 000倍，成为典型的X射线天体。

这次观测在天文学界引起轰动。这些发出X射线的天体究竟是什么？为什么会发射如此强的X射线？这些疑问很快就使许多天文学家投身到X射线天文学的研究中。天蝎座X射线源的发现被认为是X射线天文学的第一个里程碑。

1964年，由火箭携带的盖革计数器记录下了8个X射线源，其中天鹅座

X–1后来被认证为黑洞的候选者，是地球上观测到的最强的X射线源之一。后来，乌呼鲁卫星对它进行了长期观测，发现其X射线强度有波动，频率为每秒数次，辐射具有1毫秒的变化时标，可以推出辐射源的最大尺度为300 km。后来证实，天鹅座X–1是由一颗蓝巨星和一颗发射X射线的子星组成的双星，蓝巨星质量为25~40个太阳质量，轨道周期为5.6天，天文学家判断这个X射线源的质量超过7个太阳质量，远远超过了中子星质量的上限，这个X射线源被认为是黑洞，成为人类历史上由观测找到的第一个黑洞。图5–2是天鹅座X–1双星中的黑洞示意图，伴星物质源源不断地流向黑洞形成吸积盘，吸积盘内侧的物质不断被黑洞吸食，发出X射线辐射。

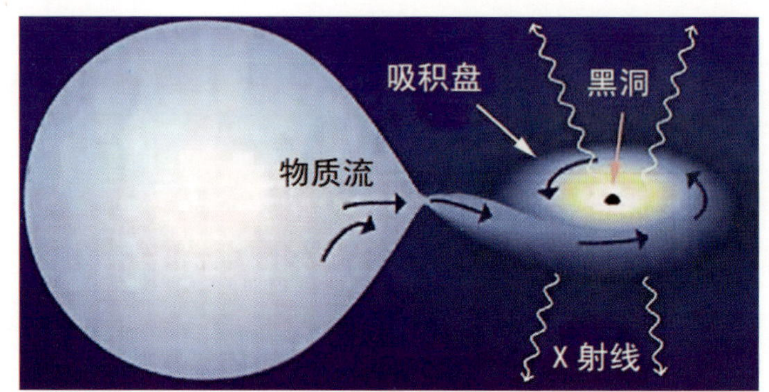

图5–2　天鹅座X–1双星中的黑洞示意图

1968年用火箭探测到射电脉冲星PSR B0531+21的X射线脉冲。人们在20世纪60年代使用火箭共发现了约30个X射线源，并得到初步的X射线天图，它们大部分都集中在银道面附近。X射线天文学的框架已经搭起，但火箭探测有一个致命的缺点——观测时间太短，只能观测几分钟，而且每枚火箭只能用一次，费用昂贵。20世纪60年代，X射线卫星陆续进入太空，X射线天文学开始蓬勃发展。

1.2 从计数器到掠射式X射线望远镜

早期，天文学家利用物理实验室进行粒子物理实验的探测器来接收天体的X射线光子，常用的有正比计数器和闪烁计数器。正比计数器是一个密闭容器，其中充有数个大气压的以惰性气体为主的混合气体。利用稀有金属铍或钛，制成只有0.1 μm厚的薄窗。容器中间有一根或多根阳极丝，并在周围加高压电场。只有一根阳极丝的这类探测器称为正比计数器，有多根阳极丝的称为多丝正比室。当X射线光子通过薄窗进入容器内，入射光子与筒内气体原子碰撞使原子电离，产生电子和正离子。在电场作用下，电子向中心阳极丝运动，正离子以比电子慢得多的速度向阴极漂移。电子在阳极丝附近受强电场作用加速获得能量可使原子再电离。从阳极丝引出的输出脉冲幅度较大，且与初始电离成正比。

在非太阳X射线源的探测方面，为提高灵敏度，常常需要大面积的薄窗正比计数器。这种仪器的制造技术后来发展较快。美国小型天文卫星“自由号”曾使用面积达840 cm^2、厚仅50 μm的铍窗正比计数器。随着X射线能量的升高，正比计数器将失去作用，它的探测上限约为60 keV。更高能量的X射线的探测，则需用闪烁计数器，它是利用物质荧光现象的一种粒子探测器。伽马射线和宇宙线探测都应用闪烁计数器，将在第六章和第七章中详细介绍。

探测器的灵敏度由面积决定，面积越大所接收到的光子数目越多，灵敏度越高。但是，空间观测无法携带特大面积的探测器，这是一个限制。另外，计数器本身没有任何成像和定向功能。为了获得一定的空间分辨率，在计数器的前面放置一个筒状物作为准直镜，只允许一定方向的X射线光子射入仪器，由不同能量范围的探测器接收，因此方向性较差，尤其是不能成像。

不能用普通的光学望远镜去观测天体的X射线辐射。第一个原因是X射线的波长太短，大多短于1 nm，而构成镜面的固体材料中两个原子之间的典型间隔约0.1 nm，所以入射的X射线遇到的是一个非常“粗糙”的表面，这样在遇到每一个原子时会向极其杂乱的各个方向发生散射，不可能按照入射角等于反射角的原理进行反射。第二个原因是X射线具有很强的穿透力，又很容易被介质吸收，而且在介质中的折射率接近于1，因此类似光学望远镜的折射系统也不可能用于X射线。

天文学家一直在设法解决使X射线的观测既有高的分辨率又能成像的问题。对于波长较长、能量较低的软X射线，20世纪60年代时，美国科学家布莱克等人发明了一种X射线针孔成像仪。他们用这种成像仪首次获得了太阳的软X射线图像，并进一步计算出太阳在0.1~6 nm这一波段的流量强度。后来，布莱克等人又对X射线针孔成像仪进行多次改进，使这种仪器的分辨能力不断提高，最后它拍摄太阳X射线图像时的分辨角达到了1角分。X射线针孔成像仪的视场很大，但分辨率和灵敏度都不高。

研究表明，X射线和远紫外线也不是完全没有被介质全反射的可能，当入射角非常小时，如达到1度至2度时，就可能被介质全反射，这就是掠射现象。1952年，天文学家沃尔特首先提出利用X射线的掠射来进行聚焦。X射线和远紫外线的波长相近，但有差别，因此掠射角略有不同。20世纪70年代中期，贾科尼等人成功研制了掠射式X射线望远镜，解决了困惑天文学家多年的一大难题。

图5-3是X射线掠射望远镜的工作原理示意图。望远镜由4层套叠的反射镜的环组成，4层环中每层环圈上都有一组特定的抛物面镜和双曲面镜，

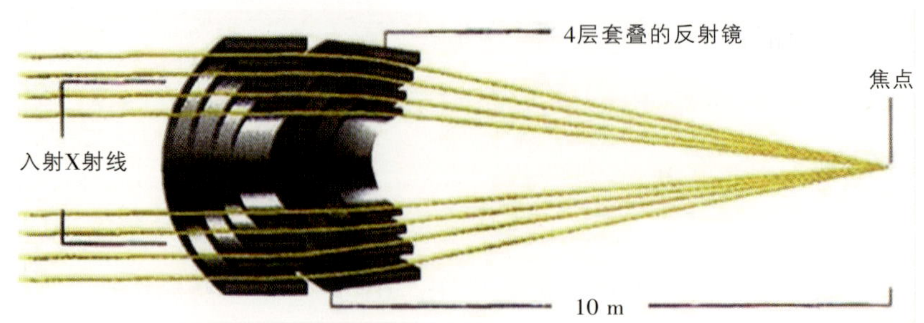

图5-3 X射线掠射望远镜的工作原理示意图

入射的X射线几乎顺着镜面被反射到焦平面，最后获得天体的X射线图像。X射线掠射望远镜使大面积X射线光子聚焦成像成为现实，大大提高了X射线观测的分辨率和灵敏度，能够观测遥远、微弱的X射线源。

1.3 空间X射线卫星的发展

1962年至1969年美国发射了轨道太阳观测台1号（OSO–1）至轨道太阳观测台6号（OSO–6），1969年苏联和东欧共同发射的国际宇宙1号，这些卫星都用来观测太阳的X射线辐射。到了20世纪70年代，X射线卫星迎来了大发展，各个航天大国分别发射了自己的X射线卫星。1970年，美国发射了一颗专门用于X射线探测的乌呼鲁卫星（Uhuru，斯瓦希里语“自由”的意思）（见图5–4），这是美国小型天文卫星系列的第一颗，简称“SAS–1”。由于发射地点在肯尼亚，而发射日期正巧是肯尼亚的独立纪念日，当日该国人民为庆祝独立高呼“乌呼鲁”，遂以此命名卫星。该卫星上携带的两个探测器，分别能达到0.5度和1度的定位精度，可以探测波长0.06~0.57 nm的X射线辐射。因为是专用卫星，可在绕地球的轨道上进行长期观测，在发现单个X射线源后，对这些源进行长期监测，获得这些源的X射线辐射强度随时间变化的信息。它工作了3年，首次完成了X射线波段的系统巡天，取得了全天X射线源的分布图。

图5–4　乌呼鲁卫星的想象图

1974年，由贾科尼领衔的小组发表了利用乌呼鲁卫星对银河系内X射线源的巡天结果，得到了银河系X射线源的分布图。结果表明，绝大多数的银河系X射线源都位于银道面附近，且不超过20度的范围，处在旋臂之中，表现出向银心聚集的倾向。乌呼鲁卫星完成的巡天观测中发现了339个X射线源，为天文学家展示了各种类型的X射线天体。

天体的X射线源是一个未被开发的处女地，真是遍地黄金，新发现接踵而至。乌呼鲁卫星最大的成功是发现和证实了一类新的X射线源的存在，即X射线双星，包括半人马座X-3、天鹅座X-1等十分著名的X射线源。乌呼鲁卫星的发射上天被公认为X射线天文学发展的第二个里程碑。

在乌呼鲁卫星之后，美国、西欧、日本和苏联共发射了20多颗X射线天文卫星。美国宇航局推出的系列卫星中的轨道天文台3号于1972年8月发射，这年正是尼古拉·哥白尼500周年诞辰，于是轨道天文台3号被重新命名为哥白尼卫星。哥白尼卫星虽然以观测紫外线为主，但也携带了三架小型X射线望远镜，用于研究0.3~0.9 nm、0.8~1.8 nm和4.4~6 nm三个X射线波段的星际吸收和X射线源。哥白尼卫星在太空工作了9年半，一直到1981年2月。它获得了大量的X射线观测数据，其中最引人注目的是发现了许多周期长达数分钟的X射线脉冲星。

20世纪70年代，最重要的X射线卫星是美国的高能天文台系列(HEAO)。1977年8月高能天文台1号上天，观测波段从软X射线到伽马射线，工作一年多，于1979年1月关停。它相继发现了一批暂现X射线源、X射线暴源和许多新的X射线源，至20世纪70年代末，已发现的X射线源的总数达到了1 500多个。它还观测研究了能量为2~50 keV的X射线背景辐射，监测了部分活动星系核的X射线辐射，从较长时标上观测了X射线双星等时变天体，以及观测研究了天鹅座X-1毫秒量级的光变。1978年11月高能天文台2号上天，后来改名为爱因斯坦天文台（简称“爱因斯坦”），其观测成果丰硕，将在下节作为重要的X射线天文卫星加以介绍。高能天文台3号用于观测天体的伽马射线，将在第六章中详细介绍。

在20世纪70年代，还有一些X射线卫星上天。1972年3月发射的特德-1A卫星是欧洲第一颗用于观测X射线的卫星，它同时载有紫外探测设备，运行了一年多，因设备故障而停止使用。1974年8月发射的荷兰天文卫星1号是荷兰和美国合作的项目，也是荷兰的第一颗人造地球卫星，兼顾X射线和紫外线观测，有两台X射线计数器，覆盖0.1~30 keV的能量范围。它取得了两个重要发现，一是首次发现主序星五车二的大气发射的X射线辐射（或称星冕的X射线辐射）；二是发现人类先前不曾遇见过的X射线暴。

1974年10月，英国和美国合作的羚羊5号卫星发射上天，主要的观测设备是X射线波段全天监视仪，工作的能量范围是3~6 keV，进行了全天扫描。虽然这种设备的灵敏度和分辨率都不高，但也有重要的观测成果，如发现河外星系的X射线辐射中有铁的发射线，确认赛弗特Ⅰ型星系是一类X射线源，发现一批周期为分钟量级的X射线脉冲星，以及麒麟座新星的X射线暴等。

1975年4月，印度的第一颗人造卫星——“阿耶波多”由苏联的火箭发射上天，阿耶波多是古印度的数学家，这颗卫星为纪念他诞辰1 500周年而命名。它主要用于电离层的研究，也承担X射线观测的任务。最后由于卫星的电力系统故障而停止使用，它没有取得什么成果，但因为是印度的第一颗人造卫星，依然让印度引以为荣。

1975年5月，美国小型天文卫星3号（SAS-3）上天，载有四台X射线设备，都是正比计数器，用于观测能量为0.1~60 keV的X射线。卫星一直工作到1979年4月，在能量为0.1~0.28 keV的软X射线波段进行了巡天观测，确定了一批X射线源的位置，还发现了一批X射线暴，并观测到了掩食双星大陵五的X射线辐射和白矮星武仙AM的X射线辐射。

1979年2月，日本白鸟号天文卫星发射上天，携带的探测器可以观测能量为0.1~100 keV的X射线，侧重对变源的观测。观测发现半人马座X-4

(Cen X-4) 的软X射线光变和一些新的X射线暴，以及X射线暴源的准周期振荡等。

20世纪80年代初，日本的X射线卫星显赫一时。1983年2月，日本天马号天文卫星（ASTRO-B）上天，轨道周期为94分钟，近地点高度为497 km，远地点高度为503 km，轨道倾角为32度，于1988年12月完成使命后被关停。这是一颗比较小的卫星，仅216 kg，可以观测能量为0.1~60 keV的X射线的亮度和光谱。在5年多的时间里，成果颇丰。它观测研究了大质量X射线双星、小质量X射线双星、活动星系核等不同天体在X射线波段的发射线和吸收线。“天马号”观测的另一个重点是活动星系核，一般认为星系核中心有一个超大质量黑洞，当黑洞吸积周围物质时就会在它周围形成吸积盘，并辐射包括X射线在内的电磁波。图5-5是“天马号”拍摄的著名星系核半人马座A在X射线波段的光谱能量分布，在能量为6 keV处观测到铁离子的发射线，图的下部给出了该发射线的拟合曲线。

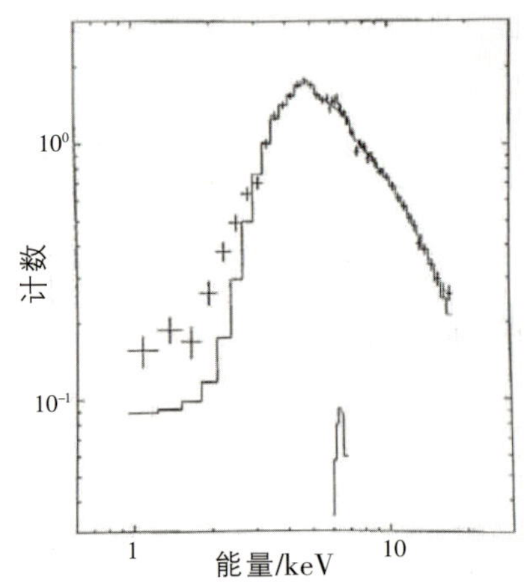

图5-5　星系核半人马座A在X射线波段的光谱能量分布

1987年2月，日本发射银河号天文卫星（ASTRO-C），轨道周期为96分钟，近地点高度为530 km，远地点高度为595 km，轨道倾角为31度，于1991年11月完成使命后停止工作。所载观测设备比较齐全，可以接收能量为1~500 keV的电磁辐射。其最出色的成果是对超新星1987A进行了3年多的监测，获得了能量大于20 keV的辐射的光变曲线，还发现这种光变曲线与钴-56的衰变曲线非常相似（钴-56是钴元素的一种同位素），并推测它是超新星爆炸时产生的。其获得的能量小于20 keV的X射线的光变曲线比较特殊，在特殊阶段有增亮现象。天文学家认为，增亮是因为超新星爆发的冲击波追上了爆发前恒星早先抛射到太空中的物质后发生作用而发出的X射线辐射。

20世纪发射上天的一些比较重要的X射线卫星将在下一节专门介绍，如爱因斯坦X射线天文台、欧洲X射线天文卫星（EXOSAT）、伦琴X射线天文卫星（ROSAT）、意大利和荷兰合作的贝波X射线天文卫星（BeppoSAX）（简称“贝波”）、钱德拉X射线天文台、欧洲X射线观测卫星等。

1.4 贾科尼荣获2002年诺贝尔物理学奖

2002年瑞典皇家科学院发表的新闻公报，宣布把2002年诺贝尔物理学奖奖金的一半授予里卡尔多·贾科尼（见图5-6），表彰他发明了一种可以放置在太空中的探测器，从而第一次探测到了太阳系以外的X射线源，第一次证实宇宙中存在着隐蔽的X射线背景辐射，发现了可能来自黑洞的X射线。他还建造了第一架X射线天文望远镜，为人们观察宇宙提供了新的手段，为创立X射线天文学奠定了基础。

图5-6　天文学家里卡尔多·贾科尼

贾科尼1931年出生于意大利，1954年获得意大利米兰大学宇宙线物理学博士学位，之后以“富布赖特研究生”身份进入美国印第安纳州大学。1959年，28岁的贾科尼受聘加入美国科学与工程公司。1960年，在贾科尼和罗西的开创性论文中，他们研究了X射线望远镜。1962年，贾科尼把3个计数器装在空蜂号火箭里发射到高空，成功地发现了太阳以外的第一个宇宙X射线源——天蝎座X-1；接着又发现了均匀的宇宙X射线背景辐射和另外两个X射线源，其中之一就是著名的蟹状星云；还探测到了可能来自黑洞周围的X射线；新进行的X射线巡天，给出了宇宙新的X射线图像。这些发现开辟了X射线天文学的新领域。

贾科尼不仅在X射线天文学方面做出了划时代的贡献，而且在观测技术上也有许多重大贡献。他和合作者制作了火箭用的天文仪器，还发展了卫星用的天文观测设备。他们设计和研发了许多X射线天文卫星。贾科尼领导研制了世界第一个宇宙X射线探测器——乌呼鲁卫星。他还领导研制了世界第一个装备X射线成像望远镜的爱因斯坦X射线天文台。1976年，贾科尼倡议研制更为强大的钱德拉X射线望远镜，并为这一伟大的X射线探测设备上天做出了贡献。除了在X射线天文学上的辉煌成就之外，他还是紫外、光学和射电等天文学领域中最先进望远镜的领军人物。贾科尼获得的其他奖项还有1981年的布鲁斯奖、1982年的英国皇家天文学会金质奖章、2003年的美国国家科学奖章等。第3371号小行星也以他的名字命名。

现在，经过许多科学家披荆斩棘的开拓，X射线天文学已经发展成为一门大学科，在天文学中占有举足轻重的地位。贾科尼的贡献将永垂人类探索宇宙的史册。

2 探测天体X射线的大型空间设备

20世纪70年代之后，各国发射的一系列携带X射线天文望远镜的天文台中，有四大设备颇为引人注目，它们是爱因斯坦X射线天文台、欧洲X射线天文卫星、伦琴X射线天文卫星和钱德拉X射线天文台。它们的上天服役，使得X射线观测的灵敏度和分辨率得到空前的提高。爱因斯坦X射线天文台被认为是X射线天文学发展的第三个里程碑。

2.1 爱因斯坦X射线天文台

1978年11月发射上天的爱因斯坦X射线天文台（见图5-7）为了纪念爱因斯坦100周年诞辰而命名。它是美国高能天文台系列卫星中的第二颗，携带了一架口径为58 cm的掠射式X射线望远镜，分辨率达4角秒，灵敏度大大高于以前所有用于X射线观测的仪器。在太空中环绕地球工作的2年多时间里，它取得了极大的收获。

在“爱因斯坦”上天之前，极少发现正常恒星的X射线辐射。“爱因斯坦”以其空前的灵敏度记录到银河系内各种正常恒星发出的X射线。新发现的一些恒星在X射线波段发射的能量非常高，竟达到可见光波段能量的1%，而太阳在X射线波段发射的能量仅占可见光波段能量的百万分之一。“爱因斯坦”发现绝大多数类星体都是X射线源，在它所巡视的70多个球状星团中16个有X射线辐射，另外还在双子—麒麟座天区观测到一个直径为300光年、温度为30万摄氏度的X射线气环。这些成果扩大了X射线源的种类，使X射线天文学的内容更加丰富、完整。

图5–7　爱因斯坦X射线天文台

2.2 欧洲X射线天文卫星（EXOSAT）

1969年年末，一些科学家提出建议，为了利用月掩X射线源的观测来确定明亮的X射线源的准确位置，需要研制一颗专门观测月掩星的卫星。在那个时期，X射线观测的定位精度很差，因此无法寻找其他波段的对映体。射电天文观测早期也遇到相同的情况，但是应用月掩射电源的方法确定了射电源的位置，找到了光学对映体，最后发现了类星体，成为20世纪60年代天文四大发现之一。1973年，在这项建议的基础上增加了部分其他任务，改名为欧洲X射线天文卫星。所以这颗X射线卫星有直接指向天体

和月掩X射线源观测两种模式。

欧洲X射线天文卫星服役3年，于1983年5月26日发射上天，1986年4月终止任务。其运行轨道不同于以往任何X射线天文卫星，为了使月球能够掩食比较多的X射线源，选择了一个高度偏心轨道，偏心率达0.93，轨道周期是90.6小时，轨道倾角为73度，最初远地点高度为191 000 km，近地点高度为350 km。由于卫星处在地球辐射带之外进行观测时才不受干扰，因此在近地点附近的部分轨道运行时不能观测。其观测数据直接下传给设在西班牙的地面站。

欧洲X射线天文卫星的个头不小，重500 kg。其观测设备主要是一架用于软X射线观测的掠射式X射线望远镜，口径为28 cm，可观测能量范围为0.04~2 keV。另外还有两个粒子探测器，可观测能量范围分别为1.5~50 keV和2~80 keV。它还装有一个可重复编程的机载计算机的数据处理系统。

欧洲X射线天文卫星从1983年5月开始一直工作到1986年4月，共进行了1 780次观测。除了对X射线源定位外，它还系统地观测研究了诸如活动星系核、恒星冕、激变变星、白矮星、X射线双星、星系团和超新星遗迹等的X射线辐射的特征，发现低质量X射线双星的不规则变化，以及双星系统中的吸积中子星GS 5-1的准周期振荡。经过对星系核光度变化的综合观测研究，发现这类天体的光变周期很短，可以以小时为单位，表明这类天体的个头不大，支持了星系核中心有超大质量黑洞的说法。其对超新星遗迹的观测发现X射线辐射中有铁谱线的存在。

2.3 伦琴X射线天文卫星（ROSAT）

1990年6月发射上天的伦琴X射线天文卫星（见图5-8）由德国、美国和英国合作研制，它是在伦琴发现X射线90周年之际由德国科学家首先提出的。它有两架口径分别为84 cm和57 cm的掠射式X射线望远镜，分别适用于能量为0.1~2 keV的软X射线波段和能量为0.06~0.2 keV的极紫外波段。它携带的X射线望远镜是4层掠射望远镜，总接收面积为1 140 cm^2，分辨率可达4角秒。它的原设计寿命为3年，而实际在太空中成功地运行了8年半，于1998年12月结束使命。

图5-8　伦琴X射线天文卫星

“伦琴”的第一项大任务就是进行全天巡天观测。在为时半年的巡天观测中共发现了约8万个X射线源和约500个紫外源。在以后7年多的时间里，“伦琴”完成了来自26个国家650位科学家提出的9 000多次定点观测，获得的成果远远超过预期。在定点观测中，“伦琴”发现了7万多个X射线源，它发现的X射线源数目达到了此前已知X射线源总数的20倍。

1991年5月和1993年11月，卫星上Y轴、X轴陀螺相继失效，卫星靠磁强计和太阳敏感器定向，指向能力下降20%，但仍取得了一批重要成果，如月球的X射线照片、超新星遗迹和星系团的形态、分子云发出的弥散X射线辐射阴影、苏梅克—列维9号彗星与木星碰撞发出的X射线、双子座X射线源“杰敏卡”的脉动等。“伦琴”对脉冲星的观测使得具有X射线辐射的脉冲星数目由原来已知的9颗提高到27颗，而且发现所有脉冲星的X射线光度和脉冲星自转能损失率之间有强烈的、几乎成线性的正相关，说明X射线辐射的主要来源是脉冲星的自转能。“伦琴”还发现百武彗星、海尔—波普彗星等五颗彗星的X射线辐射，使彗星也成为X射线天体家族的新成员。图5-9是“伦琴”获得的百武彗星的X射线辐射数据与光学观测图

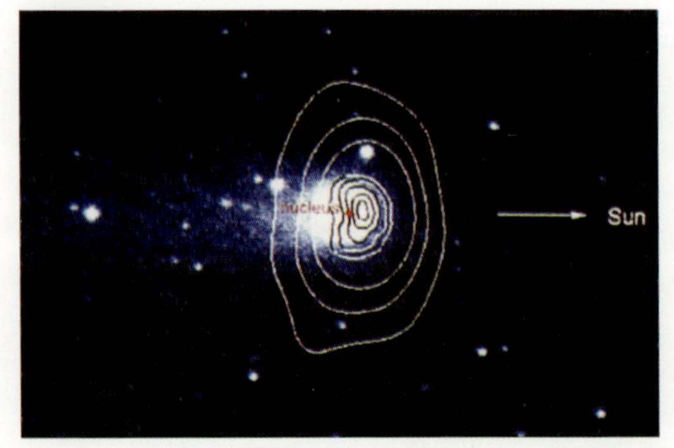

图5-9 “伦琴”获得的百武彗星的X射线数据与光学观测图像合成的结果

像合成的结果，用等高线表示X射线辐射强度的分布，发现中心最强。

这颗卫星给予我们极大的回报，从最近的月球到最远的类星体，从微小的中子星到最大的星系团，几乎所有天体领域都有新的发现。

2.4 钱德拉X射线天文台

美国钱德拉X射线天文台（见图5-10）于1999年7月由哥伦比亚号航天飞机送入太空，为纪念世界著名美籍印度天体物理学家钱德拉塞卡而命名。这是美国宇航局实施的大型空间天文台计划的第三个设备，其特点是兼具高空间分辨率和高能谱分辨率，标志着X射线天文学从测光时代正式进入了光谱时代。

“钱德拉”全长11.8 m，总重21 t，耗资15亿美元。它的主体是一架大型的掠射式X射线望远镜，由4层套叠的反射镜的环组成，4层环中每层环圈上都有一组特定的抛物面镜和双曲面镜，入射的X射线几乎顺着镜面被反射到焦平面（见图5-3）。终端设备有：一台用于成像和光谱分析的CCD成像光谱仪，可观测能量为0.2~10 keV的X射线；一台高分辨率相机，可观测能量为0.1~10 keV，时间分辨率达0.016角秒；一台高能透射光栅光谱仪，可观测能量

图5-10 钱德拉X射线天文台

为0.4~10 keV；一台低能透射光栅光谱仪，可观测能量为0.09~3 keV。它的远地椭圆轨道使它对同一目标有超过48小时的连续观测时间。

“钱德拉”于7月23日发射上天，在7月26日就有意想不到的好结果。类星体PKS 0637–752是钱德拉X射线天文台拍摄的第一个天体，原本天文学家以为仅能获得这个类星体的点状图像，但却意外地发现了类星体的巨大喷流，这个喷流至少长20万光年。

鉴于“钱德拉”具有很高的灵敏度、很宽的频谱范围和很高的谱分辨率，还有很高的空间分辨率和时间分辨率等众多优点，科学家们为它设计了许多艰难的观测任务，可以说“钱德拉”不辱使命，成果辉煌。成果涉及黑洞、脉冲星风云、超新星、超新星遗迹、年轻的类太阳恒星、星云、星系碰撞、星系团中的暗物质和暗能量，以及对生命必需元素起源的了解。“钱德拉”上天使X射线观测从测光时代进入到光谱时代，改变了我们进行天文研究的方式。这说明，对宇宙X射线源进行精确观测是推进我们了解恒星、星系、黑洞、暗能量等的关键。

在“钱德拉”上天10年之际，研究小组公布了10年探测中获得的9张最完美的天体照片，它们是老鹰星云内的创造之柱、超新星遗迹仙后座A、超新星遗迹RCW 86、仙后座A恒星爆炸后的气体壳、M82星系、金牛座蟹状星云（脉冲星风云）、银河系中心部分区域景象、水母星云和斯蒂芬五重星系。为了庆祝“钱德拉”上天15周年，研究小组释放了4张超新星遗迹的新照片，它们分别是蟹状星云、第谷超新星遗迹、G292.0+1.8以及3C58。这些超新星遗迹非常炽热，能量很高，在X射线波段发出明亮的光芒，“钱德拉”以超凡的细节捕获它们。其中脉冲星风云的发现和超新星遗迹的X射线精细图像意义非凡，将在本章第六节中详细介绍。

“钱德拉”对黑洞的发现和观测贡献很大。它发现了迄今最大的恒星级黑洞M33 X–7，这是在近邻星系M33中的一个双星系统，这个系统是

1991年爱因斯坦X射线望远镜发现的。M33 X-7一度被认为是中子星，但没有测出脉冲星的周期。2006年，“钱德拉”对这个X射线源进行了5天观测，发现了掩食的现象，由此精确地获得了双星轨道运动周期，并发现M33 X-7是一个质量约为太阳质量9倍的黑洞，接下来，地面的望远镜观测确认其质量为15.7个太阳质量，伴星为70个太阳质量的主序星。这是迄今为止发现的质量最大的恒星级黑洞。

“钱德拉”发现迄今最年轻的黑洞，只有31年的历史。它是由超新星1979C爆炸产生的残骸所构成的黑洞，位于距离地球约5 000万光年的M100星系。它在1995年至2007年间所释放的X射线的亮度始终如一，所以判定为黑洞。

“钱德拉”在星系NGC 6240中发现了两个黑洞，在一个星系中有两个黑洞的现象前所未有。在这之前的光学、射电和红外观测看到这个星系有两个亮的核，但其本质一直是个谜。“钱德拉”的空间分辨率非常高，看清了X射线图像中的两个亮核，还分别测得它们的能谱，按能谱特征判断，它们是两个超大质量的黑洞。

“钱德拉”发现了星系级黑洞喷发物质现象，发现在距离地球大约2 600万光年的NGC 5195星系中心附近有两个X射线喷射弧。研究小组分析认为，这是星系中心的黑洞向外驱逐物质进入星系的两次巨大喷发所造成的。黑洞在饱食附近的恒星和气体以后，有时会“打饱嗝”，喷射出物质。超大质量黑洞喷出的物质正在逐渐影响宿主星系，该现象被天文学家称为“反馈”。分析认为，NGC 5195星系中超大质量黑洞爆发可能由它与同伴星系NGC 5194的交互活动引爆。黑洞喷发的物质到达两个X射线弧的位置需要时日，到达内弧需要100万~300万年，到达外弧则需要300万~600万年。

“钱德拉”在一个恒星级黑洞IGR J17091-3624周围观察到了从吸积盘中吹出的速度最快的星风（见图5-11）。这个黑洞位于天蝎座中，距离地球约28 000光年。由于强大的引力，黑洞从它的伴星那里夺取了物质，这些物质在黑洞周围聚集，形成了一个炽热的吸积盘。从这个盘中吹出来的强劲星风速度约8.9×10^3 km/s，大约是光速的3%，比以前观测到的最快的黑洞星风速度大10倍！这些源于黑洞周围物质吸积盘的劲风带走的物质或许比黑洞真正吞噬掉的物质还要多。

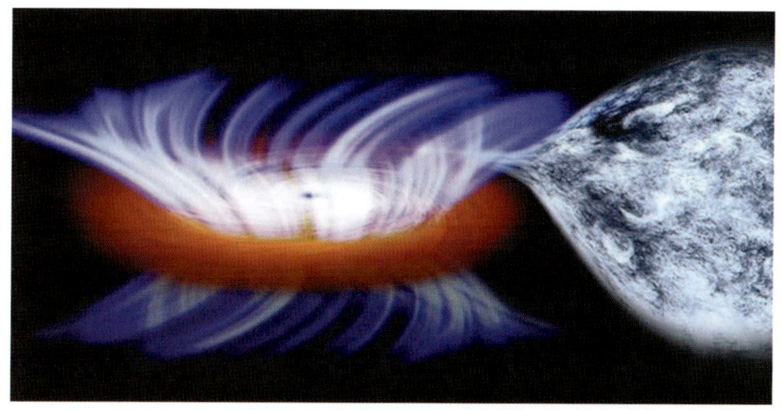

图5-11　从恒星级黑洞IGR J17091-3624的吸积盘中吹出强劲星风的示意图

除了发现上述比较特殊的黑洞外，“钱德拉”的深场巡天加上“斯皮策”的红外观测，揭开了几百个深藏在数十亿至110亿光年处的黑洞的面纱。

恒星喜欢“群居”，它们中大部分都是双星、多重星或星团，“孤家寡人”比较少。星系更是如此。目前已知的几千亿个河外星系，几乎都有自己的伴侣，它们都是双星系、多重星系，乃至星系团的成员。在飞马座的北部边缘，有一个名为斯蒂芬五重星系的星系群，它是法国天文学家斯蒂芬于1877年在马赛天文台发现的。“钱德拉”对其重新观测，增加了X射线数据，使其旧貌换新颜。

后来发现这个星系群中有一个星系是“前景”星系，如图5-12中左下角的蓝色星系（NGC 7320），故有的文献又称这个星系群为四星系碰撞，即图5-12中的四个泛着黄色辉光的星系，彼此相距较近，引力把它们联结在一起，距离地球大约3亿光年。中心两个星系是NGC 7318A和NGC 7318B，因为碰撞已经逐渐地合二为一。照片左上角的星系是NGC 7317，照片右下角的星系是NGC 7319。这个星系群是第一个被确定的紧密星系团，一发现便引起广泛的关注。如今，已经知道成百上千的星系团，但很少有像“斯蒂芬”这样壮丽的。图5-12中“钱德拉”观测的数据用蓝色表示，叠加在由设在夏威夷的加拿大—法国—夏威夷联合望远镜拍摄的照片上，可以看出照片中央展现的是由星系碰撞所产生的X射线辐射。

图5-12 “钱德拉”观测四星系碰撞(又名斯蒂芬五重星系)所获得的X射线数据(蓝色)和地面望远镜所拍摄照片叠加的结果

2.5 欧洲X射线观测卫星

1999年12月发射上天的欧洲X射线观测卫星（见图5-13）是可以与“钱德拉”媲美的大型X射线观测设备。这颗卫星重3.8 t，长10 m，装备了三架掠射式X射线望远镜，每个望远镜由58个套筒组成，最大的一层直径为70 cm，焦距为7.5 m，总接收面积达到4 300 cm^2。在焦平面上放置了三台欧洲光子成像照相机，能观测能量为0.2~12 keV的X射线辐射，可以进行X射线成像、X射线测光和中等分辨率分光观测。焦平面上还有两台反射式光栅分光仪，可以获得高分辨率的X射线光谱。它还装备了一台光学监视器，这是一架口径30 cm的光学/紫外望远镜。

图5-13 欧洲“XMM-牛顿”卫星

“XMM-牛顿”的轨道是椭圆形的，近地点高度为7 000 km，远地点高度为114 000 km，轨道倾角为40度，周期为48小时。它的飞行轨道可以令其长时间、不间断地观测深空。

“XMM-牛顿”服役10多年，成果累累，获得了诸多突破，出色的观测结果不胜枚举。它的观测对象包括黑洞、星系核、星系团、暗物质、宇宙纤维、双星、火星，前10年科学家们用它的观测数据写成的论文多达2 200篇。下面介绍几项突出的观测成果。

“XMM-牛顿”发现超大质量黑洞吹出的“死亡之风”：它与核光谱望远镜阵列卫星（NuSTAR）配合对黑洞PDS 456进行多次观测，发现了这个超大质量黑洞吹出的“死亡之风”。这股星风每秒携带的能量超过1万亿个太阳辐射的能量总和，几乎使其所在的星系停止了新生恒星的出现。这是一个极端明亮的黑洞，即天文学家所称的类星体，距离地球超过20亿光年。最初，“XMM-牛顿”观测确认这个黑洞存在朝向地球喷射的星系风以及其中的铁离子成分，但无法确认它在其他方向上是否同样存在这样的星系风。核光谱望远镜阵列卫星的高能波段X射线观测数据给出散布于黑洞侧边方向的同样的铁离子信号，从而确认这股星系风的喷涌并非只朝着一个方向，而是以一种近乎球形的方式向四周全面扩散。这是“XMM-牛顿”与核光谱望远镜阵列卫星相互协同观测的一个重大成果。

“XMM-牛顿”发现黑洞喷流的一些新的性质：恒星级黑洞常常窃取其周围的物质并在黑洞周围形成一个旋涡状的吸积盘结构，物质粒子之间的相互高速摩擦致使温度急剧上升，发出剧烈的X射线辐射。黑洞是一个非常挑剔的物质吞噬者，它会将其中一部分吞食的物质喷射出来，形成强大的物质喷流结构。在射电波段已经观测到黑洞的喷流中存在几乎以光速运行的电子，但一直不知道喷流中是否有其他物质。“XMM-牛顿”对著名黑洞4U1630-47进行多次观测，发现它的喷流中存在两种重元素——铁和镍的高度电离的核。这是一项令人惊奇又兴奋的发现，终于证实了黑洞喷流结构的成分非常丰富，远超过此前认为仅仅是电子的观点。有关这个发现的论文发表在《自然》上。

“XMM-牛顿”发现超大质量黑洞IRAS 17020+4544的极端快速喷流：这个黑洞处在赛弗特星系的核心，距离地球8亿光年，有近600万个太阳质量。观测发现从黑洞吹出来的星风速度达到23 000~33 000 km/s，约为光速的10%。中心处的风足够强大，可以加热星系的气体，压制恒星形成。这是第一次在一个相对正常的旋涡星系中发现极端快速的喷流（见图5-14），而且首次从中检测出较轻的元素——氧，而以前检测到的元素是铁。

图5-14　从旋涡星系吹出的风

“XMM -牛顿”发现三条巨大的纤维状气流：星系往往有聚集的倾向，形成更大的星系团。星系团是由引力作用构成的最巨大的宇宙结构。星系含有大量的热气体，还有很多看不见的暗物质。在更大的尺度范围内，星系和星系团似乎由一个巨大的纤维状的网络联结起来（见图5-15）。“XMM-牛

图5-15　宇宙中通向星系团的网络

顿”的发现印证了这种看法，它发现三条修长的纤维状炽热气流正在流向一个星系团。

“XMM-牛顿”的巡天观测发现宇宙大尺度结构的不均匀性：为了研究宇宙大尺度的结构和演化，它针对星系团进行了一个最大巡天计划，其宏伟任务是要反映宇宙一半年龄时星系团的分布，跟踪观测宇宙大尺度结构的演变。巡天覆盖了两个巨大的地区，其面积相当于100倍满月，共观测到450个星系团。观测结果表明，宇宙中物质的大尺度分布是不均匀的，纤维状的物质结构把星系团中的星系联结在一起，其中还有大小不同的空洞。图5-16是“XMM-牛顿”巡天南方场的结果。

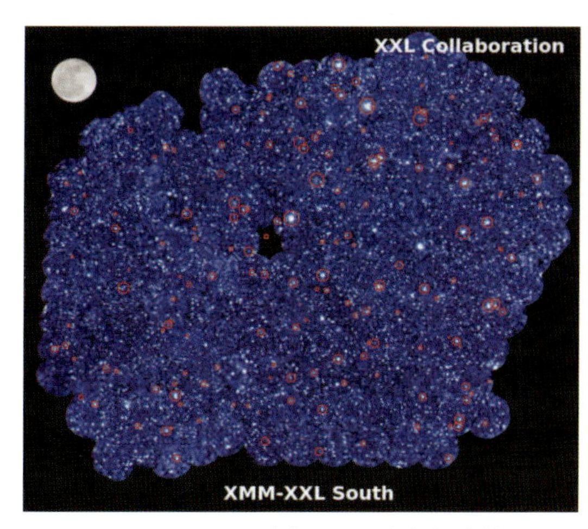

图5-16　“XMM-牛顿”巡天南方场的结果

“XMM-牛顿”发现迄今轨道周期最短的双星：这是由一颗质量只有太阳的20%的红矮星和一个黑洞组成的双星系统。“XMM-牛顿”测出了双星的轨道周期仅有2.4小时，比之前发现的双星最短周期少了将近1小时。其实，这一双星最早是2010年9月25日由美国雨燕卫星发现的，当时误认为它是一个伽马射线爆发。后来，日本搭载在国际空间站上的望远镜观测到在同一位置有明亮的X射线源，但不知道它是双星系统。

据贾科尼估计，从1962年到1999年，X射线探测的灵敏度提高了100亿倍左右，这样便能观测到更多、更深、更远的天体。表5-1是20世纪大型空间X射线探测设备的主要参数。观测技术在X射线波段上的迅速进步，以及所取得的许多前所未见的重大发现，使X射线天文学成为堪与光学天文学和射电天文学并驾齐驱的、新兴的天文学分支，展现出光辉的发展前景。

表5-1　20世纪大型空间X射线探测设备主要参数

探测器名称	爱因斯坦	EXOSAT	ROSAT	钱德拉	XMM-牛顿
口径	58 cm	28 cm	84 cm &57 cm	1.2 m	70 cm
镜片(嵌套数)	4	2	4	4	58
面积/cm^2	350	80	1 140	1 100	4 300
焦距/m	3.54	1.09	2.4	10	7.5
镀膜	Ni	Au	Au	Ir	Au
可探最高能量	5 keV	2 keV	2 keV	10 keV	12 keV
分辨率/角秒	4	18	4	0.5	20
上天时间	1978年	1983年	1990年	1999年	1999年

3 特点鲜明的空间X射线卫星

20世纪上天的大型X射线望远镜把X射线空间观测推向高潮，持续至今。1996年上天的贝波X射线天文卫星，因为发现伽马射线暴的X射线余晖，帮助解决了伽马射线暴源距离之谜而备受称赞，成为有鲜明特色的X射线卫星。21世纪初陆续上天的一批中、小型X射线卫星，各有观测的侧重点和技术上的创新，如罗西X射线计时探测器（RXTE）（简称“罗西”）侧重探测X射线源的快速光变；核光谱望远镜阵列卫星（NuSTAR）强调观测与原子核跃迁相关的高能X射线；中国硬X射线调制望远镜（HXMT）虽然可观测软X射线，但其重点是实现硬X射线的巡天，并观测高能天体黑洞等；日本主导的新X射线天文卫星（ASTRO-H），波段范围从软X射线到伽马射线，属于观测课题比较全面、技术比较先进的观测设备。

3.1 贝波X射线天文卫星（BeppoSAX）

“贝波”是意大利研制的X射线卫星，为了纪念意大利天文学家朱塞普·欧西里尼而命名，他的昵称为Beppo，中文译名为贝波。后来荷兰加入合作。由于研制过程比较拖拉，又一再追加经费，备受指责，曾被意大利人认为是一个面子工程，就连参加这项工程的意大利科学家也不坚信其能成功上天。国际同行也不看好，认为这个一拖再拖的X射线探测卫星，即使上天也会失去先进性，不会有什么大作为。原计划于1986年发射，拖到1996年4月30日，才借助美国火箭发射上天。这颗X射线卫星在设计上是有优点的，以观测天体的X射线为主，兼顾对伽马射线暴的发现和监测。它观测的能量范围比较宽，灵敏度也比较高，可以观测比3C 273弱20倍的源。

“贝波”携带了五台X射线探测仪器。其中有两台光谱仪，分别用于低能X射线和中能X射线，均能成像；中能光谱仪包括三台同样的气体闪烁正比计数器，它们对能量为1.3~10 keV的X射线敏感；低能光谱仪和中能光谱仪几乎一样，只不过它的窗比较薄，能够让能量低至0.1 keV的X射线进入。有一台高压气体闪烁正比计数器，气压高达3个大气压，意味着高密度，可以探测到能量高达120 keV的光子。还有一台复合晶体探测器。这四台仪器一般指向同一方向，因此可以同时对一个天体在很广的能谱（0.1~300 keV）上进行观测。第五台仪器是大视场照相机，由两个编码光圈照相机组成，它们的感光范围为2~30 keV，每个照相机的视场为20度×20度。复合晶体探测器在100~600 keV能量范围几乎有一个全天视场，可作为发现伽马射线暴的设备。它发现伽马射线暴后，大视场照相机跟进拍摄其X

射线余晖，进行定位。

“贝波”是用来研究银河系X射线源的，监测伽马射线暴只是一个附带的任务。伽马射线暴是美国“维拉4号”于1967年7月2日发现的，之后的30年，尽管天文学家十分关注伽马射线暴，也相继发现了几千个伽马射线暴，但是没有测出任何一个伽马射线暴的距离。大型伽马射线望远镜上天也没能解决这一问题。但“贝波”却帮助解开了伽马射线暴距离之谜，立了头功，详情将在第六章介绍。“贝波”在X射线观测方面也有些成果，但相比观测到伽马射线暴的X射线余晖来说，就不值一提了。“贝波”一直运行到2002年4月30日，最后坠入太平洋。

3.2 罗西X射线计时探测器（RXTE）

罗西X射线计时探测器是美国宇航局于1995年12月30日发射的一颗X射线天文卫星，目的在于探测X射线源的快速光变。它不能成像，但是具有良好的时间分辨本领、较宽的波段和较大的接收面积。它携带了三台不同用途的仪器，第一台是全天监视器，用于快速巡天，主要观测软X射线，可观测能量范围为2~10 keV。它的主体是三个并联的广角相机，三个相机加在一起的接收面积为90 cm^2。相机后面配有正比计数器，用来记录从外面进入的X射线光子。全天监视器的灵敏度并不高，分辨率也比较差，但是它具有的独特优势是视场大、反应速度快，只需一个半小时就可以对天空中的大部分区域完成一次扫描，特别适合观测X射线变源。如果宇宙中发生某些转瞬即逝的X射线事件，它更容易觉察到，相对于当时在天上运转的其他X射线观测设备优越得多。第二台是高能X射线计时实验装置，视场约1平方度，可观测能量范围为15~250 keV，属于低能伽马射线波段。时间分辨率也很高，可以达到0.01秒。第三台是正比计数器阵列，接收面积为6 500 cm^2，可观测能量范围为2~60 keV，时间分辨率达到了1毫秒。

截至2011年，“罗西”已经工作了16年，有很多发现，属于长寿的空间望远镜之一。例如它发现只有3.8个太阳质量的黑洞XTE J1650–500以及在M82中发现黑洞X–1。前者是已知的黑洞中质量最小的，接近恒星级黑洞的质量下限。另外还发现X射线源频率为千赫兹量级的准周期振荡，以及观测研究了天鹅座X–1的软X射线的暂现状态和伽马射线暴的X射线余晖。

“罗西”还有一项特殊的贡献，那就是对银河系背景辐射的研究。20世纪70年代末，美国高能天文台1号发现银河系在硬X射线波段也有背景辐射。科学家们对此有两种截然不同的解释，一种看法认为，银河系硬X射线背景辐射来自银盘中的热气体（热等离子体），可能是高速电子轨道改变产生的韧致辐射，这要求电子的速度和热等离子体的温度特别高。第二种看法认为，银河系中的硬X射线背景辐射来自银盘中的恒星，由于观测设备空间分辨率不高，看成了模糊一片的背景辐射。“罗西”的观测解决了这个难题，它的观测波段与高能天文台1号相似，但空间分辨率要高出几个数量级。这次观测分解开了硬X射线的背景辐射，发现它们是来自银盘中的恒星。

3.3 美国核光谱望远镜阵列（NuSTAR）

2012年6月13日，美国成功将一颗名为核光谱望远镜阵列的卫星（见图5–17）发射上天。这颗天文卫星是由美国主持、意大利和丹麦参加的合作项目。所谓核光谱是为了强调与原子核跃迁相关的高能X射线，这属于美国宇航局“小型探测器”项目，但它却是世界上第一架可直接成像的X射线太空望远镜，也是第一颗以硬X射线成像为根本任务的天文卫星。

核光谱望远镜阵列的口径不大，但平行设置了两个相同的锥形掠射望远镜，增加了有效接收面积。其焦距为10.15 m，这样长的焦距使得望远镜太过修长，发射时将其折叠到2 m，升空以后，镜筒再完全展开。每个聚焦光学系统由133个同心外壳组成，采用新的技术使79 keV这样高能量的X

图5-17 美国核光谱望远镜阵列示意图

射线光子还有很高的反射率。它可观测的能量范围为3~79 keV，比“钱德拉”和“XMM-牛顿”所探测的能量范围都要高。其主要科学目标是进行深度巡天，以调查比太阳质量大10亿倍的黑洞，研究不活跃的星系中的粒子是如何加速到极高的能量，并了解超新星遗迹中留存的元素。

2014年，英国天文学家在银河系附近的星暴星系M82中，发现百年难得一见的明亮超新星（SN 2014J），用核光谱望远镜阵列进行观测，发现这是一个极高亮度的X射线源，很多学者都认为它是黑洞，但经过仔细分析后，发现它是一颗周期为1.37秒的脉冲星。以前从未观测到这么亮的X射线脉冲星，它的辐射已经大大超过了爱丁顿光度上限的100倍。如果一个天体太亮，其辐射压超过天体的引力，就会使这个天体解体，导致恒星解体的光度就是爱丁顿光度上限。脉冲星的典型质量是1~2个太阳质量，因此可以算出它的辐射压是否超过了引力。以前曾有个稍微超过爱丁顿质量极限的例子，而像这个大大超过的例子实属首次，成为一个谜。

核光谱望远镜阵列观测到的被称为“上帝之手”的超新星遗迹给我们展现了其不为人知的一面。这个遗迹距离地球约17 000光年，其中有一颗名叫PSR B1509-58的脉冲星，以每秒7圈的速度自转，不断地向周围喷射高能带电粒子束。这些高能粒子在超新星遗迹磁场的作用下，沿螺旋形的轨道高速运动，辐射X射线，形成如张开的手掌形状的脉冲星风云。科学家们以往的解释是高能带电粒子与脉冲星周围的介质发生相互作用产生的X射线辐射形成风云。然而，现在的情况则是，可能在星云形成之初就已形成了手的形状，或者这只手仅是一种错觉。

位于纳米比亚的高能立体望远镜系统（HESS）已在银河系中发现了超过80个强伽马射线源。其中绝大多数与超新星爆发有关，但也有一些还不清楚是何种天体。高能立体望远镜系统发现的HESS J1640-465是迄今最明亮的伽马射线源之一，已确认它与一个超新星遗迹有关，但产生如此强大的伽马射线的机制还不清楚。不过，“钱德拉”和“XXM-牛顿”的观测显示，伽马射线可能来自一颗脉冲星，但由于云气的遮挡难以直接观测。核光谱望远镜阵列的观测弥补了它们的不足，因为高能X射线可以穿透云气传播，它以很高的精度测量了这个源的X射线辐射的脉动，发现了脉冲星PSR J1640-4631，测出它的自转周期约为0.2秒，自转变慢速率是30毫秒/年。

核光谱望远镜阵列和雨燕卫星发现飞马座超大质量黑洞MRK 335出现了极端高能粒子流，就像是一个倒立的火炬，场面极为震撼(见图5-18)。超大质量黑洞本身是不发光的，没有任何光线能够逃出黑洞视界，但黑洞在吸积时物质会聚集在物质盘周围，接近光速运行。巨大的摩擦会导致物质被加热到极高的温度，发出强烈的X射线。黑

图5-18　MRK 335的喷流示意图

洞还能发射强大的粒子流，但不清楚这是如何形成的。对于高能粒子流，现有两种猜测，第一种猜测是类似灯泡释放能量的结构，粒子沿着自转轴释放，即灯柱模型；第二种猜测是在黑洞周围形成巨大的弥散圆环，酷似三明治。目前的观测比较支持灯柱模型。

MRK 335位于距离地球3.24亿光年外的飞马座方向上一个星系的中央，是全天最亮的X射线源之一。该黑洞的致密程度相当于将1 000万倍的太阳质量集中在30倍太阳直径的空间中，由于其自转速度极快，周围的时空也被拖拽，导致黑洞周围形成了极端的空间环境。自2007年开始，雨燕卫星已经发现MRK 335的周围爆发了能量闪光，并监测多年，最近发现其X射线亮度出现了有趣的变化。核光谱望远镜阵列继续观测，目睹了辉光的后半段释放。整个过程就像一个极强的喷射流，移动速度非常快，其速度约为20%的光速。

3.4 日本X射线天文卫星

2005年7月，日本发射了朱雀号X射线天文卫星（ASTRO-E2），该卫星携带了高分辨率X射线成像光谱仪、X射线微热量计和硬X射线探测器，观测能区为0.4~700 keV。高分辨率X射线成像光谱仪是第一个在轨的X射线微热量计阵列，可探测黑洞及活动星系核等复杂的高能过程。它可以与美国的“钱德拉”、欧洲的“XMM-牛顿”共同观测一个天体，利用各自的特长收集观测数据。

日本主导研究的新X射线天文卫星（ASTRO-H）由美国、欧洲、加拿大、荷兰合作完成，汇集了当今最新的技术，成为一颗比较重要的X射线天文卫星，于2016年2月17日发射上天，运行在高度为550 km、倾角为31度的近地轨道，周期约96分钟。这是日本目前最大的空间望远镜，卫星全长14 m，重2.7 t，工作在软X射线到伽马射线波段，拥有世界上最先进的X

射线天文观测能力。在软X射线波段，卫星有两个软X射线望远镜，其后端分别装有用于成像的软X射线成像仪和用于拍摄光谱的软X射线摄谱仪。其中软X射线摄谱仪的工作能段为0.2~10 keV，可在接近绝对零度的低温下工作。卫星上的硬X射线望远镜的焦平面处放置了硬X射线成像仪，观测能段为5~80 keV，这是世界第一台硬X射线的聚光成像设备。这颗卫星装备了日本开发的大面积CCD软X射线成像探测器，可以进行宽视场的高灵敏度观测，能够观测80亿光年的遥远的X射线源。

3.5 我国X射线空间观测的发展

我国的X射线天文学在20世纪70年代后期开始起步，紫金山天文台率先提出在太阳活动峰年期间发射天文卫星，因此有了天文一号卫星计划。1984年，国务院决定把天文卫星归航天部统一管理，天文一号卫星计划也就随之取消。虽然没有了天文卫星计划，但空间探测器的研制已经起步，后来采取搭载的方式，陆续把一些空间探测器送上了天。最早上天的是1981年搭载实践二号卫星观测太阳的X射线探测器。

1977年，中国科学院根据高能物理研究所的提议，决定开展气球空间探测，有高能物理研究所、大气物理研究所、空间科学与应用研究中心、上海天文台等单位参加。1983年建成香河气球地面站，在1984年至1990年间进行了多次观测，其中还有中日和中俄的合作观测。高能物理研究所先后研制了四台高能X射线望远镜，用高空气球携带上天，在硬X射线波段成功地对蟹状星云脉冲星和天鹅座X-1进行了观测。

2001年1月10日，我国研制的三台高能天文观测设备随神舟二号飞船发射升空，成功地观测到若干宇宙X射线和伽马射线爆发事例。第一台是紫金山天文台研制的超软X射线探测器，探测能段为0.2~2 keV。第二台是高能物理研究所研制的X射线探测器，探测能段为10~200 keV和40~

800 keV。第三台是紫金山天文台研制的伽马射线探测器，探测能段为200 keV~8 MeV。另外，高能物理研究所专门为“嫦娥探月”工程研制了X射线谱仪。

发射中国自己的天文卫星一直是我国天文工作者的追求。李惕碚院士主持的硬X射线调制望远镜的预研和获得国家立项的历程展示了一个赶超国际水平的动人故事。这个项目实际上包括了高能、中能和低能等三架X射线望远镜，覆盖了整个X射线波段，其中硬X射线波段部分具有国际先进水平，成为这架望远镜的亮点。由于硬X射线成像的技术困难，直到20世纪90年代末国际上都未能实现硬X射线巡天的目标。

1992年，李惕碚和吴枚发明了一种直接解调的方法，用简单、廉价的X射线探测器就可以实现宽波段、高分辨率和高灵敏度的X射线成像巡天，以及对黑洞、中子星等高能天体的短时标光变和宽波段能谱的观测研究。经历了十几年的反复申请和评审，在2005年8月和2007年3月被列入国家《“十一五”空间科学发展规划》和《航天发展“十一五”规划》。虽然在时间上晚了一些，丧失了首先开辟硬X射线巡天的难得机遇，但是这架望远镜的观测能力仍然在世界上名列前茅，在巡天和黑洞观测研究方面大有可为。硬X射线调制望远镜的有效载荷在2016年6月中旬完成整星各阶段测试、软件落焊和各大型环境试验，相信离发射上天的时间不会太久了。

硬X射线调制望远镜的工作能区由三架望远镜（低能、中能和高能）分别承担，都是准直型探测器，直接扫描数据可以实现高分辨率和高灵敏度成像，而大面积准直型探测器又能获得特定天体的高统计和高信噪比数据，使硬X射线调制望远镜既能实现特定天体和特定天区的成像，又能通过宽波段时变和能谱观测研究天体高能过程。这三架望远镜的工作能区分别是：低能区（软X射线）为1~15 keV，中能区为5~30 keV，高能区（硬X射线）为20~250 keV。

4 太阳空间X射线观测

太阳的辐射覆盖电磁波的整个波段，除光学和射电波段外，还有X射线、伽马射线、红外线、紫外线等不可能在地面上观测的波段。利用火箭和卫星携带X射线探测器观测天体的X射线都是从观测太阳开始的。太阳是与人类关系最为密切的天体，太阳上发生的一些重大的活动现象对地球环境会产生很大影响，因此需要24小时不间断地监测太阳，进行准确的太阳活动预报。

4.1 太阳物理和日地关系的观测研究

太阳X射线的探测，主要弄清了它的三个成分：一是日冕高温等离子体的连续辐射和其他谱线辐射，构成了X射线辐射的宁静成分；二是温度在百万摄氏度以上的日冕凝聚区的超热等离子体所产生的辐射，构成X射线辐射的缓变成分，在日面上呈现为X射线亮斑；三是太阳活动区所产生的X射线爆发，构成了X射线辐射的突变成分，在日面上呈现为X射线耀斑。空间大型X射线望远镜已具有角秒量级的高分辨本领，这就为深入研究太阳现象创造了条件。

太阳上经常发生各种复杂的活动过程，如太阳黑子、耀斑、谱斑、亮斑、暗条、冕洞、日冕物质抛射和射电爆发等。其中X射线耀斑和X射线亮斑的发现大大增进了人类对太阳活动区的研究和认识，而X射线冕洞的发现，更是太阳物理学的一项重大成果。现在已经查明，X射线冕洞就是高速太阳风的风源。耀斑会发出强烈的紫外线、X射线、射电辐射以及高能带电粒子（太阳风），日冕物质抛射会把大量的物质抛射到四面八方，形成强大的太阳风。

耀斑产生的软X射线可以到达地球电离层低层，与中性大气成分相互作用，产生电离，造成短期内电离度突然增加，从而造成电离层扰动。太阳的紫外辐射能在大气中形成臭氧层。耀斑产生后，紫外辐射大大增强，会影响臭氧层的变化。由于臭氧层能吸收大部分的太阳紫外线，使得地球上的生物免受太阳紫外线的直接强烈照射，因此对地球上生物的生存有重大意义。太阳风到达地球附近和地球磁场相互作用后，把地球磁场约束在一个范围内，形成磁层，还可能造成地球磁暴。太阳活动有平均约11年的变化周期，有太阳活动极大年和极小年，平均间隔5年多。对地球而言，太阳的自转周期约为27天，如果太阳上一个局部区域的活动持续27天以上，那么这种活动现象对地球的影响就有27天重现周期。

总之，太阳剧烈的活动会影响地球，造成近地环境的变化，对地球磁层、等离子体层、电离层和中低层大气，甚至生物圈等产生影响，由此产生了一门新的学科——日地关系学。人类需要摸清太阳活动的规律和产生的机制，弄清楚它们对地球的种种影响，准确预报太阳活动现象的产生、发展和消失，以及如何预防和避免太阳剧烈活动对地球和人类造成的伤害。对太阳进行24小时的监视和多方位的观测，这正是太阳空间观测的重要任务。

4.2 太阳X射线的空间观测

1960年，美国发射的先驱者5号探测器成为人类第一个对太阳进行X射线观测的设备。从1962年3月到1975年6月，美国发射了轨道太阳观测台系列飞船，在X射线、伽马射线和远紫外波段进行观测，积累了大量的观测资料。1973年发射的天空实验室是美国的第一个空间站，上面专门设有太阳观测设备，共拍摄了太阳X射线、紫外线和可见光波段的照片75 000张，还拍摄到了冕洞的照片和耀斑爆发的全过程。1980年2月14日，美国发射的太阳峰年卫星发现了日冕物质抛射现象。冕洞和日冕物质抛射现象的发现十分重要，成为后来发射上天的太阳探测卫星的重要研究课题。

1991年发射上天的阳光号卫星是日本、美国和英国的合作项目，共携带四台仪器，分别是一台软X射线望远镜、一台硬X射线望远镜和两台光谱仪。其中软X射线望远镜最为有名，分辨率很高，拍摄到了很好的太阳X射线图像。它在太空工作了10年，几乎是一个太阳活动周期，取得了极其丰富的观测资料，最后因发电能力不足而结束观测使命。

日冕具有比太阳光球高得多的温度，可达到百万摄氏度，而太阳光球仅约6 000 ℃。这样高的温度所产生的X射线和远紫外波段辐射远比太阳光球发射的相应波段辐射强得多，因此无须遮挡太阳光球就可以很好地观测日冕，这比日全食时观测日冕以及用日冕仪观测要优越得多。因为日全食观测和日冕仪观测都把太阳光球遮挡起来，所以只能观测日面边缘以外的日冕，所获得的日冕信息很不全面。

阳光号卫星上的X射线望远镜拍摄的太阳单色图像显示出日冕的结构和形态，可以看到上面存在一些比较亮的局部区域和被认为是冕洞的比较暗的区域。10年的观测结果说明，太阳X射线辐射的变化与太阳黑子的11年周期性变化同步（见图5-19）。

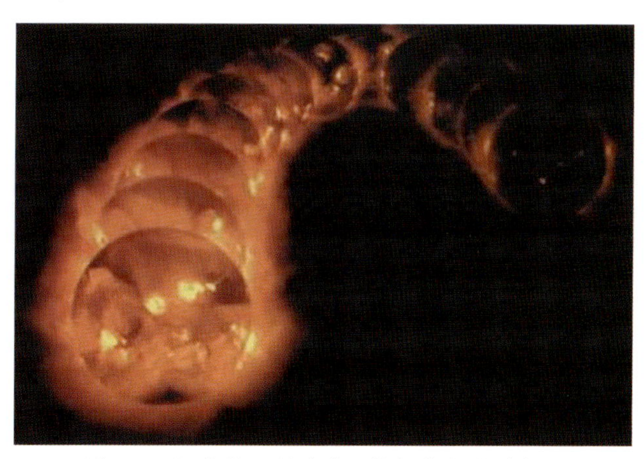

图5-19 阳光号卫星在软X射线波段观测太阳10年的结果

2006年上天的日出号太阳观测卫星又称“Solar-B”，是阳光号卫星项目的继续和深入，由日本、美国、英国及欧洲其他国家联合研制。这颗卫星携带了三架望远镜：可见光与磁场望远镜、X射线望远镜和极紫外望远镜。这三架望远镜都具有很高的分辨率，重点观测耀斑等太阳活动。

日本学者根据日出号卫星的资料和数据完成的研究论文中首次确定了一个太阳风大量喷发的区域，形象地称它是太阳风风口。这个太阳风风口位于太阳强磁场的活动区域和低密度区域的交界部分，等离子流以约140 km/s的速度从此处向外喷发，整个风口区域的面积相当于地球横截面面积的3倍，喷出的等离子流约占太阳等离子流总释放量的1/4。

4.3 “探险者”观测太阳软X射线爆发

探险者系列是美国最早的、也是历时最长的科学卫星系列，自1958年2月探险者1号发射以来，美国共发射了74颗探险者卫星，并将延续下去。探险者33号和探险者35号在1~6 keV能段上记录到4 028个太阳软X射线爆发。与太阳脉冲式硬X射线爆发相比，软X射线爆发变化较为缓慢，缺乏脉冲特征，持续时间较长。一般认为软X射线爆发是热辐射或准热辐射性质的。科学家们的统计研究得出，最普遍的上升时间为4分钟，未观测到上升时间短于1分钟的爆发；最普遍的衰减时间为10~13分钟；最普遍的持续时间为8~24分钟，未观测到短于2分钟的爆发。在爆发强耀斑的情况下，有时可持续1小时或更长时间，这是由于活动区出现强耀斑之后，接着出现一组较弱耀斑所致。统计分析表明，大约有70%的软X射线爆发可认为是由H_α耀斑引起的，有的耀斑不伴随软X射线爆发。X射线爆发与H_α耀斑的对应数目同X射线爆发的识别标准有关：降低X射线爆发的识别标准，H_α耀斑引起X射线爆发的百分比就会增大。此外，有些X射线增强找不到对应的光学耀斑。大多数人认为，这些同耀斑没有对应关系的X射线的增强，有的和比弱耀斑更小的亮点相联系，有的同太阳上的冲浪、爆发日珥、射电Ⅲ型爆发或活动区的温度变化有关。

4.4 拉马第高能太阳光谱成像探测器

拉马第高能太阳光谱成像探测器（见图5–20）是美国宇航局于2002年2月5日发射的一颗太阳探测卫星，主要目的是研究太阳耀斑中的粒子加速和能量释放过程，原名为高能太阳光谱成像探测器，为纪念太阳高能物理领域的先驱人物鲁文·拉马第而更名。其观测范围覆盖了从3 keV的软X射线波段到20 MeV的伽马射线波段，并具有极高的谱分辨本领。该探测器最初计划仅工作2年，随后的数次扩展任务使科学家们收集到更多太阳表面爆炸事件。10年中它共观测到了4万多次由太阳耀斑引发的X射线爆发。探测器发射后不久，太阳活动达到极大期。探测器多次观测到太阳表面发生大爆炸，并释放出巨大的能量，包括了两次太阳耀斑和日冕物质抛射。探测器还发现一些小规模的耀斑，这种现象一般发生在太阳表面较活跃的区域，与更大规模的事件有关。另一个有趣的发现则是探测器观测到的太阳形状，由于太阳的自转，太阳的形状不是一个完美的球形，与地球赤道部分稍微鼓出类似，在实际观测中发现太阳赤道部分鼓出的程度比预测的还要大一些。

图5-20　拉马第高能太阳光谱成像探测器

4.5 美国核光谱望远镜阵列卫星对太阳的观测

把核光谱望远镜阵列卫星的高灵敏X射线望远镜指向了太阳，这是太阳物理学家努力争取的结果。对于钱德拉X射线天文台，由于太阳太亮，探测器可能会受到损坏，但核光谱望远镜阵列卫星却可以在保证自身安全的情况下观测太阳，它拍摄的第一张太阳图片

图5-21　核光谱望远镜阵列卫星拍摄的太阳X射线照片与太阳动力学观测台拍摄的紫外照片叠加后的图像

表明其可以安全地观测太阳。图5–21是核光谱望远镜阵列卫星拍摄的太阳耀斑的X射线图像，X射线的数据为绿色（2~3 keV）和蓝色（3~5 keV），底部的红层是太阳动力学观测台拍摄的紫外波段太阳数据，可以看出，绿色和蓝色区域就是光彩夺目的耀斑的X射线光芒。

4.6 中国风云气象卫星上的太阳观测设备

风云二号系列静止气象卫星是我国第一代静止气象卫星，共发射6颗，即风云二号A/B/C/D/E/F，其中风云二号F卫星于2012年1月发射上天，两个主要载荷是空间环境监测器和扫描辐射计。空间环境监测器实现对太阳X射线、高能质子、高能电子和高能重粒子流量的多能段监测，用于开展空间天气监测、预报和预警业务。扫描辐射计包括1个可见光和4个红外通道，可以获取覆盖地球表面约1/3的全圆盘图像。它的太阳X射线探测数据已经成为开展空间天气监测预警业务的重要数据来源，探测通道的准确划分更清晰地反映了太阳耀斑加热和温度演化过程。根据太阳X射线探测数据可以反演太阳耀斑的温度、发射量参数、耀斑级别，可以预警太阳质子事件和预估随后日冕物质抛射对空间天气的冲击影响，预警空间天气扰动对航天技术系统的危害。

5 X射线双星和X射线脉冲星

发现双星X射线源是X射线天文学早期探测最重大的成就，因为不仅发现了一种新颖的天体，而且发展了一种新的吸积理论来解释这种双星系统的辐射机制和演化。X射线双星系统由一个中子星和一个光学伴星组成，光学伴星质量的大小决定了这个双星系统的性质。伴星为年轻大质量恒星的称为大质量X射线双星（HMXB），伴星为老年小质量恒星的称为低质量

X射线双星（LMXB）。此外，还有激变变星和一些不含致密天体的正常密近双星。

5.1 X射线双星

若大质量X射线双星中的光学伴星的质量大于10个太阳质量，中子星则表现为X射线脉冲星。这是因为大质量X射线双星中的中子星比较年轻，磁场较强，磁极冠区聚束的灯塔效应产生X射线脉冲。观测既可以获得光学伴星谱线的多普勒效应，也可以测出X射线脉冲星的多普勒效应，即“双谱双星”。由掩食效应又可以定出轨道倾角，因此可以准确地定出两个子星的质量。中子星的质量是1~2个太阳质量，与理论预期值符合得很好。射电脉冲星是转动减速的，但X射线脉冲星却不同，是转动加速或表现为变化不定的。这是因为它们吸积从伴星来的物质和角动量，导致中子星转动加速，吸积来的物质不稳定，有时多有时少，导致脉冲星的转动速率变化不定。

低质量X射线双星由晚型小质量光学伴星（小于1个太阳质量）和中子星（少数可能是黑洞）组成，在观测上主要表现为X射线暴。1974年首次由卫星观测到这种X射线爆发，被认为是20世纪70年代天文学上的重大发现。爆发有Ⅰ型和Ⅱ型两种：Ⅰ型爆发的时间间隔为几小时到几天，一次爆发持续几秒至几分钟，上升时间为1~10秒；Ⅱ型爆发上升时间约1秒，爆发历时几秒到10分钟。X射线暴大多位于银道面附近，也有少数来自球状星团，有关其本质研究是高能天体物理学的重大课题之一。

X射线双星都是密近双星系统，由于两颗星相距很近，它们周围的引力场由两颗星的引力决定，因此，密近双星系统有很多个等势面，其中有一个形如阿拉伯数字8的等势面。1850年，法国数学家埃多瓦·洛希首先研究了这个问题，故称其为洛希瓣，两个瓣的交叉点处是引力等于零的地方。图5-22给出大质量X射线双星和低质量X射线双星的洛希瓣图示。大质量X射线双星中的光学伴星的质量为16个太阳质量，中子星的质量为1.3

个太阳质量，轨道周期为3.1天，中子星吸积的物质由高速星风或洛希瓣的节点流出的物质提供。低质量X射线双星中的光学伴星的质量为0.6个太阳质量，中子星的质量为1.4个太阳质量，轨道周期为5.6小时。无论是大质量X射线双星还是低质量X射线双星，光学伴星的物质将首先在中子星周围形成吸积盘，吸积盘内沿的物质可以沿中子星的磁力线落向磁极。中子星有很强的引力，吸积盘的物质落到中子星的表面要经过很长一段距离，引力势能转变为动能，下落速度可达10^5 km/s。物质以如此巨大的速度撞击中子星的固体外壳，所释放的能量转变为X射线波段的辐射。因此X射线双星系统的X射线辐射属于热辐射的性质。

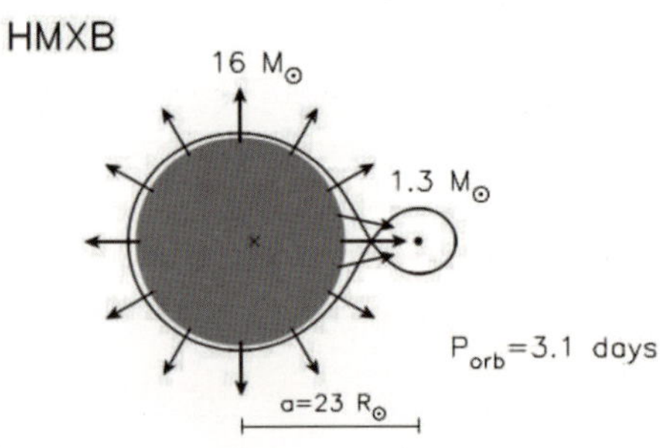

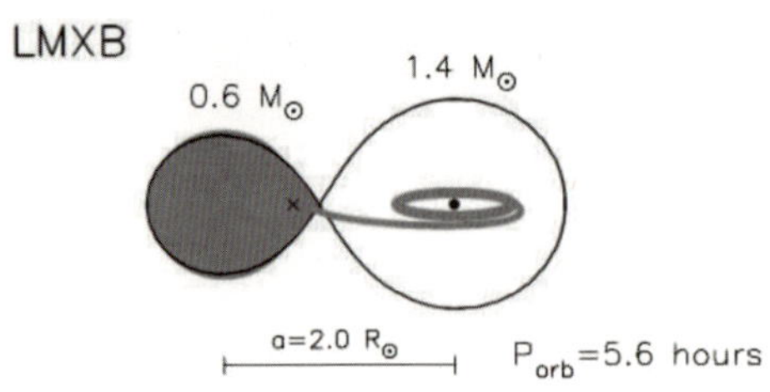

图5-22 大质量X射线双星和低质量X射线双星的洛希瓣图示

5.2 X射线脉冲星

1970年发射上天的乌呼鲁卫星首先发现半人马座X-3（Cen X-3）和武仙座X-1（Her X-1）这两个X射线源的脉冲辐射，脉冲周期分别为4.84秒和1.24秒。它们均有周期性的掩食现象，表明是双星系统，轨道周期分别为2.09天和1.7天。这是X射线天文观测发现的第一种重要的新天体。

典型的X射线脉冲星的X射线光度比太阳所有波段的光度要高10^3~10^5倍。为什么会如此之强？产能机制是什么？天文学家发现了一种新的吸积供能的辐射机制。X射线脉冲星可以从光学伴星获得源源不断的物质，这些物质以很高的速度撞击中子星表面，引力势能转变为动能，加热了中子星表面，从而发出X射线辐射。致密天体的吸积是一个很有效的产能机制，其效率比氢聚变要高出15~60倍。

表5-2中所列的20个X射线脉冲双星，脉冲周期范围是0.069~835秒，轨道周期范围是0.022 8~580天。伴星都是具有10~30个太阳质量的早型星，

表5-2　部分X射线脉冲星

名　称	脉冲周期/秒	轨道周期/天	类　　型
A0538-66	0.069	16.7	Be：光学伴星为B型发射星
SMC X-1	0.717	3.89	MB：标准大质量双星
Her X-1	1.24	1.7	LMXB：低质量X射线双星
4U0115+63	3.61	24.3	Be：光学伴星为B型发射星
V0332+53	4.38	34.25	Be：光学伴星为B型发射星
Cen X-3	4.84	2.09	MB：标准大质量双星
1E2259+59	6.98	0.03?	LMXB：低质量X射线双星
4U1627-67	7.68	0.022 8	LMXB：低质量X射线双星
2S1553-54	9.3	30.6	Be：光学伴星为B型发射星
LMC X-4	13.5	1.41	MB：标准大质量双星
4U1700-37	67.4?	3.4	MB：标准大质量双星
A0535+26	104	111	Be：光学伴星为B型发射星
GX 1+4	122	304?	LMXB：低质量X射线双星
GX 304-1	272	133	Be：光学伴星为B型发射星
4U0900-40	283	8.96	MB：标准大质量双星
4U1145-619	292	188	Be：光学伴星为B型发射星
4U1907+09	438	8.38	MB：标准大质量双星
4U1538-52	529	3.73	MB：标准大质量双星
GX 301-2	696	41.5	MB：标准大质量双星
4U0352+30	835	580	Be：光学伴星为B型发射星

说明：表中X射线脉冲星名称中的字母表示发现该源的卫星名称的缩写；“？”表示这个数值有一些疑问或不精确。

均为大质量X射线双星。要说明的是，不是所有大质量X射线双星都有X射线脉冲辐射。在这类X射线双星中，我们既可以测出光学伴星谱线的多普勒效应，也可以测出X射线脉冲星的多普勒效应，因此称为双谱双星。由掩食的观测可以定出轨道倾角，因此可以准确地定出两个子星的质量。中

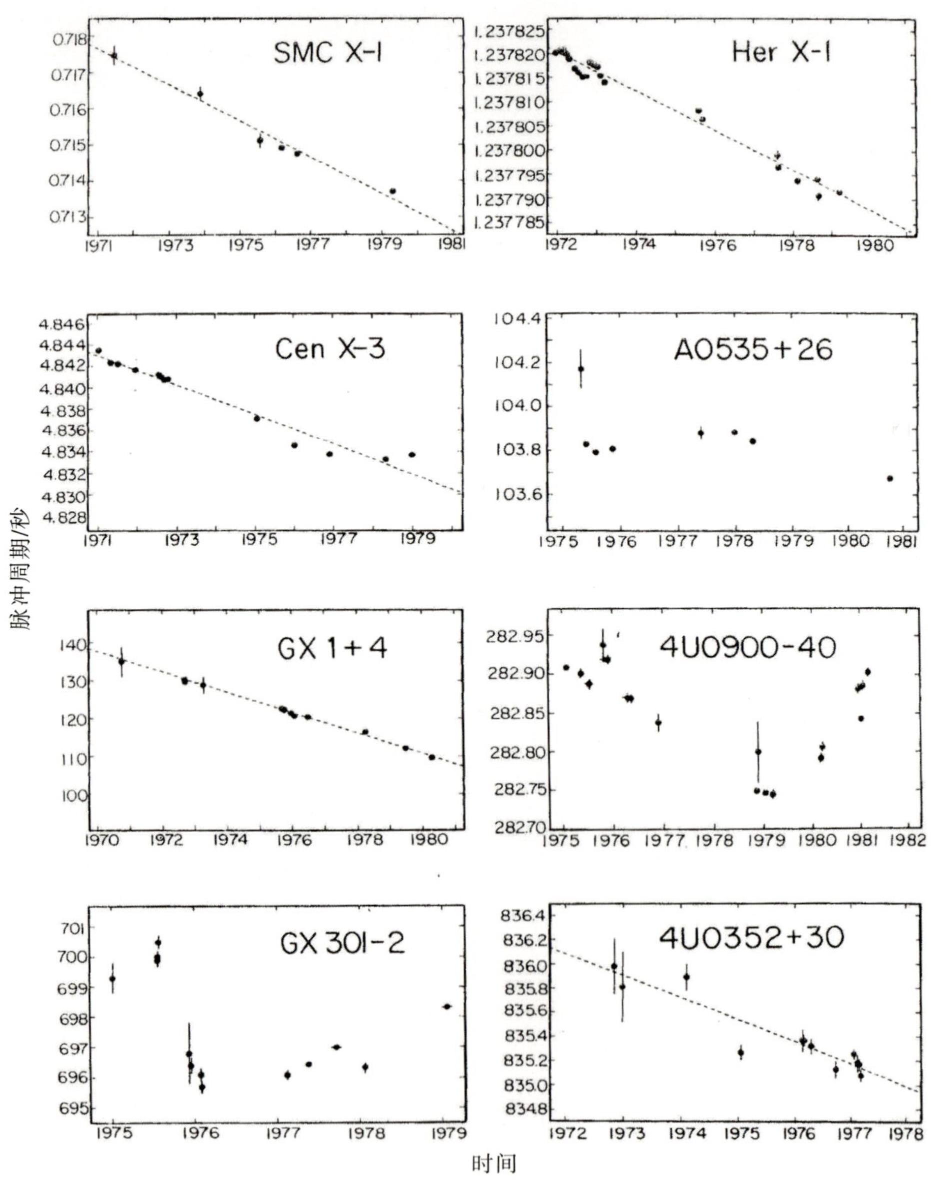

图5-23　8颗X射线脉冲星周期随时间变化的曲线

子星的质量是1~2个太阳质量，与理论预期值一致。

只有9颗X射线脉冲星的周期在射电脉冲星周期范围（1.4毫秒~8.5秒）之内，大多数的周期则比较长。双星轨道周期是41分钟~835天，公认X射线脉冲星属于密近双星系统。早期的观测认为周期随时间变短，属于自转加速型，并归因于中子星吸积伴星物质导致角动量的增加。现已查明，只有脉冲周期短的X射线脉冲星或多或少呈现自转加速的趋势，其他的X射线脉冲星的周期变化则没有规律，有时增加，有时减小。图5–23是8颗X射线脉冲星周期随时间变化的曲线，其中有5颗的周期越来越短。

X射线脉冲星的脉冲轮廓也与射电脉冲星有很多不同之处：其一是X射线脉冲星的脉冲轮廓宽度大，脉冲持续时间占整个周期的50%以上，而射电脉冲星的脉冲很窄，平均来说占整个周期的3%；其二是在一个周期中X射线辐射最强的值（I_0）和最弱的值（I）相比，差别不悬殊，而射电脉冲星的情况则差别很大，最弱处可低至零水平。图5–24是3颗X射线脉冲星在不同能量下的脉冲相位，其中纵坐标是每秒接收到的光子数。

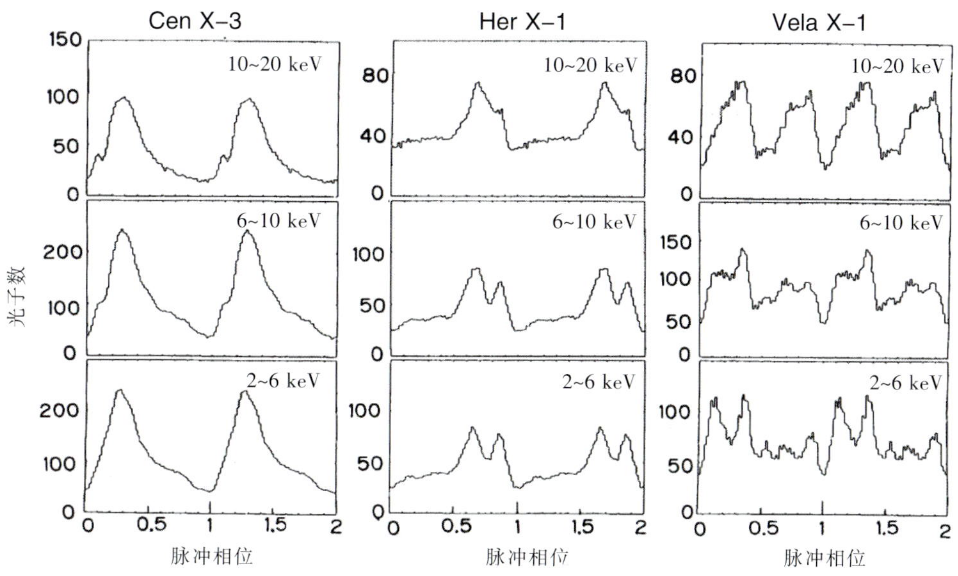

图5–24　3颗X射线脉冲星在不同能量下的脉冲相位

X射线脉冲星的频谱呈现幂律性质，即随着频率的增加，光子计数率迅速下降。图5-25给出了5颗X射线脉冲星辐射的谱分布，其中纵坐标是每秒每千电子伏特接收到的光子数。这5颗X射线脉冲星均具有幂律谱的特性，从图上还可以看出，有些X射线脉冲星的连续谱上还存在发射线（小的尖峰），那是铁元素在能量为6.4 keV附近的谱线，产生于相对冷的、电离不够充分的环境中。在GX 301-2的连续谱上还可以看到能量为7.3 keV处的吸收线（低于连续谱的下凹部分）。

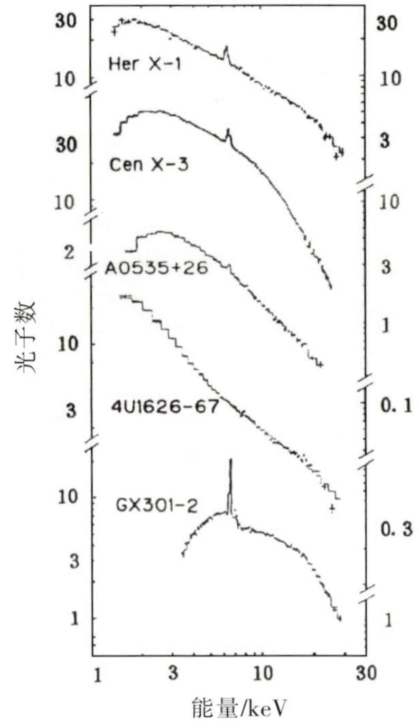

图5-25　5颗X射线脉冲星辐射的谱分布

5.3 X射线爆发

1975年开始，卫星观测陆续发现快速X射线爆发源，这被认为是20世纪70年代天文学上的重大发现。爆发源大部分在银河系内，大多数在银道面附近，有少数在球状星团中。这类源的X射线强度在小于或接近1秒的时间内突然增强了几十倍，衰减时间为3~100秒，峰值光度达到10^{38} erg/s量级，总辐射能量约为10^{39} erg。

X射线爆发具有重复出现的特性，但却没有准确的周期。大多数X射线爆发的两次爆发间隔为几小时到几天，甚至更短。对于多数爆发源，两次爆发之间有稳定的X射线辐射，当稳定辐射处于低强度时才出现X射线爆发。粗略估计X射线爆发的极大功率比太阳耀斑的X射线辐射强100亿倍。谱型能很好地与温度为3×10^{7} K的黑体谱拟合，极大后光谱软化，相当于黑体降温。

图5-26是1977年小型天文卫星3号观测到的两个X射线爆发在不同能区的Ⅰ型爆发的轮廓。图中横坐标为时间，单位为秒，纵坐标分别为5个能段（单位为千电子伏特）的单位时间的光子数。爆发后的衰减代表爆发区的冷却，低能区轮廓拖的尾巴明显比高能区的要长一些。

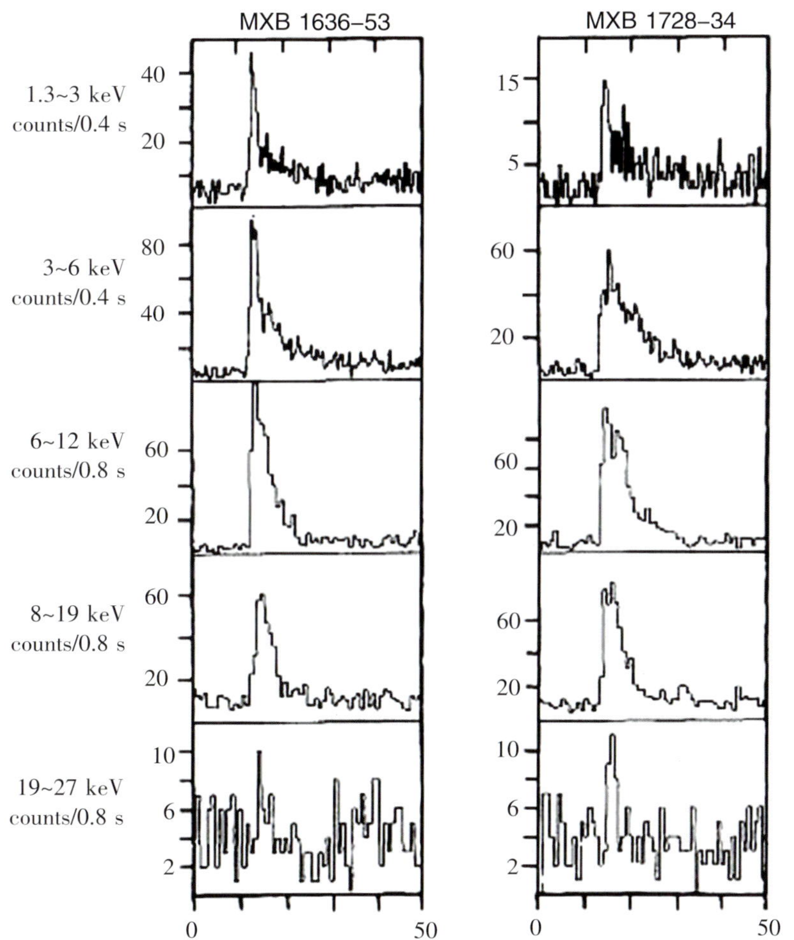

图5-26 1977年小型天文卫星3号观测到的两个X射线爆发在不同能区的I型爆发的轮廓

许多观测特征表明X射线爆发来自低质量X射线双星，辐射能量的起伏时标比较短，可以判断辐射产生于中子星。在低质量X射线双星中的中子星的年龄已经比较老了，磁场较弱，对吸积物质的控制作用不大，因此由伴星吸积来的物质可以落到整个中子星表面，吸积物质聚集到一定程度以后，就可能导致核聚变，先有氢核聚变为氦核的聚变，再有氦核的聚变，从而产生一次爆发。

6 超新星、超新星遗迹和射电脉冲星的X射线观测

超新星的发现和观测主要是光学波段，而超新星遗迹则主要是射电观测。但是，空间X射线卫星陆续上天以后，X射线观测也成为超新星（SN）和超新星遗迹（SNR）研究不可或缺的手段。钱德拉X射线望远镜最先在超新星遗迹里发现脉冲星风云，更是独领风骚。

6.1 SN 1987A及其遗迹的X射线观测

超新星是最激烈、最壮观的天体物理现象之一。它是正常恒星演化的终点，又是中子星和黑洞诞生的起点。但是只有Ⅱ型超新星才有可能产生中子星或黑洞。质量大于8~25个太阳质量的恒星，在核燃料燃烧殆尽后，就会发生塌缩，导致Ⅱ型超新星爆发。中心的塌缩形成中子星，其外部则被爆发时形成的冲击波摧毁并向外弥散，与星际介质相互作用形成星云状超新星遗迹。

1987年由光学望远镜发现的SN 1987A引起全世界天文学家的高度关注，人类等待了约400年，终于等到了一颗肉眼可见的超新星。很快，世界各国就动用了各个波段的大型观测设备，包括空间X射线望远镜，对这颗超新星以及它的遗迹进行长时间的监测，使我们对这颗超新星及其遗迹的变化有了非常详细的了解。其中，哈勃空间望远镜获得了前所未有的三环结构的图像和内环逐渐形成的“珍珠项链”图像。

SN 1987A爆炸后很长一段时间，空间X射线观测设备没有观测到X射线辐射，这是因为超新星爆炸后需要一个过程才能激发X射线辐射。1991年，伦琴X射线天文卫星首次观测到SN 1987A的X射线辐射。“钱德拉”

1999年和2000年的两次观测给出了X射线图像，揭示了SN 1987A周围内环的新细节（见图5-27），观测到它的遗迹中的多条X射线的谱线，如氧（O）、氖（Ne）、镁（Mg）和硅（Si）等的谱线（见图5-28）。

大约在100万年前，缓慢的星风把这颗恒星大部分的外层大气吹跑了，在周围形成了巨大的气体云。在恒星爆炸之前，它的炽热表面吹出的高速星风在周围的寒冷气体云中推开一个空洞，来自超新星的强烈紫外线照亮了空洞的边缘，形成哈勃空间望远镜观测到的明亮圆环。与此同时，超新星爆炸产生的激波，在空洞中呼啸着向外推进，激波撞上空洞边缘，遇上致密得多的气体，使X射线辐射增长。激波与气体碰撞导致气体加热，继而发出强劲的可见光和X射线。“哈勃”2003年11月28日拍摄的照片显示，在气体环中已经出现了许多明亮的斑点，一个紧挨着一个布满了整个内环，就像是项链上的珍珠。“钱德拉”拍摄的图片则揭示，在光学热斑位置上有着数百万摄氏度的炽热气体。

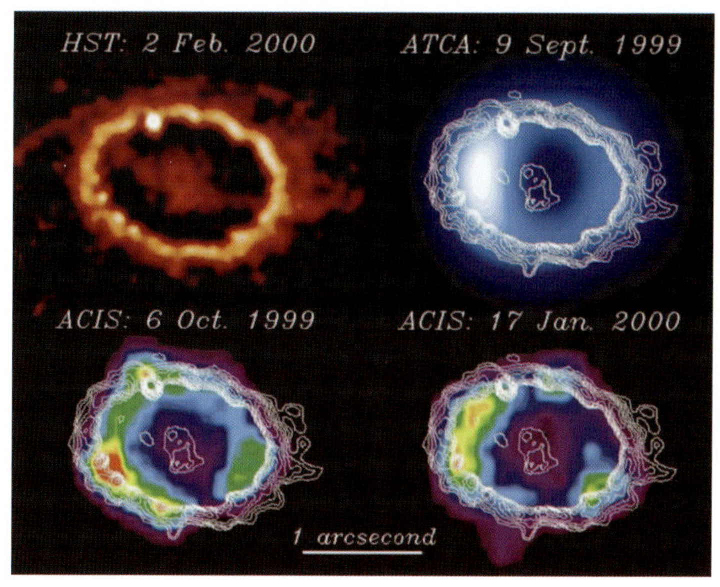

图5-27 1999年至2000年多波段观测SN 1987A及其遗迹的结果：光学（左上，哈勃空间望远镜）、射电（右上，澳大利亚射电望远镜阵列）和X射线（左下和右下，钱德拉X射线望远镜）望远镜拍摄的图像

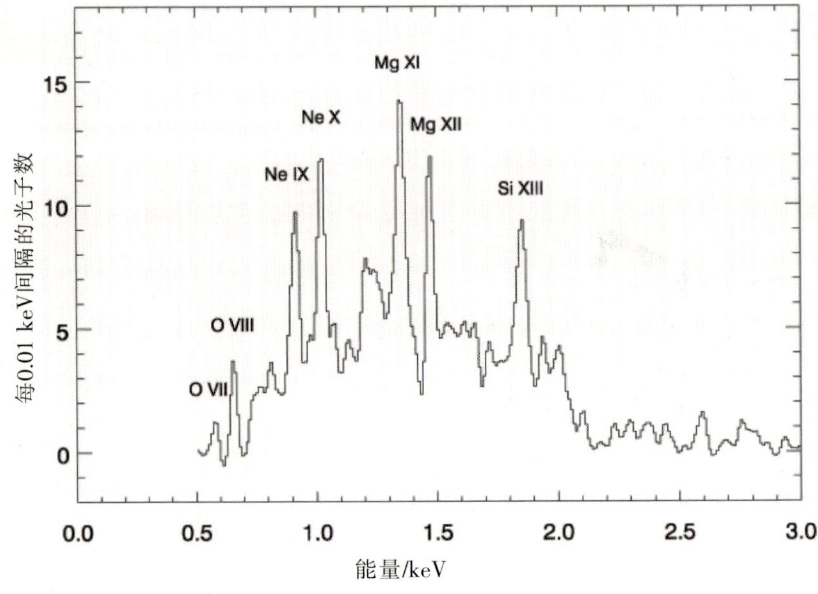

图5-28 “钱德拉”观测得到的SNR 1987A的X射线的谱线分布

6.2 著名超新星遗迹的X射线观测

超新星遗迹的光学和射电观测历史悠久，但在近二十几年来才对超新星遗迹的X射线辐射特性有了较为深刻的认识，这些都离不开空间X射线观测。20世纪90年代超新星遗迹的观测研究是伦琴X射线天文卫星和X射线天文卫星ASCA的时代。伦琴X射线天文卫星进行的银河系巡天，得到了非常好的超新星遗迹的图像和粗糙的能谱，X射线天文卫星ASCA则将能谱质量大大提高，并将能段延伸到7 keV。

1999年，“钱德拉”和“XMM-牛顿”上天，为科学家们提供了高能量分辨率（几个eV）和高空间分辨率（角秒量级）的能谱和图像。利用高空间分辨率的数据，可以对超新星遗迹进行分区域的研究，获得比较精细的空间分布图像。高能量分辨率的观测可以研究超新星遗迹中的动力学问题。

在没有天文望远镜以前，发现超新星这种发生频率相当稀少的天象很困难，但是凭肉眼，古人也观测到约10次明亮的超新星，并记载下来，使其成为非常珍贵的科学发现。X射线空间观测首先对准这些著名的年轻超新星遗迹。

最早的记录可能是公元前48年我国记录的“客星”，我国学者汪珍如2004年证认脉冲星PSR J1833–1034和超新星遗迹SNR G21.5–0.9就是这颗超新星的遗留物。它们在视位置、年龄和距离上都比较一致，这可以说是人类观测到的超新星的最早记录。“钱德拉”对这个超新星遗迹进行了长达150小时的观测，图5–29是观测资料的综合结果，中心发射X射线的亮云温度达到几百万摄氏度。一些超新星遗迹有壳层，另一些则没有。30年前，射电的观测发现这个超新星遗迹，当时判断它没有壳层，而“钱德拉”对X射线的观测却发现它具有壳层结构。有了壳层，科学家们就可以推测超新星爆发的年龄了。

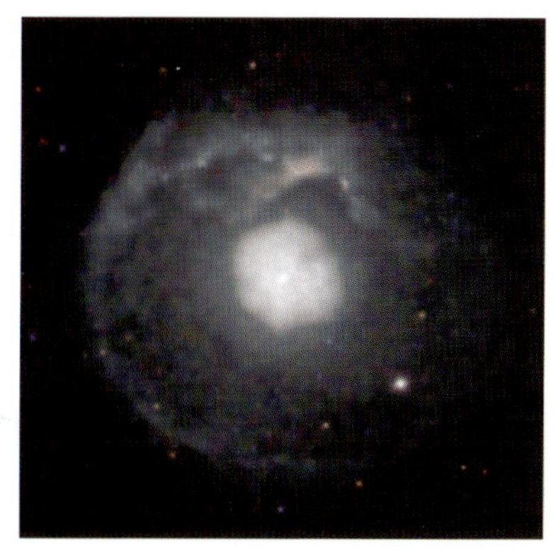

图5–29　超新星遗迹SNR G21.5–0.9

每颗超新星爆发都把很强的冲击波送到星际空间，与周围的介质作用形成比较亮的壳层。有的超新星遗迹缺少壳层，是因为周围的物质比较少。爆发前恒星的质量损失率比较大，可能清空了周围的物质。

1006年5月发生在豺狼座和半人马座之间的超新星是历史记载中最亮的，好几年都可以看见。但是，直到1965年，天文学家使用澳大利亚帕克斯天文台的射电望远镜才观测到这颗超新星的遗迹和遗迹中的脉冲星，到1976年才探测到这个遗迹的X射线辐射。1995年，日本的X射线天文卫星ASCA发现这个遗迹具有X射线同步辐射的亮弧。

蟹状星云是1054年7月4日发现的超新星遗迹，当时我国的古书上对这颗超新星有详细记载。它最亮时超过天空中最亮的金星，大白天还芒角四射，后来被国际天文学界称为“中国新星”。1968年，在这个遗迹中发现了脉冲星，在射电、光学、X射线到伽马射线波段都有很强的辐射，已成为天文学家研究恒星演化的一个非常理想的样品。

1572年11月11日夜，第谷在仙后座发现一颗超新星，即第谷超新星，最亮时白天可见。图5-30是“钱德拉”观测到的第谷超新星遗迹图像，图中的红色部分为低能X射线观测数据，蓝色部分为高能X射线观测数据。图像右侧的白色条纹显示出高速粒子产生的X射线，这在超新星遗迹中是首次被观测到的。宇宙线的观测和理论认为，超新星遗迹是重要的宇宙线源，这一观点得到此观测的支持。

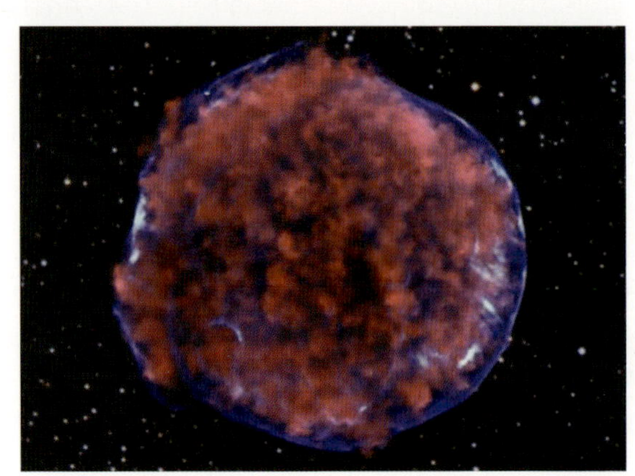

图5-30 “钱德拉”观测到的第谷超新星遗迹图像

“钱德拉”的观测显示出一个由数百万摄氏度高温的残骸碎片所组成的膨胀气泡，其中有快速移动的超高能电子。超新星激波产生了大量宇宙线，这些宇宙线还不断轰击地球的外层大气。“钱德拉”对第谷超新星遗迹的观测表明，超新星遗迹以9.6×10^6 km/h的速度向外膨胀，这种迅速膨胀已经产生出两个X射线激波：一个向外侧的星际气体中移动，另一个向内侧的恒星残骸移动。这些激波就像超声速运动所产生的音爆一样，在激波身后的气体中，产生压强和温度突然而又巨大的变化。此前利用射电和X射线的观测已经确定，第谷超新星遗迹中的激波正在将电子加速到高能状态，然而由于高能原子核只能产生非常微弱的射电和X射线辐射，所以并不清楚激波是否也在加速原子核。“钱德拉”的观测证明，原子核的确被加速了。

1604年9月30日，著名天文学家开普勒发现了一颗超新星，被命名为开普勒超新星。近30多年，用射电、光学和X射线望远镜对这个超新星遗迹进行了长期的观测。图5-31是钱德拉X射线望远镜观测到的开普勒超新星遗迹图像，其中红色、绿色和蓝色分别对应不同能量的X射线信号。但是，在它之后，掌握了十分强大的天文望远镜的天文学家再也没有观测到银河系中的超新星。

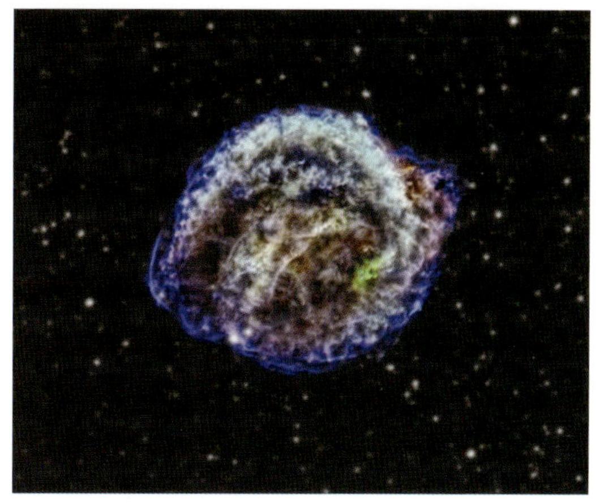

图5-31 钱德拉X射线望远镜观测到的开普勒超新星遗迹图像

6.3 射电脉冲星的X射线辐射和脉冲星风云

射电脉冲星已发现2 000多颗，只有极少数在光学、X射线和伽马射线波段上有脉冲辐射。至今共发现100多颗射电脉冲星具有X射线辐射，其中包括年轻而有活力的脉冲星、少数距离近的老年脉冲星以及几十颗毫秒脉冲星。PSR B0540-69和PSR B1509-58的周期脉冲性质由爱因斯坦天文台的X射线观测首先揭示，然后才在射电观测中检测到。伦琴X射线天文卫星发现了PSR B0630+18的周期为0.237秒的X射线脉冲辐射，然而在射电波段的观测却检测不到脉冲信号，最后在100 MHz的低频上检测出周期脉冲。

这些射电脉冲星的X射线辐射光度都比射电光度大，其中PSR B0540-69、PSR B0531+21和PSR B1509-58的情况更突出。蟹状星云脉冲星PSR B0531+21和船帆座脉冲星PSR B0833-45是全波段天体，从射电、红外、光学、紫外、X射线到伽马射线波段都有周期脉冲，成为天体物理观测和研究的热门对象。

蟹状星云脉冲星PSR B0531+21的发现解决了蟹状星云的能源之谜。这颗脉冲星自转周期为33毫秒，周期变化率为4.209 599×10^{-13}秒/秒，磁场为4×10^{12} G。计算得知这颗脉冲星的自转能损失率和磁偶极辐射都大大超过了蟹状星云辐射的总功率，成为蟹状星云所需的能量、磁场和高能电子的提供者。

蟹状星云和船帆座中的脉冲星风云由钱德拉X射线天文台的观测首先确认，这两个风云的形态和特性大不相同。图5-32是蟹状星云及其中的脉冲星风云，共有4幅图像：（a）（b）分别是射电和光学观测结果；（c）是射电（红）、光学（黄）、X射线（蓝）三种观测结果综合获得的图像；（d）是X射线观测结果，给出脉冲星风云的结构，包括喷流、节点、内环和环状小束。其中位于中心的X射线点源，即蟹状星云脉冲星，内环的内径约10光年，比太阳系要大20倍，并有垂直圆环面的喷流，它的辐射显示非热辐射特性，属于高能带电粒子的同步辐射，而在风云中没有热辐射的结构。脉冲星风云只是出现在超新星遗迹中脉冲星附近很小的区域内。

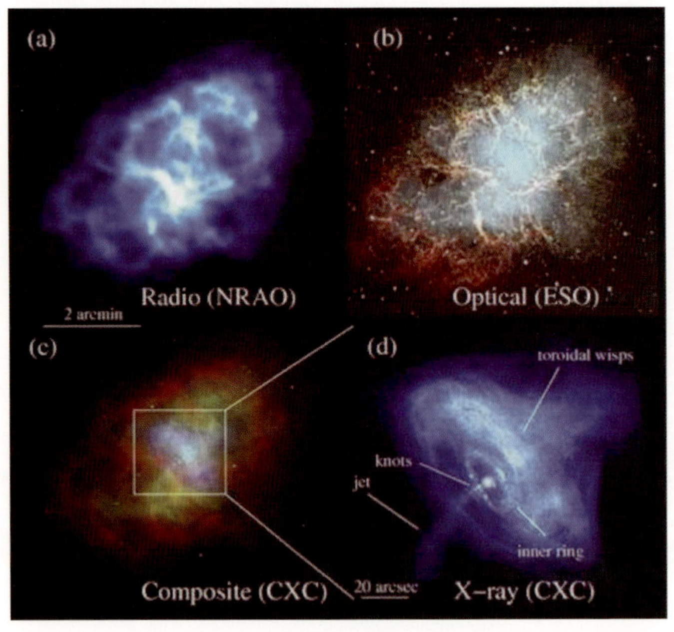

图5-32 蟹状星云及其中的脉冲星风云

脉冲星风云由脉冲星的星风与周围介质相互作用形成。所谓星风，就是高能带电粒子流，它们因为中子星快速自转和非常强大的磁场而被加速。脉冲星星风与周围介质作用产生冲击波，磁化的粒子流发出X射线波段的同步辐射。对于年轻的脉冲星，脉冲星风云常常在超新星遗迹的壳层之内发现。但是对比较老的脉冲星，包括毫秒脉冲星，与它们相联系的超新星遗迹已经消失，但也曾发现它们的脉冲星风云。

由钱德拉X射线天文台观测发现的船帆座脉冲星风云（见图5-33），包括位于中心的X射线点源（即船帆座脉冲星）、脉冲星两极的喷流和在脉冲星赤道周围的弧状X射线辐射。

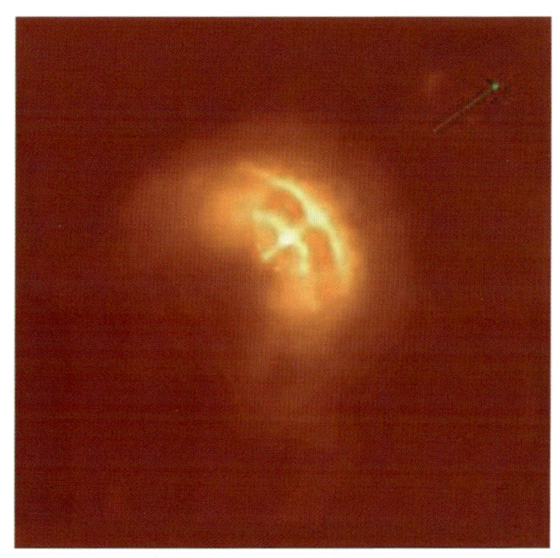

图5-33 钱德拉X射线天文台观测的船帆座脉冲星风云

脉冲星PSR B1509-58处在超新星遗迹SNR G320.4-1.2之中，脉冲星风云由钱德拉X射线天文台观测得到。其形态与Vela脉冲星和Crab脉冲星风云有相似之处，有在脉冲星自转轴方向上的X射线喷流、赤道方向上的X射线光弧和脉冲星附近的多个致密节点。

2001年由我国卢方军博士牵头的国际合作小组利用钱德拉X射线天文台观测超新星遗迹SNR G54.1+0.3，发现了类似蟹状星云脉冲星风云一样的结构（见图5-34）。后来又用阿雷西博射电望远镜观测，发现风云中

图5-34 超新星遗迹SNR G54.1+0.3中的牛眼脉冲星风云

心的脉冲星PSR J1930+1852，自转周期为137毫秒，年龄约为3 000年。这颗脉冲星因其风云形状而被命名为牛眼脉冲星，牛眼脉冲星风云与蟹状星云脉冲星风云很相似。

目前已经发现43个由X射线观测获得的脉冲星风云。天文学家相信，脉冲星风云是脉冲星发出的高能带电粒子产生的，在脉冲星风云中必然会有一颗中子星存在。

6.4 X射线源新品种

按照观测特征，X射线源可划分为正常脉冲星、毫秒脉冲星（MSP）、X射线双星（XRB）、反常X射线脉冲星（AXP）、软伽马射线重复暴（SGR）、超新星遗迹中心致密天体（CCO）、孤立的暗热中子星（DTN）、暗X射线辐射孤立中子星（XDIN）和转动射电暂现源（RRAT）等。按能量来源可分为转动供能的X射线脉冲星、吸积供能的X射线脉冲星和X射线爆发、磁场供能的反常X射线脉冲星和软伽马射线重复暴、剩余热能的孤立的暗热中子星。

6.4.1 反常X射线脉冲星（AXP）和软伽马射线重复暴（SGR）

空间X射线观测发现了一种特殊的X射线脉冲星，它们不属于密近双星成员，而是孤立的天体，而且它们的光度远远超过转动能损失提供的能量，所以取名为反常X射线脉冲星。空间伽马射线观测也发现了一种能重复发生的软伽马射线暴，最初将它列在伽马射线暴的表中，后来发现它们有重复爆发的现象，而且光子能量比典型的伽马射线暴要低，这与已知的伽马射线暴不同，所以后来单独分类，称之为软伽马射线重复暴。现在已经发现12颗反常X射线脉冲星和11个软伽马射线重复暴，没有一个处在密近双星中。这两种天体的脉动周期都在2~12秒，而且周期变化率的范围也相近。根据这些观测特征，天文学家认为它们应该属于同一种天体，而且都是单个的中子星。

进一步的观测发现，它们的磁场很强，达到10^{13}~10^{15} G，明显比射电脉冲星的磁场强。光度达到10^{33}~10^{35} erg/s，不仅比射电脉冲星高很多，而且比它们自己的转动能损率高很多。

普遍认为射电脉冲星辐射的能量由中子星自转能量提供，所以射电脉冲星也被称为以转动能为动力的脉冲星。中子星越转越慢是因为转动能损失了，其中部分转化为辐射，所以射电脉冲星的光度要比转动能损率小。但是反常X射线脉冲星和软伽马射线重复暴在X射线波段的光度却远大于中子星自转能量的损失率，所以无法通过中子星转动减速来提供其辐射需要的能量。那么它们辐射的能量来源是什么？由于它们的磁场特别强，有足够的磁能可以提供，因此，它们又被称为磁星。

6.4.2 暗X射线辐射孤立中子星（XDIN）

空间X射线观测发现有一些孤独的X射线点源，自转周期为3~12秒，周期导数处在10^{-14}~10^{-13}秒/秒。光度比其他X射线源低很多，为10^{30}~10^{32} erg/s。它们不是双星，自转又不快，说明没有吸积供能，也没有足够的转动能提供辐射，估计只有残余的热能。恰好，它们的频谱呈现热谱特征，光学对映体很暗，X射线流量与光学流量之比为10^4~10^5，没有观测到射电辐射。因此称之为暗X射线辐射孤立中子星，截至2010年共发现了8颗。

暗X射线辐射孤立中子星在0.2~0.8 keV能量区间有宽的吸收线，大约有半数源能观测到谐振谱线，被解释为氢原子或氦原子跃迁，因为强磁场的束缚能使辐射落在X射线区域，根据这一理论，要求它们的磁场达到10^{13}~10^{14} G。这与观测得到的周期和周期变化率求出的磁场是一致的，如暗X射线辐射孤立中子星RX J0720.4−3125和RX J1308.6+2127由周期和周期导数的观测值推算出的磁场分别为2.5×10^{13} G和3.4×10^{13} G。

6.4.3 超新星遗迹中心致密天体（CCO）

X射线观测发现，在某些超新星遗迹中心附近存在令人费解的致密天体，其X射线光度在10^{32}~10^{34} erg/s，没有射电、光学和伽马射线波段的脉冲辐射，取名为超新星遗迹中心致密天体。其X射线谱主要是具有几百万摄氏度的热谱，没有观测到非热成分，其发射区的面积比中子星表面的面积小很多。现在已知8个这样的源。

在3个超新星遗迹中心致密天体的辐射中发现X射线脉冲，周期为0.1~0.4秒，与年轻的中子星相符，但转动减速率很小，计算得到年龄为几千年、磁场为10^{10}~10^{12} G。这3个源的X射线光度大于自转能损率，不能提供观测到的X射线辐射，辐射应当由中子星的冷却或者由残留的吸积盘的吸积提供。它在X射线光度大于自转能损率这点上，与磁星类似，但不同的是磁场很弱，被称为反磁星。

第六章

宇宙伽马射线源的观测研究

早在1900年，物理学家在研究镭的放射性时就发现了伽马射线。但是，伽马射线天文学则迟至20世纪60年代后期才发展起来。在电磁波谱中，伽马射线波段的能量最高，覆盖的波段最宽，携带着天体丰富的信息，成为研究宇宙天体的一个独特波段。随着空间伽马射线望远镜和地面伽马射线切伦科夫望远镜的发展，所发现的伽马射线源越来越多，有超新星、超新星遗迹、脉冲星、脉冲星风云、巨分子云、恒星形成区、致密双星系统和活动星系核，还有爆发能量仅次于宇宙大爆炸的伽马射线暴。伽马射线天文学已经成长壮大，目前，研究最多的是伽马射线脉冲星和伽马射线暴。伽马射线脉冲星的研究对于了解射电脉冲星的辐射机制乃至中子星物理都极为重要。伽马射线暴是近几十年来最热门的天文前沿课题之一，在最近十几年取得了突破性的进展。

1 伽马射线的特点和早期的空间观测

伽马射线是电磁波段中能量最高、波长最短的部分。由于地球大气对伽马射线光子具有吸收作用，所以只能在大气层外的空间观测和接收伽马射线光子，这就促使空间伽马射线望远镜逐步发展。由于伽马射线能量越大，其光子数越少，需要特别巨大的接收面积才能积累可探测的能量，因此目前在天上运行的最强大的伽马射线望远镜也不可能观测能量超过100 GeV的伽马射线。然而，能量超过100 GeV的伽马射线进入地球大气与地球大气相互作用，产生的切伦科夫蓝光可以被地面上的观测设备检测到，根据地面上的切伦科夫望远镜观测到的数据可以反推出与大气碰撞的伽马射线光子的情况。因此，在地面上可以观测和研究能量超过100 GeV的伽马射线。伽马射线的空间观测和地面观测相辅相成，缺一不可。

1.1 伽马射线的特点和伽马射线光子计数器

19世纪末发现天然放射现象后，观察发现放射性元素铀、钋和镭会自动放出α、β、γ三种射线，其中伽马射线就是天文学家千方百计要观测的天体辐射中的高能光子。

伽马射线与X射线的本质相同，最重要的差别是能量不同，或者说波长不同。光子能量大于100 keV的就是伽马射线，其波长小于0.001 nm。在原子核反应中，当原子核发生α衰变、β衰变后，往往衰变到某个激发态，处于激发态的原子核仍不稳定，并且会通过释放一系列能量使其跃迁到稳定的状态，而这些能量的释放通过射线辐射来实现，这种射线就是伽马射线。

与X射线一样，伽马射线在医疗上也有应用，如应用伽马射线杀死身体中的癌细胞组织，它犹如一把手术刀，具有无创伤、不出血和无感染等优点。伽马射线具有极强的穿透本领，可以进入人体内部，并与体内细胞发生电离作用。电离产生的离子能侵蚀复杂的有机分子，如蛋白质、核酸和酶，它们都是构成活细胞组织的主要成分，一旦遭到破坏，就会导致人体内的正常化学过程受到干扰，严重的可以致细胞死亡。

1912年，奥地利物理学家黑斯发现了宇宙线。后来物理学家从理论上证明，宇宙线与星际物质相互作用可以在银河系内产生伽马射线辐射。伽马射线空间观测的分辨率很低，因为掠射望远镜不适用于硬X射线，更不适用于伽马射线。

20世纪50年代，麻省理工学院的物理学家菲利普·莫里森等人进行的计算预言，与星际物质相互作用的宇宙线会在银河系内产生伽马射线辐射。20世纪60年代初，最初的气球实验以及美国宇航局的探险者11号卫星发现了银河系能量为100 MeV的伽马射线辐射的最早线索，不过这些结果并不确切。

对于低能伽马射线，常用闪烁计数器记录，这是一种利用伽马射线引起闪烁体的发光而进行记录的探测器。对于中、高能伽马射线则用火花室探测器，这种装置使一个伽马射线光子变成一个火花，用照相法录下火花，就相当于记录一个伽马射线光子。

伽马射线观测的一个困难是天体辐射的伽马射线光子数很少，并且随着能量增加，光子的数目更少，可以说是稀稀拉拉，平均半小时才能检测到一个光子，因此记录器的接收面积越大越好。对于空间观测来说，记录器的接收面积不可能做得很大，因此灵敏度难以提高。

1.2 初期的卫星探测

1958年，美国发射了第一颗人造地球卫星——探险者1号。最先发现来自太空的伽马射线的是美国探险者系列的第11号卫星，1961年发射上天的探险者11号卫星，当时接收到的伽马射线光子不到100个。最先发现伽马射线暴的是美国的维拉号卫星（见图6–1），这个系列的卫星共6组12颗，1963年至1970年间陆续发射，用于监视东方（尤其是苏联）可能进行的外太空核试验。每颗卫星携带12个外置X射线探测器和18个内置伽马射线探测器，“维拉5号”和“维拉6号”还携带有光学探测器，用于探测大气层以内的核爆炸。卫星高度在范艾伦辐射带之外，每颗卫星大约工作了5年。在检查“维拉4号”1967年7月2日的数据时发现了第一个伽马射线暴。1969年7月至1972年7月，“维拉5号”和“维拉6号”探测到16次来自不同方向的伽马射线暴，持续时间为0.1秒至30秒不等。截至1979年，“维拉5号”和“维拉6号”已经探测到73个伽马射线暴。但由于维拉号卫星是军事卫星，探测结果没有及时发布。

图6-1　美国维拉号卫星示意图

1972年美国发射的轨道太阳观测台3号探测到来自深空的伽马射线光子，总计621个，标志着一次重大的突破，证实了源于宇宙线作用的银河系伽马射线辐射确实存在，它还发现了弥漫的伽马射线背景辐射。轨道太阳观测台3号的结果很快被多个研究小组放飞的实验气球所证实。

1972年美国发射了小型天文卫星系列（SAS），其中小型天文卫星2号（SAS–2）专门用于伽马射线天文观测，工作了7个月，检测到8 000个伽马射线光子，确认了轨道太阳观测台3号所发现的弥漫伽马射线背景辐射。它还发现了太阳耀斑和一些脉冲星的伽马射线辐射，获得了银河系大尺度伽马射线强度分布图。天文学家公认，伽马射线天文学是从这颗卫星开始的。小型天文卫星2号的观测结果表明，银河系内的伽马射线辐射与银河系的结构有关。它观测研究了蟹状星云脉冲星和船帆座脉冲星的伽马射线脉冲辐射，意外发现了全天第二亮的高能伽马射线源，取名为Geminga，意思是双子座中的伽马射线源，后来被确认是一颗伽马射线脉冲星。

20世纪70年代初，阿波罗15号和阿波罗16号指令舱携带的伽马射线探测器在前往月球途中发现了低能伽马射线的弥漫背景，还测出了月球表面放射性元素产生的伽马射线辐射。

1975年8月，欧洲空间局研制的欧洲高能卫星COS–B由美国宇航局帮助发射上天。这个项目在20世纪60年代中期由欧洲科学界提出，并于1969

年获得批准。欧洲高能卫星COS–B携带了一架大型伽马射线望远镜，探测伽马射线的能力有很大提高，观测的能量范围为2 keV~5 GeV，轨道周期为37小时，椭圆轨道确保了卫星大部分时间在地球辐射带之外运行。它的设计寿命为2年，却工作了6年8个月，于1982年4月结束工作，所获得的数据量是原来任务的25倍，一共探测到10万多个伽马射线光子，发现了25个伽马射线点源，还完成了一张完整的银河系银盘上的伽马射线源的天图。其中有一个伽马射线点源是首次观测到的河外伽马射线源——3C 273，距离地球比较近。它还探测到银河系弥漫的伽马射线辐射和伽马射线爆发等。欧洲高能卫星COS–B花了一生近10%的时间监测天鹅座X–3的X射线脉冲星的伽马射线辐射，但并没有发现其伽马射线辐射的变化。然而，X射线监视器发现它的X射线辐射是变化着的。

1979年，美国发射的高能天文台3号是高能天文观测卫星系列中的最后一颗，它是为探测高能宇宙线粒子和伽马射线而设计的。它发现了来自银河系中心的低能（软）伽马射线，它们是由正反电子湮灭产生的能量为511 keV的谱线。有些科学家认为，它们属于硬X射线波段。这颗卫星于1981年结束工作。

1980年至1989年，美国宇航局的太阳极大期任务卫星探测到了来自太阳耀斑的软伽马射线。20世纪80年代末，气球实验探测到了SN 1987A放射性元素产生的伽马射线，这证实了超新星产生新元素的理论预言。

2 广延大气簇射方法观测天体伽马射线

由于电磁场与强子之间的相互作用，这个天然的加速器可以把电子、质子和原子核加速到10^{12}eV（TeV）或10^{15}eV（PeV）的能量，宇宙中会产生这样的甚高能伽马射线，甚高能伽马射线天文学是全波段天文学的重要组成部分。由于能量高于10^{11}eV的甚高能伽马射线光子数很少，并且随着能量的增加，光子的数目更少，空间伽马射线观测设备需要非常大的接收面积才能在一年中有机会碰上一个甚高能伽马射线光子。考虑到空间望远镜的接收面积不可能很大，因此空间探测设备所能接收甚高能伽马射线光子的可能性很小。在似乎走投无路的时候，科学家发现甚高能伽马射线光子能引起地球大气簇射现象，进而产生大量的切伦科夫光学辐射。在地面上接收切伦科夫辐射便成为研究甚高能伽马射线光子的重要手段，空间观测和地面观测的互相补充，使伽马射线天文观测波段趋于完整。

2.1 广延大气簇射现象和切伦科夫辐射

伽马射线不能穿透地球大气，甚高能伽马射线光子进入大气后与大气中的原子核碰撞，导致原子核碎裂，产生大量次级粒子，接着又产生大量次级伽马射线光子，引发大气簇射。1934年，苏联物理学家切伦科夫发现，高速带电粒子在透明介质中穿行时会发出一种微弱的淡蓝色可见光，后来被称为切伦科夫辐射或切伦科夫光子。通常它的能量集中在可见光范围，并侧重于蓝紫端。1937年，弗兰克和塔姆对此现象做了系统的理论研究，说明这种辐射由带电粒子速度超过媒质中的光速（相速）所产生。切伦科夫、弗兰克和塔姆因为这项工作获得1958年诺贝尔物理学奖。

直到1948年，人们才认识到宇宙射线中的高能粒子和伽马射线光子所引起的大气簇射会产生足够的切伦科夫光子，并于20世纪50年代发现了由宇宙线引起的大气簇射所发出的切伦科夫光子。在真空中，粒子的速度不可能超过光速，但在大气中行进的高能粒子的速度却有可能超过光在大气中的传播速度。光在介质中的传播速度称为相速，是真空中的光速除以大气的折射率，大气的折射率大于1，所以相速小于光速。高能粒子在行进过程中发射的切伦科夫光子围绕在粒子前进方向的一个狭窄的圆锥中。相同能量的高能光子和高能粒子都能引发大气簇射发出切伦科夫光子，但两种机制所带来的簇射锥形不同，高能光子造成的簇射锥约为1度，在地面上的投影称为光池，尺度范围约为120 m，这比高能粒子簇射锥及其光池要窄得多。

科学家认为宇宙中的高能伽马射线来自某些特殊的天体，如超大质量的黑洞、脉冲星、超新星、双星系统，甚至是宇宙大爆炸遗留下来的物质。宇宙中充满了各种自然加速带电粒子的天体，可以促使一些带电粒子（如电子和离子）以某种形式向宇宙空间中发射，其机制超出了人类的想象。

切伦科夫望远镜接收的是高能伽马射线光子产生的次级伽马射线光子，它所获得的图像反映了切伦科夫辐射的方向、强度在望远镜接收方向上的投影，由此可以推测出引发簇射的伽马射线光子的能量与来源。如果采用多架望远镜组成阵列，就可以获取三维立体图像，并最终确定出大气簇射的发生地。现代大型切伦科夫望远镜的空间分辨率可以使确定方向的误差小于0.1度，对簇射位置的估计可以精确到10 m。

2.2 惠普尔天文台的切伦科夫望远镜和望远镜阵列（WHIPPLE）

切伦科夫望远镜是一类可以聚焦的观测设备，如反射式光学望远镜那样可以把接收到的切伦科夫光子聚焦到焦点处，被放置在焦点处的由众多光电倍增管组成的阵列记录下来。阵列的光电倍增管数目多达100多个，可以给出切伦科夫辐射的图像。切伦科夫望远镜的集光面积并非指反射镜的面积，而是指能够观测到切伦科夫光子的范围，所以与多架望远镜的布阵有关，望远镜必须放置在切伦科夫辐射所能覆盖的区域内，这个区域称为光池，一般情况下为70米至100余米。当然，在光池内放置的望远镜越多越好，越大越好。

切伦科夫望远镜发展很快。1960年年初，美国和苏联几乎同时建造了第一代地基大气切伦科夫望远镜。不过，它们的空间和时间分辨率都不够高，灵敏度也比较差，因此观测结果给出的信息并不能得到确定的结论。到了20世纪80年代末期，开始研制口径比较大的切伦科夫望远镜以及由多架望远镜组成的阵列，美国、苏联、法国、德国、澳大利亚、日本和中国等国陆续建成切伦科夫望远镜的观测设备。

早期的切伦科夫望远镜中观测功能最强的要数1968年建成的美国亚利桑那州的惠普尔天文台的惠普尔切伦科夫望远镜，它以美国天文学家弗雷德·劳伦斯·惠普尔的名字命名。这架望远镜的直径为10 m，由多块反射面拼接而成，这是早期最大的切伦科夫望远镜，曾发现来自蟹状星云和马卡良星系421的硬伽马射线。

惠普尔切伦科夫望远镜的口径虽然比较大，但仅是孤单的一架，灵敏度和分辨率有限。1985年美国开始推出甚高能辐射成像望远镜阵列(VERITAS)的概念，要用4架10 m口径的切伦科夫望远镜组成一个阵列(见图6-2)，很显然，这个阵列的灵敏度和分辨率会有很大的提高，可能观测到更远、更弱一些的天体所辐射的伽马射线光子所产生的大气簇射，它们可能来自超新星、脉冲星、黑洞和星系核等。到2002年，甚高能辐射成像望远镜阵列正式成为一个国际合作项目，并获得基金支持。2007年甚高能辐射成像望远镜阵列建成，并进行了第一次观测。2012年4架望远镜全部升级，主要是更换高效的光电管，灵敏度有了很大的提升，并且变动

图6-2　甚高能辐射成像望远镜阵列的4架切伦科夫望远镜

了布局，也提高了空间分辨率。甚高能辐射成像望远镜阵列能够间接地探测100 GeV以上的伽马射线光子，有效弥补了美国费米伽马射线空间望远镜（FGST）（简称“费米”）在观测能段上的不足。

甚高能辐射成像望远镜阵列在灵敏度上比较高，观测蟹状星云的伽马射线所引起的切伦科夫辐射只要几秒，因此有可能观测一些更远、更弱的源。图6-3给出了其观测不同强度的源所需要的时间，对于只有蟹状星云强度1%的源，需要持续观测的时间达到24小时。

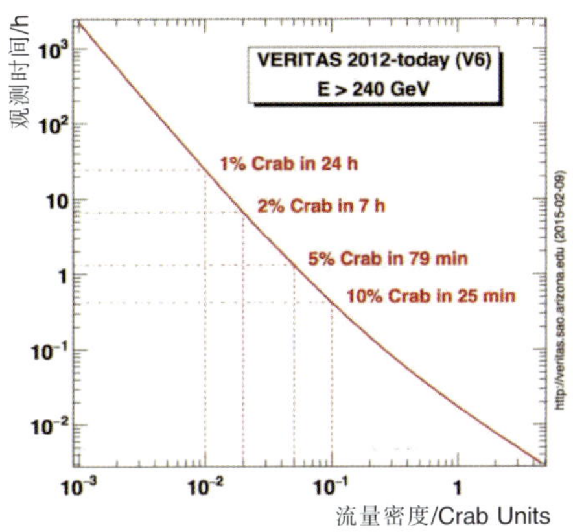

图6-3　甚高能辐射成像望远镜阵列观测伽马射线源的时间与源的辐射强度的关系

灵敏度主要取决于望远镜反射面的口径和反射面的加工精度，还与放在望远镜焦平面的照相机或光电倍增管的质量和效率有关。望远镜低能阈值也是一个重要参数，它表示能探测最低能量的伽马射线，这与望远镜的灵敏度有关。很显然，望远镜低能阈值越低越好。图6-4显示甚高能辐射成像望远镜阵列的有效接收面积随伽马射线能量的增加而增加。图上显示望远镜3个时段的测量结果，最初2007年至2009年建成后，各个能量的有效接收面积都小一些；经过第一次技术改造后，2009年至2012年的情况得到改善；2012年再次技术改造后，情况最好，主要是换上了效率更高的光电倍增管。可以看出这两次技术改

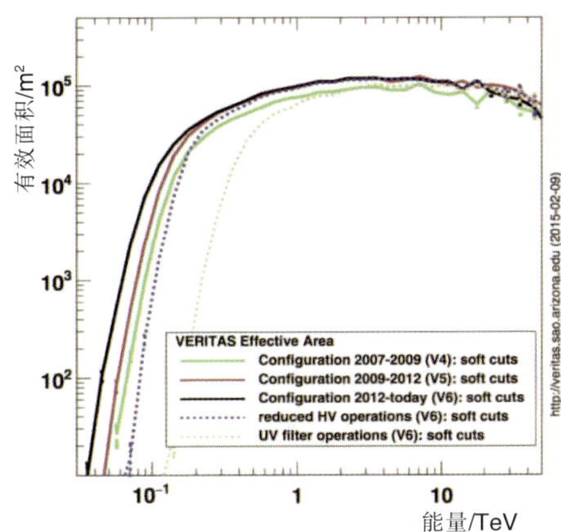

图6-4　甚高能辐射成像望远镜阵列有效接收面积与伽马射线能量之间的关系以及不断改善的情况

造后，在相同能量上的有效接收面积提高了，低能阈值一次比一次低。

空间分辨率也是望远镜的一个重要参数，为了精确确定伽马射线源的方向和位置，需要提高望远镜的空间分辨率。分辨角随着伽马射线能量的增加而减小，分辨角越小代表分辨率越高，定位越精确。该望远镜在2007年建成时的空间分辨率比较差，经2009年第一次技术改造和2012年再次技术改造后的空间分辨率有较大的提高。

2.3 切伦科夫望远镜的发展

20世纪80年代以后，切伦科夫望远镜有了较大的发展，天文学家把注意力放在建造由多块反射面构成的切伦科夫望远镜阵列，或者把原来的单个反射面的切伦科夫望远镜扩充为多反射面的阵列，大大提高了观测的灵敏度和空间分辨率。上一节介绍的惠普尔天文台的切伦科夫望远镜和望远镜阵列就是一个典型的例子，这里再简要介绍其他台站的情况。

2.3.1 澳日共建的伽马射线天文台望远镜阵列（CANGAROO）

由澳大利亚和日本合作建在澳大利亚伍默拉的伽马射线天文台望远镜阵列（CANGAROO）分三个阶段建成。最初只有一架口径为3.8 m的切伦科夫望远镜，后来增加了一架口径为10 m的切伦科夫望远镜，到2004年改造成为拥有四架口径为10 m的切伦科夫望远镜组成的阵列。

2.3.2 德国大气伽马射线切伦科夫成像望远镜（MAGIC）

德国大气伽马射线切伦科夫成像望远镜（MAGIC）位于非洲西北岸外帕玛群岛的加那利岛，有两架口径为17 m的切伦科夫望远镜，17 m的镜面用激光自动调整聚焦，每架望远镜的接收面积约为240 m^2，依靠巨大的反射面来聚焦微弱的只持续2~3纳秒的切伦科夫光子，能间接探测高能伽马射线光子，可探测的最远距离为80亿光年。大气伽马射线切伦科夫成像望远镜于2004年正式运作，两架望远镜组成的系统不仅提高了灵敏度，也极大地改善了空间分辨率和频谱分辨率。科学家们根据4年的观测结果发表了30多篇科学论文，其中最有亮点的是3篇发表在《科学》上的论文：第一篇论文公布了微类星体候选者伽马射线辐射的明显变化的观测结果；第二篇论文则是对脉冲星的观测，首次观测到脉冲星的甚高能伽马射线辐射；第三篇论文是关于类星体3C 279的甚高能伽马射线的观测结果。

2.3.3 美国水切伦科夫高能伽马射线观测台（MILAGRO）

放置在美国新墨西哥州的高能伽马射线观测台（MILAGRO）的设计颇为新颖，利用水切伦科夫技术。高速粒子在大气中能产生切伦科夫辐射，是因为它的速度高于光在大气中的传播速度。同样，高速粒子在水中的行进速度也可能高于光在水中的传播速度，因此也能产生切伦科夫辐射。其探测器是一个装满5 000 m^3纯水的密封水池，在水池中分2层安装了723个光电倍增管，上层的光电倍增管用来测量切伦科夫光子，下层的用来测量μ介子。这个探测器的灵敏度很高，用它来进行伽马射线巡天，可用于监测能量为400 GeV的伽马射线源的变化及发现新的天体。

2.3.4 我国地基高能伽马射线望远镜

1995年中国科学院高能物理研究所和北京天文台合作，在海拔960 m的北京兴隆观测站建成两套高能伽马射线望远镜，即切伦科夫望远镜。每套由三个口径为1.5 m的聚光镜同轴组成，每个聚光镜的焦平面上放置一个光电倍增管，只有当三个倍增管在微秒级的时段内同时接收到信号才算是探测到了有用的信号。西藏羊八井宇宙线观测站利用广延大气簇射探测宇宙线，同时也探测天体的伽马射线。西藏大学和中国科学院高能物理研究所联合，将在青藏高原建立新型水透镜广角切伦科夫望远镜，2015年在成都召开的“第六届高海拔空气簇射探测研讨会”报告了其最新进展，受到与会国内外学者的高度关注。

2.3.5 当今最强大的赫斯高能立体望远镜系统（HESS）

在已有的切伦科夫望远镜中，最有名的是高能立体望远镜系统 I

（HESS Ⅰ）和改进后的高能立体望远镜系统Ⅱ（HESS Ⅱ）。它们都以1936年诺贝尔物理学奖得主、高能宇宙线发现者赫斯的名字命名，位于非洲南部纳米比亚首都温得和克西南100 km、海拔1 800 m的地方。纳米比亚是世界上光学天文观测最佳地点之一，对于切伦科夫望远镜来说，也是最理想的地方。这架望远镜处在南半球，只能观测南半球的伽马射线源，而对于北半球的伽马射线源的观测则要仰仗前面介绍的几架了。

高能立体望远镜系统Ⅰ由4架口径为12 m的反射镜组成阵列，反射镜由382块比较小的镜片拼成，每块的直径为60 cm，配有用于记录切伦科夫辐射光子的高速相机。4架反射镜排列在120 m见方的地面上，成像视场为5度，覆盖的能量范围为100 GeV~100 TeV，角分辨率可达几角分。通过几架反射镜以略微不同的角度观测同一事件，获得的数据可以提供大气簇射的多重立体影像，并可以通过一定的理论模型推算出入射宇宙线的能量和方向。

2012年7月26日，高能立体望远镜系统I增加了一架直径为28 m的碟形天线，重达3 t，焦距为36 m，整个天线大约有20层楼高。尽管其体积庞大，但运转自如，可以快速移动、瞬时成像。它与原来的4架12 m口径的反射镜一起形成了当今最强大、最先进的地基伽马射线观测网，是目前世界上最强大的切伦科夫望远镜阵列，其名称为高能立体望远镜系统Ⅱ，图6–5是该望远镜的全景。

图6–5　高能立体望远镜系统Ⅱ

高能立体望远镜系统Ⅰ从2003年1月开始正常运作，2006年10月，天文学家利用高能立体望远镜系统Ⅰ首次发现了来自LS 5039天体系统的信号。LS 5039是由一个巨大的蓝色恒星（其质量是太阳质量的20倍）和一个不明物体（有可能是黑洞）形成的双星系统。根据高能立体望远镜系统Ⅰ的观测数据获得的年轻超新星遗迹RX J1713.7–3946的伽马射线图像如图6–6所示，其壳层结构清晰可见。

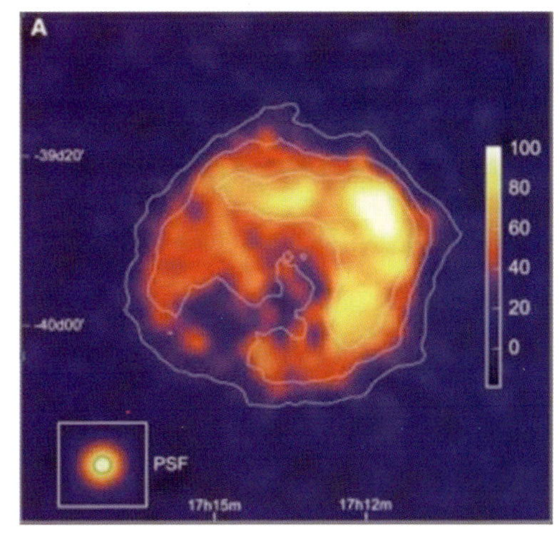

图6–6　由高能立体望远镜系统Ⅰ观测数据获得的超新星遗迹RX J1713.7–3946的伽马射线图像

2.4 下一代地面切伦科夫伽马射线望远镜

近些年来，科学家们策划了一个宏伟的计划，要建立一个世界级别的庞大的切伦科夫望远镜阵列（CTA），第一份设计构想已经出笼。策划中的该望远镜阵列将由位于北半球的一个19架碟形天线阵列与位于南半球的一个99架碟形天线阵列组成，目前正在为这两个望远镜阵列寻找安家之地。2014年4月10日在德国慕尼黑召开的一次会议上，来自12个国家的代表讨论了选址问题，比较倾向的候选地址有南半球的纳米比亚南部和智利阿塔卡玛沙漠，北半球则有四个候选地址，其中两个位于美国，另外两个则分别位于墨西哥和西班牙。截至2015年5月，CTA切伦科夫望远镜阵列委员会吸纳了32个国家超过1 200名会员。

这是一个宏伟的计划，有三大追求：一是大大提高观测的灵敏度，在标准能量范围（0.1~10 TeV）的基础上把流量灵敏度提高一个数量级；二是大大降低低能阈值，从现在100 GeV的基础上降到30 GeV，甚至10 GeV或者更低；三是大大扩展观测目标和研究课题。

降低低能阈值，能在地面上观测能量低一些的伽马射线，意义重大。现在的低能阈值是100 GeV，把灵敏度提高一个数量级，需要大约100架10 m级切伦科夫成像望远镜。如果要把能量阈值降低到30 GeV，可以由安放在海拔3~4 km高、口径更大的15 m级望远镜阵列来实现，这有可能使探测的河外源的距离延伸到红移等于1的情况。如果要把探测的能量阈值进一步降低到10 GeV或者更低，需要在海拔5 km以上的地区建造30 m级的程控望远镜，并且使用高量子效率的焦平面成像设备。能量在几个GeV到30 GeV的范围内有特定的天体物理课题和宇宙学源，尤其是在红移等于5的遥远宇宙中发生的剧烈非热现象，以及致密的河内天体，如微类星体等。如果能在费米伽马射线空间望远镜（FGST）寿命内成功建造这样一架伽马射线望远镜，那将会是伽马射线天文学的巨大成就。

研发在地面上可以覆盖大面积天区（大于等于1弧度）的技术也十分重要，最现实的办法就是使用大量装在海拔4 km高度上的切伦科夫水箱探测器，这一技术已经很好地应用在美国水切伦科夫高能伽马射线观测台了。对宇宙中未知甚高能暂现现象的探索鼓舞着人们去建造大视场的地面伽马射线探测器。

计划中的CTA切伦科夫望远镜阵列将会聚焦于银河系的中心，这是因为科学家认为暗物质就隐藏在那里。许多理论预测，暗物质粒子将彼此湮灭，进而释放出能够被CTA切伦科夫望远镜阵列所探测到的伽马射线。该阵列所探测的物理现象的能量尺度远远超出了最强大的加速器所能探测的范围。

3 伽马射线空间观测设备

正在或曾在太空遨游的探测伽马射线的卫星很多，它们都曾做出过独特的贡献，但是作为巨无霸的大型设备就要数康普顿伽马射线天文台（CGRO）和费米伽马射线空间望远镜（FGST）了。康普顿伽马射线天文台贡献巨大，发现3 000多个伽马射线暴，但是却不能确定它们的位置和距离，自然也不能解决伽马射线暴究竟是在银河系内还是银河系外的争论。作为康普顿伽马射线天文台的接班探测器的国际伽马射线天体物理实验室（INTEGRAL）是欧洲空间局研制的一颗中型科学卫星，观测能力也很强。费米伽马射线空间望远镜上天后，成为最强大的空间伽马射线观测设备，很快就发现了100多颗伽马射线脉冲星。但是，解决伽马射线暴位置和距离难题的不是这些巨型伽马射线望远镜，而是不太起眼的由意大利与荷兰合作的观测X射线的贝波X射线天文卫星，后来发射上天的美国高能暂现源探测器2号（HETE-2）和伽马射线暴快速反应探测器也为测量伽马射线暴的距离做出了贡献。

3.1 康普顿伽马射线天文台（CGRO）

1991年至2000年，美国宇航局大型轨道天文台计划的4架大型空间天文台设备之一的康普顿伽马射线天文台用一系列的重大发现带来了伽马射线天文学的革命。

图6-7　著名物理学家康普顿

以康普顿的名字命名是为了表示当今科学界对他在伽马射线天文学的创立和发展所做出的杰出贡献的肯定、怀念和敬意。康普顿教授（见图6-7）是美国著名的物理学家，他的主要贡献是发现康普顿效应，并获得1927年诺贝尔物理学奖。

康普顿伽马射线天文台是第一个全天探测伽马射线的望远镜，携带的4台科学仪器使其综合探测能力达到了前所未有的最高峰（见图6-8）。这4台仪器各具特点，具有不同的功能和探测能量范围，覆盖了非常广阔的能量范围——20 keV~30 GeV，其中高能伽马射线望远镜（EGRET）探测的能量范围为20 MeV~30 GeV，跨越了5个数量级，功能齐备。“康普顿”长9 m，宽4.2 m，重约17 t，哈勃空间望远镜比它大，长约13 m，却只有11 t重，这表明“康普顿”所携带的仪器是重量级的。

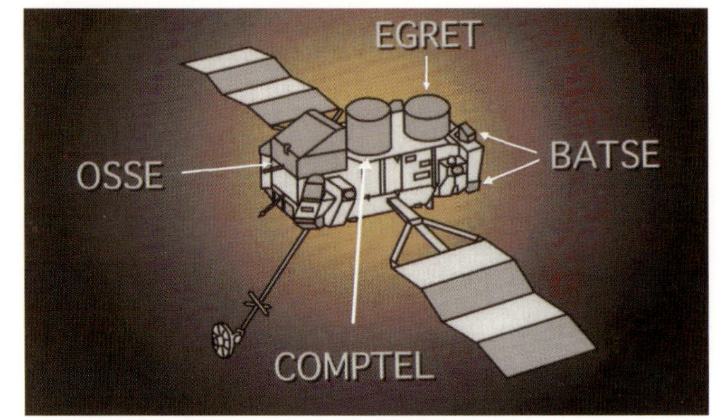

图6-8　康普顿伽马射线天文台和它的4台主要观测设备

第一台仪器是用于探测短时标的伽马射线暴的爆发和暂现源实验装置（BATSE），昵称“贝斯”，探测的能量范围为20~600 keV。8个“贝斯”置于“康普顿”的8个角上，每个探测器都有自己的方向，相互等距，有几米的间隔。这意味着，宇宙中如果发生伽马射线暴，必然会被其中的4个“贝斯”探测到，到达每个探测器的光子数目取决于探测器的角度。通过比较4个探测器记录到的光子情况，可以推断出伽马射线暴的方向，方位可以定到1度至6度的精度。这个定位精度，对伽马射线的观测来说，已经是前所未有了。它发现的每一个伽马射线暴都能给出不十分精确的空间方向，因此能够给出所发现的伽马射线暴的空间分布。“贝斯”发现大量伽马射线暴及其空间分布，在科学界掀起了一场革命。

第二台仪器是用来探测极高能量伽马射线源的高能伽马射线实验望远

镜，它是一个多层火花室系统，可以测量能量范围为20 MeV~30 GeV的极高能量的伽马射线，对强源的定位精度约为0.1度。

第三台仪器是用于测量辐射中等能量伽马射线源能谱的康普顿成像望远镜（COMPTEL），能观测能量范围为1~30 MeV的伽马射线，定位精度约为0.5度。它在规模和性能上都比以往的探测设备有量级上的提高。

第四台仪器是用于观测超新星爆发中的不稳定同位素所产生的伽马射线的取向闪烁能谱实验器（OSSE），适于测量能量范围为50 keV~10 MeV的伽马射线。

1991年“康普顿”发射上天以后，爆发和暂现源实验装置（BATSE）探测到了3 000余个伽马射线暴，并揭示出它们来自太空中的各个方向，发现其空间分布基本上是各向同性的，表明它们非常可能是遥远星系中的爆发。爆发和暂现源实验装置的观测还表明，伽马射线暴可以分为两类：长暴（长于2秒）与短暴（短于2秒）。

取向闪烁能谱实验器（OSSE）精确地测量了银心由正负电子湮灭产生的谱线，并发现了来自X射线双星与赛弗特星系的伽马射线辐射。

“康普顿”进行了两次巡天，第一次巡天观测了蟹状星云、天鹅座X-1、天鹅座X-3、赛弗特星系NGC 4151天体，第二次巡天观测包括银河系中心、超新星1987A等，巡天中共发现271个伽马射线源，其中包括70个耀变体和6颗脉冲星。其观测成果超出预料，把宇宙天体伽马射线的研究推上了新的高潮。它的设计寿命为2~5年，但却在太空工作了9年，最终因为陀螺仪损坏，于2000年6月初由地面发出指令引导它坠落到太平洋中。

3.2 国际伽马射线天体物理实验室（INTEGRAL）

国际伽马射线天体物理实验室是欧洲空间局研制的一颗中型科学卫星，其观测伽马射线的能力仅次于费米伽马射线空间望远镜。它的所有仪器能够同时观测天空中同一区域，是第一台可以同时用伽马射线、X射线和可见光观测天体的空间观测台。其首要目标是探测活动剧烈的深空现象、恒星的爆炸和黑洞等。它的成像仪装有第一台不用冷却的半导体伽马射线照相机。

2002年10月17日，国际伽马射线天体物理实验室在哈萨克斯坦的拜科努尔航天中心发射场由俄罗斯的质子-K运载火箭发射进入一个高度偏心的轨道。近地点高度为9 000 km，远地点高度为155 000 km，倾角为52.25度。当时的近地点处在地球辐射带之中，观测受到影响，但是大部分轨道都在地球辐射带之外，可以进行科学观测的时间很长。5年后的近地点高度会提高到12 500 km，倾角变为87度。

该卫星重4 t以上，载有4台探测仪器：①频谱仪（SPI）（见图6-9），可探测能量范围为20 keV~8 MeV，视场为16度，探测器面积为500 cm^2（锗阵列），空间分辨率为2度；②成像仪（IBIS），可探测能量范围为15 keV~10 MeV，视场为9度×9度，探测器有2组，面积分别为2 600 cm^{2}和3 100 cm^2，空间分辨率为12角分；③光学监视照相机（OMC），工作波段为500~850 nm，透镜的口径为50 mm，配备有电荷耦合装置（CCD），视场为5度×5度；④X射线监视器（JEM-X），工作能段为3~35 keV，视场为4.8度，探测器有2组，面积均为500 cm^2，空间分辨率为3角分。

图6-9　国际伽马射线天体物理实验室上的频谱仪

国际伽马射线天体物理实验

室成功地描绘出伽马射线的宇宙蓝图，第一次展示了银河系中心大约100个独立的伽马射线源。它再次证实宇宙间反物质的存在，观测到几次微弱的伽马射线暴。在这之前，科学家们曾认为，伽马射线暴一定是能量十分巨大的释放。但这几次伽马射线暴十分微弱，很难观测，由于国际伽马射线天体物理实验室上的成像仪极其灵敏，可以免受背景辐射的影响，才记录下这些微弱的伽马射线暴。2014年，国际伽马射线天体物理实验室进行的300万秒观测探测到了一颗Ia型超新星（SN 2014J）发出的亮度极高的两条伽马射线窄线。

截至2015年1月，国际伽马射线天体物理实验室已经在太空工作了13年，早已超期服役，但是它的使命又被延伸到2016年12月，估计能够工作到2020年。

3.3 费米伽马射线空间望远镜（FGST）

费米伽马射线空间望远镜作为康普顿伽马射线天文台的后续设备，其计划始于1993年，它的原名是伽马射线广域空间望远镜（GLAST），为纪念伟大的物理学家费米而改名。费米（1901—1954）是美籍意大利物理学家（见图6–10），他发展了量子统计学，用它来描述某类粒子（如电子、质子、中子等）的大量聚集行为，这类粒子被称为费米子。他还被誉为“中子物理学之父”，由于在中子轰击方面的成就获得1938年的诺贝尔物理学奖，并为美国第一颗原子弹的研制做出重要贡献。

图6–10　著名物理学家费米

费米伽马射线空间望远镜（见图6–11）由美国主导建造，并有法国、德国、意大利、日本和瑞典5个国家参加合作，2008年6月11日发射上天（见图6–12），设计寿命为5~10年。其特点是观测的能谱范围很宽，接收面

图6-11　费米伽马射线空间望远镜示意图

图6-12　2008年6月11日使用德尔塔2型火箭把“费米”送上太空

积大，灵敏度高。它主要观测研究的课题是超大质量黑洞、中子星、中子星碰撞以及超新星爆发等的伽马射线辐射。

“费米”的亮点在于高能段的伽马射线波段的全天域连续成像观测。主力设备是大视场望远镜（LAT），其能谱范围为20 MeV~300 GeV。而前任康普顿伽马射线天文台的高能探测器的探测上限不过是30 GeV，灵敏度还不到大视场望远镜的1/30。“费米”的灵敏度和观测范围大大超过了“康普顿”。

美国宇航局给费米伽马射线空间望远镜定下的任务是探索极端的宇宙，科学目标是：解释黑洞将喷流物质加速到接近光速的机制；协助破译伽马射线暴的谜团；回答诸如太阳耀斑、脉冲星和宇宙线的起源问题；探索宇宙的成分问题，试图寻找新的物理定律。这些目标都要通过观测来实现。

在这些科学目标中，最重要的是监测发现伽马射线暴。为了这个目的，“费米”专门准备了闪烁晶体制成的爆发监视器（GBM），观测的能谱范围较软，低至8~10 keV，高能段则与大视场望远镜重叠。一旦它接收到伽马射线暴，将迅速计算出爆发位置和频谱信息，并实时将这些数据传回地面，以请求地面望远镜配合观测。爆发监视器每年大约可以探测到200余次爆发。

“费米”远比“康普顿”优越，因为“康普顿”的探测上限是30 GeV，所发现的高能段的伽马射线暴很少，只记录到几十个高能段的爆发。而地面切伦科夫望远镜只能观测能量达到100 GeV以上的伽马射线，因此出现空当。而“费米”能够探测的能谱范围为20 MeV~300 GeV，所以发现很多极高能段的伽马射线暴。

不过，费米伽马射线空间望远镜也有缺点，其能量阈值是以积分形式给出的，对于短伽马射线暴来说，虽然其瞬间辐射能量不小，但由于时标较短，积分流量并不大，很可能不会被探测到。

有些物理学家期待“费米”凭借对伽马射线暴的监测，能够发现不同波段光子到达的时间差，这是量子引力理论的预言，关乎普朗克长度下的时空结构，但只有极高能的光子这种效应才比较明显。天文学家还有一个期望是观测太阳耀斑。原来比较担心太阳耀斑的高能伽马射线有可能将望远镜损毁，因为太阳耀斑的伽马射线有时非常强，而太阳离地球又是如此之近。然而，最后还是下决心观测太阳耀斑，因为已经有其他空间伽马射线望远镜观测过太阳耀斑，其并没有对望远镜造成什么损坏。

费米伽马射线空间望远镜强大的观测能力使它全盘接下了“康普顿”的观测课题和天体，活动星系核、超新星遗迹、中子星、伽马射线背景辐射和伽马射线点源等依然是“费米”的观测重点。

大视场望远镜的本体很重，足足有2吨半多。与其说它是伽马射线望远镜，倒不如说是粒子探测器。16组钨制探测器按4×4排列成方阵，一旦有高能伽马射线光子射入，就会产生对应能量的正反基本粒子对（如正负电子等）。与钨层交替排列的多层硅探测器可以通过追踪粒子的轨迹来确定光子的源头，应用碘化铯热量计测出粒子对的能量，然后计算出光子的能量。结合热量计的筛选以及星载计算机系统的分析，基本可以排除带电宇宙线粒子的干扰。

“费米”在地球低轨道上运行，每95分钟绕地球一周，背对地球进行观测，以“摇摆”运动方式实现全天空覆盖，每3小时可扫过整个天空一次。美国宇航局公布的全天图仅用了“费米”95小时的观测结果，而“康普顿”需要数年的时间才能绘制一张类似的图。

“费米”的发现很多，除了发现很多伽马射线脉冲星和伽马射线暴外，最重要的是发现了反物质。对费米伽马射线空间望远镜的观测数据分析表明，宇宙存在着过量的反物质。这是一项物理学，也是天文学上的重大发现。“费米”还在银河系中发现了两个伽马射线的巨型瓣状结构（见图6–13），它们从银河系中心向南北两侧延伸达25 000光年，整个结构的年龄或许仅有几百万年。天文学家还不清楚它们是如何形成的，一种可

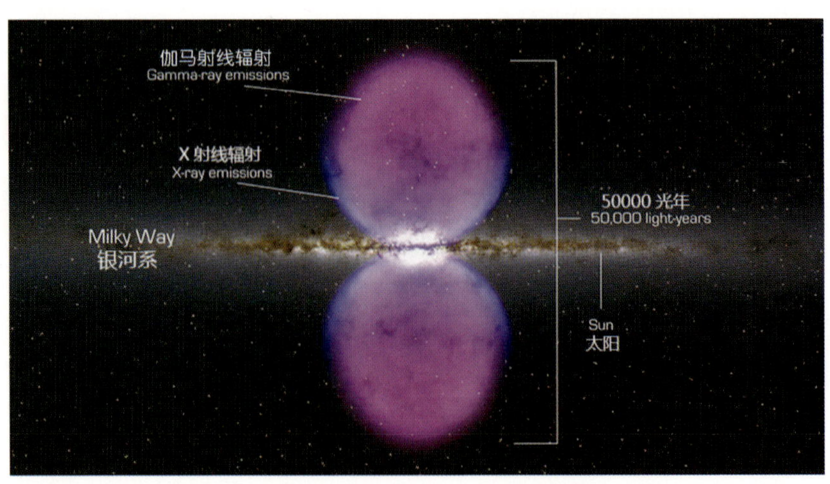

图6–13 “费米”发现银河系中两个伽马射线的巨型瓣状结构

能的解释是银心的超大质量黑洞曾经喷射过高能粒子喷流，而这两个瓣状结构就是它们的遗迹。

4 超新星和脉冲星的伽马射线观测

由于超新星和脉冲星的伽马射线的流量很低，早期探测器的灵敏度和分辨率不高，使得观测难度很大，观测研究进展缓慢。不过，随着大型伽马射线观测设备陆续上天，在超新星和脉冲星伽马射线的观测方面取得了突破性的进展。

4.1 超新星的产生

超新星爆发是非常罕见的天象，也是最激烈、最壮观的天体物理现象之一。它是正常恒星演化的终点，又是中子星和黑洞诞生的起点，也是星系际物质聚散循环中的关键环节。恒星级黑洞就是由大质量恒星演化而来的。中子星存在一个质量上限——奥本海默极限，在超新星爆发后，如果恒星塌缩物质的质量超过3.3个太阳质量，恒星只能一直收缩下去，最终形成黑洞。

氢是宇宙中最简单的一种元素，按质量计，它约占宇宙全部看得见的物质的3/4；其次是氦元素，约占全宇宙的1/4；所有其他元素的总和只占不足1%。宇宙中的氢和绝大部分氦是在宇宙起源大爆炸的最初3分钟形成的，而其他元素则是在恒星内部的热核反应过程中产生的，一些比铁重的元素则只能在超新星爆炸中产生。

我们按质量把恒星分为三大类：质量小于8个太阳质量的称为小质量恒星，质量为8~25个太阳质量的称为中等质量恒星，质量大于25个太阳质量的称为大质量恒星。这三类恒星的演化途径不一样，制造元素的能力也不相同。小质量恒星的热核反应可以生成氦、碳、氧等轻元素，但不能生成硅、镁、硫、磷、铁等比较重的元素。质量大于8个太阳质量的恒星的核心温度很高，可以使氢和氦生成碳和氧，碳还能聚变为氖和镁。热核反应是放热反应，可以使温度升高，当温度升高到10亿摄氏度时，氖原子核与氦原子核碰撞可以生成镁；升高到15亿摄氏度后便能生成硫、硅和磷；温度再升高，还能发生更多的聚变反应，生成更多的元素。随着这些重元素的产生，形成了多重元素燃烧的壳层。在第七章中将介绍大质量恒星演化形成各种元素及恒星的洋葱状结构，从外到内分别形成氢、氦、碳、氮、氧、硅、铁等元素。

当恒星的中心最终形成一个铁核时，那里的聚变反应就停止了。到了这一阶段，核心开始冷却，热压力不足以平衡引力，铁核迅速坍缩，导致星体爆炸，成为超新星爆发。大部分质量向外抛射，形成弥漫的超新星遗迹，核心坍缩的结果形成中子星或黑洞。

超新星爆发产生了比恒星核心更为极端的条件，极端的高温、高压和喷发的能量可以再次打破原子核的防线，迅速发生的核反应将形成一系列不稳定的放射性同位素原子核，以及其他一些稳定的重元素。某些放射性同位素在衰变或蜕变为另一种元素的同位素时会释放出不同能量的伽马射线。放射性同位素钴-56的原子核中有27个质子和29个中子，当它衰变为铁-56时，即原子核中的一个质子变为中子，将发射出伽马射线。其中一部分伽马射线可能被超新星产生的膨胀气体云所吸收、散射和再散射，最终变成可见光。

4.2 SNR 1987A的伽马射线观测

1987年2月23日，一位加拿大天文学家在大麦哲伦星云中发现了一颗5等星，它很快就被证实是一颗超新星，立即在世界天文学界引起了轰动。这是自1604年以来第一颗用肉眼就能观测到的超新星，而且大麦哲伦星云到地球的距离是16万光年，是离地球最近的星系。这颗超新星被命名为SN 1987A，它是20世纪最大的天体物理事件之一。

由气球和卫星载频谱仪观测SN 1987A时，都发现了放射性镍–56的特征谱线的衰变，还观测到铁的三条能量为847 keV、1 238 keV和2 599 keV的谱线，这是镍–56衰变的产物。观测还发现了钴–56衰变为铁–56的现象。钴–56的半衰期为77天，从1987年到1990年，来自这颗超新星的可见光正好以这个速率衰减，这说明观测到SN 1987A的放射性同位素钴–56。另外，利用和平号空间站上的X射线仪器，还观测到放射性元素钴–56衰变发出的伽马射线。

科学家猜测，在钴–56衰变之后将由钛–44的衰变来为超新星提供能量。国际伽马射线天体物理实验室对SNR 1987A附近的天区进行观测，找到了钛–44，这成为2012年高能天文学上的一个重大发现。图6–14是国际伽马射线天体物理实验室在三个能段观测SNR 1987A附近天区的情况，从左到右分别是48~65 keV、65~82 keV和82~99 keV。在这块天区有三个源，即脉冲星PSR B0540–69、大麦哲伦星云LMC X–1和SNR 1987A，但只在能段65~82 keV观测到SNR 1987A，由于这个能段中有钛–44的两个辐射峰，因此说明观测到SNR 1987A的钛–44。

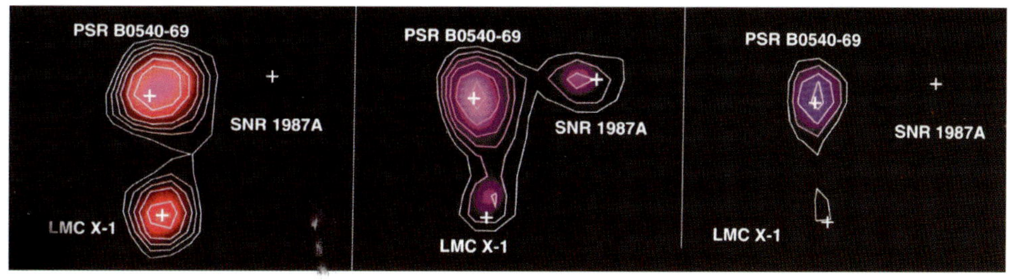

图6–14 国际伽马射线天体物理实验室在三个能段观测SNR 1987A附近天区的情况

4.3 Ia型超新星SN 2014J的伽马射线观测

2014年1月21日，英国天文学家福塞教4名大学生如何使用口径为

0.35 m的小型望远镜时，对着M82进行观测练习，无意中看到了一颗新的亮星，于是用另一架大一些的望远镜再观测，发现了2014年的第十颗超新星SN 2014J。这一发现非同小可，由于这是一颗Ia型超新星，距离地球比较近，约1 150万光年，一下子便成为一大热门，地面和空间的大型观测设备都对准这颗超新星进行监测。哈勃空间望远镜、斯皮策红外空间望远镜、钱德拉X射线望远镜、核光谱望远镜阵列、欧洲的国际伽马射线天体物理实验室、费米伽马射线空间望远镜、雨燕伽马射线探测器以及索菲亚平流层红外天文台等都投入了观测。

发现这颗超新星的第二天，美国雨燕伽马射线探测器的紫外/光学望远镜就拍摄到这颗超新星及其所在的宿主星系。雨燕伽马射线探测器可以在几个小时内对一个新的目标进行观测，有利于快速探测到宇宙中出现的超级能量释放事件。图6-15是雨燕伽马射线探测器拍摄的SN 2014J的爆发图像，箭头所指的就是SN 2014J。在这张复合图像中，中紫外线以蓝色显示，近紫外线为绿色部分，可见光图像为红色部分，图像的跨度为17弧分，差不多接近满月直径的一半。

SN 2014J被认为属于Ia型超新星，流行的理论认为，Ia型超新星的形成是由于白矮星的热核爆炸。白矮星是像太阳这样的小质量恒星在耗尽氢燃料后留下的残骸，这样的白矮星主要由碳元素和氧元素组成，它们是氢和氦燃烧的余烬。这些白矮星处在双星系统中，由于不断吸积伴星的物质，导致其质量超过钱德拉理论

图6-15 2014年1月22日雨燕伽马射线探测器拍摄SN 2014J的爆发图像

所规定的质量上限，白矮星变得不稳定，继而发生爆炸形成超新星。

国际伽马射线天体物理实验室在爆发过后50天到100天间对SN 2014J进行监测，采集的数据清晰展示了预期的钴的两条谱线（847 keV与1 238 keV）。此外，低能段（200~400 keV）的流量与理论预言也吻合得很好。这篇研究论文的第一作者楚拉佐夫说："谱线的流量情况表明，大量的放射性镍元素是在爆发期间合成的，总质量超过太阳质量的一半。观测到的两条伽马谱线都被多普勒效应致宽了很多，这说明，放射性物质云以大约10 000 km/s的速度膨胀着。最初这些物质很致密，放射性镍元素到钴元素衰变（典型时标为9天）产生的伽马射线由于康普顿散射和反冲效应损失了大多数能量，随后钴元素到铁元素的衰变花费的时间就长得多，达到了111天左右。在此期间，抛射物变得愈发透明，最终让伽马射线可以辐射出去，使得Ia型超新星成了长时标的伽马射线源。"

4.4 伽马射线脉冲星的观测

在发现第一颗脉冲星后不久，人们就发现了一颗极为重要的脉冲星，位于金牛座蟹状星云内，称为蟹状星云脉冲星，记作PSR B0531+21。1983年，应用气球携带的探测器发现了它在伽马射线波段和X射线波段的脉冲，这是人们所知的第一颗伽马射线脉冲星。此外，还观测到它在光学波段的脉冲，它在各个波段的脉冲周期都约为33.3毫秒。后来，船帆座脉冲星PSR B0833–45也被陆续发现在光学、伽马射线和X射线波段的脉冲。这是具有全波段脉冲辐射的两颗典型脉冲星。之后，天文学家加紧搜寻其他脉冲星在高能波段上的脉冲，但是进展很慢，直到2008年总共才发现7颗。

图6–16给出了7颗伽马射线脉冲星各波段的脉冲轮廓，从图上可以看出，Crab脉冲星在光学和X射线波段上均有明显的周期脉冲结构；在射电脉冲图上出现两个脉冲，分别称为主脉冲和中间脉冲，彼此相隔约180度。中子星有非常强的偶极磁场，这两个脉冲分别来自中子星的两个磁极区。

主脉冲前面还有一个小脉冲，称之为前兆脉冲。很有意思的是，Crab脉冲星在所有波段均呈现双峰脉冲结构，而且所有的峰对得很齐。图6–17是Crab脉冲星各个波段的功率谱，从红外、光学、X射线到伽马射线，其谱似乎连成一片，这很可能由同样的机制产生。但是，它们与射电波段的产生机制可能不同。

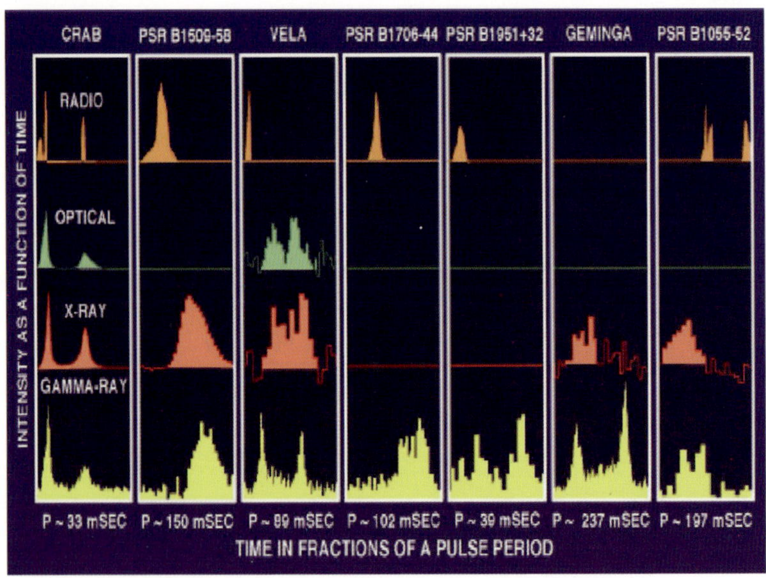

图6–16 7颗伽马射线脉冲星各波段的脉冲轮廓

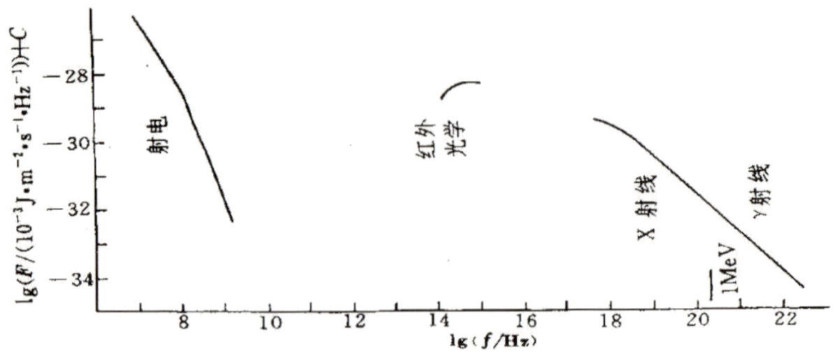

图6–17 Crab脉冲星各个波段的功率谱

不久，人们发现Vela脉冲星（PSR B0833-45）也有光学脉冲、伽马射线脉冲和比较弱的X射线脉冲结构，这是人们所知的第二颗伽马射线脉冲星。Vela脉冲星的周期约为89毫秒。1987年，李惕碚等宣布在欧洲高能卫星COS-B数据的分析中又找到了一颗新的伽马射线脉冲星PSR B1951+32。1990年，班尼特等指出，这可能是一颗有较大噪声的伽马射线脉冲星。

图6-16中的Geminga脉冲星（PSR B0630+18）是小型天文卫星2号在1972年发现的全天第二亮的高能伽马射线源，其名字的意思是双子座中的伽马射线源。发现之后的20年，人们都不知道它是何种天体，直到1991年，“伦琴”探测到它的软伽马射线具有0.237秒的周期，才知道它是一颗脉冲星。“康普顿”的观测进一步确认这是一颗伽马射线脉冲星，但是它却是一颗没有射电辐射的伽马射线脉冲星。虽然俄罗斯学者曾报告在100 MHz的低频上观测到射电脉冲，但由于在高一些的频率上反复观测都没有找到射电脉冲，因此俄罗斯的观测结果遭到质疑。观测发现Geminga脉冲星的周期在变化着，有人认为有一颗行星在围绕它运行，也有人认为这很可能由脉冲星的时间噪声所引起。后来发现它在可见光波段有极其暗淡的蓝色星光，比肉眼可见的亮光要弱1亿倍。

PSR B1509-58是一颗比较年轻的脉冲星，它很可能是公元185年前后由东汉天文学家发现的一次超新星爆发过程产生的中子星，《后汉书·天文志》记录了“客星”事件：“中平二年十月癸亥，客星出南门中，大如半筵，五色喜怒稍小，至后年六月消。”这是继Crab脉冲星后又一颗我国古代观测到的超新星爆发产生的脉冲星，其实际年龄比由周期和周期变化率计算出来的1 550年的特征年龄要大一些，但差别不大，符合得比较好。

PSR B1706-44是一颗射电脉冲星，周期为102毫秒。欧洲高能卫星COS-B发现它是一个伽马射线源，“康普顿”测出了它的周期，与射电周期一致，从而确认其为伽马射线脉冲星。它的伽马射线谱很硬，脉冲轮廓非常宽，呈双峰结构，而射电脉冲轮廓是一个很窄的单峰。设置在澳大利亚伍默拉的澳日合作的地面切伦科夫望远镜阵列观测到来自PSR B1706-44能量为10^{12} eV的伽马射线光子。

PSR B1055-52是1972年发现的一颗射电脉冲星，周期为0.197 108秒，爱因斯坦X射线天文台和欧洲X射线天文卫星观测了这颗脉冲星，发现它是一个软X射线源，但却没有看到其X射线周期脉冲结构。1993年，美国康普顿伽马射线天文台的观测确认其是一颗伽马射线脉冲星，其脉冲轮廓是很不对称的双峰结构，轮廓的一个成分很宽大，一个成分则很窄小。我国学者宋黎明和陆埮利用欧洲高能卫星COS-B的观测资料进行分析，也发现这个伽马射线源的周期结构，进一步确认它是一颗伽马射线脉冲星。

4.5 “费米”发现大批伽马射线脉冲星

费米伽马射线空间望远镜是康普顿伽马射线天文台的后续设备，其主力设备是大视场望远镜，能谱范围为20 MeV~300 GeV，它的能谱范围非常宽，灵敏度也特别高。“康普顿”的高能探测器的探测上限不过是30 GeV，灵敏度还不到大视场望远镜的1/30。难怪，“费米”上天就使脉冲星的观测情况立即改观。在2008年“费米”发射之前的40年，只发现7颗伽马射线脉冲星；而“费米”上天后没有几年就发现了超过160颗伽马射线脉冲星。

4.5.1 解决悬案，发现第一颗伽马射线脉冲星

天文学家以前曾在年龄约1万年的超新星遗迹CTA1中发现一个X射线源和一个伽马射线源，但不知是何种天体。这个超新星遗迹处在仙王座方向，距离地球4 600光年。天文学家猜想这是脉冲星的辐射，但是所有观测都没有找到辐射的周期性结构，使其成为一个历史悬案。“费米”上天后，立即对这个源进行观测，很快找到了伽马射线的脉动周期，约为316.86毫秒，确认它是一颗脉冲星，破解了这个悬案。在测出周期变化率

后，计算得到的特征年龄约1万年，与其所在的超新星遗迹的年龄相当。

脉冲星是中子星的一种，具有非常强的偶极磁场并高速自转。在开放磁力线区域，高能带电粒子沿磁力线做加速运动，发出非热的伽马射线辐射束，就像灯塔的两束光一样，由于脉冲星高速自转，辐射束扫过地球，形成一系列的脉冲。图6–18是脉冲星产生辐射的示意图，蓝色代表中子星的磁力线，粉红色为辐射束，分别从两个磁极射出。

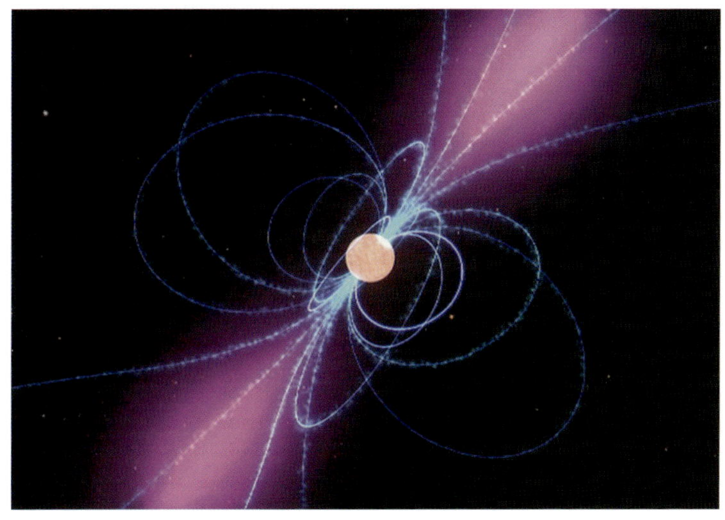

图6–18 沿着脉冲星开放磁力线区域运动的带电粒子产生灯塔似的伽马射线

4.5.2 发现的第一颗河外伽马射线脉冲星

至今，天文学家发现了2 000多颗脉冲星，绝大多数都是处在银河系内的射电脉冲星，只有极少的脉冲星是在邻近的大、小麦哲伦星系中，不到20颗。大麦哲伦星系中有一个美丽的蜘蛛星云，它是著名的恒星形成区。天文学家应用美国宇航局的爱因斯坦X射线天文台以及罗西X射线计时探测器在蜘蛛星云中发现了两颗X射线脉冲星，分别是PSR J0540–6919和PSR J0537–6910，自转周期分别为0.05秒和0.0161秒。图6–19显示了这两颗脉冲星在蜘蛛星云中的位置，它们相距约半个月球的视直径。

“费米”上天以后，自然不会忽略已经发现多颗射电和X射线脉冲星的

图6-19 大麦哲伦云的产星区蜘蛛星云中发现的第一颗河外伽马射线脉冲星PSR J0540-6919及X射线脉冲星PSR J0537-6910

大麦哲伦云，它很快就发现蜘蛛星云是一个伽马射线亮源。天文学家起初将这种伽马辐射归结为超新星爆发产生的激波加速的物理过程。

天文学家对已经发现的两颗X射线脉冲星产生了浓厚的兴趣：它们在伽马射线波段是否也会有脉冲辐射？为了找到答案，“费米”进行了6年多的观测，终于发现PSR J0540-6919的伽马射线脉冲，它成为人类在银河系外发现的第一颗伽马射线脉冲星，还成为已发现的伽马射线脉冲星中最强的，比已称霸几十年的蟹状星云脉冲星的伽马射线脉冲辐射强20倍，不过，它们的射电、可见光和X射线辐射水平大致相当。它的年龄约为1 700年，比蟹状星云脉冲星约大1倍，是第二年轻的脉冲星。最后查明，PSR J0540-6919提供了蜘蛛星云的伽马射线辐射光度的一半。

“费米”没有观测到PSR J0537-6910的伽马射线周期性脉冲，但这颗脉冲星的故事值得一说。1987年，在大麦哲伦星系发现了举世瞩目的SN 1987A，按照理论超新星爆发有可能留下一颗中子星，地面和空间的观测设备盯着观测，但忙中出错，把仪器的噪声当成了脉冲星的信号，宣布发现了周期仅为0.5毫秒的脉冲星。当然，很快就纠正了这个错误。让人们感到宽慰的是，在搜寻SN 1987A的脉冲星的过程中，发现了PSR J0537-6910。

4.5.3 自转突快的伽马射线脉冲星

脉冲星具有稳定而相当短的自转周期，绝大多数射电脉冲星的周期都在逐渐变长。这意味着自转变慢，自转能减小。对于内部已经没有核聚变能源的中子星来说，自转能的减少恰恰给它们提供了辐射的能量来源。但是，有少数脉冲星偶尔会发生自转突然加快的现象，可能的原因很多，其中最为流行的观点认为，脉冲星外壳产生了星震或其内部的超流氦和外壳相互作用导致了脉冲星自转突变。外壳的星震可能导致中子星的半径稍微变短，自转也就加快了。

只有伽马射线脉冲辐射的脉冲星有没有这种自转突快现象呢？观测回答了这个问题。2011年11月，艾伦领导的小组宣布发现了9颗伽马射线脉冲星，其中的PSR J1838-0537就有自转突快的现象。这颗新发现的伽马射线脉冲星的年龄约5 000年，周期约0.143秒，位于盾牌座方向。在发现这颗脉冲星之后，他们感到十分惊讶，因为这颗脉冲星原来就是2009年9月消失的一颗已知的脉冲星。其实，这颗脉冲星并没有消失，只是经历了一次自转突变事件，转动频率加快了百万分之三十八赫兹。加快的这点频率很小，但这已经是脉冲星自转突快中的特大事件了，也是所测量到的纯伽马射线脉冲星最大的自转突变。

4.5.4 “费米”发现的伽马射线脉冲星样本分析

“费米”发现脉冲星的能力特别强，很快就使伽马射线脉冲星的样本超过160颗。第二个伽马射线脉冲星源表在2013年被公布，共有117颗伽马射线脉冲星。这些脉冲星可以分为三类：毫秒脉冲星、年轻射电活跃脉冲星和年轻射电宁静脉冲星。其中，射电宁静伽马射线脉冲星仅有伽马射线脉冲而没有射电脉冲，是一个特殊的新品种。而38颗伽马射线毫秒脉冲星的周期变化率已经测出，从而获得其年龄、磁场和转动能损率的数值。

转动能损率给出通过中子星的自转减慢可能释放出来的功率。中子星是在核能源耗尽的情况下引力坍缩的产物，它仍然具有很高的温度，热能将以黑体辐射的形式辐射出去，但是这种能量通过各种冷却过程而耗散，不可能是脉冲星的主要能源。如果脉冲星是双星系统的成员，而且伴星不是致密星时，伴星的物质有可能被吸积到脉冲星上，这些物质的引力势能就会转化为别的能量形式而释放出去。大多数脉冲星不是双星系统，当然就没有这种形式的能量。脉冲星快速自转表明它具有巨大的转动能，周期在缓慢地变长，所释放的转动能的一部分可以转化为辐射能和粒子加速所需要的能量。所以转动能损率这个参数很重要。

“费米”观测到许多伽马射线脉冲星（见图6–20），对脉冲星辐射理论提出了挑战。先前发现的伽马射线脉冲星都是正常脉冲星中年轻的脉冲星，而现在“费米”发现很多年老的伽马射线毫秒脉冲星。为什么年轻的正常脉冲星和年老的毫秒脉冲星都有很强的伽马射线辐射呢？这个问题的答案仍在寻找之中。

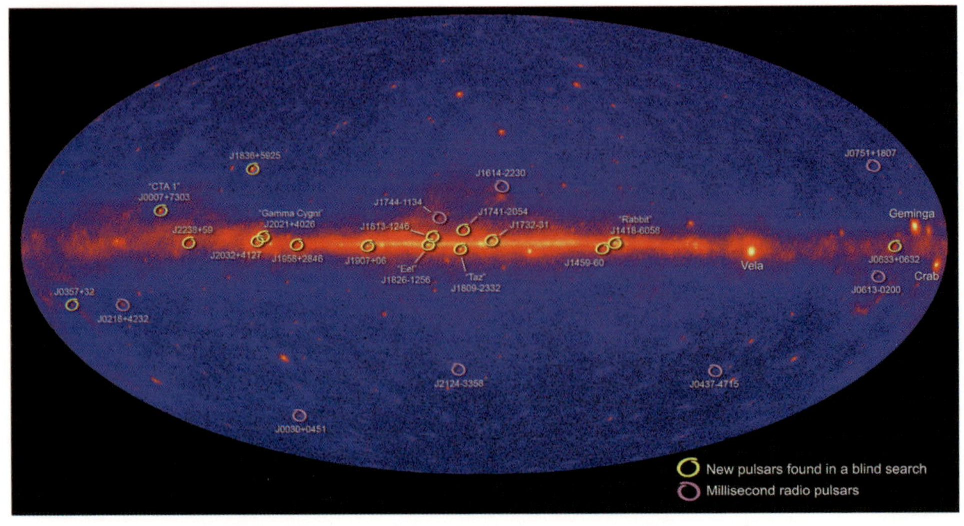

图6–20 “费米”观测得到的部分伽马射线脉冲星的分布

5 “费米”发现伽马射线爆发的耀变体

“费米”上天时间不长就有很多新发现：其一是一举发现160多颗伽马射线脉冲星；其二是发现一批伽马射线暴；其三则是发现一批耀变体。这三个发现都成为当今热门的研究课题。从伽马射线观测的角度来看，耀变体的发现把宇宙伽马射线源与星系联系了起来，这是一个很重要的进展。

5.1 伽马射线耀变体的发现

耀变体最显著的观测特征是在各个波段都具有快速、大幅度、无规则的光变现象。2012年，美国科学家利用新型红外线空间望远镜在宇宙深处发现了这种异常活跃的天体。伽马射线空间望远镜发现了许许多多的伽马射线源，其中也有这种具有多种时间尺度的光度剧烈变化的源，称之为耀变体。由于耀变体的高能辐射通常与低能量现象相关联，因此可以借助灵敏度特别高的广域红外巡天探测器进行红外观测，以发现更多的耀变体。在广域红外巡天探测器的帮助下，美国宇航局已确认了200个在红外波段和伽马射线波段都有巨大光变的耀变体。

在“费米”之前，康普顿伽马射线天文台已经发现了70个耀变体，而“费米”上天后的第一年，其所探测到的点源中的一半是耀变体。“费米”观测确认的第一个耀变体是3C 454.3，这是剑桥大学3C星表上的一个射电源。

在射电天文学发展伊始，就在天空中发现了众多明亮的射电源。在寻找它们的光学对映体时，发现了类星体，首个被发现的红移星体——3C 273就是一个属于耀变体的高变类星体。耀变体成为早期发现的类星体中的典型代表，它们是很强的射电源，强度在剧烈地变化着，而且在红外、光学、X射线和伽马射线波段上的光度也极富变化性。

1968年发现的蝎虎座BL型天体，表现出许多类星体的特征，成为一种新型的星系。截至2003年，已有数百个蝎虎座BL型天体被发现。天文学家发现，耀变体中有一类属于蝎虎座BL型天体，它们发出强烈的射电、红外、X射线和伽马射线，并且有猛烈的光变。蝎虎座BL型天体PKS 2155-304就是一个典型的耀变体，这个耀变体处在南鱼座，距离地球15亿光年。通常可以探测到其暗弱的伽马射线，然而，在2006年它成为天空中最亮的伽马射线源，这可能由于它处于爆发阶段。

总的来说，耀变体存在多种时标的光变：分钟到小时量级的微光变、天到月量级的短时标光变和月到年量级的长时标光变。光变的性质主要包括光变时标、光变幅度、光变频度、光变曲线、谱型等随时间的变化等。光变分析一直是研究耀变体本质的重要手段之一。

耀变体是目前已观测到的宇宙中最剧烈的天体活动现象之一，是众多活动星系中的一种，也被称为活动星系核。它主要可分为两类：第一类是光学剧变类星体，与射电辐射紧密相关；第二类为蝎虎座BL型天体，与射电辐射关系不密切。另外还有少量耀变体可能属于过渡耀变体类型，即兼具光学剧变类星体和蝎虎座BL型天体的某些特征。典型的耀变体包括3C 454.3、3C 273、3C 279、PKS 2155-304、PKS 1441+25、Markarian 421和Markarian 501等。

NGC 1275这个星系曾有几个大不相同的名字，说明它很特殊，但对其分类产生了困难。在不同时期曾被称为赛弗特星系、射电星系、蝎虎座BL型天体，最后被认为是耀变体。观测显示，NGC 1275耀变体的辐射强度是变化着的。“费米”清晰地探测到它的伽马射线，其流量是“康普顿”探测上限的7倍，照理“康普顿”也能清晰地观测到，但是20世纪90年代康普顿伽马射线天文台却没有探测到。这可能由于十几年前这个星系中央黑洞喷流所产生的伽马射线很弱，只是在最近这些年得到了很大增强。能量变化的周期大约是十几年，由此可以估计出辐射区的大小，NGC 1275的伽马射线必定来自一个直径不超过2光年的源，这意味着是来自这个星系中心的黑洞。图6-21是“费米”发现的来自星系NGC 1275中心喷涌而出的高能伽马射线（图中央），颜色越明亮表示能量超过200 MeV的伽马射线越多。

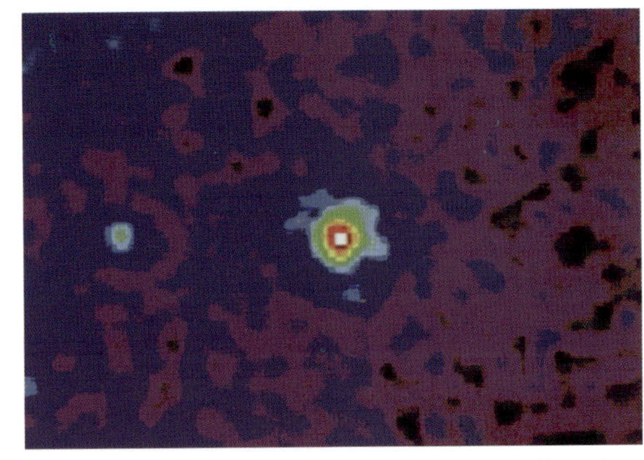

图6-21 “费米”发现的来自星系NGC 1275中心喷涌而出的高能伽马射线

“费米”参与的多波段观测的首批目标之一是位于南鱼座、距离地球15亿光年的一个耀变体PKS 2155-304。通常，它是一个暗弱、但可探测到的伽马射线源。然而，当它处于爆发阶段时，例如在2006年，可以成为天空中最亮的伽马射线源。

2008年8月和9月，“费米”与高能立体望远镜系统联手，一起监测了处于宁静状态的PKS 2155-304。在它以及其他耀变体爆发时，X射线和伽马射线辐射会同时上升和下降。但是，当PKS 2155-304处于宁静状态时，这两个波段的辐射却并没有同时发生变化。更为奇怪的是，PKS 2155-304的可见光辐射会随着其伽马射线辐射一起涨落。

2015年4月，耀变体PKS 1441+25发生了一场大型喷发。这个活动星系位于牧夫座，距离地球非常遥远，约76亿光年。在星系核心，存在一个巨型黑洞，质量约为太阳质量的7 000万倍，周围环绕着一个高温气体和尘埃组成的盘面。这是意大利天文学家路易吉·帕齐亚尼使用“费米”的大视场望远镜公开的观测数据发现的，随后立即通报给了天文学界。“费米”的观测数据揭示出了能量最高可达3.33×10^{11} eV的伽马射线光子，这一能段已经接近该仪器的探测上限。雨燕卫星看到了它的光学和X射线爆发。德国大气伽马射线切伦科夫成像望远镜观测到这个耀变体能量为0.4×10^{11}~2.5×10^{11} eV的伽马射线。美国惠普尔天文台的甚高能辐射成像望远镜阵列探测到了能量接近2×10^{11} eV的伽马射线辐射。

这么高能量的伽马射线光子在经过76亿光年的路程中幸存了下来，实属难得。甚高能光子本来就稀少，在如此漫长的路途中，如果与低能辐射相撞，会转化为其他粒子。恒星发出的可见光和紫外辐射形成了一种名叫河外背景光的残余晖光，甚高能伽马射线首先穿越这层宇宙障碍就不容易，当伽马射线光子与星光相遇时，它会转化为一个电子以及一个正电子，这样就销声匿迹了，也就探测不到它。耀变体距离越远，能量最高的伽马射线光子幸存下来并被探测到的概率就越小。

5.2 耀变体是什么样的天体?

两类耀变体分别与类星体和蝎虎座BL型天体（星系）有关，首先需要对这两种天体做一个简单介绍。

类星体是1963年被发现的一类特殊天体，它们因看起来是类似恒星的天体而得名。1960年，利用月掩射电源的方法确定了射电源3C 48的位置，找到了它的光学对映体，获得了它的光谱。它有很多发射线，然而这些发射线却在地球实验室的光谱图谱库中找不到对应的元素。天文学家施密特经历了大约一千个日日夜夜的冥思苦想，也没有找到答案。问题的解决发生在一念之间，1963年2月，施密特在撰写类星体观测论文时，突然闪出一个念头：会不会是因为谱线红移太大，把熟悉的谱线移到了波长很长的地方，以致搞得面目全非。计算结果证明施密特的想法完全正确，他发现了一类新型天体，取名为类星体，其最大的观测特征是谱线具有非常大的红移。虽然取名为类星体，但它们一点都不像恒星，是银河系外能量巨大的遥远天体，其中心是质量超过千万太阳质量以上的黑洞。这些黑洞虽然自身不发光，但由于其强大的引力，周围物质在快速落向黑洞的过程中以类似摩擦生热的方式释放出巨大能量，使得类星体成为宇宙中最耀眼的天体。天文学家通过大型巡天已经发现了20多万颗类星体，其中距离地球超过127亿光年的类星体有40个左右。

蝎虎座BL在20世纪60年代以前曾被认为是一颗光变不规则的特殊变星，1968年，证认出蝎虎座BL是射电源的光学对映体。性质与蝎虎座BL类似的天体称为蝎虎座BL型天体，其主要特点是发出强烈的射电、红外和X射线，有猛烈的光度变化，时标为几小时到几个月，它们是遥远的河外星系。一般认为这种星系是由于星系中心黑洞吞噬恒星和星际物质并向两个方向发出喷流造成的。

类星体发出很强的射电辐射，称之为类星射电源。有些类星体则发出强劲的紫外辐射，它们的红外辐射也非常强，有些还发出X射线辐射，但鲜有报道有强烈伽马射线辐射的类星体。类星体一般都有光变，时标为几年，少数类星体光变很剧烈，时标为几个月或几天。从光变时标可以估计出类星体发出光学辐射区域的大小（几光日至几光年）。类星体的绝对星等在-25等到-33等之间，可推论出其光度是10^{12}~10^{14}个太阳光度（4×10^{38}~4×10^{41} W），这说明类星体是宇宙中最亮的天体。

类星体究竟是什么？人们众说纷纭，陆续提出了各种模型，其中的一种认为类星体实际是一类活动星系核，在星系核中心区有一个超大质量黑洞。在河外星系中有一类性质特殊的星系被称为活动星系，如射电星系、N型星系、赛弗特星系等。活动星系中发生着激烈的物理过程，如恒星爆发、喷流和激波，在各个波段都有很强的辐射。后来查明，这些激烈的过程均发生在星系核心部分或由核心部分激发而成。天文学家赛弗特对这类星系进行了系统地研究，发现它们具有明显的星系核和强烈的发射线，后来天文学家就将它们称为赛弗特星系。具有很强射电辐射的射电星系中也有部分具有很强的核。类星体的射电辐射的性质和射电结构与射电星系和N型星系的核非常相似；而类星体的光学辐射则类似于赛弗特星系的核。不少天文学家认为，类星体就是星系核。由于类星体特别遥远，特别明亮的星系核掩盖了其余部分，使人们只能看清活动星系的核。因此，无论是射电辐射还是光学辐射，所观测到的类星体的角直径很小，看上去就像是一颗恒星。

星系核中都有一个大质量黑洞，在黑洞的强大引力作用下，附近的尘埃、气体以及一部分恒星物质围绕在黑洞周围，形成了一个高速旋转的巨大吸积盘。在吸积盘内侧靠近黑洞视界的地方，物质掉入黑洞里，伴随着巨大的能量辐射，形成了物质喷流。而强大的磁场又约束着这些物质喷流，使它们只能够沿着磁轴的方向——通常是与吸积盘平面相垂直的方向高速喷出。如果这些喷流与观测者视线的交角比较大，看到的就是类星体。如果喷流方向接近观察者视线的话，情况就不一样了。观测到的辐射被喷流中的狭义相对论效应增强，这个过程被称为相对论性束射。如果喷流和地球观察者的视线存在着5度的夹角，且喷流的速度达到了光速的99.9%，那么地球观察者所观测到的亮度将会是发射亮度的70倍。喷流和地球观察者视线的夹角越小，亮度增加越大。这种情况下的活跃星系核就变成爆发的耀变体了，它们具有高亮度、高变性、高极化性的特征。

在大多数耀变体附近数秒差距范围内都可观测到超光速运动现象，确切地说，应该是视超光速现象。光速是物体运动速度的极限，也是能量传递速度的极限，这种看到的超光速现象是一种视觉效应。例如，在夜晚将探照灯射向高空，由于云层的反射，天空会出现亮点，当地面的探照灯缓慢转动时，在高空的亮点却以极快的速度在移动，如果这云层足够高，亮点的速度就可能超过光速。由类星体中心母体喷出两股相反方向的粒子流

（相当于探照灯的光），它们照在星际介质上（相当于高空的云），从而激起射电辐射（相当于亮点）。因此，只要中心母体有小小的摆动，粒子流照射所激起的辐射区就会迅速地移动。图6-22是异常活跃的神秘耀变体发出强大的伽马射线束示意图。

图6-22　异常活跃的神秘耀变体发出强大的伽马射线束示意图

6 震惊世界的宇宙伽马射线暴

早在1967年就发现了伽马射线暴，其数目虽寥寥无几，但已引起天文学家的关注。1991年“康普顿”上天，几年中共发现3 000多个伽马射线暴，一下子把伽马射线暴的研究推到最前沿，几乎天天都要发布有关伽马射线暴的消息。天文学家关注伽马射线暴的发现及其观测特性，探讨其产生机制。由于发表的伽马射线暴数据中，只有不太精确的方位而没有距离信息，使天文学家在伽马射线暴的本质问题上只能猜测。宇宙伽马射线暴之谜早已存在，“康普顿”上天发现了几千个伽马射线暴，不但没有解开谜团，反而使之更加扑朔迷离。

6.1 伽马射线暴的发现及其观测特性

伽马射线暴在1967年7月2日由美国“维拉4号”发现。伽马射线暴的辐射变化剧烈而迅速，呈脉冲状，持续时间为0.1~1 000秒，辐射主要集中在0.1~100 MeV的能段。伽马射线暴分为长暴和短暴两类，持续时间以2秒为界限，短于2秒的属于短暴，长于2秒的为长暴。伽马射线暴的上升时间大多非常短，一般在毫秒级，甚至亚毫秒级，这样短的时标表明其尺度一定很小，应当在几十千米以下，所以伽马射线暴源一般被认为是中子星。伽马射线暴有两种类型：一类叫作软伽马射线重复暴；另一类叫作经典伽马射线暴。前者至今只发现了11个，爆发现象重复发生，有1个甚至已观测到重复爆发100余次，时间波形比较简单，谱比较软，著名的伽马射线暴GB 790305b就是其中之一。后者为伽马射线暴中的极大部分，没有重复暴现象，时间波形多样，可以呈现多峰复杂结构，谱比较硬。图6–23是“康普顿”的“贝斯”观测到的不同的伽马射线暴的光变曲线。

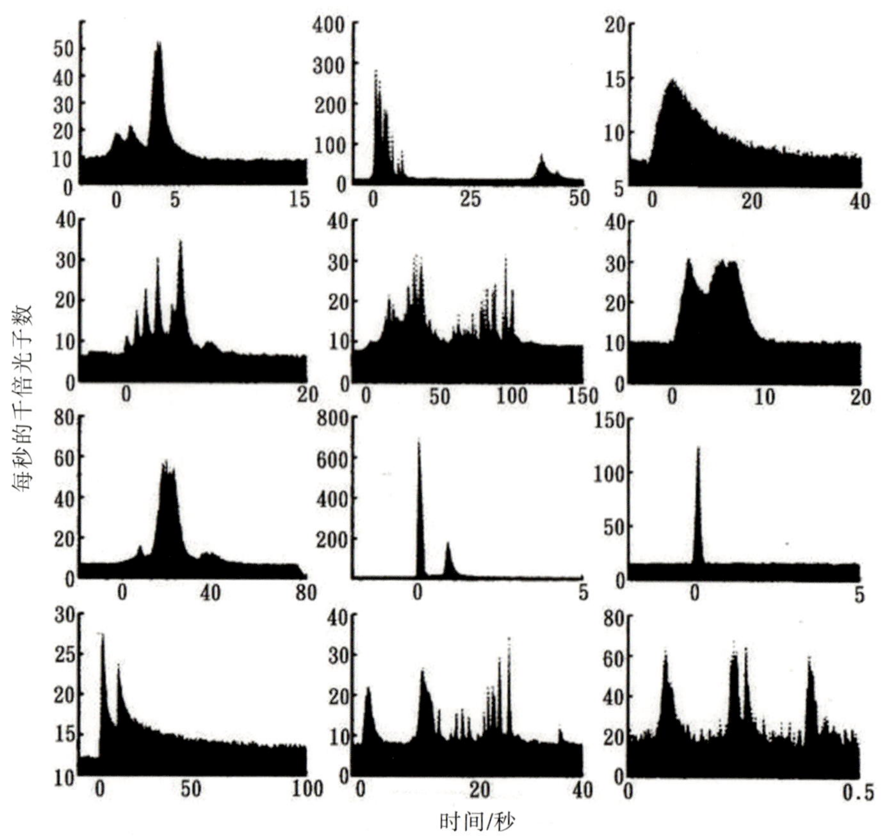

图6–23 “康普顿”的“贝斯”观测到不同的伽马射线暴的光变曲线（爆发源所释放的能量不同，爆发持续时间也不相同，可持续一秒至数分钟不等）

20世纪80年代，基于银河号天文卫星的观测结果，许多人相信伽马射线暴是发生在银河系中的一种现象，与中子星有关，并围绕中子星建立起数百个模型。只有美籍波兰裔天文学家玻丹·帕琴斯基提出，伽马射线暴发生在银河系外，是位于宇宙学距离上的遥远天体。如果这个看法成立，伽马射线暴在几秒时间里释放出的能量就相当于几百个太阳一生中所释放出的能量总和，成为人们已知的宇宙中最猛烈的爆发。然而没有多少人认可这种观点。

伽马射线暴是宇宙中最强烈的爆发，仅次于宇宙诞生时的大爆炸。康普顿伽马射线天文台发射上天以后，平均每天发现1个伽马射线暴，很快就发现了3 000多个。图6–24是“贝斯”发现的2 704个伽马射线暴的空间分布，大体上呈现出各向同性的分布。

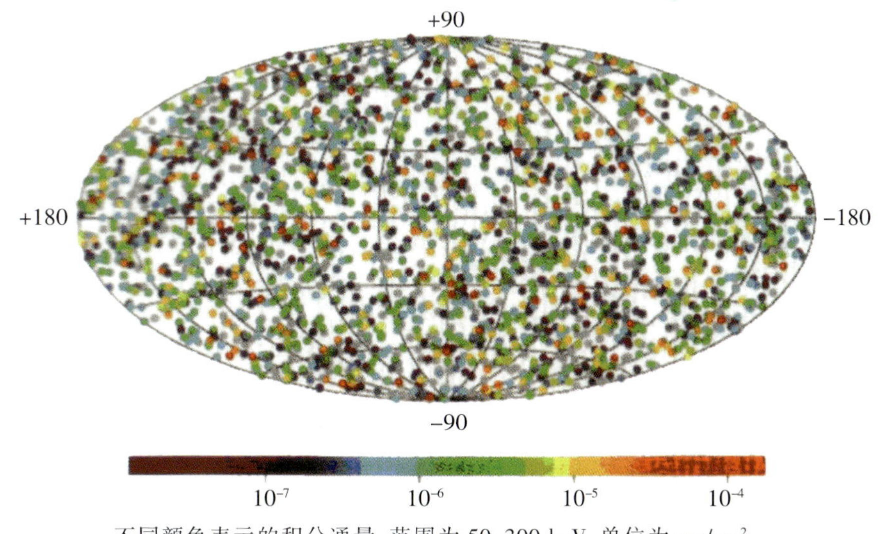

不同颜色表示的积分通量,范围为 50~300 keV,单位为 erg/cm²

图6–24　伽马射线暴发生的位置和强度的全天星图

“康普顿”发现的伽马射线暴非常多，但持续时间短的伽马射线暴很少，只有几十个，同样，也没有发现持续时间很长的伽马射线暴。2012年，英国天文学家报告说，他们观测到一种能量超强且持续2小时的伽马射线暴，命名为GRB 101225A，发生在距地球约70亿光年处。他们认为，鉴于爆发持续时间特别长等特征，这应该是由体积大而密度小的超巨星爆发引起的。超巨星的体积通常是太阳的1 000倍，而质量只有太阳的20倍左右，因此它的爆发时间较长。而多数产生伽马射线暴的恒星体积小而密度大，因而其爆发转瞬即逝。

6.2 解开伽马射线暴距离之谜的意大利X射线卫星

像20世纪20年代仙女座大星云的大辩论一样，当无法确定伽马射线暴的距离之前，一切争论都没有意义。康普顿伽马射线天文台发现3 000多个伽马射线暴，却没有解决测量伽马射线暴距离的难题，自然也不能解决伽马射线暴究竟是在银河系内还是银河系外的争论。当时学术界并不看好的意大利贝波X射线天文卫星出奇制胜，解决了伽马射线暴的距离之谜。

意大利和荷兰合作的一颗X射线天文卫星“贝波”（见图6–25）异军突起，发射上天不到一年，就解开了伽马射线暴的距离之谜。“贝波”是用来研究银河系X射线源的，监测伽马射线暴只是一个附带的任务。当时，人们已经认识到，伽马射线暴发生时也会发生能量比较低的X射线辐射，也就是X射线余晖。由于X射线观测的空间分辨率比较高，可以提高伽马射线暴的定位精度。但伽马射线暴来得突然，也不知道来自何方，无法监测，只有视场比较大的X射线望远镜或照相机才能发挥作用，恰好，“贝波”上的X射线照相机具有视场大的特点。

图6–25　艺术家笔下的“贝波”

当时的X射线探测卫星都使用先进的掠射式X射线望远镜，它的分辨率高，视场却非常小。“贝波”为了扩大视场，采用古老的小孔成像方法，研制了视场达40度×40

度的大视场X射线照相机。小孔成像照相机很简单，不需要透镜或反射镜。但是也有缺点，为了提高分辨率，需要孔很小，但孔太小，通过的光线就会少，灵敏度很差。为了提高灵敏度，“贝波”开了1万多个小孔，各个小孔形成自己的X射线源图像，加到一起就提高了灵敏度。

1997年1月11日，“贝波”记录到一次持续时间近1分钟的伽马射线暴。同一时间，大视场X射线照相机记录到X射线辐射，由此确定出伽马射线暴来自巨蛇座，误差框直径约20角分。这是天文学家第一次发现伽马射线暴的X射线余晖，揭开了确定伽马射线暴距离之谜的序幕。图6–26是“贝波”观测到伽马射线暴GRB 970228的X射线余晖：左图是1997年2月28日的观测结果，余晖明亮；右图是3月3日再次观测的结果，余晖已经几乎消失。

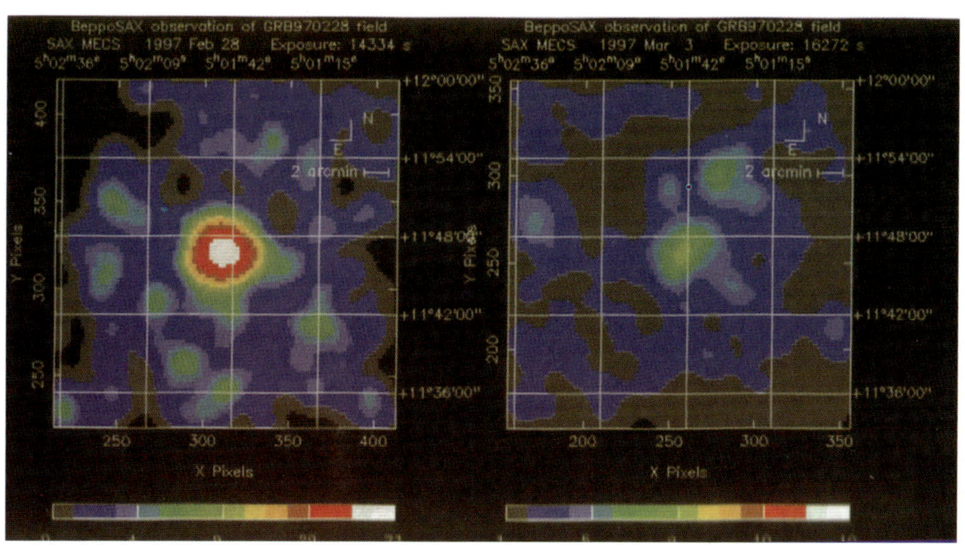

图6–26 “贝波”观测到的伽马射线暴GRB 970228的X射线余晖

6.3 美国高能暂现源探测器2号（HETE–2）

解决伽马射线暴位置和距离难题的是意大利与荷兰合作的观测X射线的贝波X射线天文卫星，但其实美国天文学家针对“康普顿”不能精确定位的缺点，策划了高能暂现源探测器（HETE），不幸的是，这个探测器发生爆炸，因此就有高能暂现源探测器2号（HETE-2）的出世。

高能暂现源探测器2号的目的很明确，就是为了发现并确定伽马射线暴的位置。这是一个国际项目，由美国、日本、法国及意大利合作，于2000年10月9日发射上天。高能暂现源探测器2号观测的能量范围为0.5~400 keV，携带的仪器有多种：X射线探测器；软X射线照相机（SXC，0.5~14 keV）；宽视场X射线监视器（WXM，2~25 keV）；法国伽马射线望远镜（FREGATE，6~400 keV）。这些观测设备都是背向太阳进行观测的，视场约为1.5立体角，可以在低能及中等能量的X射线和伽马射线两个波段同时进行观测。由X射线观测可以给出比较精确的位置，尽快把发现的伽马射线暴的位置通知地面，以启动地面相关的观测设备进行观测。在它投入观测的时候，伽马射线暴的光学、红外、射电余晖都已观测到，“伽马射线暴距离之谜”已经由意大利和荷兰合作的“贝波”解决了。即使如此，高能暂现源探测器2号对伽马射线暴的观测成果仍然可圈可点：证实了伽马射线暴的长暴与超新星之间的关联；发现了年轻超新星遗迹的壳层结构，尤其是RX J1713.7-3946，它是早先的澳日共建的伽马射线天文台望远镜阵列观测到的一个TeV级的伽马射线源。早期的理论预言银河系宇宙线必定和超新星遗迹有联系，宇宙线是被超新星爆发抛出的壳层物质所加速的。高能暂现源探测器2号的观测支持了这个理论预言。

6.4 美国雨燕卫星（Swift）

2004年发射上天的美国伽马射线暴快速反应探测器又称雨燕卫星，是一颗专门用于观测伽马射线暴的天文卫星（见图6-27），覆盖了伽马射线、X射线、紫外线以及可见光多个波段。雨燕卫星由美国、英国、意大利共同研制，运行在高度约600 km的近圆形轨道上，周期为90分钟，重1 500 kg。

雨燕卫星携带有爆发警示望远镜（BAT），面积为5 200 cm^2，工作能段为15~150 keV。它还配置了一架X射线望远镜（XRT），能够对伽马射线暴的余晖进行成像，精确测定伽马射线暴的位置，误差大约为3.5角秒，工作能段为0.2~10 keV，同时也能够监测余晖在数日到数周内的光变曲线。再就是紫外/光学望远镜（UVOT），工作波段为170~650 nm，能够对伽马射线暴在光学波段的余晖进行成像，也能测定其亮度、光谱以及长时间光变曲线。雨燕卫星是观测伽马射线暴及其余晖的最完整的设备。

图6–27　雨燕卫星

2004年至今，雨燕卫星每年可以探测到100个左右的伽马射线暴，并能为其中相当一部分定位，以进行后续研究。伽马射线暴的发现越来越多，其多样性更加明显。雨燕卫星对短暴及其余晖的观测也有很大的贡献，短暴事件可能起源于中子星的并合，也可能是黑洞与中子星的并合。雨燕卫星还有一个贡献是发现了不少黑暗伽马射线暴，这并不是说伽马射线弱不可见，而是指没有光学余晖或非常暗弱。2009年，美国丹尼尔·珀利等用帕洛玛山天文台口径为152 cm的望远镜观测雨燕卫星发现的29个伽马射线暴，其中有14个是黑暗的，没有看到光学余晖。进一步用夏威夷凯克天文台的10 m望远镜进行观测，结果显示它们中有3个透出微弱的光学辐射，其余的11个伽马射线暴虽然处于黑暗状态，但是却发现了导致产生伽马射线暴的星系。黑暗伽马射线暴没有光学余晖，可能是星际尘埃吸收了伽马射线暴的可见光所致。

7 发现伽马射线暴的光学余晖，解决困惑30年的难题

伽马射线暴被认为是仅次于宇宙大爆炸的最壮观的爆炸，然而，究竟是不是这样，还要取决于对它们距离的测定。如果是近处的天体，那么爆炸的能量就小得很，不足以令人们吃惊。从1967年发现伽马射线暴，一直到1995年，天文学家对伽马射线暴的距离问题一筹莫展。尽管发射上天的伽马射线探测卫星一个比一个先进，但连太空中巨无霸之一的康普顿伽马射线天文台也无能为力。其关键在于寻找伽马射线暴的光学余晖，光学的谱线观测可以得知其红移量，也就可以知道距离了。

7.1 发现光学余晖

1997年2月27日夜间，“贝波”又发现一个持续80秒的伽马射线暴——GRB 970228，位于猎户座，并在误差框边缘发现了一个很亮的X射线源。“贝波”大视场X射线照相机的误差框为6角分，在这么小的天区中至少有几千颗恒星，要从中找到一个作为伽马射线暴的光学余晖很不容易。但是，光学余晖是新出现的，可以通过多次观测，进行比对，发现新出现的亮点。科学家们申请用口径为4.2 m的赫歇尔望远镜进行观测，在1997年2月28日和3月8日获得两张照片，发现3月8日的照片上少了一个亮点，其位置与X射线余晖完全一致，这样就确认了2月28日照片上的这个亮点就是伽马射线暴的光学余晖。《自然》在4月发表了这个发现，后来它被《科学》评为1997年十大科学突破之一。

1997年5月8日，“贝波”又发现一个持续约5秒的伽马射线暴，恰好在大视场照相机的视场之内，很快就发现了这个伽马射线暴的X射线余晖，从而给出精确的位置。乔尔戈夫斯基和梅茨格利用海尔望远镜在“贝波”的误差框里发现一颗正在变亮的天体，他们都不相信伽马射线暴的光学余

晖会变亮，犹豫之际，霍华德·邦德这个新手用基特峰国家天文台90 cm口径的小望远镜观测到这个变亮的天体，毫不迟疑地发表了。后来，人们确认这个变亮的天体就是光学余晖。感到遗憾的乔尔戈夫斯基等亡羊补牢，完成了光学余晖谱线红移的测量。由于拍摄比较暗淡天体的光谱需要更大的光学望远镜，他们利用凯克天文台口径为10 m的望远镜进行观测，确认这个光学余晖的红移是0.835，相当于60亿光年的距离。这是人们第一次估计出伽马射线暴的距离，终于解开了伽马射线暴的距离之谜。知道距离后，算出的伽马射线暴释放的能量实在惊人：伽马射线暴GRB 970508在15秒中释放的能量比太阳在100亿年中释放的能量还多。图6–28是哈勃空间望远镜观测到伽马射线暴GRB 990123的光学余晖，1999年2月8日的余晖很亮，1个多月后变得暗淡，1年后完全消失。

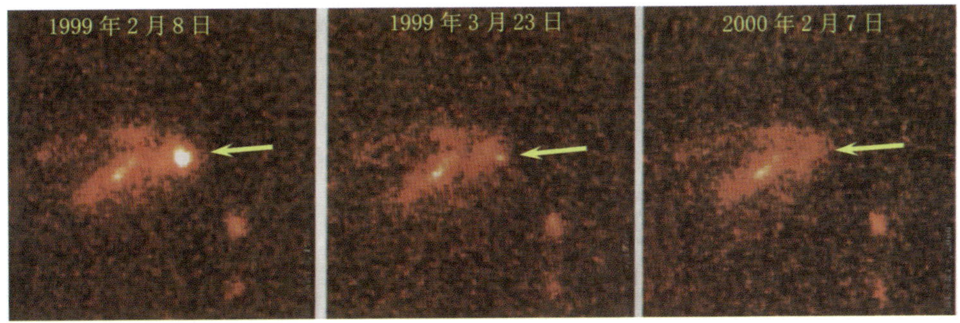

图6–28　哈勃空间望远镜观测到伽马射线暴GRB 990123的光学余晖

我国和法国正在合作研制的空间天文卫星——空间变源监视器（SVOM）也具备观测伽马射线暴光学余晖的能力。在微小卫星上将装备口径为30 cm的可同时记录紫外和两个光学波段的测光望远镜，还将装备口径为5 cm、视场为20度的巡视望远镜和视场为40度的谱分辨率很高的X射线望远镜。在观测过程中，一旦X射线望远镜视场中出现瞬变源，测光望远镜将很快对准该瞬变源进行观测。

7.2 发现射电余晖和近红外余晖

1993年就有天文学家预言，像伽马射线暴这种高能爆发，不管是怎样引起的，都会在射电波段上产生余晖，并会持续一段时间。

弗雷尔曾多次用美国甚大阵（VLA）观测伽马射线暴的射电余晖，都没有成功。直到1997年，对5月8日发生的伽马射线暴，他又一次利用甚大阵进行观测，在3.5 cm波段观测到一个亮射电源。这是人类第一次观测到伽马射线暴的射电余晖（见图6–29）。

这个射电源的光度变化非常大，也就是有明显的闪烁现象。爆发一个月后，闪烁现象完全消失。由于只有小角径射电源才有闪烁现象，所以推断射电余晖的角径很小，闪烁现象消失是因为爆发后的膨胀使小角径变成了大角径。根据计算得知，爆发的火球几乎以光速膨胀。

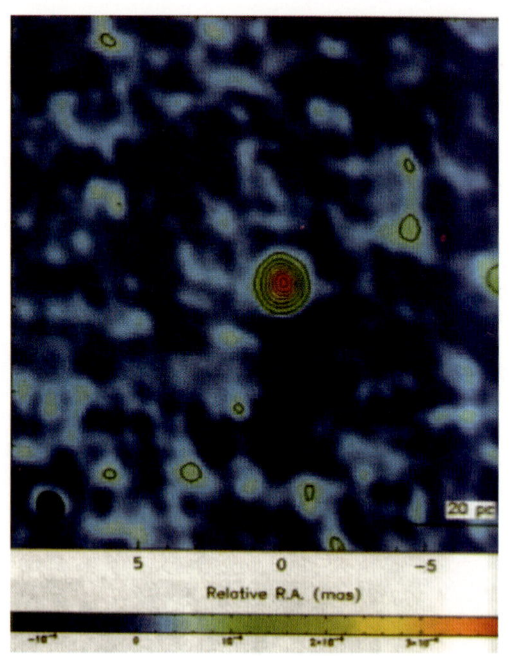

图6–29　美国甚大阵综合孔径射电望远镜观测到的伽马射线暴GRB 970508的射电余晖

2006年4月和7月，美国宇航局的雨燕卫星探测到两次伽马射线暴。后来欧洲南方天文台的口径为60 cm的自动天文望远镜探测到近红外余晖。根据两次观测结果的分析得出，伽马射线暴的物质爆炸扩张速度为光速的99.999 7%。射电和近红外观测都支持伽马射线暴的相对论火球理论模型。

7.3 遥远的伽马射线暴

1997年12月14日的伽马射线暴GRB 971214出现在大熊座方向，持续半分钟，观测到它的X射线和光学余晖，测得红移为3.42，估计距离地球约120亿光年。这个伽马射线暴在不到1分钟的时间里，释放的能量是太阳在100亿年中释放能量的200倍。这是20世纪观测到的红移最高和释放能量最多的伽马射线暴。

到了21世纪，2005年观测到的伽马射线暴GRB 050904的红移已达6.295。2009年4月23日美国宇航局的雨燕卫星观测到伽马射线暴GRB 090423，创造了新纪录。在探测到该伽马射线暴后约1小时，地面望远镜陆续观测该伽马射线暴的红外余晖，测量了余晖的光谱，红移高达8.2，成为最遥远的伽马射线暴，也是目前观测到的最遥远的天体。它们释放的能量比GRB 971214大得多。

什么机制能产生如此大的能量？有三种模型比较盛行：第一种是两个中子星碰撞并合时产生的；第二种是中子星落入黑洞时产生的；第三种是超新星爆发产生的。这三种方式产生的能量都与超新星爆发相当，然而，超新星爆发所释放的能量只有伽马射线暴GRB 090423的0.3%，与之产生了矛盾。有人提出，伽马射线暴的辐射可能有极强的方向性，就像人们观测到的脉冲星一样，只集中在中子星的两个磁极区。如果两条射线只覆盖1%的天区，那么其总能量也就只有现在估计的1%。这样，与超新星爆发的能量相当，与这几种模型也就不矛盾了。当然，如果这是真的，宇宙中发生的伽马射线暴的数目至少比能观测到的多100倍。

7.4 软伽马射线再现源（SGR）

1979年3月5日，多个空间探测器观测到一次亮度空前的伽马射线爆发，取名SGR 0526–66，这个源发生在距地球17万光年的大麦哲伦云里的一个年轻的超新星遗迹中。这次爆发每8秒钟就会出现一次起伏，并且逐渐减弱，其爆发能量主要在伽马射线波段的低能段，称为软伽马射线。之后又观测到它的16次爆发，表现了再现的特点，因此称之为软伽马射线再现源。前面讨论的伽马射线暴不具重复性，这是它们最大的不同。

有天文学家认为，软伽马射线重复爆发来自具有极强磁场中子星的星震。天文学家把这类磁场极强的中子星称为磁星，它们在诞生时有着高得惊人的自转速度，达到每秒100~1 000圈，引发剧烈的发电机效应，产生10^{15} G或更强的磁场。

7.5 关于伽马射线暴本质的研究

在发现伽马射线暴最初的20多年中，绝大多数学者相信，伽马射线暴来源于银河系的中子星。他们认为，中子星表面上的破裂、爆炸或小行星的撞击均可能引起伽马射线的爆发。唯独美国普林斯顿大学的帕琴斯基坚持认为伽马射线暴来自银河系外的天体。

1991年“康普顿”上天后，发现了3 000多个伽马射线暴，并显示其空间分布各向同性。这是对帕琴斯基的理论最强的支持，对于认为来源于中子星的理论是当头一棒，因为中子星在银河系里集中在银道面附近。但是相信伽马射线暴来源于银河系内的中子星的学者很快就对原来的理论进行了修改，提出伽马射线暴很可能由已不辐射射电脉冲的老年中子星产生，由于脉冲星具有很高的自转速度，已经跑到银河系的各个地方，因此显示出各向同性的分布。由于不知道伽马射线暴的距离，因此这种说法也能成立。虽然相信伽马射线暴来自银河系外的学者逐渐增多，但还是处于下风。

伽马射线暴的空间分布是高度各向同性而又不均匀的，所谓各向同性是指各个方向都有，所谓不均匀是指弱伽马射线暴很少，也就是越远的越少。由于太阳系并不处于银河系的对称中心，各向同性而又不均匀的空间分布几乎完全排除了近距离源的可能性。从而，更多人支持伽马射线暴来自银河系外的看法。

1995年4月22日，在美国华盛顿举行了一场关于“伽马射线暴是在银河系之内还是银河系之外”的辩论。没有人能够拿出过硬的证据，各执己见，分不出胜负，无法取得统一认识。而关键的问题还是不知道伽马射线暴的距离。

由于伽马射线望远镜的空间分辨率太差，伽马射线有很强的穿透力，既无法采用类似光学望远镜凹面镜或射电望远镜抛物面天线的方法汇聚来自天体的伽马射线光子，也不能像软X射线那样采用掠射望远镜，只能老老实实地用粒子计数器来接收伽马射线光子。“费米”的大视场望远镜实际上就是一个庞大的粒子探测器，空间分辨率很差，不能判断观测到的伽马射线暴源的精确位置，也就不可能去寻找其他波段的对映体或伽马射线暴的光学余晖。

由于解决了伽马射线暴的距离之谜，对伽马射线暴本质的研究就进入了实质阶段。目前，对于伽马射线暴长暴的起因，大多数学者认为这是50~100倍太阳质量的恒星在毁灭性爆发时发生的，爆发后会留下一个黑洞。理论研究认为，普通的超新星爆发有可能在几周到几个月之内导致伽马射线暴。1998年发现伽马射线暴GRB 980425与一颗超新星SN 1998bw相关联，这是一个重要发现，支持了伽马射线暴的成因可能是大质量恒星的死亡的看法。2002年，一个英国研究小组研究了“XMM–牛顿”对2001年12月的一次伽马射线暴的长达270秒的X射线余晖的观测资料，发现了伽马射线暴与超新星有关的证据，此论文发表在2002年的《自然》上。

对于短暴的研究，由于起落时间非常短，与超新星的爆发过程不符合。很多研究者认为，它们是由中子星并合或中子星与黑洞碰撞时产生的伽马射线。

第七章 宇宙线的探测和研究

宇宙线是来自宇宙空间的高能粒子流，约99%是带正电的原子核，约1%为正负电子、伽马射线、中微子等。带正电的原子核中，氢原子核约占89%，氦原子核（α粒子）约占10%，还有约1%是重元素原子核。大多数宇宙线粒子速度极快，接近光速，能量范围极广，跨越14个数量级，能量最高可达10^{20} eV。对于宇宙线，人们首先要问：宇宙线是从哪里来的？是如何传播的？是如何被加速到如此高的能量的？这是一个物理学的基本问题，也是天文学要进行观测和理论研究的问题。宇宙线携带着宇宙起源、天体演化、太阳活动及地球的空间环境等科学信息，联系着宏观、微观世界和日地环境变化。宇宙线是一种十分宝贵的科学资源，成为人们探索大自然的重要手段之一。

1 宇宙线的发现和早期研究概况

宇宙线是来自宇宙空间的高能粒子流，绝大部分被阻挡在地球大气之外，它们的次级粒子有可能到达高山和平原。高能粒子肉眼看不到，也摸不着，必须使用各种粒子探测器进行观测。宇宙线天文学是高能天体物理学的一个重要分支。

1.1 宇宙线的发现

1903年，卢瑟福和库克发现实验室中的验电器常常会无缘无故地发现离子，如果把实验室中所有的放射源都移走，验电器依然会发现离子，平均每秒在每立方厘米的体积内约有10对离子产生。他们认为，很可能有一种外来的、贯穿力极强的放射性射线进入了验电器，导致物质电离，这种放射性射线可能来自地球之外。

为了研究这种空气的导电现象，奥地利物理学家赫斯利用气球携带电离室到高空进行测量。该电离室是一种测量电磁辐射、粒子流强度或带电粒子能量的设备，荷电粒子或电磁辐射进入电离室后便在气体中引起电离现象，电离室的外壳和中心电极之间加有适当的电压，用来收集所产生的离子或电子。他一共制作了10只侦察气球，每只都装载有2~3台能同时工作的电离室，并亲自乘坐携带高压电离室的气球到高空进行探测（见图7-1）。1911年，第一只气球升至海拔1 070 m的高空，所测得的辐射与海平面的差不多。第二年，他乘坐的气球升空至5 350 m，发现在海拔1 400 m到2 500 m之间，辐射显然超过海平面的值，而到了海拔5 000 m的高空，辐射强度竟然是地面的9倍。由于白天和夜间的测量结果相同，因此赫斯断定这种射线不是来源于太阳的照射，而是来自太阳系外的宇宙空间。

图7-1　奥地利物理学家赫斯亲自乘坐携带高压电离室的气球升空前的情景

1912年，赫斯在《物理学杂志》发表论文《在7个自由气球飞行中的贯穿辐射》。他的发现引起了人们的极大兴趣，有支持的，也有怀疑的。在这之后，科学家们陆续利用气球进行宇宙线的空间探测。1914年，德国物理学家柯尔霍斯特将气球升至海拔9 300 m的高空，发现游离电流竟比海平面测量的结果大50倍，证实了赫斯的判断，说明这种辐射的确来自宇宙空间。

宇宙线究竟是什么呢？是频率极高的电磁波，还是高能带电粒子？这个问题在学术界分歧很大，当时多数学者认为它是频率极高的电磁波。其代表人物是获得1923年诺贝尔物理学奖的密立根教授，他做了很多测量，不仅在高山顶上，还利用气球在16 000多米的高空进行测量，更特意到加利福尼亚州群山中的缪尔湖和慈姑湖的不同深处做实验，这两个湖都由雪水作为水源，可以避免放射性污染，而且它们相距较远，高度相差很小，仅2米多，便于比较，又可以避免相互干扰。最终，他得到的结论是：这些射线来自宇宙深处，是一种高频电磁辐射，频率远高于X射线，穿透力比最硬的伽马射线还要强许多。宇宙线来自四面八方，不受太阳和银河系磁场的影响，也不受大气层或地磁纬度的影响，因此密立根认为宇宙线不是由带电粒子组成的。

而认为宇宙线是带电粒子的代表人物是1927年获得诺贝尔物理学奖的康普顿教授。他在1932年组织了6个远征队，到世界各地的高山、赤道附近低纬度区等进行宇宙线强度等方面的测量，其本人主持了美国中西部的洛基山脉以及欧洲南部的阿尔卑斯山脉、澳大利亚、新西兰、秘鲁和加拿大等地的两个远征队。综合各地的测量结果，他们发现，不同纬度处的宇宙线强度有明显不同，纬度高的地方宇宙线比较强，明显存在纬度效应，说明初始宇宙线受到地球磁场的影响，因此确认宇宙线具有带电粒子的特征。

1932年12月月底，美国物理学会召开会议，密立根和康普顿就宇宙线的本质问题阐述了自己的观点，进行了激烈的争论。由于双方都宣称自己有实验为证，无法达成一致，但大多数物理学家已经开始转向承认康普顿的观点。早在1927年，斯科别利兹利用云雾室摄得宇宙线痕迹的照片，发现宇宙线的径迹有微小偏转，已经证明宇宙线是带电粒子。

实际上，太阳爆发释放出大量高能带电粒子（主要成分为质子）一直对地球有不少影响，但直到20世纪40年代才被人们发现。1946年，美国物理学家福布什研究了分布在全球的多个宇宙线观测台站的数据后发现，多个台站探测到的高能粒子在1942年2月28日、1942年3月7日和1946年6月25日这三天同时出现了脉冲式的大幅上涨，而且这三次事件都是在太阳发生了强烈耀斑后的几小时内发生的，因此推测这些突然增加的高能粒子可能来自太阳上的爆发活动。之后科学家们又发现了一些类似的现象，并且证实有些强烈的耀斑发生后的几十分钟到几小时，地面上就能观测到宇宙线强度增加百分之几、百分之几十甚至百分之几百。1958年，科学家詹姆斯·范艾伦发现环绕地球的辐射带的高能粒子来自太阳，其被称为范艾伦辐射带。现代太阳研究把空间天气作为重要的课题，研究太阳耀斑和日冕抛射物质事件所形成的太阳风暴对地球环境的影响，成为宇宙线研究中独特的分支。

1.2 宇宙线的早期研究成果

人类对宇宙线的观测方式主要有三种：空间观测、高海拔地面观测、地下（或水下）观测。图7-2是坐落在法国比利牛斯山南奥索峰上的宇宙线观测站。

图7-2 法国比利牛斯山南奥索峰上的宇宙线观测站

宇宙线观测研究的第一项重大成果是安德森在宇宙线中发现了正电子。正电子是电子的反粒子，除带正电荷外，其他性质与电子相同。每种粒子都存在一种和它对应的反粒子，如反质子、反中子等。安德森是密立根的学生，负责用云室观测宇宙线，他采用一个带有强磁铁的威尔逊云室来研究宇宙线，快速拍下粒子径迹的照片，然后根据径迹长度、方向和曲率半径等数据来推断粒子的性质。1932年8月2日，安德森在照片中发现一条奇特的径迹，这条径迹和负电子有同样的偏转度，却具有相反的方向，这显示它是某种带正电的粒子。从曲率判断，不可能是质子，于是他果断地得出结论，这是带正电的电子。狄拉克预言的正电子就这样被安德森发现了，由于宇宙线和正电子的发现有密切联系，诺贝尔委员会将1936年诺贝尔物理学奖授予赫斯和安德森。在这之后，宇宙线观测研究发展很快。1935年11月11日，史迪芬和安德森驾驶着探测者2号氦气球上升到海拔22 066 m的高空，进行宇宙线的测量，创造了气球探测的新高度。1940年3月9日，美国探险队的一架比奇AD-17双翼飞机在海拔6 416 m的高空飞越南极测量宇宙线。1947年8月16日，物理学家波默兰茨宣布放飞了4个携带宇宙线探测仪的气球，在至少38 709 m的高度越过了南极地区。

1938年，奥格发现广延空气簇射现象，原始高能粒子撞击地球大气产生次级粒子的级联过程显现出簇射现象。1946年，物理学家罗西与查才品领导的研究小组创建了首个探测广延空气簇射的探测器阵列，进行了首次空气簇射结构的实验。他们发现簇射的能量高达10^{15} eV，是当时气球探测的宇宙线最高能量的1 000万倍，由此开辟了探测极高能宇宙线的新方向。

由于探测技术的发展和探测的广泛展开，陆续发现了新的粒子。1936年，安德森在宇宙线中发现了一种带单位正电荷或负电荷的粒子，质量为电子的206.77倍，这种粒子不参与强相互作用，是一种轻子，称为μ介子。1947年，两位英国科学家罗彻斯特和巴特勒在他们所拍摄的许多云雾室事件的照片中，发现一些形状像字母V的径迹，被认证是一种新的粒子，根据径迹形状，称其为V粒子，现在称为K^0粒子，这就是后来被称为奇异粒子的一系列新粒子发现的开始。1947年，英国的鲍威尔等人创造了将核乳胶用气球送到高层空间去记录宇宙线的方法，在玻利维亚安第斯山地区从宇宙线中发现了汤川秀树1930年所预言的π介子，质量约为电子质量的273倍，它与原子核之间有很强的相互作用，被称为带电π介子。汤川秀树与鲍威尔分别于1949年和1950年获得诺贝尔物理学奖。

1949年，费米发表宇宙线理论，尝试以超新星爆发的磁力冲击波来解释宇宙线的粒子加速机制，但是这个机制不能解释最高能宇宙线的存在。1962年，美国麻省理工学院的林斯里与同事利用新墨西哥州火山农场10 km^2的空气簇射探测器组探测到一个能量估计为10^{20} eV的宇宙线粒子。

1.3 有关宇宙线的一些基本知识

宇宙线是来自地球外的各种微观粒子，包括各种元素的原子核。为了更好地理解宇宙线的科学内容，需要对微观世界中众多基本粒子、众多元素以及宇宙中存在的四种力等知识有所了解。

1.3.1 丰富多彩的物质世界

今天的物质世界之所以多种多样、丰富多彩，是因为有多种多样的元素存在。宇宙中的万物都是由各种元素所组成的，地球上的化学元素种类繁多，门捷列夫给出的元素周期表包含了地球上的众多元素，多达100多种。人体中也有丰富的元素，不仅有铁、碳、氮、钙、锂、铍、硼、氢，还有微量的比铁更重的元素。

科学家对太阳上的元素做了精确的测量，以氢为标准，各种元素的丰度分别是：氢（H）为1.0；氦（He）为0.38；氧（O）为0.001；碳（C）为0.000 52；氮（N）为0.000 1；硅（Si）、镁（Mg）、铁（Fe）、钠（Na）、钙（Ca）、镍（Ni）、铬（Cr）等均在0.000 028以下。

宇宙中最多的元素是氢，其原子核就是质子，按质量计，它约占宇宙全部看得见的物质的3/4。其次是氦，约占全宇宙的1/4。其他所有元素的总和只占不足1%，这不足1%的其他元素种类繁多。这些元素是怎样产生的呢？

根据热大爆炸宇宙学说，在大爆炸的最初3分钟，随着温度的逐步下降，相继产生了物质世界中的各种粒子，如光子、电子、中微子、质子、中子等。到4分钟时，宇宙中便有了26%的氦原子核和74%的氢原子核。而宇宙中的重元素都是后来在恒星中形成的。

由四位著名天文学家发表的论文《星体元素的合成法》解决了重元素在恒星内部生成的理论，被称为B^2FH理论。他们提出八个过程能够产生诸如氦、碳、氧、镁、硅、硫、氩等原子核，产生铁峰元素（钒、铬、锰、铁、钴、镍等）和比铁峰元素更重的元素，以及产生氘、锂、铍、硼等低丰度轻元素等。

比铁更重的元素是在超新星爆发时极高温度和极高密度的条件下形成的。随着超新星爆炸，众多重元素被抛撒到宇宙空间中，这些元素又结合成下一代的恒星以及行星。

小质量恒星（小于8个太阳质量）中产生热核反应的区域很小，只有中心温度足够高的很小部分。图7–3显示小质量恒星上的核反应情况，左边表示恒星演化到红巨星阶段的直径已达火星的轨道，右边的核心及之外的两个环是热核反应的不同区域。氢聚变热核反应最先在中心进行，当氢燃烧完后，中心部分坍缩，导致温度升高而引起氦的燃烧，最后形成碳—氧的核心。在核心外的一圈是由氢聚变而形成的氦元素，外圈则是氢燃烧层。小质量恒星所能产生的元素比较少，恒星演化的结局是中心坍缩为白矮星，外部大气形成行星状星云。

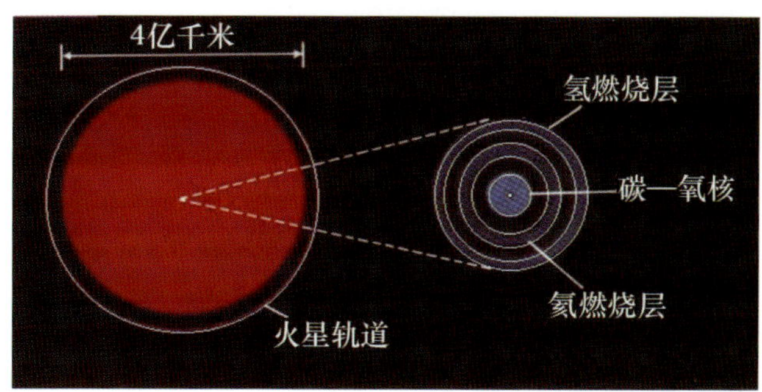

图7–3　小质量恒星中心区的核反应及其生成物

中等质量恒星（8~20个太阳质量），中心部分温度比较高，超过8亿摄氏度，密度也更大，可发生以碳元素为燃料的一系列核反应，形成镁、钠、氖、氧等元素，均为放热反应，且很剧烈。最后将发展成爆炸，产生冲击波，引起外层的核反应，导致大规模爆发形成超新星，中心坍缩为中子星，外部大气变为弥漫状星云，称为超新星遗迹。

大质量恒星（大于20个太阳质量）的演化可以产生更多的元素。由于其体积比太阳大得多，密度不太高，中心部分可以进行氢燃烧、氦燃烧、碳燃烧、氖燃烧、氧燃烧、硅燃烧，最后形成以铁为主的核心。这之后，恒星就要坍缩，引起超新星爆发，中心留下一个黑洞。图7–4显示了大质量恒星演化过程中产生的多种元素层的“洋葱头”，左边表示恒星演化到红巨星阶段的直径已达木星的轨道，右边洋葱头式的许多圆环是恒星演化

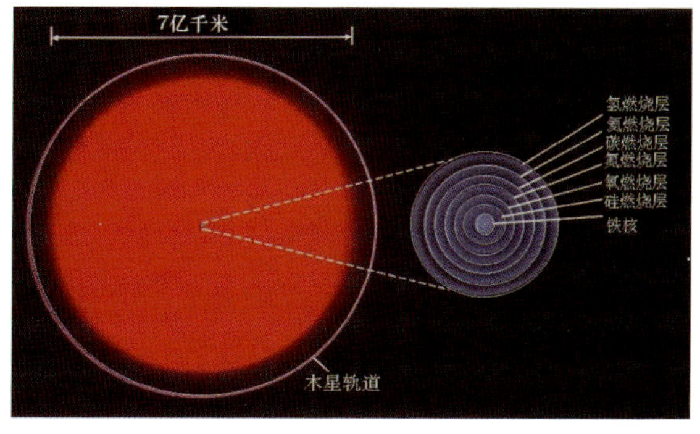

图7–4　大质量恒星中心核反应所产生的各种元素层的“洋葱头”

过程中逐步形成的热核反应区域，依次为铁核、硅燃烧层、氧燃烧层、氖燃烧层、碳燃烧层、氦燃烧层和氢燃烧层。

1.3.2 有关粒子能量的一些基本知识

原子核由质子和中子组成，不同元素原子核中的质子数不同。具有相同质子数，但中子数不同的原子核形成同位素。如果能够改变原子核中的质子数或中子数，就可以生成各种各样的元素及它们的同位素。

人类最先发现了电子、质子、中子和光子，它们成为建造物质大厦的砖石，因为有了电子、质子和中子，一切元素都可以建造起来。粒子有四大类：光子——电磁作用的传递者；轻子——不具有强作用的粒子，如正负电子、正负μ介子、中微子；强子（重子）——正负质子、正反中子；强子（介子）——π介子。

人们对π介子和μ介子可能比较陌生。理论预言，核子之间的核力靠一种称为π介子的粒子来传递，π介子可以带正电，也可以带负电，还可以不带电，即有π^+、π^0和π^-三种。中子发射一个π^-介子会变为质子，质子吸收一个π^-介子则变为中子。π介子只作为中间过程的虚粒子出现，而不作为自由的粒子射出去。这一理论预言提出以后，并没有很快得到证实，因为当时的加速器比较差，不可能产生π介子。宇宙线粒子具有很高的能量，与大气中的原子碰撞，有可能产生π介子。1947年，鲍威尔等人将一种特制的照相底片用气球送到高空探测宇宙线，发现了π介子，测出π介子质量为电子质量的273倍，其平均寿命很短。

1936年，安德森在宇宙线中发现质量为206.77倍电子质量的粒子，称为μ介子。当时人们曾认为它就是要寻找的π介子，但经过详细的研究发现，这种粒子的性质与预言的π介子不同。μ介子有带正电的，也有带负电的，它与物质之间的作用强度很弱，并不具有强的核力作用，更像大质量电子，其平均寿命很短。μ介子是π介子的蜕变产物。

反粒子比较少见，但却占了粒子世界的半边天。1897年，汤姆逊发现了电子，其成为人类发现的第一个基本粒子。电子带负电，是基本的电荷单元，也是基本的电荷单位。1932年，安德森用实验确认了正电子的存在，正电子的质量与电子相同，但电荷相反。后来知道，一个高能光子可以转化为一个电子和一个正电子，即正负电子对，而正负电子对发生湮灭便转化为两个光子。在宇宙学中可以观察到大量正负电子对同时出现的情况，实际上，这时发生了高能光子变为高能正负电子对，高能正负电子对又转化为高能光子，高能光子再产生高能正负电子对的簇射过程。按照理论，不仅电子有反电子，质子和中子也有相应的反粒子：反质子和反中子。现在已经发现200多种基本粒子，它们都有反粒子。而光子比较特殊，它的反粒子就是光子本身。

20世纪40年代末，实验发现两类新粒子：一类为比核子（如质子和中子）更重的重子，即超子，如Λ^0、Σ^+、Σ^0、Σ^-等；一类为比π介子更重的介子，即重介子，如K介子。它们通过强作用而产生，却通过弱作用而蜕变。这就是奇异之处。

粒子的能量常以电子伏特（eV）为单位，1 eV代表一个电子（所带电量为-1.6×10^{-19} C）经过1 V的电场加速后所获得的动能，它与通常用的尔格（erg）的换算关系是1 eV=$1.602\ 2\times10^{-12}$ erg。电子伏特作为单位太小，常将MeV（百万电子伏）当作宇宙线的能量单位，1 MeV=10^6 eV。更高能量的宇宙线则用GeV（10^9 eV）、TeV（10^{12} eV）、PeV（10^{15} eV）和EeV（10^{18} eV）等作为单位。

1.3.3 宇宙中只有四种力

宇宙中的四种力为万有引力、电磁力、强相互作用力和弱相互作用力。人类最早知道和熟悉的是电磁力和万有引力。电磁力表现为两种作用力，即电力和磁力，但它们的作用源都是电荷，既能相互转化，也能相互作用，所以本质上是一种力。电磁力是保持物质形状最基本的力。电子之所以围绕原子核运动，分子之所以能形成晶体，蛋白质、核酸等之所以能构成生命，宇宙之所以千姿百态，五光十色，关键就在于电磁力。凡一切有质量的物体之间都存在着万有引力，万有引力的作用强度随距离的增大而减弱（与距离的平方成反比）。虽然万有引力与另外三种相互作用力相比小得几乎可以忽略不计，但在相距遥远的天体之间，万有引力就处于绝对的支配地位。如果没有万有引力，宇宙将失去秩序。

强相互作用力和弱相互作用力于20世纪初才被发现，它们在原子核内起作用，又称强核力和弱核力，平时看不见，摸不着。强相互作用力不仅仅发生在质子之间和中子之间，所有的强子之间也有这种作用力。强相互作用力比电磁力大得多，可以从原子核的结构悟出强相互作用力的存在和它的无比强大。在原子核中有多个质子存在，质子带正电，彼此排斥。但是它们为什么能够紧密地聚集在小小的原子核里，原因就是质子之间存在比电磁力强大得多的强相互作用力。强相互作用力是短程力，作用范围非常小，作用距离只有10^{-13} cm，这也是原子核尺度非常小的原因。弱相互作用力也是短程力，与其他三种相互作用力稍有区别，它的作用主要是改变粒子，而不是对粒子产生拉或推的效应。这种相互作用首先在β衰变中发现，在典型的β衰变中，中子衰变成质子、电子和反中微子，这个过程由弱相互作用力引起。目前所发现的四种基本自然力，强相互作用力最强，电磁力第二，弱相互作用力第三，万有引力最弱。如果将强相互作用力的强度规定为1，那么电磁力就是1/137，弱相互作用力就是10^{-13}，万有引力则是10^{-39}。万有引力和电磁力是长程力，其作用距离在理论上可以抵达无穷远处；而强相互作用力和弱相互作用力都是短程力，它们的作用距离分别只有10^{-13} cm和10^{-15} cm。

1.4 宇宙线的起源

人们发现宇宙线已逾百年，但宇宙线起源之谜却一直没有完全解开。通过观测和理论研究，科学家们倾向于认为，宇宙线高能粒子很可能起源于各种高能天体或天体高能过程：能量小于10^{9} eV的宇宙线可能起源于太阳和其他恒星表面的高能活动；能量小于10^{15} eV的宇宙线可能起源于银河系中的超新星爆发、脉冲星、磁星、银心或黑洞等更剧烈的天体物理过程；更高能的宇宙线应起源于银河系外的诸如类星体和活动星系核等天体的高能活动。

超新星爆发是银河系内最猛烈的高能现象，银河系超新星爆发的平均能量输出可以满足维持银河宇宙线能量密度的需要。蟹状星云等超新星遗迹强烈地发射高度偏振的非热射电辐射，被认为是高能电子在磁场中的同步辐射。因此，科学家们认为，超新星爆发及其遗迹应当是宇宙线的主要来源。宇宙线中氢核和氦核的相对丰度与太阳系或银河系平均丰度相比较小，表明宇宙线原子核可能来自恒星演化过程的晚期。宇宙线中重元素（如质量数$A>60$）较多，它们可能是超新星爆发条件下快速中子俘获过程的产物，快速中子俘获过程是指中子打入原子核的过程，使质量数比较小的元素的原子核不断增加中子，成为丰中子同位素。现今已经找到几个与丰中子同位素宇宙线相关联的超新星遗迹。

银河系中为数众多的晚期恒星（K型和M型矮星）虽然光辐射微弱，但X射线天文观测却发现它们的X射线发射和耀斑活动的高能过程很活跃，被认为是宇宙线的重要发源地。观测已经证实壮年的太阳是一个实实在在的宇宙线源。不过，太阳只能在其耀斑爆发和日冕物质抛射驱动的激波里把带电粒子加速到百万电子伏特以上的高能，是个很弱且间歇式的低能宇宙线源。

银河宇宙线起源于超新星、中子星、黑洞或其他天体，看起来是合情合理的，但是，如何使不同的源发射的宇宙线结合成统一的幂律谱却是一个困难。幂律谱是指宇宙线的强度随宇宙线能量的增加而迅速减小的状况。费米在1949年提出的“宇宙线弥散源说”可以避开这个困难，他认为带电粒子和具有磁场的星际气体的随机碰撞可以得到加速，被称为费米加速机制。这种学说可以很好地解释银河宇宙线的幂律谱，但是费米加速机制要求粒子应经过初始加速，还要求有足够的能量供给星际介质中磁场的运动，这两个条件并不容易满足。对重原子核的加速来说，费米加速机制也不太有效，难以解释观测到的宇宙线丰度分布。最近的研究则倾向于把这两种学说结合起来，即超新星爆发的遗迹的湍流和激波对粒子进行加速，达到费米加速机制所要求的初始加速状态，然后由费米加速机制进一步加速。X射线观测发现，超新星遗迹中至少在10^4年内有着强烈的激波，因此可以有效地加速宇宙线粒子，而且可以产生幂律谱。由超新星爆发等高能活动引起的较强烈的激波在星际空间高温稀薄气体中可能传播足够长的路程，使得激波加速机制有可能成为有效的加速宇宙线粒子的机制。

虽然自20世纪60年代以来，随着初级宇宙线以及射电、X射线和伽马射线天文观测的进展，人们对宇宙线起源和传播的认识在不断深入，但由于问题的复杂性，迄今尚未得到较为满意的模型。对于极高能量宇宙线，人们的了解就更少了，还缺乏明确的认识。银河系磁场不能贮存能量高于10^{18} eV的粒子，银河系内起源的极高能粒子应当呈现高度的各向异性，但是观测却表明能量高于10^{18} eV的宇宙线粒子方向的各向异性度小于10%，而且较多的粒子并非来自银河系中心，所以极高能宇宙线粒子可能起源于银河系外。由于河外星系的空间密度很低，河外区域必须存在比银河系强大得多的宇宙线粒子源，才能解释观测到的极高能宇宙线粒子流。

1.5 宇宙线的探测概况

地球大气的厚度约有1 000 km，分为对流层、平流层、中间层、暖层和散逸层，大气层的空气密度随高度的增加而减小，越高空气越稀薄。厚度为8~17 km的对流层是大气中最稠密的一层，集中了约75%的大气质量和90%以上的水汽质量。其他各层空气极其稀薄。宇宙线粒子或光子与地球大气碰撞的机会很少，在离地球表面几百千米处绕地球运行的卫星、空间站或航天飞机被用来携带宇宙线探测设备进行观测，高空气球或飞机也常用来携带仪器探测宇宙线。它们探测到的宇宙线都没有与地球大气发生碰撞，因此属于初级宇宙线。宇宙线的能量范围很广，从10^9 eV到10^{20} eV，能量大于10^{14} eV的宇宙线粒子或光子的数目非常少，由卫星、空间站、航天飞机、普通飞机和气球等携带的探测器的接收面积有限，很难有碰面的机会，只能探测到低能宇宙线。宇宙线粒子或光子与地球大气碰撞会发生簇射现象，产生大量的次级粒子或切伦科夫光子，它们可以到达地面。一般在高山或高原的地面或地下、湖面或水下放置探测器，接收大气簇射产生的次级粒子或切伦科夫光子。

为了对宇宙线进行长期观测，各国相继建立了高山观测站。1943年，苏联在亚美尼亚建立了海拔3 200 m的阿拉嘎兹高山站；日本在第二次世界大战后建立了海拔2 770 m的乘鞍山观测所；1954年，我国建立了海拔3 200 m的云南东川站；1990年，中日双方共同合作建立了西藏羊八井宇宙线观测站。

2 宇宙线的空间探测

对于初级宇宙线的探测只能在地球大气外进行，也就是要用高空气球、卫星、空间站携带仪器上天进行探测。宇宙线中低能粒子很多，但随着能量的增加粒子数迅速减少，当宇宙线粒子能量为10^9 eV时，每平方米每秒的粒子数高达10^4个。能量再高，粒子数就越来越少了：当粒子能量为10^{12} eV时，每平方米每秒的粒子数减少到只有1个；当粒子能量为10^{16} eV时，每年在1 m^2的面积上才能接收到几个粒子；当粒子能量为10^{20} eV时，则需要100年才能在1 m^2的面积上检测到1个粒子。探测高能宇宙线粒子是一项技术挑战，如果要在大气层外探测能量超过10^{14} eV的宇宙线，必须用面积特别大的探测器，这对于目前的技术来说还比较困难，对于那些能量为10^{16}~10^{20} eV的宇宙线粒子，根本无法进行空间探测。

宇宙中处处都有磁场，宇宙线是带电粒子，它们在星际空间传播过程中受到磁场的影响，发生偏转，逐渐失去原来所携带的信息，无法直接探知它们来自何方。不过，对于能量极高的带电粒子，如能量接近10^{20} eV，磁场的偏转效应很小，有可能根据宇宙线粒子的入射方向近似地估计其发射源所在的方向。

2.1 高空气球载仪器进行直接探测

高空气球载仪器探测宇宙线是早期最常用的方法，在卫星满天飞的时代，高空气球携带探测设备上天仍然是探测宇宙线的一个不可或缺的方法，而且探测能力在不断提高（见图7–5）。这里介绍几个项目的情况。

图7–5　携带宇宙线探测设备的高空探测气球即将放飞

2.1.1 先进薄电离量热仪实验（ATIC）

1997年美国推出先进薄电离量热仪实验（ATIC），搭载在气球上的宇宙线探测器可以区分氢核到铁核的宇宙线的各种成分，能够测量能量从50 GeV到100 TeV的宇宙线。量热仪的核心部分是一个全吸收型量能器，在量能器上方放置3层石墨靶物质，使核子进入量能器之前能尽早产生簇射，从而在量能器中收集尽可能多的信息。选择在南极进行这种高空气球探测的优点在于，南极每年都有一个月左右的时间，风总是在南极上空盘旋，因此这时升空的气球可以在南极上空盘旋，停留时间很长，成为长周期气球，此时南极正是长白天，只需在探测器上装一个太阳能电池，就可以保证能源供给。

紫金山天文台的常进等向美国科学家提出建议，把观测高能电子课题增加到ATIC实验中，此建议获得同意后，常进于1998年作为中国科学家加入这一项目组。在2000年年底至2001年年初，经过改造后重达2 t的观测设备在南极升空，并在距离地面37 km的高空完成了人类对高能电子的首次成功观测。观测发现，高能电子流量远远超出了理论模型预计的流量，这个结果称为“电子超”，多次测量确认高能电子的“超”确实存在。科学家们认为“电子超”是暗物质碰撞产生的，宇宙中一切物质都有反物质，暗物质也会有反物质，但是它的反物质就是其本身，如果两个暗物质粒子发生碰撞，那么就会产生稳定的粒子，如电子、正电子、反质子等。常进等认为，观测到的“电子超”很可能就是暗物质碰撞的产物。这一观测结果与欧洲、俄罗斯专门用于寻找暗物质粒子湮灭证据的磁谱仪探测器所得到的结果吻合。

宇宙存在暗物质，它们不发光但有引力。相较于可见物质，宇宙中暗物质要多很多，暗物质粒子的物理性质并不清楚，但肯定与人类所有已知的物质粒子不同。

2.1.2 宇宙线能谱和质量探测——CREAM气球实验

美国的CREAM是一项跨大西洋的气球实验，搭载在气球上的宇宙线探测器能测到能量为TeV到PeV范围的宇宙线，可以区分氢核到铁核的宇宙线的各种成分。CREAM主要由穿越辐射探测器（TRD）、量能器、塑料闪烁体电荷测量探测器（TCD）、塑料闪烁切伦科夫探测器（CD）以及硅电荷探测器（SCD）组成，它对入射宇宙线粒子的测量依靠底部的量能器，再加上电荷探测器提供的信息，可以确定粒子的种类。量能器由钨板和闪烁体组成，共20层，在量能器上方放置2块厚度为9.5 cm的石墨靶物质，使核子进入量能器之前能尽早产生簇射。这个探测器以后将放置在国际空间站上进行长期探测。

2.1.3 日美合作乳胶实验（JACEE）

这项实验在高空气球浮升到地球大气顶层进行，那里的大气极端稀薄，含量不到0.5%，可以有效地进行宇宙线探测，可探测能量高达10^{15} eV的宇宙线。不过，稀薄大气对测量结果仍然有所影响，必须进行修正。日美合作乳胶实验由日本、美国和波兰三方协作进行，整个实验由探测宇宙线、测定其电荷和能量等几项工作组成。探测设备有三个优点，即探测系统接收面积大、探测的能量范围很宽和探测器可以在多次飞行中反复利用，这意味着能探测到相当数量的高能宇宙线。

2.2 卫星载仪器进行直接探测

1957年，人造卫星的成功发射为日地空间宇宙线现象的研究开创了新纪元，不仅发现了范艾伦辐射带，而且对初级宇宙线的成分给出了更精确的结果。不过，目前还没有专门的宇宙线探测卫星，只是在天体物理项目的伽马射线卫星或X射线卫星上配备了宇宙线探测器。

2.2.1 反物质探测和轻核天体物理载荷探测器（PAMELA）

反物质探测和轻核天体物理载荷探测器（PAMELA）是一个安装在地球轨道卫星上的小型磁谱仪，主要目标是寻找暗物质和宇宙线粒子，整个探测器由飞行时间探测器、磁谱仪、中子探测器和反符合探测器构成。其中飞行时间探测器共三层，由塑料闪烁体组成，用于测量入射粒子的电荷以及低能入射粒子的速度。磁谱仪由一块0.43 T的永磁体和六层双面读出的硅微条探测器组成，用于测量入射粒子的电荷量以及电荷的正负，提供入射粒子的刚度信息。反物质探测和轻核天体物理载荷探测器已于2006年发射升空，至今仍在运行，是人类第一个空间磁谱仪探测器。

2.2.2 我国首颗暗物质粒子探测卫星（DAMPE）

虽然微波背景辐射的空间探测给出宇宙中暗物质约占25%的结果，但人们并不知道暗物质在何处，是何物。寻找暗物质成为21世纪最重大的研究课题之一。为了追寻暗物质的踪迹，紫金山天文台的常进等提出研制暗物质粒子探测卫星（DAMPE）计划，得到中国科学技术部和中国科学院的支持。我国设计的暗物质粒子探测卫星比美籍华裔科学家丁肇中教授主持研制的阿尔法磁谱仪2号轻得多，耗资也少得多。后来这颗卫星被命名为“悟空”，“悟空”已于2015年12月17日上天“取经”，寻找暗物质存在的证据，它拥有的观测设备的观测能段和能量分辨率均超过国际上其他同类探测器，可谓“神通广大”和“火眼金睛”，有望能圆满完成“取经”任务。

“悟空”实际上是一架空间望远镜，它可以探测高能伽马射线、高能电子和宇宙线。它的科学探测有效载荷主要分为四层，像是一个倒立的四层蛋糕，从上往下依次是塑闪阵列探测器、硅阵列探测器、BGO量能器和中子探测器。整个探测器有42 000路电子学读出电路、168路高压电源和接近8万路探测器通道数，这些都安装在1 m^3的狭小空间里（见图7-6）。“悟空”通过探测宇宙中高能粒子的方向、能量以及电荷大小来间接寻找和研究暗物质粒子，它将围绕地球运行，四层科学探测器将面朝太空，全面接受来自宇宙四面八方的高能电子和伽马射线，所有收集到的科学数据将完整保存，并实时传回地面。

“悟空”的设计寿命为3年，将利用高空间分辨率和宽能谱段的优点探测高能电子和伽马射线，寻找和研究暗物质粒子，有望在宇宙线起源和伽马射线天文学方面取得重大进展。

图7-6　我国暗物质粒子探测卫星的科学探测设备

2.2.3 费米伽马射线空间望远镜（FGST）、宇宙学和天体物理学高新卫星（ASCA）

费米伽马射线空间望远镜（FGST）主要用于伽马射线观测，但也配置了宇宙线观测设备，对于这架望远镜的介绍详见第六章。宇宙学和天体物理学高新卫星（ASCA）于1993年2月发射上天，主要用于X射线观测，但也配置了观测宇宙线某些事件的设备，于2000年7月14日停止观测。

2.3 空间站载仪器进行直接探测

国际空间站（ISS）被科学家们誉为超级飞行实验室，成为人类历史上前所未有的最优越、最宽敞的空间实验室，配备了最先进的研究设备，使在失重环境下进行长期科学研究成为可能，科学家能在这里进行材料科学、地球环境科学、宇宙科学等领域的研究。在国际空间站上落户的宇宙线直接探测设备会越来越多，作用将会越来越大。我国的空间站正在紧锣密鼓地筹建，将会承担很多空间科学的探测任务。

2.3.1 阿尔法磁谱仪（AMS）

阿尔法磁谱仪（AMS）是人类送入宇宙空间的第一台大型磁谱仪，由华裔诺贝尔物理学奖获得者丁肇中领导研制（见图7-7），目的是寻找反物质、暗物质和宇宙线的来源。它成为人类历史上第一次在太空中使用粒子物理精密探测仪器的实验，历时近20年，花费20亿美元。1998年6月，美国发现者号航天飞机将阿尔法磁谱仪1号带到太空飞行了10天，发现了很多近地球轨道宇宙线的新现象。2011年由奋进号航天飞机把阿尔法磁谱仪2号送到国际空间站。这台仪器可以对宇宙线成分进行精确测量，利用强磁场和精密探测器来探测宇宙空间的反物质和暗物质。这是一个大型国际合作科学研究项目，由美国主导，有16个国家参与。我国是参与国之一，并有一个庞大的研究队伍承担多项任务，有中国科学院高能物理研究所、中国科学院电工研究所、山东大学、东南大学、上海交通大学和中山大学等单位参与核心部件的设计以及研制，并对观测数据进行分析。中国科学院电工研究所提供的阿尔法磁谱仪的核心磁体、山东大学提供的热控制系统和冷却系统、东南大学提供的计算机系统等都为整个项目做出了贡献。

阿尔法磁谱仪2号的主体是内径约1.2 m、高0.8 m、质量约2.6 t的圆环形永磁体，它能产生均匀的平行磁场，磁束密度约为0.15 T，圆环内安装有6层硅微调探测器，用来记录带电宇宙线粒子的运动轨迹（见图7–8）。

图7–7 阿尔法磁谱仪首席科学家丁肇中（右）和奋进号航天飞机机长科尔利(左)

图7–8 实验室中的阿尔法磁谱仪2号

一个带正电荷的粒子在穿过磁场时，其运动方向将与带负电荷的粒子相反，根据每层记录下来的带电粒子穿过的轨迹，可以推算出粒子的偏转方向及所带电荷的大小。带电荷量愈大，在穿过每层硅微调探测器时能量损失愈快。具有较大动量的粒子在穿过探测器时偏转的角度较小，从而可以估计出粒子的质量。磁谱仪的上、下两层还装有闪烁体，当粒子穿过时会发出亮光，其亮度与粒子穿过时的能量成正比，从上、下两层光点亮度及穿过瞬间的比较，可以得出粒子能量的损失情况以及粒子穿过磁场所需的时间。反物质、暗物质在磁场中运动时会表现出不同的特点，因而可以把它们区分开。该设备是目前灵敏度最高、最复杂、最昂贵的暗物质探测设备。

在2011年5月至2012年12月期间，阿尔法磁谱仪2号获得了非常多的观测资料。从数据中分析出250亿个初级宇宙线事件，其中有680万个粒子是电子和正电子，正电子超过40万个，这可能成为暗物质存在的证据。另外，它还发现了弱相互作用大质量粒子（WIMP）存在的证据，而弱相互作用大质量粒子就是一种暗物质的候选体。

阿尔法磁谱仪2号发现大量的正电子，这是由宇宙线与星际物质碰撞的相互作用产生的。很显然，二次作用产生的正电子的数量与宇宙线粒子的多少有关。图7–9是阿尔法磁谱仪2号测量的结果，总体上，正电子占正负电子总数的比值是3%~4%。按照能量来区分，能量低于100 GeV，正电子占正负电子总数的比值是10%，而能量高于100 GeV，这个比值高达15%。这个观测结果表明，能量越高，正电子的比例越大。而宇宙线与星际物质碰撞产生正电子的机制不能解释上述观测结果。

目前有两种理论可以解释宇宙空间正负电子的产生，第一种理论是暗物质粒子的湮灭；第二种理论是脉冲星辐射的高能伽马射线光子与星际物质作用。这两个过程都可以产生电子和正电子，已有的研究认为，暗物质在宇宙中的分布应该是各向同性的，而脉冲星的分布则集中在银道面附近。因此暗物质湮灭产生的正负电子的分布应该在各个方向都有，而由脉冲星的伽马射线光子产生的正负电子分布应该与方向有关，这与各向同性的要求不符合。但是脉冲星辐射的伽马射线光子与星际物质及星际磁场多次作用可能改变方向，也可能变成各向同性，因此不能完全摒弃脉冲星机制。初步的判断有利于暗物质湮灭产生正电子的机制，但是，暗物质湮灭所产生的正负电子机制不能解释图7–9所示的正电子占正负电子总数的比值与正电子能量的关系图。

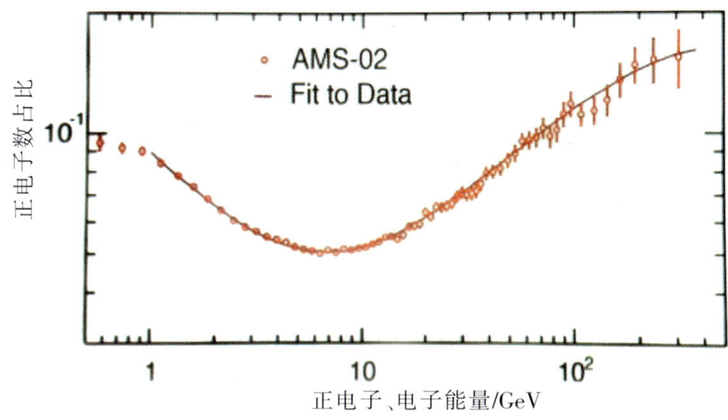

图7–9 阿尔法磁谱仪2号获得的观测数据经处理得到正电子占正负电子总数的比值随正电子能量的变化曲线

2.3.2 国际空间站陆续有宇宙线观测设备落户

国际空间站不断地发挥其作为一个宇宙线观测台的作用，在大型设备阿尔法磁谱仪2号落户以后，接着有两台较小的宇宙线观测设备前来安家。

第一台是日本量能器型电子望远镜（CALET），这台耗资3 300万美元的宇宙线观测设备虽然只花了阿尔法磁谱仪2号经费的零头，但其观测有特点，功能也很强大。2015年8月19日，日本量能器型电子望远镜搭乘鹳–5号无人货运飞船升空，于24日抵达国际空间站，侧重于高能伽马射线、正负电子以及宇宙线核子的观测。它对于高能伽马射线和电子的探测，能够观测的能量从几十GeV到几十TeV，对于探测宇宙线核子来说，则可以达到几百TeV。日本量能器型电子望远镜有可能识别出加速电子的源头，这些源头可能包括超新星遗迹、高度磁化的旋转中子星（脉冲星），甚至是暗物质团。宇宙线中的电子在深空旅行时会迅速丧失能量，所以只能探测数千光年范围内的电子源头。

第二台是美国的国际空间站宇宙线能量和质量实验（ISS-CREAM），CREAM原来是气球探测宇宙线的项目，观测很成功，但是，气球在高层大气探测宇宙线毕竟不如卫星和空间站，把CREAM送到国际空间站成为该项目组成员梦寐以求的事情。2016年将实现这个梦想，名字就改为ISS-CREAM。它将致力于探测高能原子核，有助于揭示超新星未知的内部核反应过程，还将致力于观测与暗物质有关的现象，如探测正负电子等。

以后还会有宇宙线观测设备落户国际空间站。日本计划在2021年把极端宇宙空间天文台（JEM-EUSO）送到国际空间站，该设备将用广角摄像机俯瞰地球，希望能够观察粒子雨发出的紫外线，这是超高能宇宙线撞上大气层时的产物。科学家还希望，极端宇宙空间天文台能帮助他们确定宇宙线的能量有多高，甚至追踪它们的源头。

国际空间站这个超级飞行实验室可能于2024年至2028年期间退休。我国正在紧锣密鼓地进行中国空间站的研制，预计将在2020年前后建成。

3 广延大气簇射及其探测

超高能宇宙线进入大气层后，与大气中的原子碰撞，产生大量的次级粒子和光子，也就是发生了广延大气簇射，可以被地面上的探测设备记录下来。次级宇宙线的成分与初级宇宙线不同，由地面探测器记录到的次级宇宙线的状况可以根据理论模型反推，得知产生广延大气簇射的初级宇宙线的情况。因此，广延大气簇射成为人类探测超高能宇宙线的主要或唯一手段。

3.1 广延大气簇射现象

宇宙线粒子进入大气层后，大约穿过70 g的大气物质，就会撞上大气中的一个原子核，相当于穿行大气层1/4的距离，即到达海拔20~30 km处，碰撞后便转化出次级宇宙线粒子，而次级粒子又将有足够能量产生下一代粒子，如此下去，将会产生一个庞大的粒子群。这种粒子的级联簇射被法国人奥格于1938年在阿尔卑斯山观测发现，并取名为广延大气簇射。

在级联簇射的过程中，除了产生大量的次级粒子外，还会有一个电磁级联簇射过程，产生大量的高能伽马射线光子。当带电粒子在空气中以超过光在大气中的相速度行进时，还会在电子行进的方向上发射大量的切伦科夫辐射光子，高速行进的粒子同时还激发大气中的原子发出各向同性的荧光。

伽马射线在初级宇宙线中所占的份额不足1%，但伽马射线有较强的物质贯穿力，使人们能够探索宇宙的深处。伽马射线不带电，不受空间磁场的影响而发生偏转，能直接给出产生伽马射线的源的方向，所以伽马射线在宇宙线的研究中有着非常重要的地位。而伽马射线易被大气吸收，故只能在大气层外进行空间探测。能量为TeV的光子与地球大气发生相互作用，转化为正负电子对，这样产生的电子能量依然很高，与大气相互作用后能引发大气级联簇射。

能量很高的宇宙线粒子或伽马射线光子都可以产生广延大气簇射，具体的过程和探测情况如图7–10所示。宇宙线粒子或高能伽马射线光子进入地球大气，大约在距离地面10 km处与大气发生作用，产生多个次级粒子，次级粒子又会产生再次一级的粒子，其中多数会衰减或停止作用，个别次级粒子可以到达高山观测站地面或地下的探测器，到达地下的次级粒子可以产生低能μ介子和高能μ介子。大气簇射过程产生的切伦科夫光子和大气荧光用安置在地面上的望远镜接收，安置在浅层地下的闪烁计数器或跟踪检测器接收低能μ介子，埋在地下深处的探测器则可接收高能μ介子。

一个宇宙线初级粒子或高能伽马射线光子与地球大气作用将产生一个扁盘状的庞大粒子群，总粒子数为10^4~10^{11}，还有一个盘状蓝色光团（切伦科夫辐射），它们从天而降，散落在几十米到若干千米区域的地面上。广延大气簇射所产生的各种粒子（μ介子、质子、中子和π介子等强作用粒子，软成分的中微子、电子和正电子）和光子可以被设置在高山、地面、地下（或水下）的探测设备检测到。

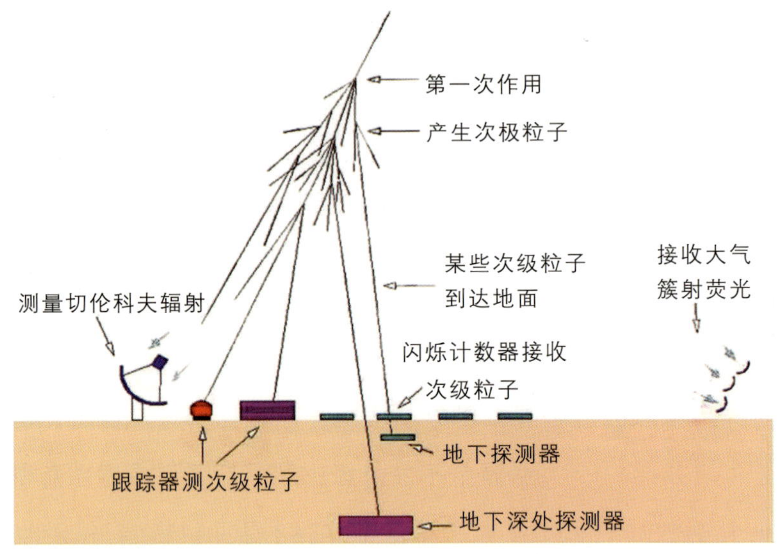

图7-10　由宇宙线粒子和伽马射线光子引起的广延大气簇射

最常用的阵列探测器是大面积塑料或液体闪烁计数器、正比计数器、火花室、电离室、水切伦科夫计数器等，当然还需要应用自动控制、快电子学、计算机在线数据采集及光纤传输等现代技术。一个基础阵列能测定大气簇射的到达方向、轴心位置、总带电粒子数、年龄参数乃至粒子在观测面的横向分布和到达时间分布，有的复合型阵列能测定几种簇射成分的横向分布、相对含量、能谱或大气切伦科夫辐射或荧光脉冲的某些特征，人们根据这些观测去研究大气簇射粒子的空间结构和时间分布、粒子谱和各种成分间的相互关系，从而萃取有关初级宇宙线的信息。

闪烁计数器、正比计数器、火花室、电离室、水切伦科夫计数器都是接收高能粒子的仪器，能给出接收到的粒子数目，其原理是把高能粒子的能量转换为能记录的光或电信号。如闪烁探测器，它主要由闪烁体、光的收集部件和光电转换器件组成，当粒子进入闪烁体时，闪烁体的原子或分子受激而产生荧光，利用光导和反射体等光的收集部件使荧光尽量多地射到光电转换器件的光敏层上并打出光电子，这些光电子可直接或经过倍增后，由输出级收集而形成电脉冲。很多物质都可以在粒子入射后而受激发光，闪烁体的种类很多，可以是固体、液体或气体。

由于宇宙线高能粒子的速度远远超过地面上粒子加速器所能加速到的速度，所以簇射过程所进行的核反应是地面加速器中所不能进行的，许多新的粒子都首先在宇宙线中发现，例如用云室发现了正电子、μ介子等，用原子核乳胶发现了π介子等。

3.2 广延大气簇射粒子阵列

初级宇宙线与地球大气的原子核相互作用产生的次级粒子流称为次级宇宙线。由于广延大气簇射，次级宇宙线的成分随海拔而变化：次级宇宙线的主要成分在海拔17 km以上的大气层中是核子，在海拔5~17 km的大气层中是正负电子和光子，在海拔5 km以下直至地下是次级粒子衰变过程所产生的高能μ介子。为了探测到达地面的次级宇宙线，需要在地面组成多点取样的（或地毯式的）探测阵列，以测定簇射的到达方向、粒子密度分布、粒子总数和原始能量。对于不同能量的宇宙线的探测，要求阵列所覆盖的面积大不相同，宇宙线粒子的能量越高，数目就越少，所需要的探测面积就越大。目前科学家们在世界各地的一些荒凉的地方建造了规模宏大的探测器阵列，范围超过100 km^{2}的区域，依赖于阵列范围和所在地海拔，其观测能区可以从TeV一直延伸至100 EeV。

地面粒子阵列的优点是视场大，比切伦科夫望远镜要大100多倍，能够全天候不间断观测，年有效观测时间高于90%，可以同时观测视场中的所有可能源，实现大天区扫描，并监测可能的时变现象。地面粒子阵列的劣势在于其角分辨率较差，只有0.2度至1度，对点源观测的灵敏度比切伦科夫望远镜差十倍到几十倍，难以发现新的伽马射线源。

3.2.1 日本明野巨型大气簇射阵列（AGASA）

这个设备建在东京以西200 km的明野，经历了由小到大的发展过程，1984年的面积为1~20 km^2，到1991年变为100 km^2。100 km^2的巨型阵列使用了111个塑料闪烁探测器，用来测量到达地面的大气簇射，另外还有27个混凝土覆盖着的附加探测器，为测量簇射产生的μ介子成分而建造，每个探测器都用光纤与中心数据收集站联结起来。

宇宙线粒子的能量最高能达到多少，理论上曾有过估计，宇宙线粒子穿过空间到达地球的过程中，会同充满整个宇宙的低能质子相碰撞，从而损失能量。来自银河系以外的到达地球的宇宙线将遇到非常多的碰撞而不断损失能量，按照爱因斯坦的狭义相对论，计算出宇宙线粒子最大可能的能量为5×10^{19} eV，这个数值被称为GZK极限。1994年，日本和俄罗斯的研究小组分别报告探测到了2×10^{20} eV的宇宙线，超过了GZK极限，这一能量超过费米国家加速器实验室的万亿电子伏特加速器（Tevatron）可以加速的质子能量的1亿倍。

1995年至2005年，日本明野巨型大气簇射阵列（AGASA）多次探测到超过GZK极限的宇宙线，理论上推测，它们来自银河系，但天文学家在银河系却未曾发现能发射这样高能量宇宙线的天体。

3.2.2 国际合作项目“奥格（Auger）”

1995年，一个名为“奥格（Auger）”的大型国际合作项目开始实施，它以首次观测到广延大气簇射的法国物理学家皮埃尔·奥格的名字命名，成为世界上最大的宇宙线天文台。它由费米国家加速器实验室的科学家管理，建在阿根廷的马拉圭地区，参与该项目的250名科学家来自10多个国家。

“奥格”试图发现来自外太空的能量超过10^{19} eV的宇宙线粒子，没有人知道这些超高能粒子来自哪些天体。能量超过10^{19} eV的宇宙线粒子非常罕见，一个与足球场大小相同的区域，每1万年只能碰上1个，这意味着需要一个巨大的“网”来捕捉这些神秘的超高能量粒子。“奥格”就是要建造一张巨大的“网”，该探测阵列由1 600个探测器、太阳能电池板和无线电传输数据的天线组成，位于阿根廷的潘帕斯草原。阵列总占地面积为3 000 km^2，最先安装的100个探测器主要用来监测地球的南部天空。图7-11是这个探测器阵列布置和观测大气簇射的示意图，每个点是一个探测器，其尺度被夸大了，探测器之间的实际间隔为1.5 km。图7-12是其中一个探测器，实际上是一个大水槽，充满了11 000 L（3 000加仑）的纯水。巨大的阵列将可能探测到大量的甚高能宇宙线，并追踪高能宇宙线源，了解宇宙的

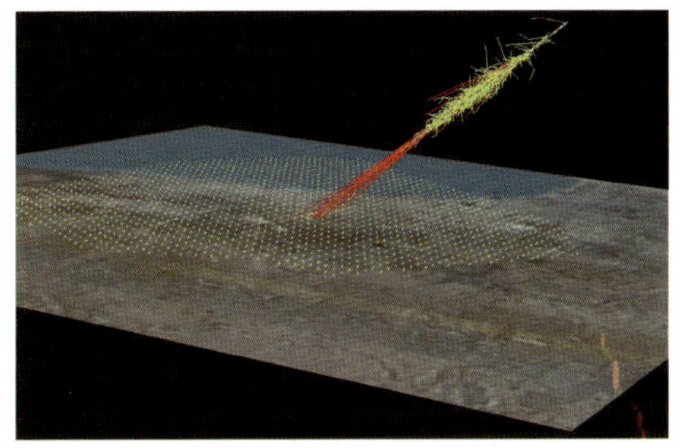

图7-11 “奥格”的1 600个探测器阵列及由能量10^{19} eV的粒子与大气作用造成的簇射的示意图

图7-12 “奥格”的一个探测器

起源和演变。“奥格”还有一个探测系统坐落在山上，在漆黑的夜晚捕捉微弱的由宇宙线粒子与大气碰撞造成的簇射引起的荧光。

3.2.3 我国宇宙线观测和西藏羊八井宇宙线观测站

我国科学家在宇宙线观测领域进行了长期的观测研究，取得了许多重要成果。20世纪50年代初，何泽慧等人研制出作为宇宙线测量器的核乳胶，使我国成为当时世界上少数几个能生产核乳胶的国家之一。为了减轻大气层对次级宇宙线的屏蔽和衰减作用，选择空气稀薄的高山建立观测站是研究者的共识。1954年，我国在海拔3 200 m的云南落雪山建造了第一个高山宇宙线实验室——云南东川站，至1957年，该站搜集到700多个奇异粒子事件。1958年至1965年，我国设计制造了大云雾室，1972年，在这套装置上发现了一个质量约为质子质量10倍的重粒子疑似事件。1977年，我国在西藏甘巴拉山海拔5 500 m处建立了世界上最高的高山乳胶室，设立了大规模的乳胶室阵列。后来才发现西藏羊八井是一个十分理想的宇宙线观测地，于是羊八井成为我国宇宙线观测的重要基地。国际上众多的高山宇宙线观测站都具有地势险峻、气候恶劣、交通不便、常遭大雪封山的缺陷，而羊八井却得天独厚，海拔4 300 m，平坦宽阔，气候温和，终年无积雪，交通方便，具备大型设备长期高质量运行的条件，成为当今世界上有效常年观测站中海拔最高、最有活力和最具发展前景的一个宇宙线观测站。

羊八井宇宙线观测站现在有两个大型国际合作项目：中日合作空气簇射宇宙线实验和中意合作天体物理地基观测研究（ARGO）。

图7-13中像蜂箱一样整齐排列的探测器阵列是中日合作空气簇射宇宙线实验的装置，于1990年建成一期阵列，1996年建成如图所示的布局。779个0.5 m^{2}的闪烁体探测器分布在40 000 m^{2}的土地上，当粒子穿过闪烁体时，在其中损失能量使闪烁体发生荧光，这一束荧光由光电倍增管放大后

变为一个电脉冲信号，经过电缆送到记录系统，由磁带进行全年不间断记录。由于单位面积上安装的闪烁体比较多，因此所能探测到的簇射粒子比较多，灵敏度比较高。在广延大气簇射过程中，能量低于10^{14} eV的粒子很难到达海拔3 000 m以下的低空，但在海拔4 000 m处，这样能量的粒子群发展到极大。得益于西藏羊八井高达4 300 m的海拔，在这里能探测到能量比较低的宇宙线大气簇射，阈能达到3×10^{12} eV。实验的主要目标是甚高能伽马射线点源、膝区宇宙线能谱测量以及通过观测银河系高能宇宙线研究太阳和行星际磁场结构、太阳爆发时中子监测等。

图7–13右侧的大厂房里放置着中意合作天体物理地基观测研究的实验装置，由紧密排列的1 848个4.3 m^2的高阻平板室组成探测宇宙线簇射的阵列，探测器总面积为6 700 m^2，它把传统的多点取样发展为全覆盖地毯式安装结构，不仅大大提高了探测灵敏度，还能把簇射粒子一网打尽，取样比例由1%提高到93%。天体物理地基观测研究的实验装置地面观测阈能很低，达到10^{11} eV，还能在超高能区（$E>10^{14}$ eV）实现逐事例区分宇宙原初

图7–13 我国羊八井宇宙线观测站和两个大型国际合作项目观测设备鸟瞰图：正面是中日合作空气簇射宇宙线实验，右侧蓝色大厅是中意合作天体物理地基观测研究

成分，可为膝区物理的突破做出重要贡献，所谓膝区是指宇宙线能谱曲线上的斜率突然变陡的一段，意味着粒子数突然减少很多。天体物理地基观测研究的设计灵敏度已经不能满足当前领域的需求，逐步失去了竞争力。

3.2.4 宏伟的计划——高海拔宇宙线观测站（LHAASO）

20多年来，羊八井宇宙线观测站取得了巨大的成就，但是面对21世纪的国际竞争，原有的观测设备已经不那么先进了。前些年，我国宇宙线物理学家们提出了在羊八井宇宙线观测站建设大型高海拔空气簇射观测站计划。2015年，中国科学院高能物理研究所、四川省甘孜州人民政府和中国科学院成都分院为在四川省甘孜州稻城县海子山建造一座高海拔宇宙线观测站（LHAASO）签署了协议。选址评估报告指出，通过对青海、西藏、云南、四川4个省区几十个站址的各种条件进行综合分析，最终认为四川省甘孜州稻城县海子山的条件最为优越，拥有极佳的观测条件：高海拔、靠近机场、稳定的电力和通信条件、充足的水资源。计划中的高海拔宇宙线观测站占地面积达1.5 km^2（见图7–14）。

宇宙线中的高能伽马射线光子需要在高海拔地区进行观测和研究，海

图7–14 高海拔宇宙线观测站的想象图（图中央为水切伦科夫探测器阵列示意图）

拔越高，空气越稀薄，探测器就能捕获到越多的目标粒子，测量结果也越精确。在世界上能够找到4 000 m以上高海拔站点的地方只有南美洲的安第斯山脉和我国的青藏高原，青藏高原作为世界屋脊，其地理条件比安第斯山脉更优越。

从总体科学技术方案看来，建设一个赶超国际水平的宇宙线观测站要达到两个世界第一：最高的高能探测灵敏度和最灵敏的甚高能伽马射线巡天探测。观测站将分别在三个能量范围内采用不同的技术手段对宇宙线粒子和伽马射线光子在大气中产生的空气簇射做多参数的精确测量。其一是建设1 km^{2}地面粒子阵列和44 000 m^{2}μ介子探测器阵列，简称KM2A，观测能量在50TeV以上（见图7–15）。KM2A实现对伽马射线源零背景测量，比欧洲的CTA灵敏15倍，CTA是正在策划中的庞大的切伦科夫望远镜阵列，在第六章已经做了介绍。其二是建设以测量簇射粒子在水中产生的切伦科夫光子为探测技术的90 000 m^{2}探测器阵列（WCDA），用于监测能量为50 GeV以上的伽马射线天空，与欧洲的CTA计划形成互补，不但在寻找时变源和扩展源方面优于CTA计划，还具有探测高能伽马射线暴的能力，这一探测器阵列还可用于簇射μ介子的测量。其三是建成由24架广角切伦科夫望远镜组成的阵列（WFCTA）和5 000 m^{2}大气簇射芯探测器阵列（SCDA）（见图7–16）。

图7–15　由5 600个闪烁体探测器和1 221个切伦科夫μ介子探测器组成的1 km^{2}复合阵列示意图

图7–16　由452个闪烁体探测器组成的大气簇射芯探测器阵列示意图

3.3 广延大气簇射切伦科夫望远镜阵列

高能粒子或极端高能的伽马射线光子撞击大气中的原子核都会发生级联过程，产生大量的相对论性高能带电粒子，每个带电粒子都会发射非常短暂（5~20纳秒）的切伦科夫辐射。这个过程最初发生在距离地面10~20 km的地方，投射到地面，总面积大约为数百平方米，这个范围被称为光池。切伦科夫光子围绕粒子前进方向形成一个狭窄的圆锥，开放角α是大气密度的函数，越接近地面，角度越大，但总是小于1.4度，切伦科夫光子到达地面上是一个环，如图7–17所示。

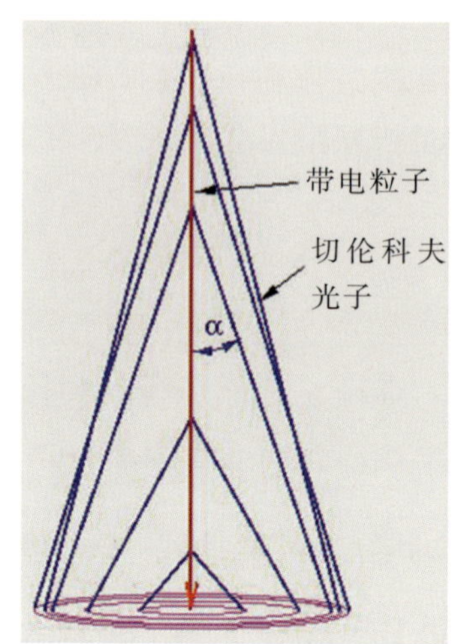

图7–17 相对论性带电粒子在大气中行进产生切伦科夫光子的方向性

相同能量的粒子和高能光子引发的大气簇射切伦科夫光子的情况有些不同，高能光子造成的簇射锥要比高能粒子造成的窄得多，其光池约为百米的范围，如图7–18所示。

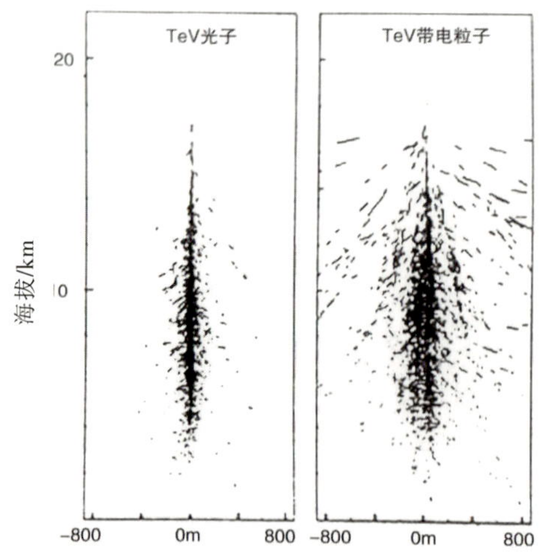

图7–18 美国爱荷达国家实验室的实验给出的高能光子和高能粒子引发的大气簇射示意图，纵坐标是海拔，横坐标是地面尺度

在地面上建造接收切伦科夫辐射的单个望远镜和望远镜阵列的情况，已在第六章做了详细介绍，这里不再重复。根据一定的理论模型，可以用地面上接收到的切伦科夫辐射情况反推回去，获得初始的伽马射线光子或高能粒子的特性。例如，20世纪70年代初，美国亚利桑那惠普尔天文台的10 m大气成像切伦科夫望远镜第一次探测到来自蟹状星云的能量高达10^{12} eV的伽马射线光子，这个能量不是指地面接收到的能量，而是反推回最初与地球大气发生作用产生簇射时的伽马射线光子的能量。

大气成像切伦科夫望远镜的优点是角分辨率非常高，优于0.1度，因此突破了宇宙线本身造成的影响，观测到了来自蟹状星云的甚高能伽马射线辐射，奠定了甚高能伽马天文学的基础。但是，它的缺点也很明显，只能对点源进行观测，对尺度稍大的扩展源几乎无能为力，对变源的观测也比较难。另外，它的观测效率比较低，只能在晴朗的无月夜进行观测，平均年有效观测时间只有10%~15%。

3.4 广延大气簇射大气荧光装置

大气簇射带电粒子激发空气中原子发出的大气荧光很微弱，没有方向性，需要灵敏的接收设备加以检测。美国从1977年起开始建造接收大气荧光的设备“蝇眼”于1978年建成，一直成功地运转到1993年。“蝇眼”位于犹他州盐湖城西沙漠中的一座130 m高的花岗岩山的山顶上，四周的沙漠和稍远的群山一览无余。它由67架反射镜单元组成，在每架反射镜的焦平面上安装着一个由12个或14个光电倍增管组成的组件，共880个光电倍增管，每个光电倍增管像苍蝇的一个单眼，整个探测器便成为一个复眼，因此取名“蝇眼”。用两个类似的复眼观测便可以立体成像，更精确地获得宇宙线的方向，为此，科学家们给这个系统增添了第二只眼，称为“蝇眼Ⅱ”。它由36架反射镜单元组成，只覆盖半个夜空，放置在原来“蝇眼”

的覆盖范围以内。从1985年以来，这两台探测装置采用双眼立体观测的办法观测到许多簇射事件。

当簇射发生时，“蝇眼”能够探测大气中氮分子所发出的荧光，镜面会把紫外荧光聚焦到光电倍增管，从而记录在大气中快速运动的簇射形式，抵达时间能测到一亿分之五秒的精度，将给出到达方向、簇射能量以及簇射极大时的位置。1991年10月15日，一个超高能粒子在黑暗的夜空中画出一道光芒，山头上的“蝇眼”记录下了这个不寻常的事件。超高能宇宙线的能量是令人吃惊的，达3×10^{20} eV，虽然早在30年前就曾报告过探测到能量为10^{20} eV的事例，但这个事例仍然令科学家欢欣鼓舞。

“蝇眼”于1993年拆除改建，升级为高分辨率蝇眼宇宙线探测器(HiRes)，新的方案仍然坚持“蝇眼Ⅰ”和“蝇眼Ⅱ”立体观测的成功技术，两个站址中的第一个就设置在原“蝇眼”旧址花岗岩山，第二个设置在荒漠谷另一侧离第一个站址12.6 km远的驼脊山。从1997年6月高分辨率蝇眼宇宙线探测器第一个阵列（HiResⅠ）开始启用，1999年第二个阵列(HiResⅡ）投入观测，与老的“蝇眼”相比，“蝇眼Ⅰ”和“蝇眼Ⅱ”的间距从原来的3 km增加到12.6 km，探测器的接收面积增加了很多，能捕获到更远的簇射发出的微弱的荧光。

3.5 广延大气簇射的射电观测

伴随大型广延大气簇射事件的众多带电粒子在射电波段也会有脉冲信号发出，利用大型相关频率的天线阵列可以探测射电脉冲信号。天文学家企图利用廉价的射电望远镜天线阵列来扩大极高能宇宙线观测的有效面积，现尚处于试验期，它的主要难度是如何有效剔除种种射电噪声和找出它的某种可测量与簇射能量之间的确定关系。

4 初级宇宙线的成分和能谱

人们把那些奔向地球而来但尚未与地球大气发生相互作用的高能粒子流称为初级宇宙线，其中包括在源区产生的粒子流以及其在空间传播过程中的次级产物。初级宇宙线中的元素众多，包括元素周期表上直到锕系的几乎所有元素，粒子的能量从10^3 eV一直持续到10^{20} eV以上，携带着有关产生它们的天体、银河系和日地空间的物质特征和物理过程的信息。这些信息对于天体物理学、高能物理学乃至环境科学等都很重要。

4.1 初级宇宙线的成分

宇宙线有两大类：初级（原生）宇宙线和次级（衍生）宇宙线。绝大部分初级宇宙线来自太阳系外，主要来自银河系，少数极高能宇宙线来自河外星系。太阳在发生耀斑或日冕物质抛射时，也会产生一些低能量的宇宙线。除了来自太阳的宇宙线外，寻找其他产生宇宙线的天体比较困难，但非常重要，已成为热门观测课题。

能量比较低的宇宙线（$E \leqslant 10^{14}$ eV）可以在大气外进行空间探测。探测结果表明在GeV和TeV能段，宇宙线的元素构成与银河系物质的基本相同，铁族重核在宇宙线里的丰度很高，说明宇宙线与恒星生命的晚期关系密切。然而空间探测器受尺寸、质量和滞空期的限制，对于超高能宇宙线（$E \geqslant 10^{14}$ eV），卫星和气球的探测已显得力不从心。而超高能宇宙线通过地球大气时会产生多代级联的广延大气簇射现象，产生大量的次级粒子（EAS粒子），可以在地面上建造庞大的接收设备进行检测，然后根据有关理论模型反推获得初级宇宙线的成分及其有关特性。当然，反推得到的结果与所选择的理论模型有关，因此对初级宇宙线粒子成分的认证还存在某些不确定性。迄今为止，已在初级宇宙线中发现了元素周期表上直到锕系的几乎所有元素。初级宇宙线粒子的能量从10^3 eV一直持续到10^{20} eV以上。

宇宙线的元素成分，即带有电荷的成分，在低能区，已精确地测量了由氢到镍的所有元素丰度。图7–19表示了卫星运载的仪器在每核子能量为70~280 MeV时测得的Z≤28的宇宙线元素丰度（宇宙线丰度）分布，具体的元素名称见表7–1。从整体看，它与太阳系、银河系的物质的平均元素丰度（宇宙丰度）分布相似，都以氢和氦为主要成分，但在局部有两个显著的差异：第一个差异是宇宙线中的锂、铍、硼的丰度比宇宙丰度大（超丰）约10^6倍，说明这些元素大多是较重的宇宙线中原子核与星际物质（如碳、氮、氧等）相互碰撞的散裂反应的次级产物；第二个差异是21≤Z≤26的元素的丰度比宇宙丰度大10~100倍，这可能因加速过程而导致。

表7–1　门捷列夫周期表中Z≤28的元素

Z	1	2	3	4	5	6	7	8	9	10	11	12	13	14
元素	氢 H	氦 He	锂 Li	铍 Be	硼 B	碳 C	氮 N	氧 O	氟 F	氖 Ne	钠 Na	镁 Mg	铝 Al	硅 Si
Z	15	16	17	18	19	20	21	22	23	24	25	26	27	28
元素	磷 P	硫 S	氯 Cl	氩 Ar	钾 K	钙 Ca	钪 Sc	钛 Ti	钒 V	铬 Cr	锰 Mn	铁 Fe	钴 Co	镍 Ni

1965年后，在宇宙线中陆续发现比铁重的元素，现在，对初级宇宙线的元素测量已做到了锕系。一般来说，与较轻的核相比，宇宙线中超重核的丰度分布在某种程度上能代表源区内部热核反应等过程产生的物质的分布。在较高的能区，宇宙线中的重核丰度有增加的趋势。在超高能区，主要依靠广延大气簇射的观测间接提供信息，研究结果不太统一。但有许多证据显示，虽然在10^{14}~10^{16} eV能量区间存在重核丰度增加的迹象，但氢原子核仍然占着相当大的比例。

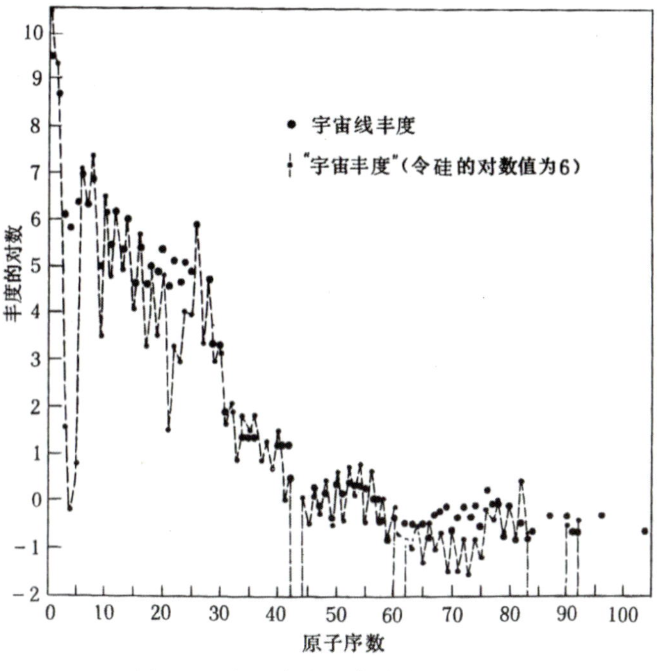

图7-19 初级宇宙线各种成分的丰度

4.2 宇宙线同位素和生成核素的观测研究

宇宙线中的同位素可能是宇宙线源所具有的，也可能是传播路径上的产物。宇宙线在运行过程中将会照射某些宇宙物质（如陨石、宇宙尘埃、无大气的天体表面物质等），使这些物质内产生各种类型的核反应，形成各种稳定的和放射性的同位素，这些由宇宙线照射产生的同位素称为生成核素。研究初级宇宙线中的同位素和宇宙物质受宇宙线作用形成的同位素（生成核素）都是重要的观测研究课题。

4.2.1 宇宙线同位素的观测研究

宇宙线中存在各种同位素，这成为研究宇宙线源和宇宙线传播的一种有效手段。不同的元素仅仅是它们原子核中的质子数不同，而具有相同质子数但中子数不同的原子核则为同位素。例如氢原子核只有1个质子（$^{1}_{1}H$），其同位素氘（$^{2}_{1}H$）比氢核多了1个中子；氦的原子核中有2个质子和

2个中子（$^{4}_{2}He$），氦的同位素氦-3（$^{3}_{2}He$）比氦核少了1个中子。

科学家们根据对各种元素同位素的观测数据来推测有关物理参数，如根据氖和氦-3的丰度估计在星际物质中宇宙线的路程长度；根据氦和硼的同位素（氦-3和硼-10）的观测估计地球附近和银河系内宇宙线的寿命；根据碳-13对碳-12的相对丰度了解宇宙线源中的核合成类型等。目前已测量了氢、氦、氖、镁、硅、铁等元素的同位素丰度，宇宙线中的氖-22对氖-20的相对丰度比太阳系的情况大几倍，镁的同位素也可能有类似情况，它们为解释银河宇宙线起源问题提供了一些有用的线索。

4.2.2 宇宙线生成核素的研究

宇宙物质（如陨石、宇宙尘埃以及无大气的天体表面物质等）在宇宙空间漫长的运行过程中，直接受到宇宙线的照射，于是在这些物质内产生各种类型的高能核反应（主要是散裂反应）和低能核反应（主要是中子俘获反应），形成各种稳定的和放射性的同位素，这些同位素称为宇宙线生成核素，或简称宇宙成因核素。宇宙线对宇宙中锂、铍和硼的产生扮演着重要角色，它们也在地球上产生了一些放射性同位素，如碳-14。

宇宙线生成核素有100多种，在阿鲁斯铁陨石和布鲁德海姆石陨石中都测出了约40种宇宙线生成核素，^{10}Be、^{22}Na、^{26}Al、^{36}Cl、^{53}Mn、^{54}Mn、^{60}Co、^{3}He、^{21}Ne、^{38}Ar等宇宙线生成核素对于确定陨石和月球表面的宇宙线暴露年龄、测定陨石和月球表面的宇宙线深度效应、了解宇宙物质中由于宇宙线效应引起的同位素组成变化有重要价值。

宇宙物质中生成核素的产额及其分布与宇宙线的组成、能量、能谱及其时空变化有关，也与有关宇宙物质的化学成分、大小、暴露年龄、运动轨道和样品的深度位置以及形成该核素的核反应类型、核反应截面等特性相关。根据宇宙线生成核素的研究，认为宇宙线的通量、能谱和组成在近百万年来基本恒定。

4.3 初级宇宙线的能谱

初级宇宙线主要由各种原子核以及电子、中微子、X射线和伽马射线光子构成。原子核中大部分（约87%）是氢原子核，即质子，约12%是氦原子核，即α粒子，有少量的锂、铍、硼、碳、氮和氧的原子核，还有极少量重元素原子核。通常以某元素的相对丰度为100的情况下给出各种元素的相对丰度。质子谱和电子谱已做到TeV以上，但其他元素（如He、N、O、Ne等）只在低能区才有谱线数据。目前能够给出比较完整的全粒子能谱。

4.3.1 全粒子能谱

一系列探测已经获得能量范围达到10^{9}~10^{20} eV的全粒子能谱。在能量低于10^{14} eV的情况下，用气球和卫星可以直接探测。超过这个能量，因为宇宙线流量太低，不能进行太空探测，只能通过宇宙线的大气簇射来观测。在能量较低的情况下，由于太阳风中的磁场，宇宙线流量会受到太阳活动周的影响，同时，这一磁场还屏蔽掉了能量低于10^{9} eV的带电粒子，使它们不能进入太阳系。

宇宙线能谱中有一个神秘问题，即能谱的“膝盖”特性，观测发现低能宇宙线粒子比高能宇宙线粒子多得多，粒子数目随能量增加而逐步减少，但是在某种能量范围上，粒子数出现锐减，有些类似于人腿弯曲，故把这种锐减现象称为“膝盖”特性。为什么会出现“膝盖”呢？有一种看法认为，宇宙线是超新星爆发产生的，当超新星开始失去活力时，其发射的宇宙线粒子数目会大大减少。如果这种看法能被观测证实，那么比“膝盖”处能量更高的宇宙线粒子就不会来自超新星，它们必然来自拥有更强有力加速机制的天体。天文学家猜想这种天体可能是中心有特大质量黑洞的活动星系。

图7–20是初级宇宙线全粒子能谱，从10^{11} eV到10^{20} eV的整个能谱可以看出，这是很好的幂律谱。这个能谱有几个拐点：在4×10^{12} eV左右，谱指

数由–2.7变为–3.0，即为膝区；在400×10^{12} eV左右又再次变陡，由–3.0变为–3.3，称为第二膝区；在5×10^{15} eV以上的能区，谱指数由–3.3变回–2.6，能谱变平，即为踝区；在大约10^{20} eV时，超高能宇宙线会损失能量，形成截断，称为GZK截断。

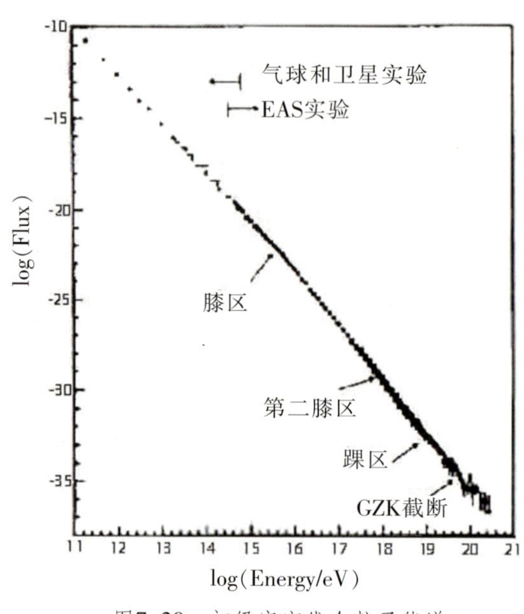

图7–20　初级宇宙线全粒子能谱

1962年，科学家们直接观测到初级宇宙线中的电子，电子的数目不多，仅为质子的1%，能量高于10^9 eV的正电子更少，仅占初级宇宙线电子中的10%左右。1962年观测到非太阳起源的X射线，宇宙伽马射线则到20世纪70年代才观测到。在10^3~10^8 eV能区，各向同性的X射线和伽马射线背景能谱可以近似地用幂律谱表示。质子谱和电子谱已做到10^{12} eV以上，但其他元素，如氦、碳、氮、氧、氖等只在每核子能量大于10^9 eV的低能区才有能谱数据，能谱比较复杂。

太阳系的边界由太阳磁场操控，随太阳活动而消长的太阳风像一道闸门一样对进入的宇宙线流量进行调控，造成地面宇宙线强度与太阳活动的反相关：太阳活动强烈时，地面宇宙线变弱。银河宇宙线受到太阳风（太阳活动喷发的带有磁场的等离子体流）的明显调制。

图7–21给出宇宙线几种主要核成分的动能谱，图中纵坐标为微分方向强度［$(m^2\cdot sr\cdot s\cdot MeV)^{-1}$］，即每平方米每球面度每秒每兆电子伏特的强度。其中氢的微分方向强度的数值要乘5倍，所以远远高于氦、碳和氧的情况。

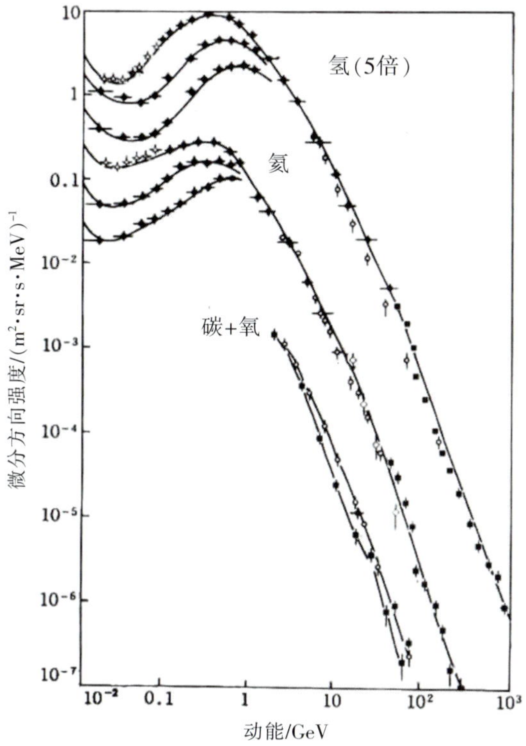

图7-21 宇宙线几种主要核成分的动能谱

当核子动能低于10^{10} eV时，太阳调制作用十分明显。氢、氦在低能部分分裂为3条曲线，自上至下分别表示太阳活动极小、中等和极大时期测量的结果。太阳调制使宇宙线的动能谱偏离幂律谱，当核子动能低于10^9 eV时，会出现一个较宽的峰；当强度降低至核子动能约3×10^7 eV处，又重新回升。这部分低能宇宙线，有一部分由太阳或行星际起源，已不属于银河宇宙线，而宇宙线的高能部分起源于银河系。现在测量到的宇宙线的能量已经高达1.5×10^{20} eV，并且还没有迹象表明它会有截止的最高能量，这部分能量极高的粒子可能来自河外星系。

图7-22是太阳活动宁静期（1965—1966）和活动峰年期（1967—1968）观测得到的电子微分能谱。在低于10^9 eV的部分，太阳活动宁静期的电子微分能谱显著高于峰年期。

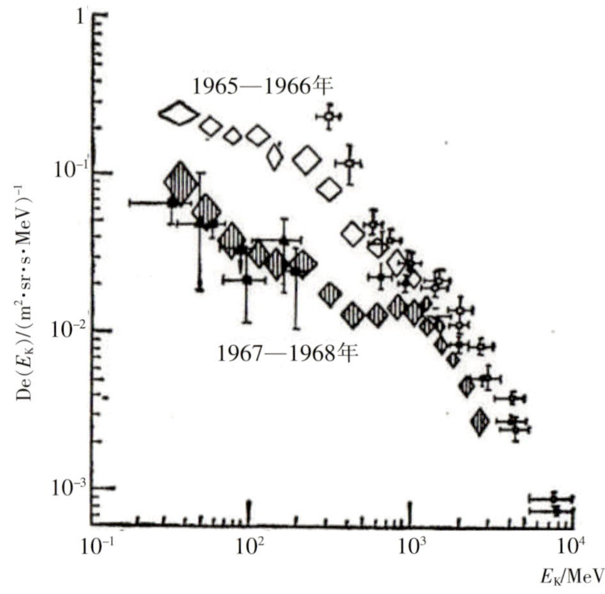

图7-22 1965年至1966年和1967年至1968年观测得到的电子微分能谱

4.3.2 各向异性程度的测量

来到地球及近地空间的宇宙线，年龄基本上在10^6~10^8年，它们在漫长的旅途中受到银河、太阳和地球磁场的调制和约束，有着与星际磁场、气体和背景光子相互碰撞的曲折历史，除了中微子、光子外，其他粒子已“忘记”了它们出发时的方向，因而具有各向同性的性质。但是能量大于10^{14} eV的粒子，受星际磁场和太阳磁场的影响比较小，各向异性程度明显上升。能量大于10^{19} eV后，几乎所有的宇宙线都来自高银纬，明确地显示各向异性，这些显示各向异性的粒子的方向很可能就是其产生源的方向。

5 太阳宇宙线

太阳是离地球最近的一颗恒星，它的质量、大小和温度都居于恒星的中等地位，正处于中年时期，年龄约50亿年，它看上去很平静，但实际上却处在不断剧烈活动的状态之中。太阳的辐射和磁场，还有它发射的粒子流（宇宙线）不仅对地球有巨大的影响，也控制了行星际的空间环境。

5.1 太阳的结构和太阳活动

太阳分为六层（见图7–23），最里层是核心部分，约0.25个太阳半径范围，称为日核。日核集中了太阳的大部分质量，温度奇高，达到1 500万开尔文以上，导致氢聚变为氦的核反应过程持续不断地发生，源源不断地产生能量，因此日核也叫作核反应区或产能区。日核外面的一层是辐射层，日核产生的能量通过这一区域，以辐射的形式向外传出，它的范围从0.25个太阳半径到0.86个太阳半径，这里的温度比太阳核心低得多，大约为70万开尔文。辐射层外的一层称为对流层，太阳大气在这一层中呈现剧烈的上下对流状态，它的厚度大约为10万千米。

对流层之外是太阳大气，分为光球、色球和日冕。光球是太阳大气最低的一层，就是我们平时所看见的明亮的太阳圆面。光球层非常薄，仅500 km左右，温度约为5 800 K，从内部向外温度逐渐降低。光球与色球的交界处，温度降到最低值，只有4 000多开尔文。整体来说，光球是明亮的，但各部分亮度却不均匀，布满了米粒组织，估计总数达400万个。光球层之外是红色的色球层。平时，由于地球大气中的分子以及尘埃粒子散射强烈的太阳辐射而形成蓝天，比色球和日冕要亮，因此，我们观测不到色球和日冕。但在日全食时，可以看到太阳圆面周围的色球所发出的玫瑰红色的辉光和日冕所发出的淡淡的白光。色球上面布满了大小不一、形态多变的针状体。色球层厚约2 000 km，温度越往外越高，最外层的温度高达几万开尔文。日冕是太阳大气的最外面一层，可人为

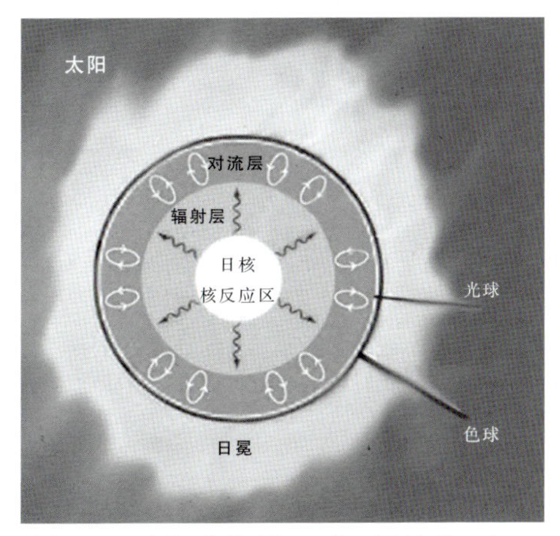

图7–23 太阳结构图：日核、辐射层、对流层、光球、色球和日冕

地分为内冕、中冕和外冕三层：内冕从色球顶部延伸到1.3个太阳半径处，中冕从1.3个太阳半径到2.3个太阳半径，大于2.3个太阳半径处称为外冕。日冕的密度非常稀薄，但温度却高达百万开尔文，大小形状变化不定，与太阳活动周期有关，在太阳活动极大年份，外冕可以扩展至很远的地方。

太阳黑子是人们最早发现的也是最熟悉的一种太阳活动。太阳黑子出现在光球表面，与对流层紧密相连，具有很强的局部磁场，成为最重要、最基本的一种太阳活动现象，特别是太阳黑子活动11年周期的发现，推动了各种各样太阳活动现象发展规律和日地关系的研究。太阳黑子看上去是黑的，实际上并不真的是黑的，它们也是炽热明亮的气体，只是温度比光球温度低1 500 K左右，相形见绌，就显得黑了。黑子的大小相差很悬殊，大的直径可达2×10^5 km，比地球的直径大得多，小的直径只有1 000 km。较大的黑子经常成对出现，一前一后，称为前导黑子和后随黑子，它们的磁场极性相反，故又称偶极黑子群，在偶极黑子群周围还常常伴有一群小黑子。黑子的寿命有很大差异，最短的小黑子寿命只有两三个小时，最长的大黑子寿命大约几十天。黑子的数目时多时少，1849年，瑞士苏黎世天文台的沃尔夫提出用黑子相对数来代表太阳黑子活动的情况，这个参数综合考虑了单个黑子和黑子群数目的情况。后来，人们发现黑子相对数具有大约11年的变化周期，图7–24给出了1900年至2000年期间太阳黑子年平均

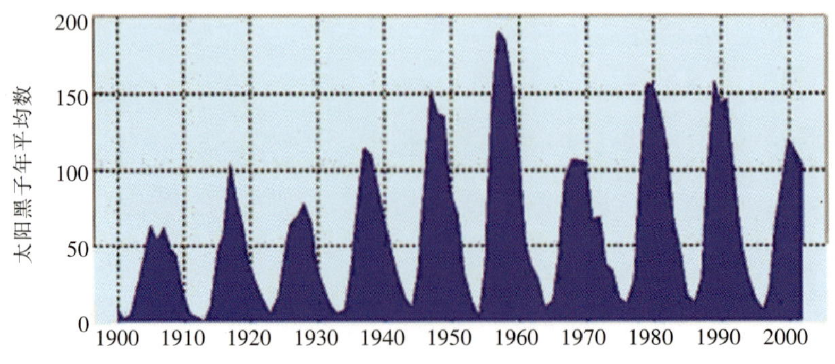

图7–24 黑子相对数的11年周期变化(1900—2000)

数的变化情况：每个活动周期的极大值并不一样，有高有低，极小值也不一样，基本上没有达到完全消失的状况。

国际天文学会规定，每个太阳活动周期从太阳活动极小年开始到下一个极小年结束，并且规定从1755年开始的那个太阳活动周为第一个太阳活动周。

太阳大气中的活动现象相当丰富多彩，除黑子以外，还有很多活动现象，其中，爆发日珥、耀斑和日冕物质抛射这三种活动现象最为剧烈，而且都会抛射大量粒子，形成太阳风，成为太阳宇宙线的源泉。在抛射物质的同时，还会发出强烈的紫外和X射线辐射，在本书第四章和第五章都专门介绍了太阳的多波段空间观测设备和观测成果，给出了太阳日珥、耀斑和日冕物质抛射事件的照片。

日珥是发生在色球上的一种活动现象，分为宁静、活动以及爆发三大类。宁静或活动日珥从色球表面向上抛射物质，然后又返回色球表面呈现耳朵形状。爆发日珥则是相对激烈的过程，呈现喷泉状，以1 000 km/s以上的高速将等离子体物质喷发到日冕中，高度达几十万甚至上百万千米，蔚为壮观。这些物质将克服太阳引力的束缚进入行星际空间，其中部分奔向地球。图4–23给出了太阳动力学观测台拍摄的太阳爆发的图像，图4–24给出了太阳动力学观测台拍摄的太阳表面喷发物质形成的日珥，由于这是发生在日面边缘的日珥，所以能看清楚物质向外抛射而形成耳朵或喷泉形状。

太阳耀斑是太阳局部区域最剧烈的爆发现象，也是对地球影响最大的活动现象，伴随物质的抛射，还有很强的紫外和X射线辐射，其特点是来势凶猛，能量巨大，来得突然，消失得快，一般只存在几分钟到十几分钟，极个别的能持续几个小时。图5–21是美国核光谱望远镜阵列卫星拍摄的太阳X射线照片与太阳动力学观测台拍摄的紫外照片叠加后的图像。耀斑和黑子有着密切的关系，在大的黑子群上面，很容易出现耀斑。对耀斑的监测不仅要用光学望远镜，而且已扩展到射电、紫外、X射线、伽马射线波段的观测，以及高能粒子的探测等方面，空间观测为人们提供了太阳耀斑前所未知的信息。在耀斑爆发期间，除了伽马射线波段有推迟外，其他波段的爆发几乎同时产生，还观测到耀斑的中子发射。

日冕中的物质完全电离，非常稀薄但温度很高，达到几百万开尔文。在光学波段发现日冕中有些暗黑区域，后来在远紫外和X射线波段上也观测到这个现象，已确认它们是日冕中温度比较低、等离子体密度也比较低的区域，天文学家把这种区域称为冕洞。冕洞是太阳磁场的开放区域，这里的磁力线向宇宙空间扩散，大量的等离子体顺着磁力线跑出去，形成高速运动的粒子流。这种高速运动的等离子体流也就是人们所说的太阳风，太阳风可以吹遍整个太阳系。

日冕中偶然会发生剧烈的物质抛射事件，向太空抛射几十亿吨等离子体物质，其速度达到100~1 200 km/s，足以克服太阳的引力，继续向行星际空间运动。每次抛射事件所携带的动能十分可观，有10^{30} erg，最强的可达10^{31} erg，这与一个中小型耀斑爆发的能量相当。每当被抛射的带着太阳磁场的物质到达地球附近时，都会造成地球空间环境的巨大变化。每次日冕物质抛射的情况不同，按形态分为环状、泡状和晕状等。日冕物质抛射常伴随有耀斑、光学暗条、射电爆发和X射线爆发等现象，图4-19是太阳和太阳风层探测器于2003年12月2日在远紫外波段拍摄的一次极为壮观的日冕物质抛射。

5.2 太阳风、太阳风暴和太阳宇宙线

爆发日珥、耀斑和日冕物质抛射这三种剧烈的太阳活动都会向外抛射大量的带电粒子，成为太阳发射的宇宙线，但是，太阳物理学家却愿意把它们称为太阳风和太阳风暴。

太阳风是指从太阳大气最外层的日冕向空间持续抛射出来的物质粒子流。天文学家观测研究彗星时发现，彗星离太阳越近，彗发越明显，彗尾越长，而且彗尾的方向总是背对着太阳，因而猜测，也许太阳会放射出一种类似于风的东西，对彗星产生影响。这种猜测很快就得到了验证，1958年，美国人造卫星上的粒子探测器探测到了太阳上有粒子流从日冕的冕洞中发出，因此就形象地把这种粒子流命名为太阳风。而使彗星产生尾巴的也正是太阳风，彗星在靠近太阳时，星体周围的尘埃和气体会被太阳风吹到后面，这一效应也在人造卫星上得到了证实，像回声1号那样又大又轻的卫星，就曾被太阳风吹离事先计算好的轨道。

太阳风分为两种，一种是所谓的持续太阳风或宁静太阳风，即射流速度比较小、粒子含量也不大的太阳风，这种太阳风起源于平静的日冕区，到达地球时，速度一般在450 km/s左右，每立方厘米所含质子数通常不超过10个。另一种则是扰动太阳风，又称太阳风暴，即在太阳活动剧烈时喷射出的粒子流，主要是质子、氦原子核和电子，有时也有中子。1962年，由美国水手2号探测器发现。太阳风暴与太阳耀斑及日冕物质抛射事件有关，常发生在太阳活动11年周期的极大年份，经常伴有高能荷电粒子的大量增加，其射流速度可以达到1 000~2 000 km/s，粒子密度也比较大，每立方厘米含几十个质子。太阳风暴会对地球产生比较明显的干扰。太阳风的发现是20世纪空间探测的重要发现之一，经过近40年的研究，对太阳风的物理性质有了基本了解，但是至今人们仍然不清楚太阳风是怎样起源和怎样加速的。

带电粒子在磁场中运动，其运动轨迹会发生变化。人们常用磁刚度这个参数表示带电粒子运动轨道抗拒磁场影响的物理量，磁刚度越大，在磁场中偏转的角度越小。磁刚度在数值上等于单位电荷的动量，以宇宙线受地球磁场的影响为例，在某一地磁纬度处，从无穷远来的带电粒子必须具备一定的磁刚度值，才能沿某一方向入射到地球，这一磁刚度值称为该方向的截止刚度。随着地磁纬度的增加，截止刚度减小。

地球磁场是宇宙线的天然能谱分析仪。在地磁两极区，低能到高能粒子均能沿磁力线进入地球，但在低纬地区，只有能量较高的粒子才能克服地球磁场的影响进入地球。图7–25展示了太阳风与地球磁场相互作用形成的地球磁层，携带了太阳磁场的太阳风与地球磁场相互作用，地球的磁力线受到挤压变形，但也迫使太阳风绕着行进，形成了一个被太阳风包围的、彗星状的地球磁场区域，即形成了地球磁层。

图7–25　太阳风与地球磁场相互作用形成的地球磁层

实际上，宁静太阳风和扰动太阳风就是能量不同的太阳宇宙线，它们与太阳的活动现象紧密相关。剧烈的太阳活动现象（如爆发日珥、耀斑、日冕物质抛射）是偶发的，每次的激烈程度不一样，在地球附近被探测到，形成不同的太阳粒子事件，也就是太阳宇宙线事件。由于粒子流中质子（氢核）占大多数，天文学家称它们为太阳质子事件。太阳高能粒子中能量低于5×10^{8} eV的太阳质子称为低能太阳宇宙线，太阳宇宙线中能量高于5×10^{8} eV的质子能进入地球大气，产生次级粒子，天文学家又把这种高能事件称为相对论性太阳宇宙线事件或地平面事件。发生地平面事件的次数很少，从1942年至1978年全世界只记录到31次。距离地球表面50~1 000 km的大气层都处在部分电离或完全电离的状态，会使无线电波发生折射、反射　和散射，改变传播速度。这层大气称为电离层，从低到高依次分为D层、E层和F层。能量高于10×10^6 eV的质子能进入地球极区电离层，使D层电子密度增加，导致无线电波衰减，形成极盖吸收事件，甚至还能影响到高层大气的光化学反应，增加大气的一氧化氮成分，降低臭氧成分。极盖吸收事件的次数比地平面事件多，从1956年至1978年共记录到86次事件（包括10余次地平面事件），其中最大的一次发生在1972年8月4日，电波吸收高达60分贝以上，臭氧降低20%左右。能量更低的事件只能通过卫星上的仪器观测，称为卫星敏感事件，它的次数更多，目前记录到的太阳质子的最低能量约为3×10^5 eV。

在正常情况下，低能事件的核成分与太阳核成分相当接近，在更高能量，其成分也与太阳大体接近。但是低能事件核成分的变化很大，尤其是观测到的富铁事件，相对太阳丰度而言，重元素的丰度随核电荷数的增加而增大。近年来观测证实，这种富铁事件中氦-3同位素也相当丰富，一般认为这是耀斑粒子与太阳大气核反应的产物。

太阳电子由于磁刚度低，只能在卫星上观测到。几乎所有的太阳质子事件都同时记录到太阳电子，这类事件称为太阳电子—质子事件，也有不伴随质子的纯粹电子事件，其能量为2×10^4~3×10^5 eV。典型的电子事件的方向通量为10^2粒子/(厘米^2·球面度·秒)，最大可达10^4粒子/(厘米^2·球面度·秒)，但是纯粹电子事件的方向通量比较小，只有10~10^2粒子/(厘米^2·球面度·秒)。在12~45 MeV的能量范围，电子对质子的通量比为10^{-2}~5×10^{-6}，平均为10^{-4}，即电子的数目非常少。不同电子事件能谱指数差别不大，微分能谱指数平均值为3.0±0.4，但不同的质子事件能谱指数差别就比较显著了。

太阳宇宙线进入行星际空间受到太阳风和行星际磁场的作用，强度和方向都会发生变化，称为传播效应。太阳耀斑发生后，要经历十几分钟甚至几十分钟，才能在地球附近观测到各种能量的粒子。粒子的到达时间比按其速度折算的时间长，即使能量相同的粒子也不是同时到达的，太阳宇宙线是经历了曲折的路程才到达地球的，它走的既不是直线，也不是简单地绕行星际螺旋磁力线做回旋运动。低能太阳宇宙线有明显的各向异性，在事件开始阶段，各向异性很明显，达20%~25%，粒子最初沿螺旋磁力线到达观测点，但随着粒子强度增大至极大值，在地球附近粒子密度分布趋于均匀，因此沿螺旋磁力线的各向异性也变小了。

5.3 地球辐射带

早在1905年，挪威空间物理学家斯托米提出，太阳在不停地发出带电粒子，这些粒子被地球磁场俘获，束缚在离地球表面一定距离的高空，形成一条带电粒子带。在进入空间时代之前，人们无法证明他的预言是否正确。1958年2月1日，美国发射了第一颗人造卫星——探险者1号，出于对宇宙线研究的强烈兴趣，范艾伦在卫星上安装了检测宇宙线粒子的计数器，卫星升空后，随着高度的不断上升，计数器的读数不断增加，这是人类首次在近地空间直接探测到强流量的高能带电粒子辐射，他判定这些粒子是被地球磁场俘获的带电粒子带。然而，当探险者1号再往上升，高度超过800 km时，计数器的读数竟然一下子下跌至零。1958年，探险者3号携带了同样的计数器上天，当卫星的高度超过800 km时，计数器的读数又为零了。这是什么原因呢？范艾伦认为，计数器显示为零，并不是粒子数真的为零，而很可能恰恰相反，是粒子数太多导致计数器达到饱和状态而无法计数，为此他对计数器进行了改进，研制成盖革辐射计数器。

1958年，探险者4号携带盖革辐射计数器升空，卫星上升得越高，计数器记录到的粒子数越多，当到达1 000 km高度以上时，所记录到的粒子数更加急剧上升。范艾伦认为，地球上空1 000 km以上的空间中存在着更加强烈的微粒辐射。后来的探测表明，地球上空的微粒辐射区一直扩展到几个地球半径的空间中，这个区域被称为地球辐射带，也称为范艾伦辐射带，科学家们公认，范艾伦辐射带是太阳发出的高能带电粒子流被地球磁场俘获而形成的。

地球辐射带呈环状分布，其横截面的形状像两个对称的月牙，大体与地球的磁力线重合。辐射带分为内外两层，离地球较近的辐射带叫内辐射带，较远的叫外辐射带，或叫内范艾伦辐射带和外范艾伦辐射带（见图7–26）。地球辐射带从四面把地球包围了起来，但只存在于低磁纬地区上空，却在南北磁极处留下了空隙。事实上，整个地球磁场内都有被俘获的带电粒子分布，所以辐射带的界限并不很分明，只是辐射带内的带电粒子的密度比其他区域大。辐射带中，内辐射带的带电粒子数相对稳定，外辐射带则变化较大，差别可达到100倍。一般来讲，在内辐射带里容易测到高能质子，在外辐射带里容易测到高能电子。

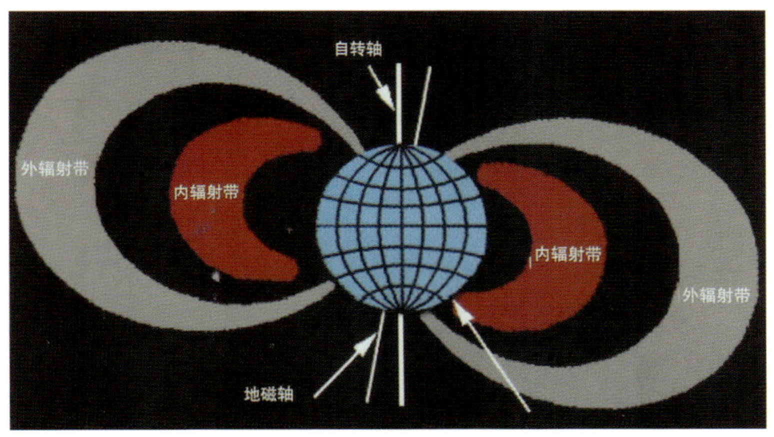

图7–26　地球的内、外辐射带

辐射带的范围和形状受地球磁场的制约，也和太阳活动有关，在朝太阳的方向被太阳风所压缩。辐射带中的带电粒子数也与地球磁场和太阳活动的变化有关，当太阳活动剧烈时，地球磁层受扰动变形，而原来被局限在范艾伦辐射带内的高能带电粒子此时会大量泄出，这些高能带电粒子随着地球的磁力线在地球的极区进入大气层，遇到大气分子时激发某些大气分子发光，形成千姿百态、绚丽多彩的极光。1992年2月，美国和俄罗斯的空间科学家宣布，他们发现了地球的第三条辐射带，新辐射带位于内、外范艾伦辐射带之间。

地球的大气层是地球上所有生命的保护伞，既能为生命提供必需的氧气，又能阻挡太阳光中的紫外线等有害成分对生命的侵害。地球辐射带对地球上的人类和其他生物同样也起到了保护伞的作用，辐射带能将从太阳或其他天体射来的高能粒子俘获，使它们不能到达地面，而高能粒子对人类和其他生物有致命的威胁。因此，地球辐射带也像阳光、大气和水一样，是人类在地球上繁衍生息必不可少的条件。

第八章 宇宙的起源和演化

宇宙是什么？宇宙是如何形成和发展的？从远古时代到今天，人们一直在探讨这些问题。远在战国时代，也就是2300多年前，伟大诗人屈原在《天问》中，针对当时流行的天圆地方的宇宙学说提出了一连串的质疑。古希腊人则更早关注宇宙的结构，相继提出中心火模型、地球中心模型等，托勒密在此基础上加以发展形成比较完善的地心说，哥白尼提出日心说实现了宇宙学的一次革命。但是，从远古时代到1609年伽利略发明天文望远镜的漫长岁月中，人们不知道银河系和河外星系的存在，当然不可能正确回答宇宙的起源、结构和演化的问题，应该说，现代宇宙学是在著名天文学家哈勃发现河外星系，并在星系观测完善以后才真正建立起来的。到今天，天文观测的发展已经使人们看到了在空间上包含了数以千亿计星系的巨大宇宙，在时间上获得了一百多亿年来各个时期的天体信息，物理学的发展为探索宇宙奥秘提供了理论武器。几经周折，热大爆炸宇宙学模型在众多宇宙学理论中一枝独秀，成为最流行的学说。有关宇宙学的观测研究方面，已有7位天文学家先后3次荣获诺贝尔物理学奖。

1 从远古到哥白尼时代的宇宙观

从古至今，人们一直在观天、问天、研究天。古人虽然也曾研制了不少观天的仪器，但是只能看到满天星斗作为背景的天和运动着的太阳、月球及水、金、火、木、土五大行星，仅仅对太阳系中几个天体的视运动规律有较多的认识，根本不知道银河系的存在，更不知道还有千亿个星系。当然，古人不可能对宇宙的形成和宇宙的结构有正确的符合实际的认识，不过，古人所提出的有关宇宙结构和形成的种种问题非常重要，都是当今天文学研究要解决的问题。

1.1 屈原的《天问》和我国古代的宇宙观

公元前3世纪，我国伟大诗人屈原（见图8–1）写出了诗篇《天问》，闪耀着对未知的探索之光。凝望星空、沉思宇宙，屈原发出了一连串的问题：天地四方、日月星辰，从何而来？什么力量维系着斗转星移、时空流逝？这些疑问深刻并发人深省。

屈原所处的先秦时代，人们对宇宙的认识是天圆地方，借此理解笼罩在头顶上的圆形的天和脚下辽阔的大地。当时流行的宇宙结构是天有九重，都围绕着同一个枢纽旋转，由八根擎天柱支撑着，天穹上分为十二个星次。这种由直观感觉和想象出来的宇宙结构，当然存在很多问题。屈原提出了一系列尖锐的疑问：有谁曾测量过这九重天？这么大的工程，是谁建造起来的？九重天围绕着的枢纽挂在哪里呢？这些擎天柱是如何把天支撑起来的？

图8–1　我国古代著名诗人屈原

屈原的《天问》是我国最早关于宇宙形成理论的文字记录，可以把它所问的问题看作当时流行的看法。在《天问》之后不久的《淮南子·天文训》中，对这种宇宙是从混沌中产生的看法做了很明确的阐述。《淮南子·天文训》认为宇宙最先是一种虚无无形的物质状态，然后演变为混沌的物质状态，再分出元气、形成天地，最后产生日月星辰、世间万物。屈原对当时的宇宙形成理论质疑不断，紧追不舍：如果说宇宙形成时是混混沌沌，整个宇宙弥漫无形，谁能说清其根本原因？怎样才能识别清楚呢？宇宙间的光明和黑暗究竟是怎么形成的？产生世间万物的阴阳两气，哪个是本原，哪个是演变？

天圆地方说是盖天说中最原始的一种，它所遇到的困难是显然的，圆盖形的天与方形的地不可能相互衔接。后来，天圆地方说修改为：天好比是一个斗笠，地好比是一个倒扣的盘子，两者呈平行的拱形，仍然属于盖天说。后来，浑天说取代了盖天说，主张天为球形，地球位于其中，就像一个鸡蛋一样，天为蛋壳，地为蛋黄。这种看法虽然比盖天说对宇宙的认识进了一步，但依然是一种谬误。

天文研究需要观测数据，需要理论模型，更需要理论和观测的严格比对，包括对理论模型的严格拷问，古人屈原是这样，今天的人们依然需要这样的态度对待宇宙演化的问题。

1.2 古希腊的宇宙学

古希腊的天文学很发达，在公元前几百年，通过观测已经对太阳、月球以及水、金、火、木、土五大行星在天球上的视运动规律有了比较好的了解，已经发现行星在众多的恒星中游走，而且发现了行星视运动的轨迹有顺行、逆行和停留不动几种情况（见图8–2），还发

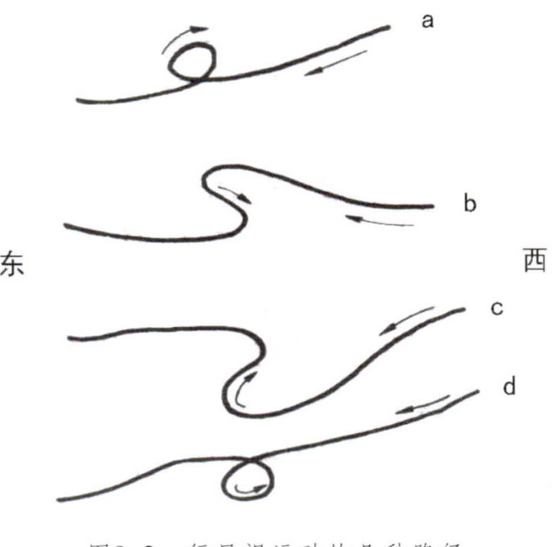

图8–2　行星视运动的几种路径

现太阳和月球始终自西向东穿行，时快时慢。面对这些观测结果，古希腊的天文学家自然要回答，行星视运动复杂的轨迹是怎样形成的？如何预报行星未来的走向？

公元前4世纪，由柏拉图（公元前427—公元前347）和亚里士多德（公元前384—公元前322）建立的宇宙学概念被确立和发展起来。柏拉图认为天体一定在做圆周运动，地球也必定是球形的，提出了天球绕着不动的地球做周日旋转，行星以不同的速率沿圆形轨道运动，这是最原始的地心说。当时，一位比较年轻的同时代的欧都克塞斯（公元前408—公元前355）进一步采用了33个同心球围绕静止的地球旋转的数学模型，以解释行星和月球视运动的不规则性。实际上，几百年后托勒密（140）提出的地心说中的本轮和均轮的设计就是来自欧都克塞斯的创造。

亚里士多德在《论天》中明确地提出"地球是圆形的"，其证据来自天文学月食的观测，他认为月食是地球的影子造成的，影子是圆形的，说明地球是球形的。根据在埃及和希腊两地所看见的北极星视位置的差异，他计算出地球的周长，还采用了55个同心球围绕静止的地球旋转的数学模型，更精确地解释行星和月球视运动的不规则性。

140年，托勒密（见图8-3）提出了改良版地心说。与其他地心说理论相比，改良版中的论证最充分、计算最精确，成为与观测符合得最好的一种理论模型。

图8-3　古希腊天文学家托勒密

托勒密的地心说提出的宇宙结构是：地球位于宇宙中央静止不动，行星、月球、太阳和恒星每天绕地球自东向西旋转一周；离地球最近的第一圈轨道上是月球，然后依次为水星、金星、太阳、火星、木星和土星，最外的一层是恒星天（见图8–4）。

为了解释行星复杂的视运动轨迹，托勒密提出行星具有两种轨道运动，一种是行星绕一个名叫本轮的小圆轨道运动，另一种是本轮中心围绕地球运转的大圆轨道运动，这个大圆称为均轮。人们观测到的行星的运动轨迹是这两种轨道运动的综合结果，图8–5是行星运动的合成轨迹，可以解释行星的顺行和逆行。

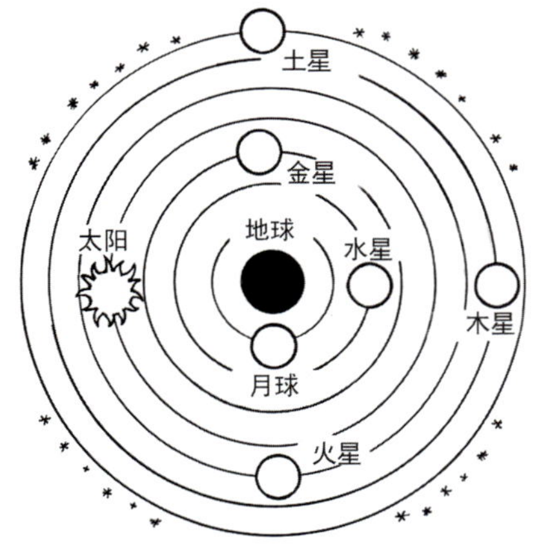

图8–4　托勒密的地心说的宇宙结构示意图

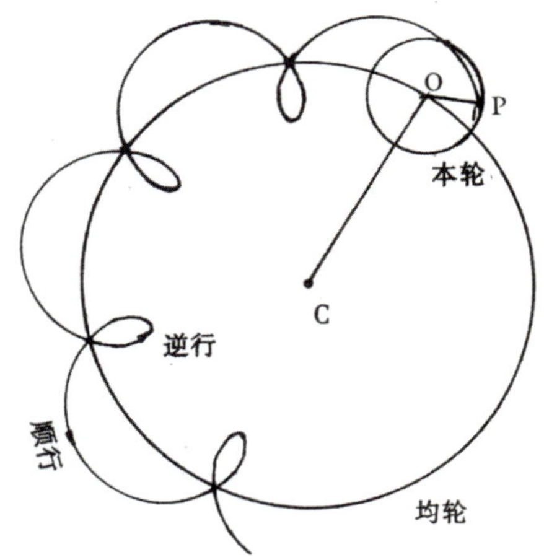

图8–5　地心说给出的行星运动的合成轨迹

托勒密建造的理论模型能够定量地解释行星、月球和太阳的视运动轨迹，还能预报行星运行的走向。如果发现理论计算结果与观测不符，就调整本轮和均轮的角速度和半径，使合成轨迹与观测结果基本一致。虽然当时的观测精度不高，但还是发现了一种难以解释的误差，为了解决由于行星视运动速度不均匀导致的误差，托勒密把“地球处在各均轮的中心”的假设改为“均轮相对于地球都是偏心圆”的假定，因此，在地球上看行星的运行就不是等速的（见图8–6）。

托勒密的地心体系不是一个定性的、描述性的体系，而是一个定量

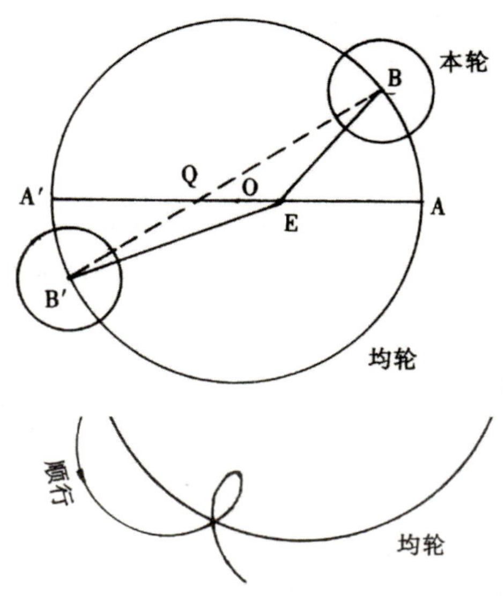

图8–6　为解释行星视运动速度不均匀的观测结果，把地球放在偏离均轮中心的地方

的、可以预报行星未来位置的体系，这个地心体系比较符合人们的直观感觉，天体的周日视运动就给了人们天体围绕地球运动的错觉。由于当时的观测精度较低，暂时掩盖了托勒密地心说的错误，而且当时的天文学家并没有认识到地球在自转，不能用地球的自西向东绕轴自转运动来解释天体东升西落的周日视运动，导致走入歧途。

托勒密研究天文学的方法在当时是先进的，也是科学的。他从研究观测的现象出发，建立天体运动的几何图像（理论模型），使之能够解释观测到的复杂现象，预知天体未来的视位置，并用新的观测资料来加以检验。这种研究方法至今仍不失为一种好的科学方法，虽然他的地心说是一个错误的理论，但是这在当时的观测精度范围内能够解释行星视运动的各种现象。从托勒密开始到伽利略发明天文望远镜的1 400多年期间，观测能力的提高很有限，后人的观测并没有发现托勒密的理论与观测的巨大矛盾，因此，托勒密的地心说成为那个时期最好的理论模型。

地心说占据统治地位有着很强的政治原因。当时欧洲的教会势力很大，政教合一，科学的事情也是教会说了算，教廷竭力支持地心说，把地心说和上帝创造世界融为一体。教会把地心说钦定为“真理”的同时，残酷迫害与地心说观点不同的各种学说的传播者。

1.3 哥白尼的日心说

15世纪以后，欧洲资本主义开始兴起，航海事业对天文学提出了很多要求，引起了天文学的大发展。天文观测精度的提高得以发现托勒密地心体系所推算的日、月和行星的位置存在比较大的偏差，地心说处在被动挨打的地位。地心说的支持者采用本轮套本轮的几何图像来减少理论计算与观测数据之间的差异，但无济于事，叠加的本轮和均轮的数目总和已经达到80个之多，依然不能使理论计算与越来越精确的观测结果相符合。从科学上来说，这时的地心说已经破产，然而，由于教会的支持，地心说一直还是不许人们怀疑。

波兰天文学家尼古拉·哥白尼（1473—1543）（见图8-7）经过近40年的潜心观测和研究，完成了科学巨著《天体运行论》，断定托勒密的地心体系是错误的。他建立的日心体系成为近代天文学的奠基石，使天文学首先跨入了近代科学的大门。在《天体运行论》中，他描绘出了一幅宇宙总结构的示意图（见图8-8）：中心为静止不动的太阳；最外层天球为恒星天，也安然不动；在恒星天之内按土星、木星、火星、携带着月球的地球、金星、水星的顺序分为六层。这一宇宙结构明确地把地球看成一颗普通的行星，正确地描述了六颗行星绕太阳的轨道运动，还指出地球不仅公转，而且还绕轴自转。

图8-7　伟大的天文学家哥白尼

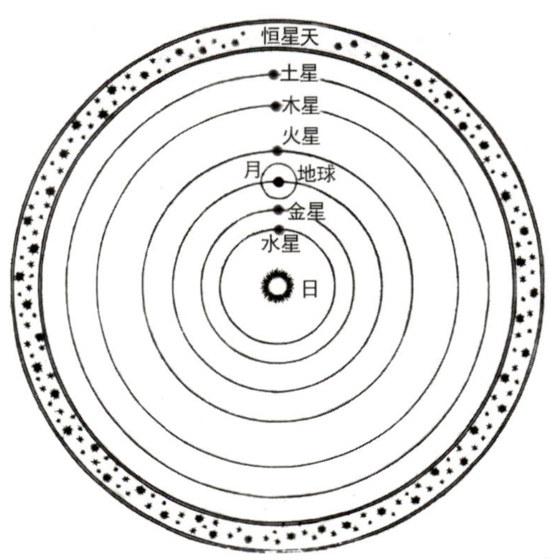

图8-8　哥白尼的日心说示意图

哥白尼的日心体系对于行星的顺行、逆行和留的现象也给出了合理的解释。根据哥白尼给出的太阳系结构，火星的轨道在地球之外，地球跑里圈，跑得快，火星跑外圈，跑得慢，常会出现地球超过火星的情况。因此，在地球上看火星在天球上的视运动就出现顺行、逆行和留的情况(见图8-9)。

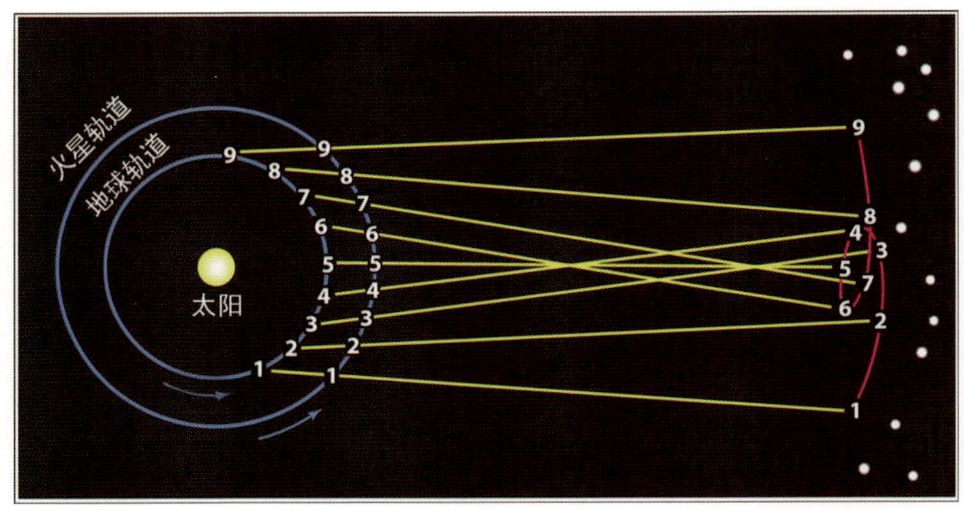

图8-9　在地球上观测火星的视运动的顺行、逆行和留的轨迹示意图

哥白尼的日心体系建立在精确的观测数据和严谨的计算基础上，真实地反映了太阳系的构成和行星运行的情况，不仅成功地解释了行星的视运动轨道，还可以预测这些天体在未来某时刻的视位置。

《天体运行论》完成后，却迟迟不敢出版，因为哥白尼亲眼看到教会太多的迫害和镇压活动。最后，他还是下决心将著作委托朋友帮助联系出版。为了迁就当时社会的旧有认识，出版商删除了哥白尼学说的一些内容，甚至窜改了原稿的一些地方。1543年5月24日，当这部巨著印好时，久病的哥白尼已危在旦夕，他用手抚摸着这本书于1543年5月26日与世长辞。1873年，增补哥白尼原序的《天体运行论》得以出版。1953年，《天体运行论》出第四版时，才全部补足原有的章节，这时哥白尼已经逝世了410年。

哥白尼用科学的日心说，推翻了在天文学上统治了近2 000年的地心说，彻底颠覆了宗教的宇宙观。这是天文学上一次重大的革命，引起了人类宇宙观的全面革新，地球不再是宇宙的中心。当然，哥白尼的日心说并没有解决宇宙的起源、结构和演化问题，仅仅正确地认识了宇宙中非常小的太阳系的结构问题，宇宙学的研究依然任重道远。

从日心说出发，理论上应该能够观测到天体的周年视差和光行差现象，但当时却没有观测到这些现象，这被反对者作为重要的论据提出。但这并不是日心说的问题，而是当时的观测水平太低所导致。这两个难题在二三百年以后才得以解决，贝塞尔测出了周年视差，布拉德雷发现了光行差现象。

哥白尼的日心说也是有缺陷的。其一，他认为行星绕太阳运行的轨道是圆形的。后来，开普勒基于第谷高精度的观测资料分析，发现的行星运动的三条定律成为经典天文学的奠基石，证明行星绕太阳运行的轨道是椭圆形的。其二，他认为太阳是宇宙的中心，是静止不动的。但其实，太阳仅是太阳系的中心，它本身有自转，还带着太阳系围绕银河系中心旋转。

在哥白尼之后，为了捍卫和发展日心说，不少科学家做出了不懈的努力。最值得称赞的应该是为捍卫日心说而献出了宝贵生命的意大利修道士布鲁诺，他公开宣传日心说是科学的，宗教神学宇宙观是虚假的，为此，他被迫离开祖国，过着长期流亡的生活，写下了大量热烈宣传和颂扬哥白尼学说的文章。布鲁诺对日心说还有进一步的发展，他认为：在太阳系以外，还有数不清的世界，人们所认识的世界是无限宇宙中非常渺小的一部分，而地球又是无限宇宙中一粒小小的尘埃；无数颗恒星都像太阳一样巨大、炽热，并以极大的速度向各个方向疾驰。这已经大大超越了当时的认识水平，并被后来天文学的发展所证实。

伽利略用他发明的望远镜观测天空，发现金星也有像月球一样的圆缺变化，看到有四颗卫星环绕木星运行，还看到了太阳黑子及黑子在日面上移动，发现了银河系是由无数颗恒星组成的。这些发现都是哥白尼日心学说有力的观测证据，因此，罗马教廷把他拘禁起来。

与伽利略同时代的丹麦天文学家第谷创制了许多大型精密的天文仪器，并坚持进行了20多年的天文观测。他怀疑托勒密体系，但也不同意哥白尼的日心说，临终前把所有观测资料交给了助手开普勒。

开普勒应用第谷的观测数据来考察各种理论：古老的托勒密的地心说、哥白尼的日心说和第谷本人提出的学说。开普勒发现，用这三种理论计算得到的行星视运动的轨迹都和第谷的观测结果不相符，比对的结果发现火星的黄经误差有8分之多。他相信第谷的观测结果是正确的，因此判断是理论模型出了问题，于是尝试改用椭圆轨道，结果消除了黄经误差。开普勒于1609年宣布，火星是沿椭圆轨道绕太阳运行的，太阳处于椭圆的一个焦点上，这就是开普勒发现的行星运动第一定律。这引起了天文学的革新。不久之后开普勒又发现，尽管火星在近日点附近时运行得快一些，在远日点附近时运行得慢一些，但是不论从任何一点开始，在相同的时间内，向径扫过的面积都相同，如图8-10所示的A、B、C三块区域面积相同，这就是行星运动第二定律。后期他又发现，绕以太阳为焦点的椭圆轨道运行的所有行星，其各自椭圆轨道半长轴的立方与周期的平方之比是一个常量，这则是行星运动第三定律。开普勒发现行星运动三大定律，确认行星是沿椭圆轨道绕太阳运行，证明太阳和它周围的所有天体构成了一个有秩序的行星系统，给日心说以强有力的支持，令反对者无话可说。

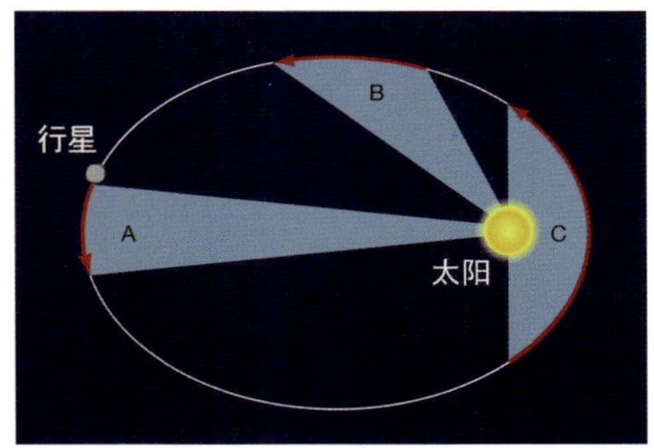

图8-10 开普勒行星运动第一定律和第二定律示意图

2 牛顿的无限宇宙和天文观测看到的宇宙

哥白尼时代的天文学研究局限于太阳系，但是，随后伽利略用他发明的天文望远镜观测发现银河是由多如牛毛的亮星组成的，大大超出了太阳系的范围。宇宙究竟有多大？哲学上的宇宙概念认为宇宙是无限而广阔无边的。科学家牛顿（见图8-11）发现万有引力之后，提出了一个无限宇宙模型。但现代科学要以观测和实验为依据，人们观测到的宇宙是有限的。远古的人们已经观测到由众多繁星组成的光彩夺目的银河，后来，赫歇尔确认银河是一个庞大的天体系统，宇宙的尺度已经很大了，其中银河系的尺度达到10万~12万光年，约有

图8-11 英国科学家牛顿

2 000亿颗恒星和种类繁多的星云及星际物质。而哈勃发现河外星系和宇宙处在不断膨胀之中，才促进现代宇宙学的发展。

2.1 牛顿的万有引力定律和他的无限宇宙

1642年，伽利略不幸逝世，世界失去了一位伟大的天文学家，但是，伽利略逝世的第二年，却在英国诞生了伟大的科学家牛顿。1665年年初，刚满22岁尚未大学毕业的牛顿就实现了自己科学生涯中的第一个重大突破——发现了数学中重要的二项式定理。1665年夏天，牛顿因伦敦遭遇一场可怕的瘟疫而被疏散回到家乡，在从牛津大学回乡的18个月时间里，他发明了微积分，发现了白光的组成，并且开始研究引力问题。后来，牛顿提出了著名的万有引力定律，轰动世界。这条定律指出，任何物体之间都会互相吸引。若两物体的质量分别为M_1及M_2，而它们之间的距离为r，它们之间的吸引力F可以由下式计算出来：

$$F = \frac{GM_1M_2}{r^2} \tag{8.1}$$

式中的G为引力常数，是一个非常小的数，所以当物体质量很小时，它们之间的引力便微不足道，人们看不到日常的物件会互相吸引，便是这个原因。而天体的质量很大，引力非常明显，由牛顿的万有引力定律很容易推导出开普勒的行星运动三大定律，这使哥白尼的日心说和开普勒的行星运动三大定律有了雄厚的理论基础。

牛顿对天文学的贡献是巨大的，也是多方面的。他发现万有引力定律，并由此建立起天体力学；发明了反射望远镜并建立了棱镜分光的天文光学，推动了后来的天文观测设备和天文观测的大发展；在数学、力学和物理学方面的巨大贡献为天文学准备了理论基础和研究工具，为建立天文学里最活跃、发展最快、成果最大的分支——天体物理学打下了重要基础。

但是，牛顿在宇宙学方面却遭受挫折。他最先提出无限宇宙模型，认为如果宇宙是有限的，就有边界和中心，由于各部分之间的相互吸引，物质必然会落向中心，在那里形成一个巨大的物质球，这与人们今天的观测结果相违背。然而，这个无限宇宙模型也遇到极大的困难，受到挑战。

1826年，德国天文学家奥伯斯提出一个均匀无限的宇宙模型，实际上与牛顿的无限宇宙模型很相像。所谓均匀是指宇宙空间均匀地布满了恒星，空间各处的恒星数密度相同，而且数密度保持不变，恒星有生有死，但生死数目相当，恒星的发光本领基本相同，基本保持不变。所谓无限是指宇宙是无限的，时间也是无限的，恒星可以无限期地存在。如果这些假定都能成立，便由此推导出了一个“夜里应该和白天一样亮”的荒谬结论，这就是著名的“奥伯斯佯谬”。

从这些假定出发为什么能推出“夜里应该和白天一样亮”的荒谬结论呢？这是因为恒星的视亮度和距离的平方成反比，太阳很亮是因为它离地球很近，远处的恒星就必然暗弱，但是，宇宙中恒星的数密度处处都一样，因此近处的恒星少，远处的恒星多，这两个因素恰好抵消。假定宇宙无限，时间无限，无限远处的恒星发出的光可以通过无限长的时间传到地球，把从近处到无穷远处的亮度加起来，总亮度将是无穷大，因此夜里天空和白天是一样亮的。

显然，奥伯斯的推论与事实不符，是错误的。这源于奥伯斯的错误假定，他假定的均匀、静止不变、时间和空间都无限的模型是错误的，这也把牛顿的无限宇宙模型否定了。

2.2 我们观测到的宇宙范围有多大?

天文学的研究对象是宇宙中的所有天体，包括宇宙本身，研究对象包括三大层次，即行星层次、恒星层次和星系层次，所有这些层次的总和构成宇宙，这些层次尺度相差19个数量级，表8-1给出以光年为单位的一些数据。

表8-1 天文学中的一些数据

地球直径	1.3×10^{-9}光年
太阳直径	1.47×10^{-7}光年
太阳系范围	1.2×10^{-3}光年
最近的恒星距离	4.3光年
银河系的尺度	10^{5}光年（十万光年）
最近的星系的距离	10^{6}光年（百万光年）
富星系团的尺度	10^{7}光年（千万光年）
可测宇宙	1.37×10^{10}光年（137亿光年）

来自宇宙的信息永远是人类取之不尽的知识源泉，观测手段越多，所能得到的信息就越丰富。正因如此，天文观测技术紧跟并推动科学技术的发展，不断进步。在本书的前七章介绍了各种天文观测设备，包括各种承载天文设备上天的气球、火箭、卫星和宇宙飞船，还逐一介绍了光学望远镜、红外望远镜、紫外望远镜、X射线望远镜、伽马射线望远镜和宇宙线探测器，几乎涉及所有种类的天文观测仪器。关于地面上非常发达的射电望远镜，在第三章红外天文学中涉及少许，而在这章将比较详细地加以介绍，射电望远镜的观测发现了宇宙微波背景辐射，天文学家多次把射电望远镜送上了天。

前七章介绍的观测成果涉及的天体包括太阳系内的各种天体，如行星及其卫星、彗星及小行星等；由气体和尘埃组成的星际介质和星云；以太阳为代表的各种恒星，以及恒星的行星系统；以银河系为代表的各种星系、星系团、超星系团等。正是人们观测研究的这些天体构成了宇宙。

人类认识宇宙的过程逐步深入，从谬误到正确，从片面到全面。哥白尼建立科学的日心说是人们正确认识宇宙的第一个里程碑，但是，把小小的太阳系看成是整个宇宙，把中小个头的太阳看成是宇宙的中心，则是一种谬误。赫歇尔发现银河系是人类认识宇宙的第二个里程碑，银河系包含约2 000亿颗恒星、众多的星云和弥漫的星际介质，其尺度达到10万~12万光年，太阳系只是银河系中的九牛一毛。哈勃发现河外星系，又把人们对宇宙的认识提高了一大步，成为第三个里程碑，星系有千百亿个，银河系也只是众多星系中的沧海一粟，已知亮于视星等20等的河外星系就超过2 000万个。只有到了这个阶段，人们才有充分的事实来谈论和研究宇宙的起源和演化。

2.3 哈勃发现河外星系和宇宙膨胀

在银河系以外，还有许许多多与银河系类似的庞大天体系统，它们被叫作河外星系。20世纪20年代，美国天文学家哈勃（见图8-12）确认了仙女座大星云是银河系之外的天体系统，从此人们的目光从银河系扩展到广阔无垠的宇宙空间。哈勃不仅发现了河外星系，还发现了宇宙正在膨胀的证据，为确立现代流行的热大爆炸宇宙模型提供了依据。

哈勃的发现与测量天体距离方法的发展关系密切，遥远的河外星系已经不能应用三角视差法来测量距离了。哈勃观测到仙女座大星云中的恒星，特别是其中的造父变星，采用造父变星测距法测出了这些恒星的距离，确认仙女座大星云是银河系之外遥远的星系。测量遥远天体的距离还有别的方法，其中红移测距法由哈勃创造。

图8-12　著名天文学家哈勃

1842年，奥地利物理学家多普勒发现，当声源朝观测者的方向运动时，声波的波长变短，音调变高；当声源离观测者而去时，波长变长，音调变得低沉，由此他提出了著名的多普勒效应。图8-13显示了多普勒效应产生的频率降低和升高的原理，声源处在1的位置时，离A和B的距离相等，因此在1处时发出的声波的波前同时到达A和B。当声源运动到2处时，发出的声波的波前离B要比A近，声源运动到3处和4处的情况更是如此。可以看出，向着A的方向波长被拉长，频率变低，向着B的方向波长被压缩，频率变高。

多普勒效应也适用于光波、无线电波及其他波段的电磁辐射。在可见光区，红光的波长最长，紫光的波长最短，所以天文学上把天体远离人们而去导致的谱线波长变长称为红移，把天体向人们而来造成的谱线波长变短称为紫移。天文学上的许多研究成果都建立在多普勒效应的基础上。

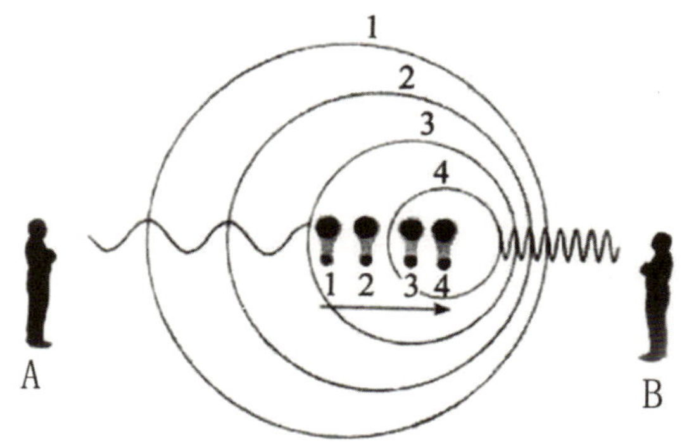

图8-13　多普勒效应原理图

星系离地球很远，观测它们的光谱困难很大，哈勃使用当时世界上口径最大的光学望远镜进行光谱测量，获得了20多个星系的红移。红移（z）由观测波长（λ）和在地球实验室里测定的波长（λ_0）来确定，其定义是：

$$z = \frac{\lambda - \lambda_0}{\lambda_0} \tag{8.2}$$

由于观测到的波长总比实验室测定的波长要长，所以红移总是大于零。红移是由相对运动引起的，红移与速度的关系是：

$$1 + z = \left(\frac{1 + v/c}{1 - v/c}\right)^{1/2} \tag{8.3}$$

其中，c为光速；v为星系的退行速度。当天体的退行速度远比光速小时，公式可简化为：

$$z = v/c \tag{8.4}$$

为什么称v为星系的退行速度，这是因为观测到星系的谱线的波长变长了，都是向红端移动，只有当星系远离我们而去的运动才能造成这种红移。退行速度有时又称视向速度，这是因为用测量红移的方法只能获得速度的视线方向的分量。

1929年，哈勃发现河外星系的距离越远，其谱线红移越大，退行速度也越大。退行速度与距离成正比，即：

$$v = H_0 d \tag{8.5}$$

其中，v为退行速度，以千米/秒（km/s）为单位；d为距离，以百万秒差距（Mpc）为单位；H_0是比例常数，可由观测测量，多次观测的结果并不一致，大约是73（km/s）/Mpc。秒差距是距离的单位，1秒差距等于3.26光年。这个简单的公式就是著名的哈勃定律，其中的参数H_0为哈勃常数。图8-14是星系的退行速度与距离的统计结果，成为哈勃定律的观测依据。

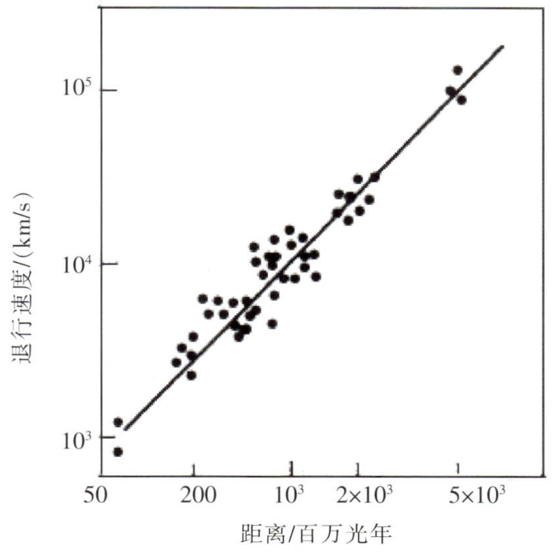

图8-14　星系距离模数与退行速度的关系

哈勃定律也提供了一种测量星系距离的新方法，因为星系的退行速度与距离成正比，测出星系的红移就知道了速度，进而就知道了距离。对于非常遥远的星系，测量红移估计距离成为最重要的方法。

哈勃定律告诉人们，距离越远的星系离地球而去的速度越快，这表明宇宙处在不断膨胀之中，哈勃定律的确立使人类的宇宙观念发生了深刻的变化。既然星系在彼此分离，那么在这以前，星系之间必然离得近一些，再往前，星系之间的距离会更近一些，沿着时间上溯，很可能所有星系都将收缩在一起。这说明宇宙在演化着，以从小到大的方式演化着，很可能是从一个点开始膨胀的。因此，宇宙在时间上可能是有起点的，也是有年龄的，人们看到的宇宙在时间上是有开始的，在空间上是有限的。

2.4 爱因斯坦的宇宙学

1915年，爱因斯坦建立广义相对论后，就开始考虑用这个理论来研究整个宇宙的性质。根据广义相对论，他于1917年提出了一个宇宙模型，假设宇宙是有限和均匀各向同性的，而且不随时间变化，因此不会出现奥伯斯佯谬。然而，爱因斯坦发现这个方程式描述的宇宙不是在膨胀就是在收缩，与他原来设想的完全不一样。在那个时代，人们都认为，宇宙是稳恒的，宇宙中的物质基本上处于静止状态，爱因斯坦屈从了这种看法，在方程式中加入了一个宇宙学常数，让方程式推导出的宇宙静止。

1929年，美国天文学家哈勃宣布，根据观测结果推断，所有的星系都在远离地球而去，宇宙处在膨胀之中。爱因斯坦的模型仅仅风光了12年就由于哈勃定律的问世而被抛弃。

爱因斯坦假定的均匀各向同性，基本上是对的，其错误在于假定宇宙静止不变。实践是检验真理的标准，哈勃定律发现以后，名气非常大的爱因斯坦公开认错。1931年，他到威尔逊山天文台访问哈勃时，坦然承认，引进宇宙学常数是他一生最大的失误，宣告了静止宇宙的破产。

2.5 追溯宇宙演化历史的努力

根据哈勃定律、测出的哈勃常数以及天体的红移值，可以计算出它们的距离。到20世纪90年代后期，由哈勃空间望远镜的观测所确定的哈勃常数已经精确到了只有大约10%的误差，求得的哈勃常数是74.2±3.6（km/s）/Mpc。2012年，美国斯皮策空间望远镜的红外波段观测获得的哈勃常数为74.3±2.1（km/s）/Mpc，两架望远镜观测测量的结果很相近，由此可以推断出宇宙的年龄约为137亿年。

人类发现的第一个星系（仙女座大星云）距离地球约220万光年，确认是银河系之外的天体体系。观测已经发现极其遥远的星系，它们发出的辐射以光速传播，要经过几亿年、几十亿年，甚至130多亿年才到达地球，我们看到的是它们比较年轻时候的状况。对于距离达到130亿光年的星系，则显示出宇宙诞生初期星系的状况。观测发现极其遥远的星系成为大爆炸宇宙学的重要观测证据，天文学家为此做出了不懈的努力。

射电源的观测：20世纪60年代，英国的马丁·赖尔发明了综合孔径射电望远镜，使射电望远镜的灵敏度和分辨率大大提高，因而观测到一批处在50亿~100亿光年距离上的微弱射电源，为天文学家提供了一批宇宙学研究所需要的天体样本。1974年，赖尔因发明综合孔径射电望远镜而获得诺贝尔物理学奖，获奖理由中有一条就是观测到遥远的射电源，为宇宙学的发展做出了贡献。

类星体的观测：类星体是20世纪60年代天文学四大发现之一。它是一种非常奇特的天体，看上去像恒星，但又不是恒星，后来确认是活动星系的核，其最重要的特性是光谱的谱线有巨大红移。目前，天文学家通过大型巡天项目已经发现了20多万个类星体，它们分布于宇宙热大爆炸后7亿年至今，对应的宇宙学红移从7.085到0.05不等，其中距离地球超过127亿光年（即红移大于6）的类星体有40个左右。2013年，吴学兵等应用云南天文台口径为2.4 m的望远镜发现的类星体的红移为6.3，距离地球约128亿光年。

伽马射线暴距离的测定：伽马射线暴于1967年发现，其辐射变化剧烈而迅速，呈脉冲状。直到1997年，科学家们才找到办法测出它们的光学对映体的红移，进而获得距离，第一个测出红移的伽马射线暴距离地球约60亿光年，已经测出距离的一批伽马射线暴大多处在宇宙学尺度上。2009年，人们测到的伽马射线暴的红移高达8.2，距离地球约131亿光年，成为最遥远的伽马射线暴。

遥远星系距离的测定：哈勃空间望远镜的哈勃极端深空视场是天文学家获得的最深入（最敏锐）的光学影像，它观测到非常遥远的星系的红移分别为8.7、8.5、8.6和10.3。宇宙诞生于137亿年前，而哈勃极端深空视场能追溯到132亿年前的星系。

3 热大爆炸宇宙学

哈勃用无可争辩的观测事实证明了宇宙处在不断膨胀之中，爱因斯坦因此修改了他的宇宙学方程，并最终引出了宇宙起源的热大爆炸理论。宇宙在膨胀，已经膨胀了很长时间，很显然，过去的宇宙比现在的要小。一直往前推，情况会是怎么样呢？美籍俄裔学者乔治·伽莫夫提出的宇宙来自极端热的火球的一次大爆炸的理论，把现在的宇宙往前追溯了137亿年，那时的宇宙比一个原子核还小，所有的物质都挤在一起。伽莫夫提出的热大爆炸宇宙学得到认可，被认为是现代宇宙学发展的一个里程碑。

3.1 被遗忘的弗里德曼的大爆炸宇宙学

爱因斯坦的广义相对论引力场方程确定了宇宙如何随时间演化，但是精确求解非常困难，为了求解不得不做一些假定。苏联气象学家弗里德曼和比利时天文学家勒梅特分别于1922年和1927年各自独立地提出他们的宇宙模型，在两个假设条件下，得到广义相对论引力场方程的解，显示宇宙在膨胀之中，因此其也被称为大爆炸宇宙模型。

他们提出的两个假设条件，第一个假设是宇宙动力学行为服从广义相对论，第二个假设是宇宙介质的分布是均匀、各向同性的。一般认为，从爱因斯坦的引力场方程出发研究宇宙是正确的，但关键的问题是“宇宙介质均匀、各向同性”的假设是否正确，需要根据观测加以判断。从各个方向上观测太阳系和银河系很不一样，太阳系的质量集中在太阳，银河系是一个盘状结构，明显不符合均匀和各向同性的假设。但是，如果观察的对象是遥远的星系或星系团，从地球上的各个方向观测，星系或星系团的出现频率在不同方向上很相似。因此，在视野范围远远大于星系间的距离的情况下，宇宙中的物质分布是近似各向同性的。后来发现，宇宙微波背景辐射的分布是比较精确的各向同性，无论望远镜指向哪个方向，无论在哪个季节观测，所看到的微波背景辐射都一样。微波背景辐射是宇宙早期发出的，它们到达地球之前必然穿越了可观测宇宙的大部分空间，因为微波背景辐射表现为各向同性，那么宇宙一定也是各向同性的，至少在大尺度上应该如此，这证明了弗里德曼的假设很正确。

在地球上观测宇宙，如果宇宙中的物质分布不是均匀的，换个地方观测宇宙，所看到的宇宙肯定不一样。要证明宇宙物质分布是均匀的，就要到任何一个遥远的星系去观测宇宙，如果看到的宇宙与人们在地球附近看到的一样，那么便可以认为宇宙中的物质分布是均匀的。但是不可能做到这点，因此无法加以证明，这就需要有一个约定，那就是必须相信所谓的人择宇宙学原理，这个原理认为人类在观测宇宙上具有特殊的地位，这个宇宙必须适合人类的生存和发展。人类在一个特定的时期观测宇宙，这个特定时期的宇宙必须产生那些有利于生命演化的特殊条件，如果现在的宇宙炽热得多或稠密得多，星系就不能形成，如果引力的强度与人们的观测值大不相同，那么行星就不能形成，这样就不会有人类存在，没有了人类，就不可能去认识这个宇宙。作为观测者，我们生活在一个非常特殊的宇宙中，这个宇宙必须是均匀且各向同性的。

弗里德曼的宇宙模型并未引起天文界的重视，没有人呼应，鲜为人知，也就被淡忘了，其重要原因是当时的天文学家并不相信宇宙处在膨胀之中。直到1929年，哈勃发现宇宙膨胀的观测事实，才震醒了天文界，天文学家才开始研究膨胀的宇宙。多年后，伽莫夫提出的热大爆炸宇宙学一举成名，重温这段历史，人们发现弗里德曼和勒梅特才是大爆炸宇宙学的鼻祖。

3.2 乔治·伽莫夫的热大爆炸宇宙学

伽莫夫1904年生于俄国，后来移居美国，曾任华盛顿大学和科罗拉多大学教授。1948年，他提出别具一格的宇宙学模型：约140亿年前，处于极高温度和极大密度下的无限小的原始火球发生了一次规模巨大的爆炸，此后，宇宙空间不断膨胀，温度不断下降，密度不断降低，逐渐形成宇宙间的万物。这篇划时代的论文由阿尔夫·奥尔佛、汉斯·贝泽和乔治·伽莫夫三人署名（见图8–15），主要人物成为第三作者，著名学者汉斯·贝泽并没有参加此项研究，伽莫夫为了拼凑出α– β– γ作者群而幽默了一次。伽莫夫提出并始终坚持热大爆炸宇宙理论，但却在1956年离开了这个领域的

图8–15　天文学家阿尔夫·奥尔佛（左）、汉斯·贝泽（中）和乔治·伽莫夫（右）

前沿，转向分子生物学领域，约10年后，宇宙微波背景辐射的发现又把他拉回到了宇宙学领域。

伽莫夫的热大爆炸宇宙学乍一听很离奇，也很难理解。人们观测到的宇宙范围达100多亿光年，怎么可能是从一个比原子还小的原始火球演变而来的？可是，科学界却认可了这个理论。这是为什么呢？

热大爆炸宇宙模型建立在可靠的观测事实上，是严格按照广义相对论和核物理学原理推算得到的，而且这个理论模型的几个重要推论陆续得到观测的验证。

任何一个宇宙学模型都必须回答构成宇宙的最基本的原材料是怎么来的，也就是电子、质子、中子和光子是怎样来的。20世纪初，爱因斯坦提出了著名的质能关系，认为能量和质量可以相互转换，遵循$E=mc^2$这个简单的公式，式中E为能量，m为质量，c为光速，这个质能关系已经被实验所证实，威力强大的氢弹爆炸就是质量转变为能量的最好实验证据。有了质能关系，通过计算就可以知道，造就观测到的宇宙物质需要多高的能量。一个体积比原子还小的原始火球，只要温度达到10^{33} K，就足以转化成当今宇宙中的所有物质。

世界万物由分子构成，分子由原子组成，原子由原子核和电子组成，原子核则由质子和中子组成，所有元素都由相应的原子组成，只要有足够的电子、质子和中子就可以构造出所有元素。可以说，质子、中子、电子和光子是构建世界万物的基石。

粒子物理中有一条基本原理：光子可以转化为正反两种粒子。反过来，正反两种粒子也可以转化为光子，这也被实验所证实。正反粒子是关键性质相反的粒子，如负电子带负电荷，正电子带正电荷。所有粒子都有正反两种粒子。

光子转化为粒子要遵从能量守恒定律。粒子具有最低的能量，即粒子在静止时具有的能量，光子转化为粒子和反粒子，要求光子的能量大于正反粒子的静止能量之和。由于质子和中子的静止能量比电子的大1 840倍，对光子能量的要求也相差1 840倍。

所有的物理过程都通过粒子的碰撞进行，温度越高，热运动能量越高，物理过程越快。早期宇宙发展特别快，就是因为那时的温度特别高、碰撞特别快速和频繁。但随着宇宙膨胀，温度不断下降，物理过程也就慢了下来。

3.3 宇宙演化的五大阶段

热大爆炸宇宙学所描述的宇宙诞生和演化过程可分为五大阶段。原始火球的爆炸又称热大爆炸，因为温度很高，很热，爆炸后，体积不断增大，温度不断下降，形成了宇宙演化的不同阶段。每个阶段温度不同，形成的物质世界也不同。

第一阶段：混沌状态

原始火球的温度特别高，达到10^{33} K，但大爆炸后很快就冷却到10^{12} K，密度也大幅下降。这时的光子能量足够高，足以转化为各种正反粒子对，正反粒子对也能转化为光子，反反复复，处在混沌状态，但这种状态只能维持1/10 000秒。

第二阶段：中子、质子、氦原子核形成

大爆炸后0.01秒，温度下降到10^{11} K，光子的能量降低，已经没有能力转化为正反质子对和正反中子对，这时，已有的正反质子对和正反中子对迅速转化为光子。而正粒子数稍微多一点，每10亿个反粒子对应有10亿零1个正粒子，这样，宇宙中只留下质子和中子。但这时光子仍然有能力转化为正反电子对，因为电子的静止能量要比质子和中子的小1 840倍。

电子、质子、中子和光子这四种粒子中，只有中子不稳定，会自动衰变为质子，其他三种粒子只要不与别的粒子碰撞，就可以永远存在下去。到3分钟2秒时，宇宙温度冷却到10^{10} K，中子与质子数目之比已经变为13:87，如此下去，中子便会消失。但是，中子找到了救星，这时的温度已经允许由2个中子和2个质子组成氦原子核，氦原子核很稳定，其他粒子与之碰撞也不至于使氦核分裂，中子便被氦核保护了起来，而剩余的质子成为氢原子核。到4分钟时，宇宙中便有了26%的氦原子核和74%的氢原子核，这就是轻核元素的宇宙原始丰度。

在氦核形成的时代，物质密度已经相当低，氦核与多个粒子碰撞的机会很少，不可能形成其他更重的元素，因此，当时宇宙中只有氢核（质子）和氦核。热大爆炸宇宙学理论的第一个预言就是宇宙中最多的元素是氢和氦，占了99%，氦所占的比例（丰度）约为1/4。观测结果证实了这个预言：太阳上的氦丰度约为0.30，银河系的氦丰度为0.29，河外星系大麦哲伦云、小麦哲伦云、M33、NGC 6822的氦丰度分别为0.25、0.29、0.34、0.34，它们都在0.25到0.34之间，还没有发现超出这个范围的观测结果。恒星上的热核反应也能够产生氦，但数量很少，大部分氦是在热大爆炸开始不久产生的。

根据热大爆炸宇宙学理论，宇宙中只有氢和氦是由宇宙热大爆炸直接创造出来的，而宇宙中的重元素都是后来在恒星中形成的。长久以来，人们一直费尽心力想在宇宙中找到那些所谓的原始材料，但均告失败，因为恒星经过超新星爆发将重元素撒向空间，把原始星云污染了。直到2011年，美国天文学家应用美国凯克望远镜首次发现宇宙热大爆炸之后仅仅几分钟内形成的原始气体云，这次观测用的分析仪器对碳、氧、硅都有极好的灵敏度，然而却没有找到碳、氧、硅的任何蛛丝马迹，在气体云的光谱中，研究人员只看到了氢及氢的同位素——氘，由于探测仪器对氦元素的光谱不敏感，也没有看到氦，因此不能排除这个气体云中有氦的存在。这表明，这个气体云没有受到污染，很可能就是仅由氢和氦组成的原始星云，这一观测成为支持热大爆炸宇宙学理论的又一证据。

第三阶段：电子形成，备齐原材料

在大爆炸约半小时后，宇宙温度下降到3亿开尔文，光子已经不能转化为正负电子对了，宇宙中的所有正电子与负电子立即一起湮灭转化为光子。但因为每10亿正电子对应有10亿零1个负电子，因此有一部分负电子被保留下来。

到这个时候，有了质子、中子和电子，就备齐了构造各种元素和宇宙物质的最基本原材料。

第四阶段：宇宙从不透明到透明

在稳定的氢核、氦核和负电子形成后，电子与原子核碰撞可以形成原子，但原子受到高能光子的作用会被电离。从大爆炸后30分钟一直到大约30万年后的这段时期，形成原子和原子被电离的过程反反复复地进行着，不能形成稳定的原子，光子也不能向外传播，宇宙处于不透明状态。

在大爆炸约30万年后，宇宙冷却到约4 000 K，光子能量降低到不能使原子电离，稳定的原子便形成了，辐射的光子也可以无阻挡地向外传播。温度为4 000 K时的辐射为可见光波段，传播到宇宙各处，成为宇宙背景的一种辐射。宇宙经过100多亿年的演化已经大大地膨胀了，随着膨胀，一

图8-16 热大爆炸后，辐射的波长随宇宙的膨胀而增长，如同气球表面波纹的变化，波纹的颜色由蓝色逐渐变为红色，意味着温度在下降

切尺度都在增大，光的波长也在变长，从可见光变到射电的微波波段，相应的黑体辐射温度也降到大约3 K。这就是著名的宇宙微波背景辐射的预言，现已被观测所证实（见图8-16）。

第五阶段：恒星和星系形成

热大爆炸后约100万年，宇宙间主要是气态物质，气体逐渐凝聚成云，再进一步形成各种各样的恒星体系，在恒星内部进行的核反应中形成诸多重元素，超新星爆发使重元素抛向空间，超新星爆发过程还会形成比铁更重的元素，所有这些都成为形成第二代恒星的物质。因此，所有天体的年龄都应比热大爆炸开始到今天的宇宙年龄短，而各种天体年龄的测量值都符合这一要求。

上面就是热大爆炸宇宙学描述的宇宙是如何形成的过程和原理。前3分钟最为关键，为当今这个庞大的宇宙准备好了原材料。听起来似乎有点离奇，但这一切不仅严格符合广义相对论和核物理学的理论，而且得到观测上的重要支持，是一个信得过的科学模型。

3.4 暴胀宇宙学

热大爆炸宇宙学虽然被公认为是最好的、得到观测支持的理论，但依然有不少问题不能回答：为什么宇宙在大尺度上如此均匀？为什么在局部上有许多物质团块（恒星和星系）？在热大爆炸模型中，早期宇宙阶段并没有足够时间能使热量从一个区域传递到另一个区域，不可能达到均匀分布，但是，微波背景辐射证明在宇宙诞生初期，宇宙不同区域有着严格相同的温度，非常均匀。这个矛盾如何解决呢？还有一个问题，宇宙膨胀的初始速率必须严格选定，否则演化到今天，宇宙可能早已再次塌缩，或者已经膨胀得十分巨大导致温度大大下降，生命不可能存在。

为了解决上述问题，美国艾伦·古思提出暴胀模型。他认为，早期宇宙经历过一次短暂的加速膨胀，称为暴胀，当宇宙暴胀时，它所有的不规则性都被抹平了，成为一个平坦的宇宙，人们今天所看到的那部分宇宙空间就是由宇宙早期某个不起眼的角落膨胀而成的，这个角落必须足够小，以使光线和其他物理机制来得及将它熨平，大体上均匀，其中洒满了不规则性的种子，这些种子后来变成了星系，它的膨胀速率恰到好处，是高度的各向同性（见图8-17）。这样，热大爆炸宇宙学无法解释的问题用一个简单的暴胀假设都解决了。

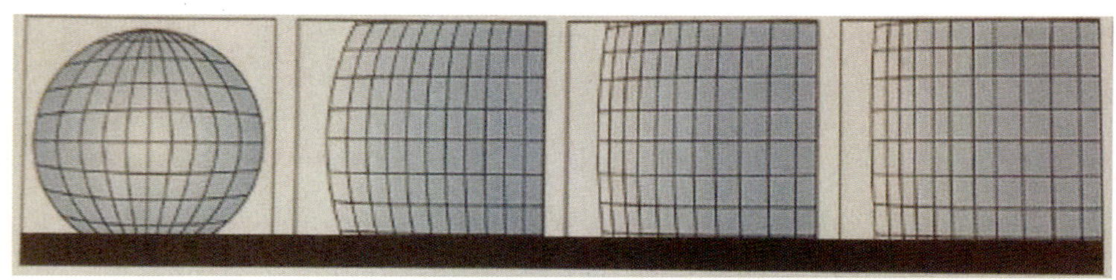

图8-17　暴胀将宇宙时空抹平的原理示意图

为什么会发生暴胀呢？热大爆炸宇宙学认为原始火球的温度特别高，达到10^{33} K，如此高温条件下，光子转化为各种正反粒子对，正反粒子对也能转化为光子，反反复复，处在混沌状态。此时，强相互作用力、弱相互作用力和电磁力被统一在一起，处在大统一时代，暴胀是大统一时代物理规律的产物。随着宇宙膨胀，温度下降，力之间的对称性由于粒子能量的降低而被破坏，强相互作用力、弱相互作用力和电磁力变得彼此不同，这种现象称为发生了相变。这就好像液态水在各个方向上的性质都相同，而结冰变成晶体后就变得各向异性，水的对称性在低能态时被破坏了，在某些条件下，水在摄氏零度并不变成冰，仍然保持流体状态，成为过冷的水。古思认为，宇宙在降温过程中，可能发生这种“过冷水”的情况，温度已跌至大统一时代的临界温度值之下，但没有出现相变，这时的宇宙处于某种不稳定态，暴胀就会发生。

根据广义相对论，如果宇宙早期发生了暴胀，那么整个宇宙应该存在这次暴胀所产生的引力波的痕迹。引力波与电磁波相似，在空间中以光速传播，对空间自身进行挤压或者拉伸，暴胀时期所产生的引力波可能造成宇宙微波背景辐射的B模式偏振现象。那么，微波背景辐射的观测能否发现B模式偏振现象呢？天文学家在努力寻找。约翰·科瓦奇宇宙微波背景辐射研究小组选择电磁环境安静的南极，利用BICEP2射电望远镜在150 GHz频率（短毫米波）进行观测，发现了B模式偏振，这一观测结果使他们特别兴奋，没有正式发表就把消息透露了出去。他们认为，这个观测成果非常重要，不仅证实了暴胀现象的存在，而且证明原初引力波的存在。然而，经过长达一年的争论后，该研究组宣布撤回他们的论文。南极的射电望远镜的确观测到微波背景辐射的B模式偏振，但这完全可以用银河系内尘埃的信号进行解释，因此不能认为是暴胀时期的引力波所为，因此，暴胀理论还有待进一步观测验证。

暴胀理论还会推论出多元宇宙的存在，图8-18显示早期宇宙的部分角落经历了不同程度的暴胀，形成多元宇宙的情况。人们生活在一个子宇宙里，体积足够大，寿命也足够长，这样才能形成恒星，才能演化出碳基生命。既然当今的宇宙由原初宇宙的一小片空间均匀地暴胀而成，那么在它旁边的空间后来怎样了呢？很可能，每一个这样的空间都会经历一次大同小异的暴胀，各自变得巨大而均匀，但最终和这部分宇宙的性质并不相同。人们看不到这些空间，因为光线没有充足的时间传播到这儿，但在万亿年后，人们或许会发现，世上还存在着这样一个空间，它的地理环境与我们的宇宙截然不同。

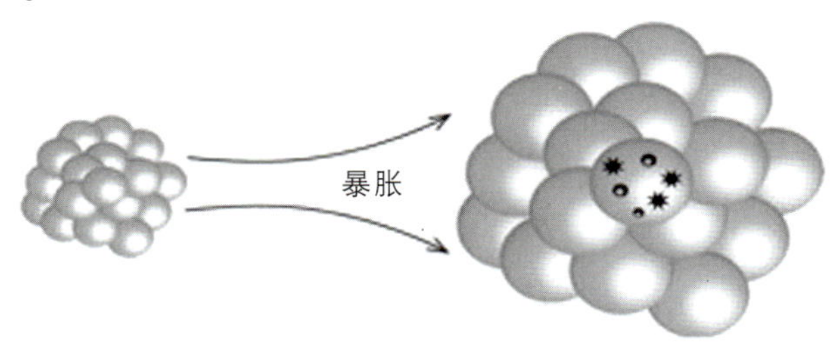

图8-18 早期宇宙的部分角落发生暴胀，形成多元宇宙的示意图

4 宇宙微波背景辐射的发现

热大爆炸宇宙学最重要的预言是微波背景辐射的存在，然而一直无法进行观测验证，被搁置了十几年，20世纪中叶，射电天文学和射电望远镜的发展使观测发现宇宙微波背景辐射成为可能。1965年，彭齐亚斯和威尔逊发现了3 K的宇宙微波背景辐射，由此获得了1978年诺贝尔物理学奖。宇宙微波背景辐射是射电天文望远镜在7.5 cm波段的观测发现的，进一步观测其频谱，则需要把观测波段延伸到毫米波、亚毫米波，甚至远红外波段，这就要依靠射电天文学和射电望远镜的发展。

4.1 宇宙微波背景辐射的预言

在宇宙热大爆炸后的30万年期间，温度很高，辐射很强，光子充满了宇宙空间，但是，这时的宇宙中也充满了带电粒子，如质子、电子、氦核等，光子和电子之间的相互作用非常强，光子可转化为正负电子对，正负电子对也能转化为光子，这个过程反反复复地进行着，所以光子不能传播出来，因此人们不可能观测到这个时期的辐射。在大爆炸约30万年后，宇宙冷却到约4 000 K，光子疲弱到再也无力把电子打跑，这时（实际上还包括随后的50万年间），背景辐射得以解耦，与物质不再有明显的相互作用。这时质子和电子复合为中性氢原子，氦核和电子复合为中性氦原子，等离子体转变为中性气体，宇宙进入复合时代。复合时代以后，光子在中性气体中传播，不再遭受碰撞，可以说宇宙变得透明，光子可以自由自在地传播，在宇宙空间中走了100多亿年，终于到达地球，成为人们可以观测到的宇宙中最远古的辐射，这就是3 K的宇宙微波背景辐射。这是因为，宇宙经过100多亿年的演化已经大大膨胀，随着膨胀，一切尺度都在增大，光的波长也在变长，从可见光变到射电的微波波段，相应的黑体辐射温度也降到大约3 K了。伽莫夫的两个研究生阿尔夫和赫尔曼首先在

1948年经过计算得出这样的结论，只是当时计算得到的是5 K的宇宙微波背景辐射。

既然宇宙微波背景辐射是原始火球爆炸后冷却时首次释放出来的辐射，一定具有非常好的热动平衡，具有黑体谱的特征。黑体能吸收全部射入的辐射，然后又把这些辐射再辐射出去，再辐射出来的辐射能分布在整个光谱区，这就是黑体谱的特征。计算表明，3 K的黑体辐射谱在射电波段的厘米波到毫米波的范围，其观测需要仰仗射电望远镜的发展。

4.2 射电天文学和射电望远镜

20世纪30年代，美国工程师央斯基无意中发现来自银河系中心的无线电波，从此射电天文学诞生了。与光学望远镜400多年的历史相比，射电望远镜仅有80多年，但射电天文学很快就步入了鼎盛时期。20世纪60年代，射电天文学的四大发现，即脉冲星、星际分子、微波背景辐射和类星体的发现成为20世纪中最为耀眼的天文学成就。微波背景辐射的发现成为热大爆炸宇宙学最重要的观测证据，当时用地面上的射电望远镜发现了微波背景辐射，但进一步精确地测量，则需要把射电望远镜送上太空进行空间观测。

射电望远镜专门用来观测天体无线电波段辐射，其原理与无线电通信接收机、收音机、电视机、雷达的接收机相同，都具备接收射电波的功能。其中有两点不同：一是天体离地球非常远，要求射电望远镜能够接收极其微弱的射电波；二是天体的射电辐射波段很宽，一架射电望远镜只能接收一定波段的射电辐射，所以要研制不同波段的射电望远镜，如米波、分米波、厘米波、毫米波和亚毫米波射电望远镜。与光学望远镜相比，射电望远镜基本上是一种全天候望远镜，无论白天或黑夜，也不管是晴天还是阴天都可以进行观测。但是，毫米波和亚毫米波则受大气中水汽的影响而受到限制，观测地点需要选择干燥的高山，最理想的状态是把射电望远镜送上太空进行空间观测。射电望远镜发展到今天，大大小小，形形色色，多种多样，但基本结构没有变，都是由天线、接收机、数据采集、支撑结构和驱动系统组成的，其关键部件则是天线和接收机。

图8–19是射电望远镜结构方框图。天线起着收集无线电波的作用，接收机担当放大天体射电波的作用，接收机的前端放大部分放置在天线上靠近馈源处，把接收到的信号频率变低后由馈线传输到放置在观测室的接收机后端。而厘米波、毫米波和亚毫米波波段接收机的前端设备（低噪声放大器、极化器、耦合器和隔离器等）都放在作为低温室的封闭的真空杜瓦瓶中，用液氦来制冷。观测数据由数据终端和数据服务器收集和处理，望远镜的观测由计算机控制。

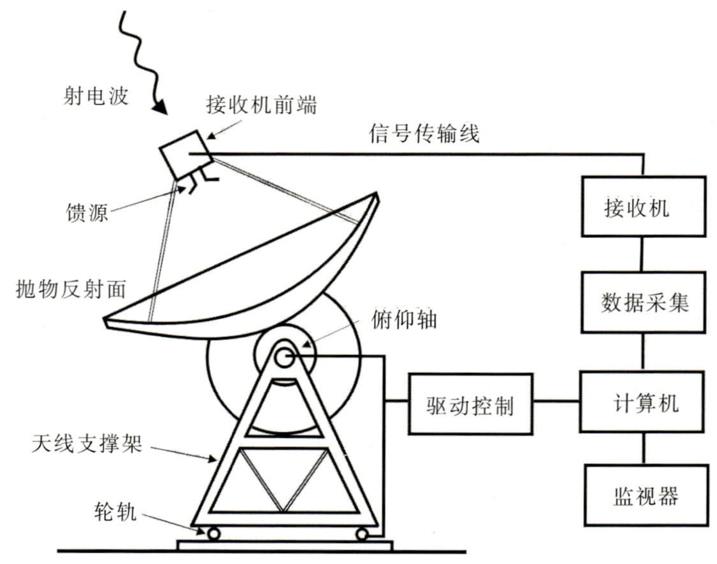

图8–19　射电望远镜结构方框图

射电望远镜最常用的天线是抛物面天线，它的第一个功能是收集能量，天线的面积越大，收集到天体的能量越多，灵敏度越高。而灵敏度还与接收放大系统的品质有关。对于射电望远镜来说，灵敏度用望远镜能够观测到的最小流量密度来表示，密度越小表示灵敏度越高。最小流量密度的公式是：

$$S_{\min} = \frac{2KT_{\text{sys}}}{A\sqrt{\tau \Delta f}} \tag{8.6}$$

其中，K为玻尔兹曼常数；A是天线有效面积；T_{sys}是接收系统的噪声温度；Δf是接收机的频带宽度；τ是观测时间或积分时间。从这个公式可知，天线口径越大、噪声温度越低、频带越宽、观测时间越长，射电望远镜的灵敏度就越高。流量密度单位是央斯基（Jy），1 Jy=10^{-26} erg/(s·Hz·m^2)。目前能观测到的弱射电源的流量密度约为0.05 mJy（毫央斯基）。

天线的第二个功能是方向性，用分辨角来表示望远镜的分辨率，分辨角越小，分辨率越高。分辨角公式是：

$$\theta(\text{弧度}) = 1.22\frac{\lambda}{D} \tag{8.7}$$

式中，D是天线的直径；λ是观测波长。天线直径越大、波长越短，望远镜的分辨角越小，分辨率就越高。分辨率高的射电望远镜能够分辨射电源的细节，当然是天文学家所追求的。

地球大气射电窗口比可见光窗口宽得多，大致从低限15 MHz（$\lambda\approx 20$ m）到高端1 300 GHz（$\lambda\approx 0.3$ mm），射电窗口带宽$\Delta f/f$则高达5个数量级。一架射电望远镜只能接收一定波段的射电辐射，实际上是很好的单色仪，按波段把射电望远镜分为米波（λ>1 m）、分米波（10 cm~1 m）、厘米波（1~10 cm）、毫米波（1 mm~1 cm）和亚毫米波（0.35~1 mm）射电望远镜。

不同波段的观测对天线、馈源和接收机的技术要求大不相同，因此常常研制出不同波段的射电望远镜。射电望远镜所用的天线种类很多，如抛物面天线、抛物柱面天线、球面天线、喇叭天线、偶极子阵天线等，但采用抛物面天线的居多，其次是球面天线和偶极子阵天线。作为馈源，最常用的是偶极子阵天线和喇叭天线。

4.3 迪克的观测实验

1945年，美国麻省理工学院迪克教授应用射电望远镜在1.25 cm波段观测太阳和月球，但在这个波段上，地球大气也有辐射，必须去除掉大气的影响。他观测大气在1.25 cm波段上的辐射时，却意外地发现了温度为20 K的天空背景辐射。迪克认为，这种辐射并不是来自地球大气，很可能是广泛地分布在宇宙空间中各种星系的射电辐射所构成的一个背景，因此将其改称为宇宙物质辐射。

很有意思的是，迪克关于宇宙物质辐射的观测结果和伽莫夫关于核合成的一篇论文都发表在1946年《物理学评论》第70卷上，直到20年后，人们才发现这两篇论文之间紧密的关系。如果那时伽莫夫读了迪克的论文，很可能会把迪克的观测发现和他们预言的热大爆炸留下的微波背景辐射联系起来；或者迪克读了伽莫夫等的论文，也可能有所启迪，把他的发现与微波背景辐射联系起来。

1946年，迪克回到他读书的普林斯顿大学任教。到了20世纪60年代初，他开始研究宇宙学，但并不相信伽莫夫提出的热大爆炸宇宙学，他心目中的宇宙模型是永久振荡模型，即认为宇宙在反复地膨胀和收缩，目前的宇宙正处在膨胀阶段。他猜想宇宙在振荡过程中会留下可观测的背景辐射，回想20年前的往事，他发现的温度为20 K的宇宙物质辐射很可能就是振荡过程中留下的微波背景辐射。

迪克让他的研究生皮布尔斯计算振荡模型里宇宙温度是如何演变的，得到的结果是宇宙中充满着一种温度为10 K的背景辐射。1964年，他和研究生罗尔与威尔金森开始筹备观测宇宙微波背景辐射，为此研制了一架波长为3.2 cm的射电望远镜，这是世界上唯一一个自觉进行搜寻宇宙微波背景辐射的课题组，理论估计基本正确，采用的观测手段也有效，成功应该属于他们。但是，无巧不成书，他们还没来得及正式观测，就有人捷足先登了。

还有一个人也和发现宇宙微波背景辐射擦肩而过，那就是工程师奥姆，他是彭齐亚斯和威尔逊的同事，奥姆用贝尔实验室的喇叭天线进行观测测量时，曾发现有3.3 K的多余噪声温度，这一测量结果于1961年发表在《贝尔系统技术》杂志上。只是这个多余的噪声温度的观测误差较大，由于这点多余的温度对通信没有妨碍，因此没有引起他本人及天文学家的注意。

4.4 宇宙微波背景辐射的发现

1960年，贝尔电话公司的克劳福德和他的同事们为了执行通信卫星的计划而建造了一架口径为6.1 m、长15.2 m的喇叭形反射天线（见图8–20），他们用这个天线和一台波长为7.35 cm的低噪声微波辐射计一起接收回声系列卫星上反射回来的信号，以此来进行世界各地的通信。他们当时应用的卫星实际上是一些比较大的金属球，只能反射通信信号，没有放大信号的装置，反射回来的信号十分微弱，所以要求地面上有很好的天线和放大系统来捕捉金属球反射回来的射电信号。没过几年，有了通信卫星，这架射电望远镜就失去了作用。

喇叭天线是一种波导管终端渐渐张开的圆形或矩形截面的微波天线，分别称为圆锥喇叭和角锥喇叭，厘米波射电望远镜的馈源往往是一个小的喇叭天线，大的喇叭天线常用来精确测量一些作为定标用的射电源的流量密度值，也就是进行绝对测量。彭齐亚斯和威尔逊两位天文学博士，分别于1961年和1963年进入贝尔电话实验室，1964年，他们利用已被弃用的喇叭天线来做射电天文射电源的绝对测量。喇叭天线的接收面积不大，只能观测一些比较强的射电源，他们把这

图8–20　发现宇宙微波背景辐射的喇叭天线

台卫星通信接收设备改造为射电望远镜，不断提高测量的精度和降低系统的噪声温度，使总的天线温度测量值的误差减小到0.3 K，从而发现了宇宙微波背景辐射。

天线在接收天体辐射的同时，也能接收到其他非天体的辐射，如地面噪声、地球大气噪声、天线本身的噪声以及接收机噪声——波导、微波放大器、转换器等的噪声，经过精细地测量和计算，他们发现有（3.5±1）K的噪声温度没有来源，而且这个额外的噪声温度，不管天线指向什么方向，也不管是哪天观测，总是存在，既无周日变化，也无季节性的改变。1965年，他们进行了一次更为小心翼翼地测量，最后确认观测到的额外噪声是来自宇宙空间的一种辐射。

彭齐亚斯和威尔逊（见图8-21）发表了一篇题为《在4 080 MHz上额外天线温度的测量》的实验报告，仅600字，被科学界确认是发现了宇宙微波背景辐射。这成为支持热大爆炸宇宙学理论的最有力的观测证据，他们也因此荣获1978年诺贝尔物理学奖。

图8-21 宇宙微波背景辐射的发现者——彭齐亚斯(左)和威尔逊(右)

1965年所发现的宇宙微波背景辐射是在波长7 cm上的观测结果，为了证实这种辐射是黑体谱，需要在70 cm到亚毫米波广阔的波段范围上进行测量。1965年12月，迪克小组的罗尔和威尔金森完成了在3.2 cm波段的测量，结果是（3.0±0.5）K；不久，豪威尔和谢克沙夫特在波长20.7 cm上测得的结果是（2.8±0.6）K；随后彭齐亚斯与威尔逊在波长21.1 cm上测得的结果是（3.2±1）K，进一步证实宇宙微波背景辐射是温度为3 K的黑体辐射。

4.5 霍伊尔等的稳恒态宇宙理论

1948年至1965年期间，存在两个著名的宇宙学模型，一个是流行至今的热大爆炸宇宙学模型，另一个是稳恒态宇宙学模型，它们都承认宇宙处在膨胀之中。稳恒态宇宙学模型由邦迪、戈尔德和霍伊尔在1948年提出，最后由霍伊尔发展成比较完善的理论。这个宇宙学模型认为，不论在什么时候，也不论在什么地方，宇宙总是呈现相同的总体面貌；在这个稳恒态的宇宙中没有开始，没有结束；宇宙虽然处在膨胀之中，但不断有新的星系产生以填补老星系彼此分离所留下的空间。霍伊尔认为，只要每100亿立方米的体积中每年出现一个新原子，就能保持稳恒态。后来他又提出，这种物质的创造可能发生在强引力区，如活动星系核和类星体之中。这个模型最大的理论困难是要求物质和能量不守恒。当然，热大爆炸宇宙学也遇到理论困难。

宇宙学原理认为，宇宙中的物质分布是均匀和各向同性的，这被宇宙学研究者所公认。然而，霍伊尔却认为宇宙不仅在空间上均匀和各向同性，在时间上也应该不变。1965年，宇宙微波背景辐射的发现是对热大爆炸宇宙学极大的支持，同时给了稳恒态宇宙学致命的一击，导致这个理论模型被淘汰。

5 宇宙微波背景辐射的空间探测

由于地球大气为天体的射电辐射开了一个很大的射电窗口，把射电望远镜送上太空显得没有必要，而且射电望远镜越做越大，也不方便把它们送上太空。但是，甚长基线干涉网的发展把空间射电望远镜的研制提上日程，而且宇宙微波背景辐射黑体谱的研究需要毫米波、亚毫米波的空间观测，恰好毫米波和亚毫米波波段观测设备的体积小、质量轻，便于送上太空。正如天文学家所预料，射电望远镜在空间观测宇宙微波背景辐射取得了丰富的成果，一次又一次给大家带来惊喜。

5.1 射电望远镜首次飞上太空

甚长基线干涉网的发展最先把空间射电望远镜的研制提上日程。为了提高射电望远镜的分辨率，天文学家发明了干涉仪、综合孔径射电望远镜、甚长基线干涉仪（VLBI）。用两面或多面天线组成一个天线阵，作为一个整体，它们的分辨角公式依然由（8.7）式表述，只是式中的D代表天线阵中最长的间距。甚长基线干涉仪是一种全新的观测设备，多架射电望远镜不用馈线连接，各自独立但对准同一个射电源，在相同的波段同时进行观测，观测后把各架望远镜的观测数据进行综合分析，以获得射电源的图像和信息。由于不用馈线连接，天线阵的间距可以很远，达到几百千米、几千千米，甚至近万千米，分辨率可以提高几十万倍。进一步提高分辨率必须突破地球尺度的限制，把射电望远镜送上太空，使天线间的间距进一步加长。1997年，由日本天文学家牵头的国际合作课题组把一架口径8 m的射电望远镜卫星发射到太空，它的反射面像一把伞一样，发射时收拢起来，发射上天后才把射电望远镜的副反射面和主天线面展开，其观测频段为1.6 GHz（18 cm）、5 GHz（6 cm）和22 GHz（1.3 cm），卫星轨道周期约为6小时，近地点高度为560 km，远地点高度为21 000 km。这架空间射电望远镜与地面射电望远镜组成的甚长基线干涉测量系统的基线超过地球赤道处直径的2.5倍，是地面上那些已利用的基线长度的3倍，角分辨率可达60微角秒，成为当今空间分辨率最高的天文望远镜。

5.2 用气球和火箭探测宇宙微波背景辐射

1965年在波长7 cm上发现的宇宙微波背景辐射以及后续在其他波段上的观测，初步证明这是一种温度为3 K的黑体谱。但是，多个波段的观测只能拟合部分理论曲线，特别是没有给出辐射强度峰值附近的测量结果。根据计算，峰值应该在波长为0.1 cm附近，必须要取得比0.1 cm更短的波长处的观测资料才能最后确认这种辐射的性质。

几乎在发现宇宙微波背景辐射的同时，天文学家发现了星际分子。由于绝大部分星际分子谱线都处在毫米波和亚毫米波波段，因而促进了毫米波和亚毫米波射电望远镜的发展。毫米波的波长范围为1~10 mm，亚毫米波的波长范围为0.35~1 mm。由于氧和水汽对这个波段中某些波长辐射的吸收很厉害，地球大气为其只开了一些小窗口，而且这些小窗口的透明度因地球对流层的水汽含量而异，水汽越多，透明度越差，所以，毫米波天文台都建在海拔2 000 m以上，而亚毫米波天文台则应设在海拔4 000 m以上。当然，如果把毫米波或亚毫米波观测设备送上太空，在地球大气之外进行观测就更理想。对分子天文学的观测研究来说，这种要求并不迫切，一是地面上的射电望远镜还能进行有效的观测，二是分子天文学的发展迫切要求提高空间分辨率，发展大口径毫米波和亚毫米波射电望远镜和天线阵，这些都只能在地面上进行。

为了获得宇宙微波背景辐射的频谱，需要进行空间观测。最初的努力是在发现宇宙微波背景辐射后不久，康奈尔大学的火箭小组和麻省理工学院的气球小组于1972年分别在毫米波和亚毫米波波段进行了空间观测，证实这两个波段的辐射分布与3 K的黑体辐射分布相当。1975年，伯克利加州大学伍迪领导的气球小组给出0.06~0.25 cm波段的背景辐射处于黑体温度为2.99 K的分布曲线范围内，观测数据已肯定宇宙微波背景辐射是大约3 K的黑体谱。

5.3 宇宙背景探测者卫星（COBE）携带射电望远镜上天

鉴于发现宇宙微波背景辐射的观测精度不够高，天文学家进一步策划把射电望远镜送上太空，对宇宙微波背景辐射进行精确地测量。第一个计划就是美国天文学家马瑟提出的宇宙背景探测者卫星（COBE）（见图8–22）。

宇宙背景探测者卫星携带了三台仪器。第一台在毫米波波段，名叫较

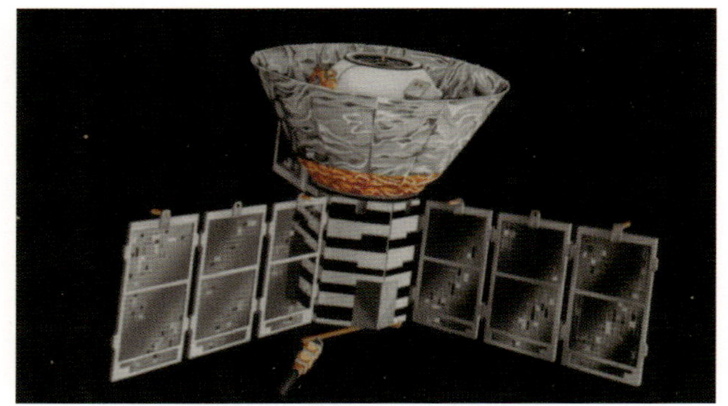

图8-22　宇宙背景探测者卫星

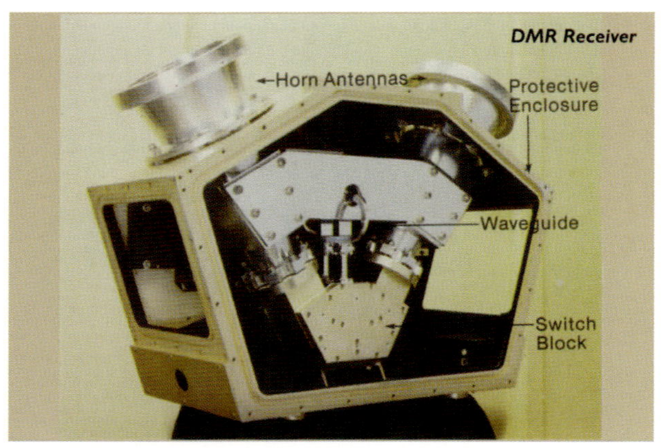

图8-23　9.6 mm辐射计，用两个指向不同方向的喇叭天线同时观测不同的两个天区

图8-24　2006年诺贝尔物理学奖获得者约翰·马瑟(左)和乔治·斯穆特(右)

差微波辐射计，由波长分别为3.3 mm、5.7 mm和9.6 mm的三个辐射计组成。为了测量两个不同天区的温度差，以探测宇宙微波背景辐射的各向异性，每个波段的辐射计都有一对小的喇叭天线，同时对准不同的天区进行观测（见图8-23）。第二台是远红外频谱仪，实际上属于毫米波和亚毫米波波段的0.1~5 mm范围，其任务是观测宇宙微波背景辐射的频谱。第三台在红外波段，称为红外背景探测器，可探测波长范围为1.25~240 μm，其任务是观测宇宙红外背景辐射和前景天体的红外辐射。

1989年11月，宇宙背景探测者卫星顺利进入太空。约翰·马瑟（见图8-24）成为这一项目的领导者，并负责该卫星测量频谱的研究，乔治·斯穆特（见图8-24）负责测量宇宙微波背景辐射微小的温度波动。

宇宙背景探测者卫星发射上天后，进行了为期4年的观测。宇宙微波背景辐射黑体谱的精确测量成为宇宙背景探测者卫星最激动人心的结果。其观测值与黑体辐射频谱的符合程度令人吃惊，拟合结果给出宇宙微波背景辐射的温度是2.726 K，精度达到0.03%（见图8–25）。

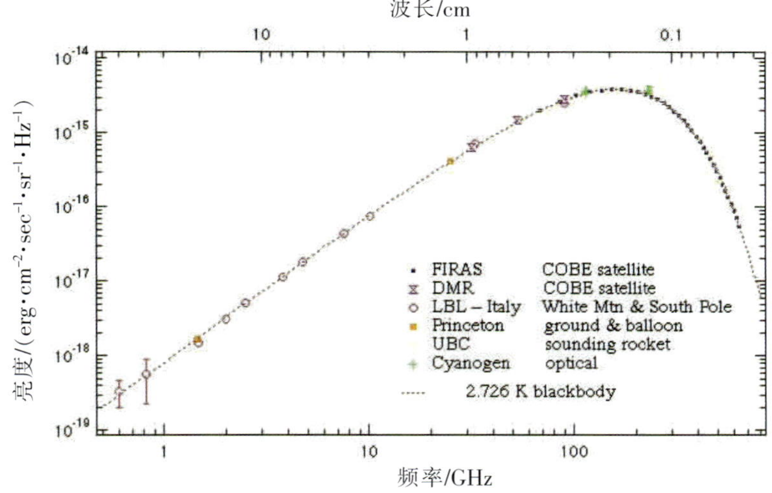

图8–25 宇宙微波背景辐射频谱与温度为2.726 K的黑体辐射频谱的比较

1992年4月，乔治·斯穆特宣布发现宇宙微波背景辐射各向异性现象的存在。他在一个1亿光年大小的天区内发现温度冷热不均的变化，不过变化幅度仅有百万分之六，温度的变化代表了早期宇宙物质密度的扰动。观测到的温度起伏是在宇宙早期某个特定的时期，即辐射和物质分离之前的那个时期，这微弱的温度起伏由引力起伏造成，也就是由物质密度的不均匀造成，密度偏离均匀状态导致产生当今宇宙中的某些结构。图8–26是根据宇宙背景探测者卫星2年观测资料分析得到的结果，不同颜色代表不同的温度，显示出各向异性的温度差别，也代表着早期宇宙的密度分布，存在密度比较高的区域和比较低的区域。这些化石般的遗迹是物质变成恒星和星系之前的记录。

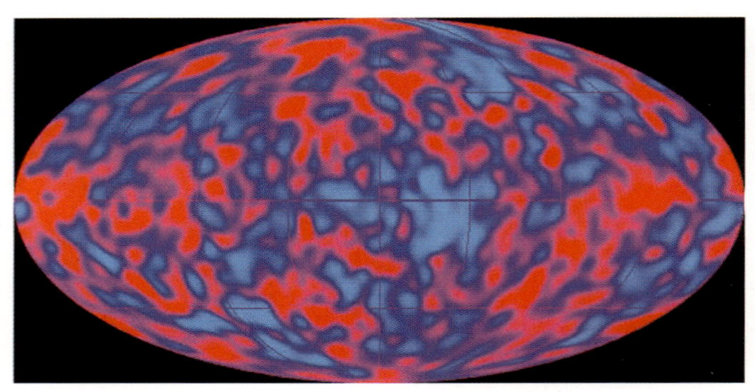

图8-26　宇宙背景探测者卫星2年观测资料分析得到的宇宙微波背景辐射各向异性图像

2006年，约翰·马瑟和乔治·斯穆特因宇宙微波背景辐射的研究获得诺贝尔物理学奖。与以往不同的是，这次不是意外发现，而是有计划、有目的的观测研究。为了这个课题他们研制了3套先进设备，进行了4年之久的空间探测，组织了近1 500人的研究队伍，历经32年，把宇宙学推向了更加精确的研究时代。

5.4 宇宙微波各向异性的探测

彭齐亚斯和威尔逊发现了宇宙微波背景辐射，由于观测精度不够，得出各向同性的结果。宇宙背景探测者卫星观测发现了宇宙微波背景辐射空间分布的各向异性，但是因为观测的空间分辨率比较低，只能说明在比较大的尺度上的差异，并不能给出中小尺度上的分布情况。因此，一台更精确的宇宙微波各向异性探测器（MAP）问世了，负责研制的人是普林斯顿大学的威尔金森教授。他是宇宙微波背景辐射研究的先驱者之一，也是宇宙背景探测者卫星的设计者，2002年9月因病去世。美国宇航局将这个卫星改名为威尔金森微波各向异

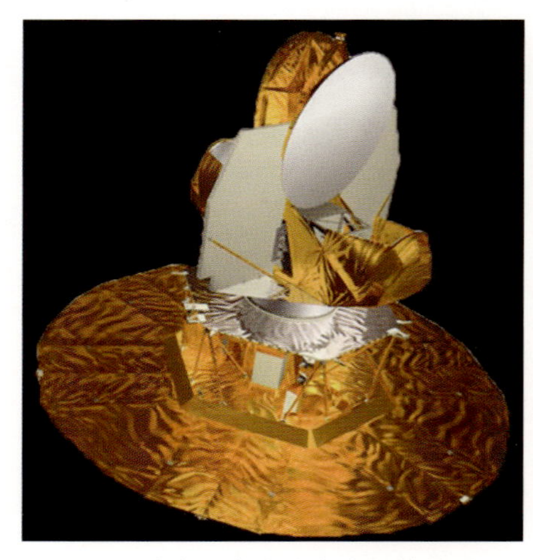

图8-27　威尔金森微波各向异性探测器

性探测器（WMAP）（见图8-27），以纪念威尔金森的贡献。

宇宙背景探测者卫星发现宇宙微波背景辐射各向异性的证据，但它的角分辨率为7度，分辨率很差，而威尔金森微波各向异性探测器的角分辨率则达到13角分，提高了32倍多。图8-27的上端是两面背靠背的抛物面天线，口径为1.4 m×1.6 m，分别指向两个相距140度的天区。其接收机采用制冷的高灵敏放大器，有5个分离的波段，波长分别为1.36 cm、1 cm、7.5 mm、5 mm和3.3 mm，可同时进行观测。

威尔金森微波各向异性探测器于2001年6月30日升空，最后在日地系统的第二拉格朗日点上落脚。关于日地系统的第二拉格朗日点的特性已在第三章中介绍，卫星躲在地球的后面，随地球一起绕太阳运行，整个观测平台处在可展开的遮护板的阴影之中，避免太阳光的照射，使仪器设备的环境温度保持低温，遮护板的另一个功能是提供太阳能。该卫星每天可以扫描30%的天空，每6个月可以观测全天一次。威尔金森微波各向异性探测器经过9年的运转，完成了所有的探测任务。图8-28是它观测获得的宇宙微波背景辐射的分布，对比宇宙背景探测者卫星2年观测资料分析得到的宇宙微波背景辐射各向异性图像（见图8-26），可以看出宇宙微波分布比较均匀，但还有明显的小起伏。

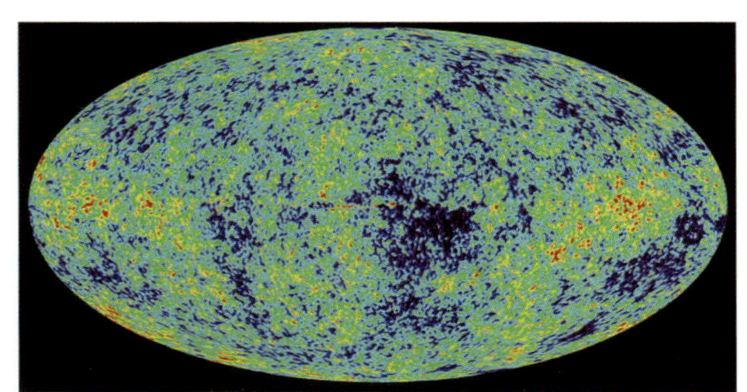

图8-28 威尔金森微波各向异性探测器观测获得的宇宙微波背景辐射的分布

威尔金森微波各向异性探测器在宇宙学参量的测量上准确可靠，远远超过早先的测量，得出的主要结果是：宇宙年龄约为137亿年；宇宙的组成是组成星系和恒星的正常物质（4.5%）、未知的暗物质（22.7%）和暗能量（72.8%）；根据探测数据计算得到哈勃常数为70（km/s）/Mpc，与其他空间望远镜获得的结果差别不大。

5.5 普朗克卫星再测宇宙微波背景辐射

普朗克卫星又叫普朗克巡天者，是欧洲空间局为更精确探测宇宙微波背景辐射各向异性而设计的，于2009年5月发射上天。它的灵敏度和分辨率都比威尔金森微波各向异性探测器高出很多，频率范围为30~857 GHz，在30~100 GHz频段的运行温度为20 K，在100~857 GHz频段的运行温度为0.1K。

图8-29是由自普朗克卫星发射15.5个月内收集的数据绘制而成的，这幅图反映了宇宙诞生38万年后的情形。普朗克卫星的观测改写了人们广泛引用的威尔金森微波各向异性探测器关于宇宙组成的结果：宇宙中暗能量的份额为68.3%，暗物质所占份额为26.8%，组成星系和恒星的正常物质所占份额为4.9%；还有一个变化是哈勃常数，被修正为67.3（km/s）/Mpc，这个数据意味着宇宙的年龄约为138.2亿年。

图8-29 普朗克卫星获得的宇宙微波背景辐射图

6 宇宙在加速膨胀

1998年是具有颠覆性的一年，在这之前，天文学家公认宇宙膨胀的速度越来越慢，然而在这一年，天文学家发现宇宙在加速膨胀，震动了宇宙学理论的基础。宇宙在加速膨胀之中，宇宙的尺度将越来越大，星系间的距离将越来越远，总有一天人们无法再看到其他星系。加速膨胀意味着宇宙将越来越冷，将变成冰冷的世界。

6.1 新的宇宙距离标尺

在20世纪初，美国天文学家勒维特发现了利用造父变星测量距离的方法。由于造父变星的光变周期与它的光度有着确定的关系，只要有一颗造父变星的距离已知，其他造父变星的距离就可以根据光变周期推算出来。近处星系中的造父变星可以用周年视差的方法确定距离，因此造父变星成为宇宙距离标尺上的第一个标记，成为一种标准烛光，即光度已知的天体。天文学家在越来越远的距离上找到了许多造父变星，因此能够测量很远的星系的距离。但是，在数十亿光年以外的造父变星已经无法观测到，必须寻找新的宇宙标尺，Ia型超新星，也就是白矮星的爆炸，成了新的标准烛光。

超新星爆发是宇宙中最壮观、最激烈的天体物理现象之一，由于前身星的质量不同，每颗超新星爆发所释放的能量差别很大。唯独Ia型超新星不同，它们的前身星是白矮星，白矮星是恒星演化晚期的产物，具有地球般的大小，但其质量最大不超过太阳质量的1.4倍，这就是著名的钱德拉塞卡质量上限。如果超过质量上限，白矮星内部就会变得足够炽热，将会启动一场失控的核聚变反应，整个恒星会在几秒内被炸得粉身碎骨，成为Ia型超新星。在整个可观测宇宙之中，平均每分钟大约爆发10颗Ia型超新星，但宇宙实在太过巨大，一个典型的星系平均每1 000年才会出现1~2颗Ia型超新星。

处在双星系统中的白矮星因为吸积伴星吹过来的物质，逐渐增加质量，有可能超过它的质量上限而发生核爆炸。由于这类超新星爆发时的质量几乎相同，因此超新星光度变化的光变曲线和光度极大时的绝对星等都应该一样，这已被观测所证实。因此，可以把极大时的绝对星等作为标准烛光，进而用来估计距离。

天文学早已给出恒星的绝对星等（光度）、视星等和距离三者的关系式，视星等是观测量，如果知道绝对星等就可以估计出恒星的距离。其公式为：

$$M_{\text{绝对星等}} = m + 5 - 5\log D(\text{pc}) - A + K \qquad (8.8)$$

式中，m为视星等；A为星际消光修正因子；K为星系红移引起的视亮度变化的修正因子。知道绝对星等，只要测出视星等就可以计算出距离，或者，测出视星等并利用其他方法测出距离便可以获得绝对星等。

菲利普斯于1993年对9个低红移Ia型超新星进行了统计研究，他利用星系表面亮度起伏同距离的统计关系（星系Tully–Fisher方法）来估计Ia型超新星的寄主星系的距离，获得了Ia型超新星光度极大后15天内亮度下降的幅度与光度的关系，光度误差为±0.3。

$$L_P = a \times \Delta m_{15}^{b} \qquad (8.9)$$

式中，a和b是两个参数，由低红移的超新星定出。这样，观测Ia型超新星的视亮度的变化就可以确定它们的光度，进而估计距离。

6.2 宇宙加速膨胀的发现

2011年诺贝尔物理学奖授予在宇宙学研究方面做出成就的三位天文学家——美国的索尔·佩尔穆特、美国/澳大利亚的布莱恩·施密特和美国的亚当·里斯（见图8–30）。他们的研究课题基本一致，但却分属两个不同团队。佩尔穆特是美国加州大学伯克利分校超新星宇宙学研究项目的负责人，而施密特则是澳大利亚国立大学启动的高红移超新星搜寻小组的负责人，里斯是美国约翰·霍普金斯大学的天文学教授，也是施密特研究小组的主要成员。两个项目的题目稍有不同，但实际研究内容大体相同，都是

图8-30　2011年诺贝尔物理学奖获得者佩尔穆特（左）、施密特（中）和里斯（右）

要寻找遥远的Ia型超新星，把Ia型超新星当作探测宇宙奥秘的敲门砖，因此，两个团队在寻找遥远空间中的Ia型超新星时展开了竞赛。超新星虽然非常亮，但是遥远处的超新星也只是微弱的一个光点，寻找它们很困难。

超新星是一种突然发生的现象，不知道什么时候会在什么地方发生，但是，每年在各个星系中总会发生一些超新星，经常地彻查整个天空，必然会找到一些。通常在某一天区的小范围内，相隔3个星期左右拍摄两张照片，第一张照片必须在新月之后拍摄，第二张则要在3个星期之后，抢在月光把星光淹没之前拍摄。比较两张照片，就可能从中发现两张照片细微的不同，如果能在后一张照片中找到前一张所没有的小光点，这很可能就是一颗超新星爆发了，这个细致的比较工作可以由计算机完成。找到超新星以后，首先测出它的红移和亮度以及亮度随时间变化的光变曲线，以确定它是不是Ia型超新星。另外，只有距离超过可观测宇宙半径1/3的超新星才是可用的，这样做是为了消除近距离星系自身运动而带来的干扰，因为超新星很快就会变暗，一切观测必须迅速进行。

1998年1月，两个小组几乎同时公布了Ia型超新星的观测结果。1988年开始的超新星宇宙学研究项目组有42颗超新星的数据，1994年启动的高红移超新星搜寻小组发现的数目少一些，只有16颗，但每颗的测量误差要小一些。他们发现远处的Ia型超新星的视亮度比预期要暗25%，也就是比预期的距离更为遥远，这意味着宇宙正在加速膨胀。

两个团队的成员抱着寻找宇宙膨胀减速的观测证据而开展研究工作，却不料得到了相反的结果。经历了几个月的挣扎，反复检查、思考，他们才开始相信自己的研究结果，一致的结论是宇宙正在加速膨胀，这个结果当即轰动世界。

6.3 暗能量推动宇宙加速膨胀

大多数天文学家认为，导致宇宙加速膨胀的推手是暗能量。实际上暗能量是一种猜想，指一种充溢空间的、具有负压强的能量。暗能量无处不在，但人们很难意识到它的存在。它与物质不同，是均匀分布的，不会在某个地方聚集成团，不论是在自家的厨房，还是在星际空间，暗能量的密度完全一样，其密度很低，只有在巨大的空间尺度上和时间跨度上才能体现出暗能量的影响力。

通过多种不同的观测，人们发现有四个证据支持暗能量的存在。第一个证据就是前面所说的对遥远的Ia型超新星的观测，发现它比预期的暗，比预期的远，表明宇宙在加速膨胀。

第二个证据是引力透镜的观测。引力透镜是一些大质量天体（如星系、星系团、黑洞等）能够把经过它们附近的光线偏折、聚焦，如同大家熟悉的玻璃透镜一样。天文学家利用天体的引力透镜观测处在它们后面的遥远天体，但是观测发现引力透镜引起光线扭曲的程度低于预期，显示某种排斥力的存在。日本研究小组观测了约2.3万个类星体，看到了引力透镜对类星体的影响，观测结果与暗能量占到宇宙成分的70%时的理论计算结果最为吻合。

第三个证据是来自超星系团的观测。在早期宇宙中曾经回荡的声波给巨大的超星系团赋予了一个典型的尺度，但是观测表明它们的角径比预期的要小，其距离比计算值要远，暗示其受到一种排斥力的推动。

第四个证据是近些年对宇宙微波背景辐射的精确测量。如果宇宙中只有物质的引力起作用，那么宇宙应该是弯曲的，而观测发现宇宙是平坦的，说明宇宙中还有别的物质。经计算，宇宙中的普通物质与暗物质加起来只占总量的1/3左右，有约2/3的短缺，这短缺的物质称为暗能量，其基本特征应该是具有负压、几乎均匀分布。目前给出的暗能量占宇宙物质约68%的结果是根据普朗克卫星测量的宇宙微波背景辐射观测结果计算得到的。

从2013年9月起，一个名为暗能量巡天的国际项目开始启动，应用位于智利托洛洛山美洲天文台口径4 m的维克托·布兰科望远镜以及一个专门设计的红外照相机来观测暗能量。这架望远镜并不算太大，但视场非常大，便于发现超新星，它将捕获更多的超新星，记录下它们爆炸时的光度，测出它们的红移，这样便可以更仔细地研究宇宙如何随时间膨胀。这个巡天项目还将绘制一幅复杂的天图，标出几亿个星系的位置以及它们到地球的距离，以确定超星系团的尺度，进而研究宇宙膨胀的历史。这幅天图还将揭示暗能量对较小尺度的影响，暗能量会阻碍星系聚集形成星系团。巡天项目组将直接对星系团进行计数，还会借助引力透镜效应追踪它们的成长。这些不同的测量，应该能给人们提供一些线索，透露暗能量是否会随时间而变化，这将能对众多不同的理论模型进行甄别。

暗能量让物理学家富于创造力的思维充满了活力，他们已经提出了数百种不同且充满想象力的理论，其中讨论得最早、最多的当属爱因斯坦提出的宇宙学常数。1915年，爱因斯坦发表了他的广义相对论，成为人们理解宇宙的理论基础。根据广义相对论推演出的宇宙只能收缩或者膨胀，不可能稳定不变。爱因斯坦因为追求宁静的宇宙，在方程里加了一个常数，称为宇宙学常数。他设想宇宙中有一种未知的能量存在，这种名叫宇宙学常数的能量能抵消星系引力的作用，使宇宙保持一个不变的大小。在哈勃发现宇宙膨胀之后，爱因斯坦很后悔，认为加上这个宇宙学常数是一个大错误。然而，不少人认为爱因斯坦加上宇宙学常数是聪明绝顶的一招，可以用来解释宇宙的加速膨胀。宇宙学常数是一个不随时间变化的参数，因此，随着物质在宇宙几十亿年来的膨胀过程中逐渐被稀释，物质的引力越来越弱，暗能量就会逐渐占据上风。但宇宙学常数作为一种解释暗能量的理论模型，在理论上也遇到难以回答的问题。现在，多种理论模型相继被提出，呈现百家争鸣的盛况。

美国霍普金斯大学教授阿德姆瑞斯描述了暗能量逐渐起作用的场景。在热大爆炸后的初期，宇宙经历了一个急速膨胀阶段，此后，由于暗物质以及物质之间的距离非常接近，在引力作用下，宇宙的膨胀速度开始减速。然而，至少在90亿年前，宇宙中另外一种力量——表现为排斥力的暗能量已经出现，并且开始逐步抵消引力作用，随着宇宙的膨胀，不断增长的暗能量终于在50亿至60亿年前超越引力。此后，宇宙从减速膨胀，转变为加速膨胀状态，并且一直持续至今。

在2020年前后，一批特大型光学望远镜和射电望远镜将陆续建成，将成为探索暗能量的有力设备，如由美国主导的大口径全天巡视望远镜、夏威夷的30 m口径望远镜、放置在智利的欧洲特大望远镜和巨麦哲伦望远镜，以及分别放置在澳大利亚和南非的平方千米阵射电望远镜（SKA）。应用平方千米阵射电望远镜观测氢云的射电辐射，可以追踪宇宙结构的演变。到2020年，欧洲空间局和美国宇航局计划发射一颗名为“欧几里得”的暗能量探测卫星，观测宇宙更早时期的引力透镜和星系团。这场穿越空间的对暗能量的“围捕”将会持续多年，并无把握能够抓到猎物，但总会获得新的信息，也许能够发现暗能量的密度随着时间的推移几乎保持恒定、增长或者降低。这些都会帮助科学家鉴别已经提出来的理论模型，或者帮助建立新的理论模型。

6.4 质疑之声不断

由于已有的有关暗能量的理论还不完善，观测还不够精细或者对观测资料的处理方法还有不足之处，有些人对暗能量和宇宙加速膨胀的结论提出质疑。这些质疑对解决暗能量这个谜团是有好处的，真理越辩越明。其中，彭秋和教授对宇宙加速膨胀的研究结果提出的质疑值得一提。他认为，Ia型超新星不能作为标准烛光使用，因为吸积的单白矮星的爆炸仅是Ia型超新星的一种起源。Ia型超新星还有两种可能的起源，即两个密近白矮星的融合和白矮星与红巨星组成的共生星，其可能性分别为70%和25%，占了大多数。由于Ia型超新星起源的多样性，它们在超新星爆炸时的质量可能刚刚达到或者超过白矮星的质量上限，那么爆炸后的极大光度就会出现明显的差异，把爆炸后的极大光度作为标准烛光就会造成比较大的误差。

6.5 宇宙的未来是什么样?

在100年前，人们还认为宇宙比银河系大不了多少，无始无终，永远处于宁静状态。没过多久，哈勃发现河外星系，宇宙变得硕大无比，继而又发现星系之间都在彼此分离，宇宙处在膨胀之中。

自从哈勃发现宇宙膨胀以后，几十年来，天文学家一直在研究宇宙未来的演变。人们自然会问：膨胀之中的宇宙是否会一直膨胀下去？著名的物理学家霍金曾做过一次题为《宇宙的未来》的科普报告，非常精彩。这次报告有以下三个要点：

（1）宇宙的膨胀是如此均匀，以致可以用两个星系间的距离来描述。这个距离在不断增大，说明宇宙在膨胀，但是，不同星系之间的引力使膨胀率降低。如果宇宙的密度大于某个临界值，引力吸引将最终使膨胀停止并使宇宙开始重新收缩，宇宙就会坍缩，最后形成大挤压，回到起始宇宙的热大爆炸时的状况。如果宇宙的密度小于该临界值，它将不会坍缩，而会继续永远膨胀下去，星系将继续以恒常速度相互离开。宇宙的未来是什么样，关键在于平均密度是多少。

（2）我们可以从观测来估计宇宙的平均密度，把能看得见的恒星的质量相加，计算得到的密度不到临界值的1%。然而，宇宙中还应该包含所谓的暗物质，即我们不能直接观测到的东西。天文学家可以相当可靠地估计出星系和星系团中的暗物质。但是加上这些暗物质，仍然只有临界密度的10%左右。如果我们仅仅依据观测证据，则可预言宇宙会继续无限地膨胀下去。

（3）宇宙中还有许多暗物质没有找到，它会使宇宙的平均密度达到或超过临界值。这种附加的暗物质必须位于星系或星系团之外，否则，我们就应觉察到它对星系旋转或星系团中星系运动的效应。

为什么他相信宇宙中存在足够的暗物质，使宇宙最终坍缩呢？基于两点，第一点是所谓的人择原理，可能存在许多具有不同密度的不同宇宙，但只有那些非常接近临界密度的宇宙能存活得足够久，足以形成恒星和行星的物质，才会有智慧生物去认识和研究宇宙，这样的宇宙必须刚好具有临界密度。事实上，如果在热大爆炸后1秒宇宙的密度大了一万亿分之一，宇宙就会在10年后坍缩，而如果那时宇宙的密度小了同一个量，宇宙在大约10年后就会基本上空无一物，这样一来就不会有人类。因此，既然这个宇宙有了人类，那么它的构成和发展必然适合人类的生存，这就是宇宙学的人择原理。第二点是极早期宇宙的暴胀理论，这个理论认为，宇宙的尺度曾迅猛地暴胀，至少一千亿亿亿倍地增加，会使宇宙非常接近于准确的临界密度，以至现在仍然非常接近于临界密度。如果暴胀理论是正确的，宇宙就应包含足够的暗物质，使得密度达到临界值，这意味着宇宙最终可能会坍缩。

1998年发现宇宙在加速膨胀，对宇宙未来的可能结局就变得更为复杂。宇宙在加速膨胀后将何去何从呢？由于宇宙加速膨胀的推手是暗能量，目前宇宙学家归纳出暗能量三种可能的发展趋势：随着时间推移，密度下降、密度保持不变或密度逐渐增大。如果暗能量的密度逐渐增大的话，宇宙加速膨胀的速度可能会趋于一个极端，目前的观测研究已经知道暗能量占到全宇宙约68%，只要宇宙加速膨胀的进程继续下去，暗能量将逐渐成为宇宙的主宰，将主导宇宙演化的走向，并制约着宇宙中的一切，最终使宇宙出现大撕裂，这将成为宇宙最后的归宿。这个理论最初的作者——美国物理学家罗伯特·卡德威尔这样描述大撕裂模型：宇宙中的万物，大到恒星、星系，小到原子、夸克，都会在将来某一时间被暗能量驱动的宇宙膨胀扯碎。他计算出从现在到宇宙终结所需要的时间大约是220亿年。如果随着时间推移，密度下降或密度保持不变，宇宙的未来将会出现另外的结局。